リチャード・ドーキンス

盲目の時計職人

自然淘汰は偶然か？

THE BLIND WATCHMAKER

中嶋康裕＊遠藤 彰＊遠藤知二＊疋田 努 訳

日高敏隆 監修

早川書房

盲目の時計職人

――自然淘汰は偶然か？――

THE BLIND WATCHMAKER

by

Richard Dawkins

Translated by
Yasuhiro Nakashima, Akira Endo
Tomoji Endo, Tsutomu Hikida
Japanese edition supervised by
Toshitaka Hidaka
Published 2004 in Japan by
Hayakawa Publishing, Inc.
This book is published in Japan by
direct arrangement with
Intercontinental Literary Agency.

Cover Photo/©Ralph A. Clevenger/CORBIS/Corbis Japan
Cover Design/ハヤカワ・デザイン

両親に捧げる

目次

まえがき

われわれ自身が存在しているのはなぜか？　これはかつて投げかけられたあらゆる謎のうちで最大のものであった。しかし、それはもはや謎ではない。もう解かれてしまっているからだ。この本はそういう確信のもとに書かれている。ダーウィンとウォレスがその謎を解いた。まだしばらくのあいだ、彼らの解答にいくつかの脚註がつけ続けられるであろうとしてもである。私がこの本を書く気になったのは、次のような理由からだ。すなわち、このもっとも深遠な問題への華麗で美しい解答について、かくも多くの人たちが知らないらしいこと、さらに、信じられないことに、多くのばあいそもそもそこに問題があったことすらじつは知らないように思えることに、呆気にとられたからである！

その問題というのは、複雑なデザインがどうしてつくられたのか、という問題である。私がこうした言葉を書き綴るのに使っているコンピューターは、約六四キロバイトの情報記憶容量をもっている（一バイトはアルファベットの一文字分を記憶するのに使う容量である）。コンピューターというのは意図的に設計され、計画的に組み立てられたものである。あなたが私の言葉を理解するのに使っている脳には、約一〇〇〇万キロニューロンの神経細胞がずらりと並んでいる。これら何十億もの神経細胞の多くはそれぞれに一〇〇〇を越える「電線」をもっていて、それで他のニューロンとつながっている。さらに、分子遺伝学のレベルでは、体にある一兆以上もの細胞のどれ一つをとっても、私のコンピューターがもっている情報全体のおよそ一〇〇〇倍の正確に符号化(コード)されたデジタル情報を含んでいるのである。生物体の複雑さは、その外見的なデザインのもつすぐれた効率に見合っている。もし、これほどまで多くの複雑なデザインがどうしてできたのかを説明する必要などない、と誰もがいうのなら、私はあきらめる。いや、それでもやはりあきらめない。なぜなら、この本の狙いの一つは、生物の複雑さに目を向けたことのない人たちに、これこそが謎なのだということをいくらかでも伝えることにあるのだから。しかし、謎を突きつけることだけが私の目的ではない。その謎解きをして、謎をふたたび謎でなくしてしまうことも、もう一つの狙いなのである。

説明するということは至難の業である。読者がその言葉を理解してはじめて何かを説明できたことになるのだし、その読者が心の底から感じてはじめて何かを説明できたことになるのだ。そうするためには、証拠をそのままのかたちで読者に示すだけでは十分でないこともある。法廷での弁護士さながらに、さまざまな手練手管を用いなくてはならない。本書は冷静かつ客観的な科学書ではない。ダーウィン主義に関する本の多くは客観的な科学書であるし、有意義で得るところも大きいので、本書と併せて読んでいただければよい。本書のある部分は、冷静どころではなく、専門の科学雑誌に投稿したとしたなら、物議をかもしかねないような熱意をもって書かれたことも告白しておくべきだろう。たしかに、知識を伝えることも目的ではあるけれども、それだけにとどまらず、説得すること、また扇動することすら狙っている——こう言った方が、憶測なしにこの本の目的を理解しやすいかもしれない。私は、われわれの存在そのものが、考えただけでぞくぞくするような謎なのだという見方で、読者を刺激したい。しかも同時に、この謎はすでに明快に解き明かされているという興奮にみちた事実を読者に伝えたい。そのうえで、ダーウィン主義の世界観はたまたま真実であるだけではなく、知られているかぎり、われわれの存在の謎をおおむね解き明かすはずの唯一の理論なのだということを、読者に説得するつもりである。ダーウィン主義はそのことで二重に満足のいく理論になっている。ダーウィン主義がこの惑星上だけでなく、そこに生命が発見されるなら宇宙のどこであろうと、真実なのだと立証できるだろう。

私と本職の弁護士をただ一つ隔てているのは、次のような点だ。法律家や政治家は、本人が個人的には信じていない依頼人とか訴えについてでも、お金をもらってそれを擁護するために熱意をそそぎ説得術を行使する。私はこれまでそんなことはしてこなかったし、これからも決してしないだろう。私は、必ずしも正しくはないかもしれないが何が真実かについては熱心に注意を払うし、正しいと私が信じていないことは決して口にしないつもりである。私は、創造論者と討論するためにある大学の弁論協会を訪れたとき受けた衝撃を憶えている。その討論のあとの晩餐の席で、私は、創造論に味方するかなり強力な演説をしたある若い女性の隣になった。彼女はあきらかに創造論者であるはずはなかったので、なぜあんな演説をしたのか正直に教えてほしいと尋ねてみた。彼女は、「ただ論争技術というものを行使したまでよ、自分が信じていない立場を弁護するのはなかなか挑みがいのあることだとわかったわ」と抜け抜けと語った。演者がどちらかの側に立って演説するように指定されているというのは、大学の弁論協会にあってはあきらかに当然のことなのだ。彼ら自身の信念はその演説のなかにはない。私は公けの場で話すという不本意な仕事をこれまでずっとやってきた。というのも、話すよう依頼された論題に含まれている真実を、私は信じていたからである。その協会の面々が論争ゲームを演じるためのねたとしてその論題を利用していたことに気づいたとき、科学的真理がかかっている争点についての口先だけの弁護を奨励するような弁論協会の招待はもう受けまいと私は決心した。

　私にはその理由がはっきりわからないのだが、どういうわけかダーウィン主義は、科学の他分野において同じように正しいと認められている真理に比べて、よりいっそうの弁護を必要としているかのようである。われわれの多くは、量子論あるいはアインシュタインの特殊相対論も一般相対論も理解してはいないが、だからといってこれらの理論に反対したりはしない！　ところが、「アインシュタイン主義」とは違って、ダーウィン主義は、どんなに無知な批判者からも格好の餌食だとみなされているようだ。思うに、ダーウィン主義が抱えている一つの厄介な事情は、ジャック・モノーが鋭く指摘したように、誰もが自分はダーウィン主義を理解していると思い込んでいることである。たしかにそれはまったく単純な理論であり、たいていの物理学や数学の理論に比べると、まるで幼稚だとさえ思われかねない。ダーウィン主義とは、要するに、そこに遺伝的変異があって、しかもでたらめではない繁殖のもたらす結果が累積される時間がありさえすれば、途方もない結果が生まれる、という考えにすぎない。しかし、この単純さは見かけのものだと信ずべき根拠がたっぷりある。忘れてはならないのは、単純に見えはしても、この理論は一九世紀中葉のダーウィンとウォレスにいたるまで、ニュートンの『プリンキピア』以来二〇〇年近く、またエラトステネスが地球の大きさを測ってから二〇〇〇年以上のあいだ、誰一人として考えつかなかったということだ。

どうしてそんなに単純な考えを、ニュートン、ガリレオ、デカルト、ライプニッツ、ヒューム、そしてアリストテレスといったそうそうたる思想家たちすらもが、かくも長きにわたって思いつかなかったのだろうか？　なぜ二人のヴィクトリア朝の博物学者を待たねばならなかったのだろうか？　それを考えつかなかった哲学者や数学者は何がいけなかったのだろうか？　そして、そんなに強力な考えが、どうして一般の人たちの意識にいまだに取り込まれないでいるのだろうか？

　それはあたかも、ダーウィン主義を誤解し、信じがたいと思いこむように、人間の脳そのものが特別にデザインされているかのようですらある。たとえば、「偶然」の問題を取り上げてみよう。それはよく盲目の偶然として脚色されて表現されている。ダーウィン主義を攻撃する人たちの大多数は、ダーウィン主義にはでたらめの偶然以外には何もないという誤った考えに、ほとんど見るに耐えないほどの熱心さでとびつきたがる傾向がある。生きている複雑なものはまさしく偶然の反対物を体現しているのだから、かりにダーウィン主義が偶然と同じであると考えたなら、ダーウィン主義を論破するのは雑作もないことだとすぐにわかるだろう。私の仕事の一つは、ダーウィン主義が「偶然」についての理論であるという、根強い神話を破壊することである。ダーウィン主義を受け入れにくくしていると思われるもう一つの素因は、われわれの脳が、進化的変化を特徴づけているのとはまるきり異なったタイムスケールで起きる出来事を扱うようにできていることにある。われわれは、数秒、数分、数年、もしくはせいぜい数十年で完結する過程を認識するようにできている。ダーウィン主義は数万年から数千万年もかかって完成するほど緩慢な累積過程についての理論である。だから、何が起こりそうで何が起こりそうにないかをわれわれが直観的に判断しても、どれもこれもみな、はなはだしく見当違いな結果になってしまう。懐疑主義や主観的な確率論といった巧みな道具立てを用いても、とうてい正しい答えは得られない。なぜなら、われわれの脳は――皮肉にも進化そのものによって――数十年という寿命の範囲内ではたらくべくしつらえられているからなのだ。慣れ親しんだタイムスケールの虜から逃れるためには想像力が必要であり、私はその想像力をかきたてるのに一役かうつもりである。

われわれの脳がダーウィン主義に抵抗する傾向をもっているようにみえる第三の点は、われわれが創造的なデザイナーとして多大な成功をおさめていることに由来している。この世界は技術の粋を集めた偉業や芸術作品で溢れている。複雑なもののもつ華麗さはそのデザインがあらかじめ考え抜かれていることを物語っているのだという見方に、われわれはすっかり慣れきっている。これがたぶん、これまでたいていの人々がある種の超自然的な神性を信じていたことのもっとも強力な理由だろう。複雑な「デザイン」が原始的な単純さから出現する、というもう一つ別の、およそ直観とは反してはいるが、いったん理解してしまえばはるかに強い説得力をもつ考え方があって、そのことを理解するにはダーウィンやウォレスでさえかなり大きな想像力の飛躍を要した。その想像力の飛躍があまりにも大きいので、多くの人々はいまだに飛ぶのを恐れているかにみえる。読者がこの飛躍をするのを助けることが本書の主たる目的である。

著者というのは当然、自分の本が一時的な衝撃として終わるよりは、長く衝撃力をもち続けることを望むものである。しかし、いかなる論者も、自分の主張の中の時代を越えた部分を言い張るだけでなく、反対の見解をもつ、あるいはもつかのようにみえる同時代人に対しても答えなくてはならない。しかし、そうした議論の一部は、いまでこそ熱っぽくたたかわされてはいても、何十年か経つうちにひどく時代遅れになってしまう危険がある。『種の起原』の初版はその第六版よりよくできているという逆説がしばしば取沙汰されている。これは、ダーウィンが初版に対して浴びせられた批判に答える必要を感じ、後の版にその回答を盛り込んだためなのだが、その批判がいまではかなり時代遅れに見えるので、それに対するダーウィンの回答もただ目障りなだけか、ところどころ誤解を招くような箇所すらある。それにもかかわらず、どうせ長続きしないように思われる、その節はやりの批判を無視したいという誘惑には、簡単に乗るべきではない。なぜなら、そういう批判に答えるのは、批判者に対する礼儀としてではなく、そうしなければ混乱させられるであろう読者に対する配慮なのだから。この本のどの章がこうした理由から結局のところ短命になってしまうかについては、私なりに見通しているけれども、それは読者が、そして時が判断するはずである。

何人かの女性の友人が（幸いにも多くはないが）、非人称男性代名詞を使うのはあたかも女性たちを排斥する意図を示しているに等しいとみなしているのに気がついて、私は傷心にたえない。もし何らかの排斥がなされるべきだというなら（運よくその必要はないが）、私はむしろ男どもを排斥するつもりなのだが、あるとき試みに自分の抽象的な読者を「彼女」と呼んでみたところ、あるフェミニストが私のことを恩着せがましくへつらっていると非難した。「彼あるいは彼女」とか「彼のあるいは彼女の」とするべきなのだそうだ。あなたが言葉について無頓着であるのなら、そうすることはたやすい。とはいえ、言葉について無頓着な人は、男性であろうと女性であろうと読者を得るにはふさわしくない。これ以来、私は英語代名詞の慣用へ戻ってしまった。私は「読者」を指して「彼」と呼ぶかもしれないが、フランス語を話す人々がテーブルを女性とみなしていないのと同じく、自分の読者を男性であるとは考えていない。実際のところ、私は自分の読者を女性として想定していることの方が多いと思うが、それは私の個人的な事情であり、そう思っていることが私の母国語の使い方に影響しているなどとは考えたくない。

個人的事情といえば、謝辞を捧げる相手の選び方だってそうである。ここに名前を挙げることのできなかった人たちもわかってくれるだろう。この本の内容を検討した校閲者が誰であったのか、出版社はあきらかにしてくれた(校閲者というのは「書評者」ではない――ほんとうの書評者というのは、四〇歳以下の多くのアメリカの方たちには失礼ながら、本が出版されてからはじめて批評する。そのときでは著者が何か手を加えるには遅すぎる)。私は次の人たちからたいへん有益な示唆を受けた。ジョン・クレブス(またしても)、ジョン・デューラント、グレアム・ケアンズ＝スミス、ジェフリー・レヴィントン、マイクル・ルース、アンソニー・ハラム、そしてデヴィッド・パイ。リチャード・グレゴリーは12章を親切に批判してくれ、そのおかげでこの決定稿ではそれを完全削除することになった。いまではもう制度的にも私の学生ではないが、マーク・リドレーとアラン・グラフェンは、ビル・ハミルトンとともに、私が進化について論じあう仲間うちの指導的な人物であり、私はほとんど毎日のように彼らの考えから何かを得ている。彼らと、パメラ・ウェルズ、ピーター・アトキンス、ジョン・ドーキンスは、さまざまな章について参考になる批判をしてくれた。サラ・バーネイはたくさんの箇所に手を入れてくれたし、ジョン・グリビンはある大きな間違いを訂正してくれた。アラン・グラフェンとウィル・アトキンソンはコンピューターにまつわる問題について助言してくれたし、また動物学教室のアップル・マッキントッシュ・シンジケートの厚意によってレーザー・プリンターでバイオモルフを描くことができた。

今回もまた、マイクル・ロジャースとの情容赦ないやりとりから恩恵を受けた。彼はいまロングマン社にいるが、そこですばらしい仕事をしている。彼とノートン社のマリー・カーネインは、

（私の道義心へは）アクセルを、そして（私のユーモアのセンスへは）ブレーキを、それぞれ必要に応じて巧みに使った。本書の一部は動物学教室とニュー・カレッジの厚意による休暇年度中に書かれた。最後になったが、オックスフォードのチューター制度と私が動物学を教えた多くの学生たちには、私の二つの前著においても謝辞を述べておくべきだったという借りがある。何年にもわたり、ものごとを説明するという至難の業を身につけるにあたって私のもっている貧弱な技術を実践する手助けをしてくれたからである。

リチャード・ドーキンス

オックスフォードにて　一九八六年

1章　とても起こりそうもないことを説明する

われわれ動物は、既知の宇宙のなかでもっとも複雑なものである。もちろんわれわれの知っている宇宙は、実際の宇宙のほんの一部でしかない。他の惑星にはわれわれよりもっと複雑な物体さえ存在するかもしれないし、なかにはすでにわれわれのことを知っているものもいるかもしれない。しかし、もしそうだとしても私の論点はそれによって変わるわけではない。どこにあろうと、複雑なものにはきわめて特別な種類の説明が必要なのだ。どのようにしてそれは存在するようになったのか、またなぜそんなに複雑なのか、われわれは知りたいと思う。その説明は、私がこれから論じるように、宇宙のどこにある複雑なものについても、つまりわれわれについても、チンパンジーについても、ミミズもカシも、いや宇宙空間からきた怪物についても、広い意味では共通のものだろう。ただ、私が「単純な」ものと呼ぶ、たとえば岩石、雲、川、銀河やクォークといったものでは事情が異なる。これらは物理学の得意とする対象だし、チンパンジーやイヌやコウモリ、ゴキブリやヒトやミミズ、タンポポやバクテリア、それに異星人は、生物学の得意とする対象だ。

その違いはデザインの複雑さの違いである。生物学は、ある目的のためにデザインされているかのように見える複雑なものについての学問なのだし、物理学は、デザインを問題にしようという気を起こさせないような単純なものについての学問なのだ。一見したところ、コンピューターや自動車のような人工的産物は例外に思えるだろう。それらは複雑であり、あきらかにある目的のためにデザインされているにもかかわらず生きてはいないし、血や肉ではなく金属やプラスティックでできている。この本ではしかし、そうした人工的産物も生物学的物体として確固たる扱いを受けるだろう。

こう言うと読者は、「なるほど、でもそれはほんとうに生物学的物体なのだろうか？」と質問するかもしれない。言葉はわれわれの召使いであって、主人ではない。異なる目的のためには、異なる意味で言葉を使うのが便利であることをわれわれは知っている。料理の本はふつうロブスターを魚として分類している。動物学者がそれを知れば、かんかんになって怒り、それならロブスターがヒトを魚と呼ぶ方がはるかに正当である、だって魚とロブスターに比べれば魚とヒトの方がはるかに近縁なのだから、と言い出すかもしれない。さらに、ロブスターと正当性の問題について言えば、先ごろ法廷がロブスターは「虫」なのか「動物」なのかを裁定しなければならなかったそうである（その裁定しだいで人間がロブスターを生きたまま茹でてもよいかどうかが決まるのだ）。動物学的に言うとロブスターが「虫」でないことは確かである。ロブスターは動物であるが、それなら虫だってそうだし、われわれだってそうだ。異なる分野の人たちの言葉の使い方にめくじらをたてるのはつまらないことだ（私は、自分の職業を離れれば、ロブスターを生きたまま茹でる人たちには、きっとめくじらをたてるだろうけれども）。料理人と法律家は言葉をそれぞれ独特の方法で使う必要があるし、私もこの本ではそうする。自動車やコンピューターが「ほんとうに」生物学的物体であるかどうかなどと気にすることはない。重要なのは、ある惑星上でそれくらい複雑な何物かが発見されたとすると、その惑星には生命が存在している、もしくはかつて存在したと、ためらいなく結論できるという点である。機械というのは、生物の直接の産物であり、その複雑さやデザインは生物に由来している。それはある惑星上に生命の存在しているしるしなのだ。同じことが化石や骨格、死体についても言える。

物理学は単純なものについての学問だと私は言った。これもまた一見奇妙に思えるかもしれない。物理学は複雑な学問のようにみえる。それは、物理学の考えがわれわれには理解できないほどむずかしいからだ。われわれの脳は、狩りや採集、婚姻や子育て、換言すれば、ほどほどの速度で三次元空間を動く、ほどよい大きさの物体の世界を把握するためにデザインされている。われわれは、ひじょうに小さなものや大きなもの、一兆分の一秒とか一〇億年とかいった単位でしかとらえられないもの、位置をもたない粒子、直接見たり触れたりできず、見たり触れたりできる何かに作用してはじめてその存在を感知できる力や場を理解するようにはつくられていない。物理学が複雑だと思うのは、それがわれわれには理解しがたいからであり、物理学の本がむずかしい数学で溢れているからである。しかし、物理学者の研究する物体は基本的には単純なもので、ガス雲とか微小な粒子とか、ほとんどかぎりなく反復される原子の配列パターンをもつ結晶のような均質な物質の塊かである。それらは、少なくとも生物学的規準からみて、複雑なはたらきをする部分をもっていない。物理学的物体は、たとえ恒星のように大きなものであっても、かなり限られた種類の部品が組み合わされていて、しかもその配列は多かれ少なかれ偶然による。物理学的な、すなわち非生物学的な物体のふるまいは、単純だからこそ現在手持ちの数学的言語を使って記述できるのであり、そういうわけで物理学の本は数学で溢れているのだ。

物理学の本そのものなら複雑と言ってよいかもしれないが、それは自動車やコンピューターと同じく生物学的物体である人間の脳の産物である。物理学の本が記述する物体や現象は、その著者の体にあるたった一つの細胞よりも単純である。しかも、その著者は何兆ものそうした細胞からできており、その細胞の多くは互いに異なっていて、複雑なデザインと精密な技術で組み立てられていて、本を書くことのできる機械に仕立てあげられている。われわれの脳は、物理学の扱う極端な大きさやその他の厄介な極限的要素を扱うのに向いていないのと同じく、極端な複雑さを扱うのにも向いていない。一人の物理学者のような物体、いや彼の細胞の一つについてさえも、その全体構造やふるまいを記述する数学を考え出した人などいないのだ。われわれにできるのは、生物はどのようにしてはたらくか、またそもそもなぜ存在しているのかについてのいくつかの一般原理を理解することだけである。

これこそわれわれの興味のあるところであった。どうしてわれわれやその他のあらゆる複雑なものが存在しているのかを、知りたかったのである。複雑さそのものを細部に立ち入っては理解できないままであるにしても、ここへきてようやくその問いに一般的な言葉で答えることができる。一つのアナロジーで語ってみよう。われわれのほとんどは、どのようにして飛行機が飛ぶのかを詳しくは理解していない。おそらくその製作者も何から何までわかっているわけではないだろう。エンジンの専門家は翼を詳細には理解していないし、翼の専門家はエンジンをごく曖昧にしか理解していない。また翼の専門家といえども、翼を厳密な数学によってすっかり理解しているわけではない。

たとえば、翼が乱流条件下でどのようになるかを予測するには、風洞内でのモデル実験とかコンピューター・シミュレーションに頼るしかない――そういうことなら、生物学者だってある動物を理解するために行なっている。しかし、飛行機がどのように飛ぶかをいかに不完全にしか理解していなくても、それがおよそどのような過程を経てできあがったのかについては誰もが知っている。飛行機は人間によって製図板の上でデザインされた。そしてその図版から他の人間が部品をつくったり、さらに（人間によってデザインされた他の機械の助けを借りて）多くの人間がネジを締めたり、リベットを打ったり、溶接したりして、部品がそれぞれ正しい位置にくるように組み立てた。飛行機ができあがっていく過程というのは、なにしろ人間がそれをつくった以上、基本的には謎なんかではない。はっきりした目的のあるデザインどおりに、部品を体系的に組み立てることならわれわれもなじみの、理解できる過程である。というのは、たとえ「メカーノ」とか「エレクターセット」といった子供の頃の組立て玩具だけにしても、われわれはそれをじかに経験したことがあるからだ。

われわれ自身の体についてはどうだろう？　われわれ一人一人は、飛行機と同じように一つの機械であり、ただそれよりいっそう複雑なだけである。われわれもまた製図板の上でデザインされ、そして腕のよい技術者によって部品が組み立てられたのだろうか？　答えは「ノー」である。これは驚くべき答えなのだ。われわれがそれを知り、理解してからほんの一世紀かそこらしか経っていない。チャールズ・ダーウィンがはじめてこの問題を説明したとき、多くの人々はそれを理解しようとしなかったか、できなかったかのどちらかだった。私自身、子供のころはじめてダーウィン説を聞いたとき、信じられないときっぱり拒否したものだ。一九世紀後半にいたるまでほとんど誰もがその反対のこと、つまり意図をもつデザイナー（設計者）説を堅く信じてきた。いまだにそう信じている人たちもたくさんいる。それはおそらく、われわれ自身がなぜ存在するかについての正しいダーウィン流の説明が、信じがたいことに、いまだに一般教育のカリキュラムに組み入れられていないからかもしれない。ダーウィン流の説明は、きわめて多くの人々に間違いなく誤解されているのである。

この本の表題の「時計職人」は、一八世紀の神学者ウィリアム・ペイリー[1]の有名な著作から借りてきたものである。一八〇二年に出版された彼の『自然神学――あるいは自然界の外貌より蒐集せられし、神の存在と特性についての証拠』[2]は、「デザイン論」のもっともよく知られた解説であり、神の存在に関する議論の中でつねにもっとも大きな影響力をもつものだった。それはまた私が激賞する本でもある。というのは、その著者が当時としてはみごとに、これから私がなんとかやりとげようとしていることを、うまくやってのけているからである。彼は通すべきある主張をもち、熱意をもってそれを信じ、それを人々にはっきり示すための努力を惜しまなかった。彼は生物の世界の複雑さに対して然るべき尊敬の念を抱いていたし、その複雑さはきわめて特別な種類の説明を要すると理解していた。唯一彼が間違ったことは――そしてこれが重大なのだが！――まさしく説明のやり方そのものであった。彼はそれ以前の誰よりもいっそう明晰にかつ説得力をもってその謎に伝統的なキリスト教的解答を与えた。正しい説明はそれとはまったく異なったものであり、それが見いだされるためには歴史上もっとも革命的な思想家の一人、チャールズ・ダーウィンを待たねばならなかった。

ペイリーは『自然神学』を次の有名な一節ではじめている。

ヒースの荒野を歩いているとき、石に足をぶつけて、その石はどうしてそこにあることになったのかと尋ねられたとしよう。私はおそらくこう答えるだろう。それはずっと以前からそこに転がっていたとしか考えようがない、と。この答えが誤っていることを立証するのは、そうたやすくはあるまい。ところが、時計が一個落ちているのを見つけて、その時計がどうしてそんなところにあるのか尋ねられたとすると、こんどは石について答えたように、よく知らないがおそらくその時計はずっとそこにあったのだろう、などという答えはまず思いつかないだろう。

ここでペイリーは、石のような自然の物体と、時計のようなデザインされた人工の物体との違いを認識している。彼は時計の歯車やバネが精密につくられていること、それらが複雑に組み立てられていることを説明していく。もしわれわれがヒースの荒野で時計のような物体を見つけたとすると、たとえそれがどのようにして存在するにいたったかを知らなくても、それ自体のデザインの精密さや複雑さから、次のように結論せざるをえないだろう。

その時計には製作者がいたはずである。つまり、いつかどこかに、（それが実際にかなえられていることがわれわれにもわかる）ある目的をもって時計を作った、つまり時計の作り方を知り、使い方を予定した考案者（たち）が存在したにちがいない。

ペイリーは、誰もこの結論に対して筋道の通った反論を唱えることはできないはずで、たとえ無

神論者といえども、自然の作品について真剣に考究したならば、こうした結論に達するだろうと主張した。というのは、

時計にみられるあらゆる工夫、あらゆるデザイン表現が自然の作品にも見いだされる。ただ、自然の作品は、測り知れないほど偉大で豊富である点が時計と異なっている。

ペイリーは、生命のからくりにメスを入れ、美しくも敬虔なる記述で描写することによって自分の論点を明確にしている。彼は、ヒトの眼の話から説き起こしているが、それは後にダーウィンのお気に入りの例となり、本書でもあちらこちらに顔を出すだろう。ペイリーは眼を望遠鏡のような設計された道具と比較し、「望遠鏡が視覚を助けるためにつくられたということが自明であるのとまったく同じように、眼が視覚のためにつくられたということが証明できる」と結論する。望遠鏡にデザイナーがいたのとまさしく同様に、眼にもそのデザイナーがいたはずだというわけである。

ペイリーの議論には熱意のこもった誠実さがあり、当時の最良の生物学的知識がこめられている。にもかかわらず、それは間違っている。みごとなまでに完全に間違っている。望遠鏡と眼、時計と生きている生物体とのアナロジーは誤りである。見かけとはまったく反して、自然界の唯一の時計職人は、きわめて特別なはたらき方ではあるものの、盲目の物理的な諸力なのだ。本物の時計職人の方は先の見通しをもっている。心の内なる眼で将来の目的を見すえて歯車やバネをデザインし、それらを相互にどう組み合わせるかを思い描く。ところが、あらゆる生命がなぜ存在するか、それがなぜ見かけ上目的をもっているように見えるかを説明するものとして、ダーウィンが発見しいま

や周知の自然淘汰は、盲目の、意識をもたない自動的過程であり、何の目的ももっていないのだ。自然淘汰には心もなければ心の内なる眼もありはしない。将来計画もなければ、視野も、見通しも、展望も何もない。もし自然淘汰が自然界の時計職人の役割を演じていると言ってよいなら、それは盲目の時計職人なのだ。

私はこうしたことをすっかり説明するつもりだし、それ以外にもあれこれ説明するだろう。しかし、ペイリーにあれほどまでに畏敬の念をいだかせた、生きている「時計」のすばらしさを矮小化するつもりだけはない。それどころか、この点でペイリーは、畏敬の念からさらに前進することさえできただろうにという私の思いを描いてみたいと思う。生きている「時計」へ畏怖の念を抱く点では私は人後におちない。私は、かつて晩餐会の席でその問題を論じあった、無神論者として知られている現代の著名な哲学者に対してよりも、ウィリアム・ペイリー師に対していっそう共感するところがある。ダーウィンの『種の起原』が出版された一八五九年より以前に、無神論者として通すなどというのはまったく思いもよらないことだったと、その席で私は言った。「ヒューム[3]はどうです？」と哲学者が応酬した。そこで私は尋ねた。「生物界の有機的な複雑さをヒュームはどのように説明しましたか？」その哲学者はこう言った。「彼は説明していませんね。でもどうしてそのことに特別な説明がいるのですか？」

ペイリーは生物界の複雑さについては特別な説明が必要であることを知っていたし、ダーウィンもそのことを知っていた。そして、私とことばをかわした哲学者も、心の奥底ではそのことを知っていたのではないかと思う。いずれにせよ、それをここに示すのが私の仕事である。デヴィッド・ヒュームその人に関しては、この偉大なスコットランドの哲学者がダーウィンより一世紀はやくデザイン論にけりをつけた、というふうにときどき語られている。しかし、ヒュームのしたことは、神の実在を示す証拠として自然界のデザインされているかのように見えるものを援用する論理への批判であった。彼は、デザインされているかのように見えるものについてどのような代替説明も提示しないまま、その問題を棚上げした。ダーウィン以前に無神論者というものがいたとすれば、その人はヒュームに従ってこう言うこともできただろう、「生物の複雑なデザインについての説明を私はもちあわせていない。私にわかっているのは、神を持ちだしてきてもそれをうまく説明できないということだけだ。そういうわけでわれわれは、誰かがよりうまい説明を携えて現われるのを待ち望むほかない」と。そういう立場は、論理的に聞こえはしても、聞く者にとても納得のいかない気分を残すものだし、無神論はダーウィン以前でも論理的には成立しえたかもしれないが、ダーウィンによってはじめて、知的な意味で首尾一貫した無神論者になることが可能になった。私にはそう思えてならない。ヒュームなら私に同意してくれるだろうと思いたいが、彼の著作のいくつかは、彼が生物のもつデザインの複雑さや美しさを過小評価していたことを示しているように見受けられる。少年ナチュラリストであったチャールズ・ダーウィンなら、それについて多少なりともヒュームに示唆することもできただろうが、ダーウィンがヒュームのいたエディンバラ大学へ入学したときは、ヒュームの没後すでに四〇年が経っていた。

私は、「複雑さ」や「デザインされているかのように見えるもの」について、こうした言葉が何を意味するかがはっきりしているかのように、饒舌に語ってきた。ある面では、それははっきりしているとも言える——たいていの人は複雑さとは何なのかについて、直観的な考えをもっているからだ。しかし、こうした複雑さやデザインという概念は本書においてきわめて重要なものなので、

「複雑なもの」や「デザインされているかのように見えるもの」には何か特別な性質があるという、われわれの抱いている印象を、少しでも正確な言葉によって捉えるべく努力しなくてはならない。いったい、複雑なものとは何なのだろうか？　われわれはそれをどのように認識すべきなのだろうか？　どのような意味で、時計とか旅客機とかハサミムシとかヒトとかは複雑であり、月は単純であると言えるのだろうか？　複雑なものがもつ必須の属性としてまず第一に思いつくのは、それが異質なものから成る構造をもっていることだろう。ブラマンジェ、つまり一種のミルク入りプディングのようなものは、二つに切っても、その二つの部分が同じ内部構造を示すという意味で、単純である。つまりブラマンジェは均質だと言える。自動車は不均質である。ブラマンジェと違って自動車はどの部分もたいてい他の部分と異なっている。自動車の半分をそのまま二倍にしても一台の自動車にはならない。このことは、単純な物体とは違って、複雑な物体は多数の部分をもち、そうした部分には二つ以上の種類がある、と述べるのにおおむね等しい。

そうした不均質性あるいは「多数の部分から構成されている」というのは、必要条件かもしれないが、十分条件ではない。多数の部分からできており不均質な内部構造をもつにもかかわらず、私が言わんとする意味では複雑であるとは言えないものも数多くある。たとえば、モンブランは多くの異なった種類の岩石からできており、しかもそれがごちゃまぜになっているので、もし山をどこかですっぱり切ると、二つの部分はその内部構造が互いに異なっているだろう。モンブランはブラマンジェにはない構造の不均質性をもっているが、それにもかかわらず生物学者が言う意味においては複雑だとは言えない。

複雑さを定義するために、もう一つ別の方針、ここでは確率という数学的発想を使い、次のように定義してみよう。すなわち、複雑なものとはその構成部分が偶然だけでは生じそうにないような具合に配置されているものである、と。高名な天文学者からあるアナロジーを拝借しよう。旅客機を分解して部品をでたらめに寄せ集めたところ、たまたまちゃんとしたボーイング機ができてしまったというようなことは、とても起こりそうもない。旅客機の部品の組み立て方には何十億通りもありうるが、そのうちのただ一つもしくはごく少数の方法をとらなければ、実際に旅客機にはならない。ましてヒトのバラバラの部分を組み立てるとなると、もっと多くのやり方があるというわけだ。

複雑さの定義へのこうした迫り方は、見込みがあるけれども、もう少し何かが足りない。モンブランの断片を寄せ集めるのだって何十億のやり方があるが、そのうちのたった一つがモンブランだ、とも言えるではないか。それでもモンブランは単純だというのなら、旅客機やヒトを複雑にしているのはいったい何なのだろうか？　どのような古いがらくたの寄せ集めだってそれは固有のものであり、後知恵で考えると、他のどんな寄せ集めとも同じくらい再現できそうもないものだ。航空機解体業者の資材置場にあるスクラップの山はそれなりに固有のものである。どのスクラップの山だって一つとして同じではない。飛行機の部品を放り投げて山積みにしはじめたとして、まったく同じがらくたの配置がたまたま二回も繰り返されるなどということは、あなたが部品を投げているうちにたまたまちゃんとした飛行機ができてしまうのと同じくらいに低い確率でしかない。いったいどうして、われわれはがらくたの山とかモンブランとか月とかが、飛行機とかイヌと同じくらい複雑であると言わないのだろうか。これらのどれをとっても、その原子の配列は「二度と起こりそうもない」ではないか？

私が自転車に付けている組合せ錠には四〇九六〔八の四乗〕通りの異なった数字の組合せがある。これらの組合せはどれも等しく「起こりそうもない」。というのは、その錠の環をでたらめに回すと、四〇九六通りの組合せのうちのどの一つも等しく出てきそうにないという意味においてである。その環をでたらめに回してどんな数字が出てきても、それを見て私はこう叫ぶことができる。「なんてことだ、驚いたよ、この数字が現われるのは四〇九六分の一の確率なのに。ちょっとした奇跡だ！」と。それは、山の岩石とかスクラップの山の金属片にみられるある特定の配置を、「複雑」とみなすのと等しい。しかし、そうした四〇九六通りの組合せのうちの一つだけは、実際におもしろい特異性がある。一二〇七という数字がその錠を開ける唯一の組合せなのだが、一二〇七の特異性は、後知恵で考えてそうなったというのではまったくない。それはその製作者によってあらかじめ特定されている。もし、その環をでたらめに回したところたまたま一発で一二〇七になったとすると、その自転車を盗むこともできるのだから、ちょっとした奇跡のように思われる。もし銀行の金庫の、たくさんのダイアルのついた組合せ錠を開ける数字を運よく当てたとすると、それはまさしく大奇跡と思えるだろう。それは何百万分の一の確率なのだし、一財産を失敬できるのだから。

銀行の金庫を開ける幸運の数字を当てるということは、先のアナロジーでいうと、スクラップの金属片をでたらめに放り投げてたまたまボーイング７４７が一機できてしまうのに等しい。それぞれにすべて固有の、後知恵で考えるとすべて同じように起こりそうもない、組合せ錠の何百万の並び方のうち、ただ一つがその錠を開ける。同じく、それぞれにすべて固有の、後知恵で考えるとすべて同じように起こりそうもない、がらくたの何百万の山の配置のうち、ただ一つ（あるいはごく少数）だけが飛ぶだろう。飛んだり、あるいは金庫を開けたりするダイアルの配置の特異性は、後知恵とはまったく関係がない。それはあらかじめ特定されている。錠の製作者が組合せを決定し、銀行の支店長にそれを教えたのだ。飛ぶ能力は、飛行機というもののもつあらかじめ特定された性質である。飛行機が飛んでいるのを見たら、それがでたらめにスクラップの金属片を寄せ集めてできたものではないと確信してよい。なにしろ、でたらめにつくられた巨大な塊が空を飛べる確率はとてつもなく小さいとわかっているからだ。

さて、モンブランの岩石を寄せ集める可能な組合せのすべてを考えてみよう。そのうちただ一つがわれわれの知っているあのモンブランになるというのはそのとおりである。しかし、われわれの知っているモンブランは後知恵でそう決められたものだ。岩石を寄せ集める膨大な数のやり方のうち、どの一つを取り出しても、それが「山」と呼ばれることになるのだし、モンブランと名づけられることにもなるかもしれない。われわれの知っているモンブランそのものについては何も特別なものはないし、あらかじめ特定されていたものでもない。飛行機が離陸したり、金庫の扉が開いてお金が転がり出るのに相当するようなものは何ひとつないのだ。

金庫の扉が開いたり飛行機が飛んだりするというのは、生物の体で言うといったい何に相当するのだろうか？　そう、ときにはほとんど文字どおり同じである。ツバメは飛ぶ。先に述べたように、寄せ集めによって飛ぶ機械を組み立てるのは容易ではない。一羽のツバメの細胞を残らず取り出し、それをでたらめに組み立てるとしよう。その結果できる物体が偶然に飛ぶという可能性は、日常的な意味でなら、ほとんど確率ゼロと言ってもよい。生物がどれもこれも飛ぶわけではないが、飛ばない生物も、やはり飛ぶことと同じくらい起こりそうもなくしかもあらかじめ特定できる何か別のことをやっている。クジラは飛びはしないが、泳ぐ。それもツバメが飛ぶのと同じくらいうまく泳ぐ。クジラの細胞をでたらめに寄せ集めた巨大な塊は、現にクジラが泳いでいるように速くかつ効率的に泳ぐことはおろか、ただ泳ぐということすら、まず絶対に不可能だろう。

　このへんで、鵜の目鷹の目の哲学者の誰かが（タカはとても鋭い眼をもっている――水晶体(レンズ)や光感覚細胞をでたらめに寄せ集めてもタカの眼をつくるなどとうていできない）それは循環論だと文句を言いだすところだろう。ツバメは飛ぶけれども泳がない。クジラは泳ぐけれども飛ばない。われわれがでたらめにつくった塊が泳ぐものとしてとか飛ぶものとしてうまくできていると判断するかどうかは、後知恵で考えての話ではないか。こうしたでたらめな塊が、「Xするもの」になれば成功したと判断することにして、その塊ができあがるまでは、Xが何なのかははっきり規定しないままにしておくと仮定しよう。細胞のでたらめな塊は、モグラのようなじょうずな穴掘り屋になるかもしれないし、サルのようなじょうずな木登り屋になるかもしれない。ウィンド・サーフィンがうまいとか、油まみれのボロ切れをうまくつかむとか、だんだん小さな円を描いて歩きながらとうとう消えてしまうのに、まさに格好のものになるかもしれない。そんなリストならいくらでもつくれるではないか？

　そうしたリストをほんとうにいくらでもつくることができるなら、件の哲学者は一本取ったことになる。たとえいかにでたらめにものを寄せ集めたとしても、その結果できた大きな塊が、後知恵で考えて、何かをするのにぐあいがいいとしばしば言えるのであれば、私がツバメやクジラでごまかしたと言われてもしかたがないということになるだろう。しかし、生物学者は「何かをするのにぐあいがいい」というのがどういうことなのかを、それよりもさらにはっきり規定できる。われわれがある物体を動物あるいは植物として認めるために最小限必要なのは、その物体が何らかの方法で生きていくのに成功していること（もっと正確に言うと、その物体もしくは少なくともその種類のいくらかの構成員が、繁殖するのに十分なほど長く生きること）である。飛んだり、泳いだり、樹から樹へ飛び移ったりなどなど、生きるための方法が数多くあるというのはそのとおりである。しかし、たとえ生きていく方法がいろいろあるにしても、死んでいる方法（もしくは生きていない方法）にはもっといろいろあるというのは確かである。あなたが一〇億年ものあいだ何度も何度も繰り返して細胞をでたらめに寄せ集めても、飛んだり、泳いだり、穴を掘ったり、走ったり、ほかの何かをしたりする大きな塊は一度も得られないだろうし、悪くすると、自らを生きたままに保っておけるとわずかにでも思われる塊すら現われてこないだろう。

この議論はすでにひどく長々と引き延ばされてきたので、ここで、われわれがそもそもどうしてそんなことを考えはじめたのか、想い起こしておくのがいいだろう。われわれは、何かを指して複雑だと言うとき、それが何を意味しているのかを正確に表現する方法を探していたのであった。ヒトやモグラやミミズや旅客機や時計が共通にもっていて、ブラマンジェとかモンブランとか月とは共通にもっていないものが何なのかをはっきり指摘しようとしてきたのだ。われわれが到達した答えはこうだ。複雑なものとは、あらかじめ特定でき、でたらめな偶然だけではとうてい獲得されそうにない何らかの性質をもつものである。生物のばあいなら、あらかじめ特定される性質というのは、ある意味での「熟達度」である。それは飛ぶといった特定の能力における、航空技師でさえ感心するような熟達度でもよいし、死を食い止めるとか、繁殖のさいに遺伝子を増殖させるといった、もっと一般的な能力における熟達度でもよい。

死を食い止めることは、あなたが取り組まなくてはならないことがらである。放っておけば、つまり死んだらそうなるということなのだが、体というものはその環境と平衡な状態へ戻る傾向をもっている。生きている体の温度、酸性度、水分含量や電位といった何らかの性質を測ってみれば、それがその周囲のそれぞれ対応する性質の測定値と著しく異なっていることに気がつくだろう。たとえば、われわれの体はその周囲よりも通常は高温であり、寒い気候にあっては、その温度差を維持するために懸命に仕事をしなくてはならない。死んでしまうと、その仕事は止まり、温度差はなくなりはじめ、結局は周囲と同じ温度になってしまう。すべての動物がその周囲の温度と平衡状態にならないようにそんなに懸命に仕事をしているわけではないが、どんな動物でも何かそれに似たような仕事をしている。たとえば、乾燥した地方では、動物も植物も、放っておけば水分が細胞から乾いた外界へとんでしまうという傾向に逆らって、その細胞内の水分含量を維持するよう仕事をしなければならない。それができなければ彼らは死ぬ。もっと一般的に言うと、もし生物が積極的に仕事をして外界と平衡状態になることを妨げなければ、結局のところその周囲の環境に同化し、自律的なものとして存在するのを止めることになる。生物が死んだときに起こるのはそういうことなのだ。

先に、いわば名誉生物として考えることに決めた人工機械を除けば、無生物はこのような意味では仕事をしない。無生物は、その周囲と平衡な状態にもっていこうとする力を受け入れている。モンブランは、なるほど長いあいだ存在してきたし、たぶんこれからもさらにしばらくは存在しているだろうが、でも存在しつづけるために仕事をしたりはしていない。岩石が重力の影響下で静止していられるかぎり、それはそのままそこにとどまっている。そこにとどまるのに何らかの仕事が必要なわけではない。モンブランは存在しており、浸食されるか地震で傾かされるまでは存在しつづけるだろう。それは浸食を修復するとか、傾かされたときに自ら立ち直るといった、生きている体が取るような手だてを取ることはない。ただ物理学の通常の法則に従うだけである。

では、生物は物理学の法則に従うことを否定しているとでもいうのだろうか？　もちろんそうではない。物理法則が生体においては破られていると考える理由は何もない。超自然的なもの、物理学の基本的な力に対抗する「生命力」はありはしない。ただ、素朴な方法で物理法則を使って、生きている体全体のふるまいを理解しようと試みても、さして得るところはないだけのことだ。体というものは多くの構成部分からなる複合体であり、そのふるまいを理解するためには、全体ではなく、その体の部分に物理法則を適用しなければならない。そうやってこそ体全体としてのふるまいが、部分の相互作用の結果として現われるだろう。

例として、運動の法則を取り上げてみよう。死んだ鳥を空中に放り投げてみれば、物理学の本が述べているとおりに、きれいな放物線を描き、やがて地面に落ちて止まり、そのままになるだろう。それは、一定の質量をもつ固体としてふるまい、風の抵抗を受けるはずだ。しかし、生きた鳥を空中に放り投げたなら、放物線を描いてから地面に落ちて止まったりはしない。どこかへ飛び去って、州境のこちら側に降りることもないかもしれない。というのも生きた鳥は筋肉をもっており、その体全体にかかる重力をはじめその他の物理的な力に抵抗できるからである。物理法則はその筋肉のどの細胞内でも作用している。つまり筋肉が鳥を空中にとどめるようなやり方で翼を動かしているのだ。鳥は重力の法則に反しているのではない。重力によっていつも下方へ引っぱられているが、翼が活発な仕事を演じて——筋肉内で物理法則に従いながら——重力に拮抗して鳥を空中にとどまらせているのだ。もしわれわれが、鳥を、ある質量をもち風への抵抗をともなった、構造のない物質の塊として扱うほど幼稚であるなら、鳥は物理法則を無視していると考えてしまうだろう。鳥はその内部に多くの部分をもち、そのすべてがそれぞれのレベルで物理法則に従っているということを思い起こして、はじめてわれわれはその体全体のふるまいを理解する。もちろん、これは生物にかぎっての特性ではない。それは人間のつくったあらゆる機械にあてはまるし、可能性としては、複雑で、多くの部分からできている物体ならどんなものにもあてはまる。

　このことが、どちらかというと哲学的なこの章において私が論じたいと思っている最後の話題、つまり説明するということはどういう意味なのかという問題に、みちびいてくれる。われわれが複雑なものというとき、何を指しているのかはすでに述べたとおりである。しかし、複雑な機械とか生きている体がどのようにはたらいているのだろうかと思ったとき、いったいどのような種類の説明ならわれわれは満足するのだろうか？　先の段落で到達したことこそ、その答えである。機械とか生きている体がどのようにはたらいているのかを理解したいのなら、われわれはその構成部分に気をつけてそれらが互いにどのように作用しあっているのかを問うだろう。もしまだ理解できていない複雑なものがあれば、すでに理解しているもっと単純な部分に置きかえることでそれを理解できるようになるはずだ。

　蒸気機関がどのようにはたらくのかを技術者に尋ねるとして、私は自分が満足できるのはおよそどんな類の答えなのか、かなり正確にわかっている。もしその技術者がそれは「運動力（フォース・ロコモーティブ）」によって動くなどと言おうものなら、ジュリアン・ハクスリー[4]同様、私も断じて感銘を受けたりするはずはない。また、もしその技術者が全体の存在は部分の総和より大きいなどと説きはじめようものなら、私はそれをさえぎって、「そんなことはどうでもいいから、それがどのようにはたらくかを教えてほしい」と言うだろう。私が聞きたいのは、蒸気機関の部品が互いにどのように作用しあって蒸気機関全体の動きを生み出すのか、なのだ。まずはかなり大きな部品なら、それ自体の内部構造や動きがひどく複雑でまだ説明されていなくても、最初からそれを基本単位にした説明を受け入れることができるだろう。とりあえず満足のいく説明の単位には、火室（ファイアボックス）、ボイラー、シリンダー、ピストン、蒸気調整器といった名がついているだろう。技術者は、のっけから説明抜きで、これらの部品のそれぞれが何をしているのかをはっきり言うだろう。私は、各部品がどのようにそれぞれ特有のはたらきをしているのか尋ねたりはしないで、さしあたりその言葉を受け入れるだろう。それぞれの部品がそれぞれ特有のはたらきをすることさえ示されたなら、それらがどのように相互作用しあって蒸気機関全体を動かしているか、私は理解できる。

　もちろん、そのあとで、それぞれの部品そのものがどのようにしてはたらいているのかと問いかけるのは私の自由である。蒸気調整器が蒸気の流れを調節するという事実をあらかじめ受け入れ、さらにこの事実を利用して蒸気機関全体の動きを理解してしまったあとで、私はおもむろに自分の好奇心を蒸気調整器そのものに向ける。このばあいは、蒸気調整器がどのようにしてうまく作動するのかをそれ自体の内部部品にもとづいて理解したいのである。ある構成要素の内部には、それ自体をつくっている、下位構成要素の階層がある。われわれがあるレベルの構成要素のふるまいを説明するときは、その下位のレベルの構成要素間の相互作用に依拠し、下位レベルの要素の内部構成は、ひとまず自明のものと考えておく。日常的な観点からすればもはや疑問を発する必要も感じないくらいに単純な単位に到達するまで、われわれはその階層を下降する道をたどっていく。たとえば、硬い鉄の棒の性質については、正しいにせよ間違っているにせよ、われわれはたいていわかった気になっているし、鉄の棒を含むもっと複雑な機械に関する説明の単位としてそれを使うことができる。

もちろん、物理学者たちは鉄の棒をそれ以上説明する必要のないものとは認めない。なぜそれは硬いのか、と彼らは問いを発し、素粒子やクォークにいたるまでさらに何段か階層の下降を続けるだろう。しかし人生はあまりにも短いので、われわれ誰もが物理学者たちをまねるわけにはいかない。複雑な組織体のどのようなレベルに対しても、その階層を最初の層から一ないし二層下降してたどってみれば、満足のいく説明がなしとげられるのがふつうで、階層をさらに下降する必要はない。自動車の動きは、シリンダー、キャブレターや点火プラグにもとづいて説明される。これらの構成要素はいずれもたしかに、より下のレベルの説明のピラミッドの頂点にある。しかし、どのようにして自動車が動くのかと尋ねられたとき、ニュートンの法則や熱力学の法則に依拠して答えたりすれば、なんて大袈裟なやつだと思うだろう。まして素粒子論に依拠して答えようものなら、もうまぎれもない反啓蒙主義者（オブスキュランティスト）だと思うことだろう。自動車の動きが根底において素粒子間の相互作用にもとづいて説明されることになるのは疑う余地がない。しかし、ピストン、シリンダー、点火プラグ間の相互作用にもとづいて説明したほうがはるかに有効である。

コンピューターの動きは半導体ゲート回路[5]間の相互作用にもとづいて説明されるし、さらにその半導体ゲート回路の動きは物理学者によってもっと下位のレベルからも説明される。しかし、コンピューター全体の動きをこのどちらかのレベルで理解しようとすれば、よほど特別な目的でもないかぎり、実際のところ時間を浪費するだけだろう。コンピューターにはあまりにも多くのゲート回路があり、ゲート間にはあまりにも多くの相互作用がある。満足のいく説明というのは手ごろな数の相互作用に基づいてなされるにちがいない。だから、もしコンピューターのはたらきを理解したいのなら、半ダースばかりの主要な下位構成要素——記憶装置（メモリー）、処理装置（プロセッシング・ミル）、補助記憶装置（バッキング・ストア）、制御装置（コントロール・ユニット）、入出力制御装置（インプット・アウトプット・マネジメント）など——にもとづいた簡単な説明の方が望ましい。その半ダースほどの主要な下位構成要素間の相互作用を把握してしまうと、次にはこれらの内部の構成について質問したくなるかもしれない。ＡＮＤゲート回路やＮＯＲゲート回路のレベルまで進みそうなのは専門の技術者だけだし、さらに下がって電子が半導体という媒体の中でどのようにふるまうのかというレベルまで行くのは物理学者だけだろう。

「なんとか主義」というような名称を好む人たちにとっては、ものごとがどのようにはたらくかを理解しようとする私のアプローチに適切な名前を付けるとすれば、「階層的還元主義」とするのがもっとも適当だろう。もしあなたが知的流行を追っている雑誌の読者であれば、「還元主義」という言葉は、それに反対する人たちによってだけ言及される、まるで罪悪のごときものの一つとなっていることに気がつかれていると思う。中には、還元主義者と自称したりしようものなら、赤ん坊を食べることを認める輩でもあるかのように受けとめかねない集団もある。しかし、実際に赤ん坊を食べたりする人間がどこにもいないのと同じように、反対されるに値するような意味での還元主義者など存在しない。どこにもいない還元主義者——誰もが反対しているような類の、じつは反対論者の観念のなかにしか存在しない還元主義者——は、複雑な全体を最小の部分から直接に説明しようとする、いやそれどころかもっと極端な妄想では、全体を部分の総和として説明しようとさえするのだ！　一方、階層的還元主義者は、組織化された階層のどのようなレベルにある複雑な実体も、その階層より一つだけ下のレベルにある実体にもとづいて説明する。そして、その下位レベルの実体はまたそれ自体の構成部分へさらに還元される必要があるほど十分に複雑でありそうなので、同じように繰り返し説明される。かの妄想のなかの赤ん坊食いの還元主義者なら否定するものと思われるが、その階層の上位レベルにふさわしい説明が、低いレベルにふさわしい説明とはまったく異なっているということは言うまでもない。これが自動車をクォークではなくキャブレターなどにもとづいて説明することの論拠である。しかし階層的還元主義者は、キャブレターはさらに小さな単位で説明され、それはまたさらに小さな単位で説明され、さらに……究極的には最小の素粒子で説明されると信じている。この意味において、還元主義は、ものごとがどのようにはたらいているかを理解しようとするまっとうな情熱の異名にほかならない。

　複雑なものについてのどのような種類の説明がわれわれを満足させるのか、そう問うことからこの話ははじまった。われわれはこの問いを、複雑なものがどのようにはたらくかというメカニズムの観点から考えてきたところである。複雑なもののふるまいは、秩序立った階層構造をなす連続した層とみなされる各構成部分間の相互作用にもとづいて説明されるべきだと、われわれは結論した。しかしもう一つの問いは、複雑なものが最初はどのようにして存在するにいたったのかというものである。この問いは、とりわけ本書の全体とかかわりをもつので、ここではそれについてあまり述べないでおきたい。メカニズムの理解に適用したのと同じ一般原理がここでも応用できることを述べておくだけにしよう。複雑なものとは、とても「起こりそうもない」ために、その存在をわれわれが当然であるとは感じられないもののことである。複雑なものはただ一回の偶然の作用だけでは出現できなかっただろう。ここでは、複雑なものの出現を、より単純なものから、つまり偶然によっても存在するにいたるくらい単純な始源物体からの、漸進的かつ累積的に、一歩一歩（ステップバイステップ）段階を踏んで変形してきた結果として説明するつもりである。「一足飛び（ビッグステップ）の還元主義」がメカニズムの説明に役立たず、階層を一歩一歩小刻みに降りつづけていく方法にとってかわられざるをえないように、複雑なものをただの一歩で出現したものとして説明するのは不可能なのだ。われわれはもう一度、こうした小さな一歩の積み重ね、ただし今度は時間的に順序よく並べられた小さな一歩の積み重ねを拠りどころにしなくてはならない。

オックスフォードの物理化学者、ピーター・アトキンスは、そのみごとな文体で書かれた著作『創造』を次のようにはじめている。

> 私はあなたの心を旅に連れて行こうと思う。それは、われわれを空間と時間そして理解力の果てまで連れて行く知の旅である。旅の途上で私は、理解できないものもなければ、説明できないこともなく、そしてあらゆることはきわめて単純だということを論じよう。……宇宙の大多数のものは、どのような説明も必要としていない。たとえば、ゾウでいい。ひとたび分子たちが競争することと自分のイメージどおりに他の分子を創造することを学びさえすれば、やがてゾウやそれに似たものがあたりをうろついているのが見られるようになる。

アトキンスは、まさしく本書の主題である複雑なものの進化が、ひとたび好適な物理的条件さえ生まれれば、不可避的に起こるものだと想定している。彼が問うているのは、その必要最小限の物理的条件が何なのか、宇宙や、のちにはゾウをはじめ複雑なものが必ずやある日存在するようになるために、どんなに怠惰な創造主であってもしなければならない最小限のデザイン・ワークとは何なのか、という問題である。その答えは、物理学者としての彼の見方からすると、創造主はかぎりなく怠惰であってもかまわないということになる。あらゆるものが存在するようになることを理解するために、われわれが前提にしなくてはならない基本的な根源単位は、（ある物理学者によると）文字どおり無であるか、または（別の物理学者によれば）最高度に単純なもの、意図された創造といった壮大なものはまるでいらないくらい単純きわまりないものなのである。

アトキンスは、ゾウをはじめとした複雑なものにはどのような説明もいらないと言う。ところが彼がそう言う理由は、彼が物理学者であり、進化についての生物学者の理論を当然のこととみなしているからなのだ。だからゾウには何の説明もいらないとほんとうに言っているのではない。そうではなくて、物理学のいくつかの事実を当然のこととして受け入れるのであれば、生物学者がゾウを説明できる、ということに彼は満足しているわけなのだ。したがって、彼の物理学者としての仕事は、われわれがそうした事実を受け入れることに正当な保証を与えることである。彼はこの仕事に成功している。私の立場はそれと相補的だ。私は生物学者である。物理学的事実、単純なものの世界の事実を、私は自明のこととして受け入れる。物理学者たちがそうした単純な事実がすでに解明されたかどうかについていまだに意見の一致をみていないとしても、それは私には問題ではない。私の仕事は、ゾウをはじめとした複雑なものの世界を、物理学者たちが解明したかもしくは研究中の単純なもので説明することなのだ。物理学者の課題は、究極の起源と究極の自然法則の問題を解くことである。生物学者の課題は、複雑さの問題を解くことである。生物学者は、複雑なもののはたらきとそれが存在するにいたった過程をより単純なものにもとづいて説明しようとしている。生物学者は、物理学者に委ねてもかまわないくらいに単純な実体へ到達したときに、その仕事をなし終えたとみなすことができる。

後知恵によってではなくあらかじめ特定された方向で考えて統計的に起こりそうもないもの——複雑な物体をこのように特徴づけるのは、個人的な偏向を示していると思われるかもしれないとは、私も承知している。物理学に与えた「単純さの研究」という私の定義もそう思われるだろう。もしあなたが複雑さを何らかの別の方法で定義することを好むのなら、それでもよい、私は喜んであなたの定義に沿って議論するだろう。ただ、私が問題にしているのは、われわれが後知恵によってではなくあらかじめ特定された方向で考えて統計的に起こりそうもない性質のことを呼ぶのに何を選ぼうと、それは説明するのに特別な努力が必要とされる重要な性質なのだということである。それは物理学的物体に対立するものとして、生物学的物体を特徴づける性質なのである。われわれが提示する説明は、物理学の法則に抵触してはならない。実際、その説明は物理法則を利用することになるだろうし、またそれ以外には何も使わないことになるだろう。ただしそれは物理学の教科書では通常論じられないような特殊な方法で物理法則を応用するものになるはずだ。その特殊な方法というのはダーウィンの方法である。私はその根本的性質を累積淘汰という名のもとに3章で紹介するつもりである。

ところで、われわれが説明しようとしている問題の大きさ、生物学的複雑さのまぎれもない巨大さ、そして生物のデザインの美しさと華麗さを強調するにさいして、私はペイリーに従いたいと思う。2章では、ペイリーの時代からかなり経ってから発見された、コウモリの「レーダー」という特定の例についての議論をくりひろげる。そしてここでは細部を二段階で「ズーム・イン」した眼の図を入れておいた（図1）——おそらくペイリーなら電子顕微鏡をこよなく愛しただろう！　上

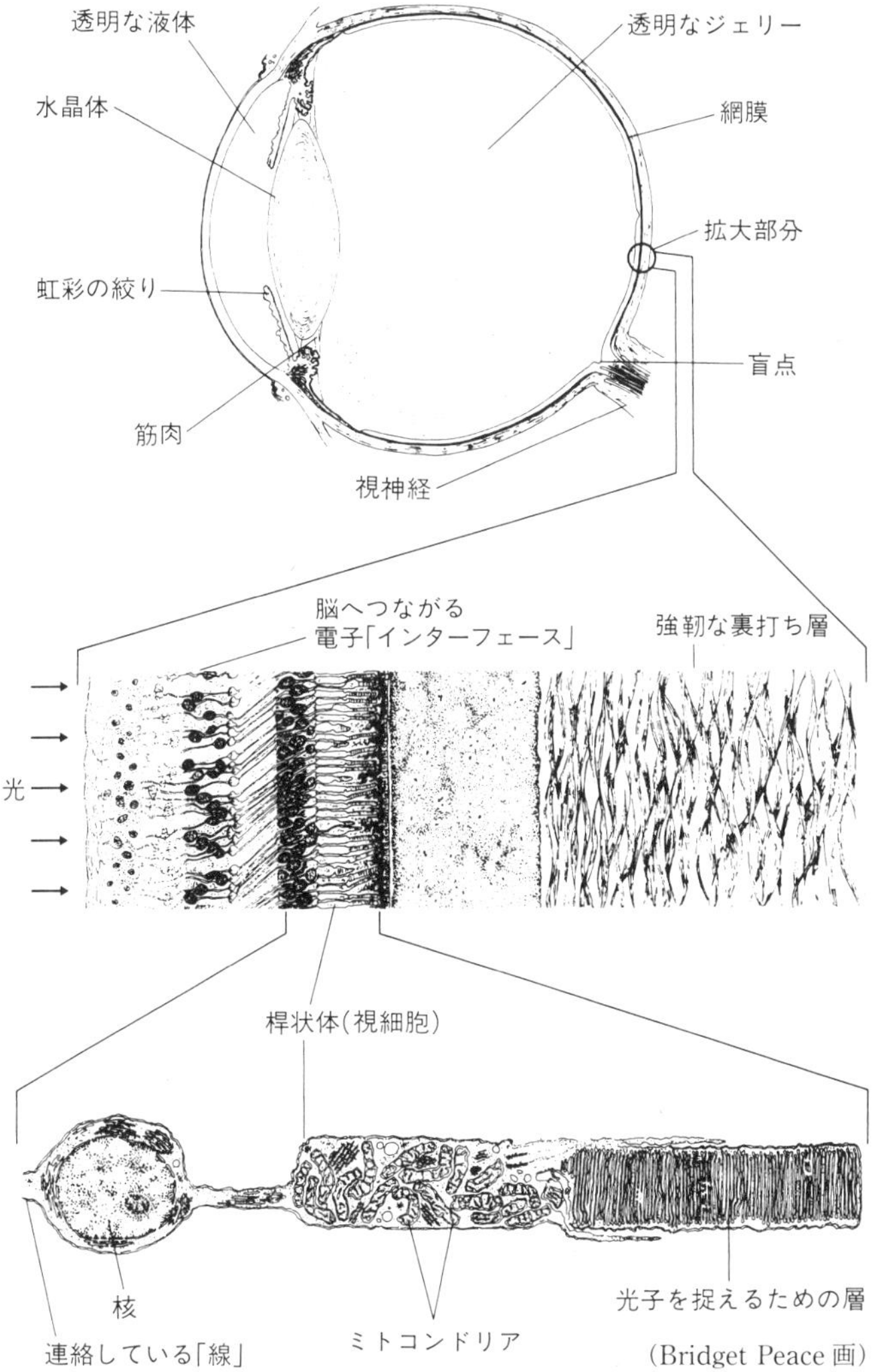

（Bridget Peace 画）

図1

段の図は眼そのものの断面図である。このレベルに拡大すると眼というものが一つの光学機器であることがよくわかる。カメラとの類似性はあきらかである。虹彩の絞りのおかげで水晶体（レンズ）の開口数つまりf値をたえず変えることができる。その水晶体は、実際には複合レンズ系の一部にすぎないのだが、焦点合わせの可変部にあたる。焦点は筋肉で水晶体を伸縮することによって（あるいはカメレオンなら、人間のつくったカメラのように水晶体を前後に動かして）変えられる。像は後方にある網膜で結ばれ、そこで光電管すなわち視細胞を刺激する。

　中段の図は、網膜の小断面を拡大して示している。光は左からやってくる。その光が最初に当たるのは、視細胞ではない。それらは内側に埋められていて、光のくるのとは反対方向を向いている。この奇妙な特徴については後でまた述べる。光が最初に当たるのは、視細胞と脳の間の「電子インターフェース」になっている神経節細胞層である。実際には、神経節細胞は、情報を脳へ伝える前に精緻な方法で前処理する役割を担っているので、「インターフェース」という言葉はあまりふさわしくない。「サテライト・コンピューター」とでも言うのがむしろ適切な名称だろう。神経節細胞から出た線維は網膜の表面を「盲点」へ向かって走り、そこで網膜の裏へ抜けて脳への主幹ケーブル、視神経を形成する。この「電子インターフェース」には約三〇〇万の神経節細胞があり、約一億二五〇〇万の視細胞からのデータが集まっている。

　下段の図は、一つの視細胞つまり桿状体を拡大したものである。この細胞の精緻な構造を見るばあい、その複雑さが網膜あたり一億二五〇〇万回繰り返されているという事実を心にとめておこう。そしてそれに匹敵する複雑さのすべてが、体の別の部分で全体として何兆回も繰り返されているのである。視細胞の一億二五〇〇万という数は、雑誌の良質な写真を分解してみたときの点の数の約五〇〇〇倍である。図の視細胞の右にある折りたたまれた膜が実際に集光する構造になっている。それが層状をなしていることによって、視細胞が光を構成している素粒子つまり光子(フォトン)を捕捉する効率が高められている。ある光子がその最初の膜で捕捉されないことがあっても、それは二番目の、さらには三番目の膜で捕捉されることがある。その結果、たった一つの光子でさえも感知できる眼も存在する。写真家の使えるもっとも感度の高いフィルム乳剤でも、一点の光を感知するのにその約二五倍も多くの光子を必要とする。視細胞の断面の中ほどに見える菱形状の物体は大部分がミトコンドリアである。ミトコンドリアは視細胞だけに見られるわけではなく、他のたいていの細胞にもある。その各々はいわば一つの化学工場であり、利用可能なエネルギーの一次生産物を引き渡す過程で、その入り組んで折りたたまれた内膜の表面に沿って並んだ長くて入り混じった流れ作業的な組立てラインにおいて、七〇〇以上のさまざまな化学物質を処理している。視細胞の図の左にある球体は核だ。これもまたあらゆる動・植物細胞に固有のものである。それぞれの核は、5章でみるように、『エンサイクロペディア・ブリタニカ』三〇巻をすべて合わせたものより大きな情報をもつ、デジタルコードのかたちで保存されたデータベースを内包している。この数字は各細胞についての値であって、体にあるすべての細胞を合わせての数字ではない。

この図の下段の桿状体は単一の細胞である。(ヒトの)体にある細胞の総数は約一〇兆である。あなたがステーキを一枚食べると、『エンサイクロペディア・ブリタニカ』一〇〇〇億部以上に相当する情報を切り刻んでいることになるのだ。

2章　すばらしいデザイン

自然淘汰は盲目の時計職人である。盲目であるというのは、それが見通しをもたず、結果についてのもくろみをもたず、めざす目的がないからだ。しかしそれでも、現在みることのできる自然淘汰の結果は、まるで腕のいい時計職人によってデザインされたかのような外観、デザインとプランをもつかのような錯覚で、圧倒的な印象をわれわれに与えている。本書の目的は読者が納得するまでこの逆説を解くことなのだが、とりあえずこの章ではデザインという錯覚の力を借りて読者にいっそう深い感銘を与えたい。まずきわめつけの例について考察し、デザインの複雑さと美しさにかけては、ペイリーといえどもその事実のほんのさわりさえ語り始めてはいなかったのだ、と結論するつもりである。

飛ぶ、泳ぐ、見る、食べる、繁殖する、あるいはもっと一般的に生物体の遺伝子の生存や自己複製を促進するといった何か意味のありそうな目的を遂げるために聡明で博識な技術者なら組み込んだと思われるような属性を、生物の体や器官がもっている場合には、われわれはそれをうまくデザインされていると言ってもかまわないだろう。体とか器官のデザインは、ある技術者が考えつける最良のものであると仮定する必要は何もない。ある技術者が考えつくことのできる最良のデザインは、いずれにせよ、別の技術者とりわけテクノロジーの歴史にあって後世に現われた別の技術者の考えついた最良のデザインに抜き去られることがよくある。しかし技術者なら誰でも、たとえ出来ばえがよくなくても、ある物体が何らかの目的のためにデザインされていれば、それと識別できるし、その物体の構造をちょっと調べればその目的が何なのかを見抜くことができるのがふつうである。1章では、哲学的な問題にもっぱら取り組んできた。この章では、技術者なら誰でも深い印象を受けずにはいないだろうと私の信じているとっておきの事実、すなわちコウモリのソナー(「レーダー」)について展開する。私はどの論点を説明するときも、まず生ける機械の直面している問題を提出し、その上で、気のきいた技術者なら考えるであろうその問題の解決策について考察するつもりだ。そして結局のところ自然が実際に採用した解決策に到達することになるだろう。コウモリはもちろんほんの一例である。ある技術者がコウモリに深い印象を受けるなら、きっとそれ以外にも数えきれないくらいたくさんある生けるデザインの例にも深い印象を受けずにはいないだろう。

コウモリの抱えている問題は、暗闇の中でどうやって自在に動き回るかということである。コウモリは夜間に狩りをするので、光の助けを借りて獲物を見つけたり障害物を避けることはできない。これが問題だというなら、それは自業自得であり、何のことはない、習性を変えて昼間に狩りをすればすむではないかと、言えるかもしれない。しかし、昼の経済(エコノミー)はすでに鳥類のような他の生物によって徹底的に利用しつくされている。夜に行なわれるべき仕事があって、それにかわる昼の仕事がすっかりふさがっているとなると、自然淘汰は夜の狩りの仕事をものにしたコウモリに有利にはたらいただろう。ところで、夜の仕事というのはわれわれ哺乳類すべての祖先にまで遡るものらしい。恐竜たちが昼の経済を支配していた時代には、われわれ哺乳類の祖先たちはおそらく、夜にどうにか暮らしを立てる方法を見つけたおかげでなんとか生き延びていただけであったろう。約六五〇〇万年前に、恐竜類のあの謎にみちた大量絶滅が起こった後にはじめて、われわれの祖先は昼間にもこぞって姿を現わすことができたのである。

コウモリの話に戻ろう。彼らは、光のないところでいかにして自在に動き回り獲物を見つけたりするかという技術的な問題を抱えている。コウモリだけが今日この難題に直面している生物というわけではない。彼らが獲物にしている夜飛ぶ昆虫たちも、あきらかに何らかの方法で思うように動いているにちがいない。太陽光線は水面下深くまでは届かないから、深海魚やクジラは、昼といわず夜といわず、ほとんどあるいはまったく光に恵まれていない。あまりに泥っぽい水中で生活している魚類やイルカは、光はあるものの、水中の不純物によって遮られ散乱するので、何も見ることができない。それ以外にも、見ることが困難であったり不可能な条件のところで生活している現生の動物は数多い。

暗闇でいかに巧みに体を操って進むかという問題が提示されると、技術者ならどのような解決策を考えるだろうか？　彼がまず考えつきそうな解決策は光をつくりだすこと、ランタンとかサーチライトを用いることだ。ホタルや（ふつうはバクテリアの助けを借りて）魚類のあるものは自ら光をつくる能力をもっているが、光をつくるには大量のエネルギーを消費するものと思われる。ホタルが光を使うのは配偶者をひきつけるためである。これには手が届かないほど多くのエネルギーがいるわけではない。というのは、雄の小さな光の点は、雌の眼に光源そのものとして直接に入ってくるので、暗い夜にはある程度離れたところにいる雌からでも見つけられるためだ。ところが自分の周囲の事情を知るために光を使うには、莫大なエネルギーが必要である。なぜなら、そのばあい眼は周囲の景色の各部分から反射してくるほんのわずかな光を検出しなければならないからである。したがって光源というものは、もしそれが、他者への信号としてではなく、自分の通り道を直接に照らすヘッドライトとして使われるなら、はかりしれぬほど輝きを増さなくてはならない。エネルギーが高くつくためかどうかはともかく、いくつかの異様な深海魚はおそらく例外としても、ヒト以外の動物には周囲の事情を知るために自らつくりだした光を使うようなものはいないというのは、事実のようだ。

技術者なら他にどんなことを思いつくだろうか？　そういえば、目の見えない人はその通り道にある障害物について超人的なまでに鋭い感覚をもっているように思われることがよくある。顔面でちょっとした触覚のようなものを得るという目の見えない人たちについての報告から、それには「顔面視覚」という名前がつけられている。ある報告によれば、全盲の少年が「顔面視覚」によって自宅近くの路地を三輪車に乗ってかなりの速さで一周することができたという。この感覚は（切断されてしまった）幻想肢に痛みを感じるのと同じで、実際には「顔面視覚」が触覚とか顔の前面とは何のかかわりもないことが実験で示された。「顔面視覚」という感覚は、顔の前面と関係しているかのように言われているが、結局のところ、実際には耳を通してはたらくことがわかっている。目の見えない人たちは、その事実に気づくことさえなく、障害物の存在を感知するために、自分の足音やその他の音の反響（エコー）を実際には使っている。このことが発見される以前に、技術者たちは、その原理を利用した装置、たとえば船から海底までの深さを測るための装置をすでにつくっていた。

この技術がひとたび開発されてしまうと、兵器設計者たちがその技術を応用してその装置を改造し、潜水艦を探知するのはもはや時間の問題であった。第二次世界大戦において大西洋の両岸では、これらの発明にアスディック（イギリス）とかソナー（アメリカ）という暗号名をつけて、音波反響（エコー）ではなく電波反響を使うレーダー（アメリカ型）とかＲＤＦ（イギリス型）といったよく似たテクノロジー[1]とともに、大いに頼りにしていた。

当時のソナーやレーダーの開発者たちは知らなかったが、コウモリが、というよりコウモリにはたらいている自然淘汰が、何千万年かさきがけて「レーダー」システムを完成させており、しかもそのレーダーが技術者を唖然とさせるような探知と航空術（ナヴィゲーション）の離れ業をやってのけていることは、いまなら誰でも知っている。コウモリ「レーダー」という言い方は工学的には正しくない。コウモリたちは電波を使っているわけではないので、それを言うならソナーだ。しかしレーダーとソナーの基礎になっている数学理論はとてもよく似ているし、コウモリが何をしているかをわれわれが科学的にくわしく理解するようになったのは、おおむねレーダー理論を適用したおかげである。コウモリのソナーの発見に関して多大な功績を残したアメリカの動物学者ドナルド・グリフィンは、動物と人工的な機械装置とのどちらに使われているものであれ、ソナーにもレーダーにも適用できる、「反響定位（エコーロケーション）」という言葉をつくった。この言葉は実際にはほとんど動物のソナーを指すのに使われるようである。

コウモリ類がおしなべて同じであるかのように語るのは誤解を招きやすい。それは、すべて食肉類であるという理由だけで、イヌ、ライオン、イタチ、クマ、ハイエナ、パンダ、カワウソなどをひとまとめにして語るようなものだ。コウモリ類はグループによってまるで異なった方法でソナーを使っており、ちょうどイギリス、ドイツ、アメリカがすべて独自にレーダーを開発したように、ソナーをそれぞれが独自に「発明」してきたと思われる。コウモリがすべてエコーロケーションを使っているわけではない。旧世界の熱帯にいる果実食のオオコウモリ類はできのよい視覚をそなえ、その仲間はたいてい周囲の事情を知るのに眼だけを使っている。けれども、たとえばルーセットオオコウモリ属（*Rousettus*）の一ないし二種は、いくら眼が良くても役に立たないはずのまったくの暗闇でもあたりの事情を知ることができる。彼らはソナーも使っているのだ。ただし、それは、温帯地域においてわれわれがよく知っている小型のコウモリが使っているのよりは粗末なソナーである。ルーセットオオコウモリは飛びながらその舌をリズミカルに動かして（カチカチという）大きなクリック音を出し、一つ一つのクリック音とそのエコーとの時間間隔を測ってうまく飛翔している。ルーセットオオコウモリが出すクリック音のかなりの音域は、われわれにもはっきり聴きとれる（定義上これは超音波ではなく音波だが、超音波も、高すぎて人間には聴こえない点を除けば、音波とまったく変わらない）。

理論的には、ピッチ〔基音の周波数〕が高い音ほど、正確なソナーになる。ピッチの低い音は波長が長く、ひじょうに接近している二つの物体を弁別できないからである。したがって他の条件がすべて同じであれば、誘導システムのためにエコーを利用しているミサイルは理想的にはきわめてピッチの高い音を出したいところだろう。実際、たいていのコウモリは、極端にピッチの高い音、人間が聴くにはまるで高すぎる音、つまり超音波を使っている。ルーセットオオコウモリはかなり眼がきいて、そのすぐれた視覚を補うためにあまり変調されていない比較的ピッチの低い音を使ってほどほどのエコーロケーションを行なうが、それとは違って、より小型のコウモリ類は技術的に高度に進歩したエコー機械（マシン）になっているようである。彼らは小さな眼をもってはいるが、たいていのばあいたぶんあまりよくは見えないだろう。小型コウモリはエコーの世界に生きており、たぶんその脳はエコーを使ってイメージを「見る」のに近い何かをすることができるのだ。ただし、そうしたイメージがどんなものなのかを、われわれが「視覚化」するのはほとんど不可能である。コウモリの出す騒音は、あのイヌにしか聴こえない超音波犬笛（スーパー・ドッグ・ホイッスル）のように、人間が聴くにはちょっと高すぎるどころではない。多くのばあい、そうした音は、誰もが聴いたりイメージしたりできるもっとも高い音よりもさらに高いのである。ついでに言うと、われわれにそれが聴こえないのは運がよいことなのだ。なにしろ、その音はとてつもなく強烈で、もし聴こえでもしようものならとんでもない大声だろうから、とても眠ってなんかいられないだろう。

これらのコウモリは、精巧な計器類を満載している超小型スパイ飛行機のようだ。コウモリの脳は、感度よく調整された超小型の電子魔法のパッケージであり、リアルタイムでエコー世界を分析するために必要な、手の込んだソフトウェアによってプログラムされている。コウモリの顔は、しばしば歪んでいて、ゴシック建築の怪物の形をした樋嘴（ひさし）、ガーゴイルのようであり、それが、望む方向へ超音波を発射するために絶妙につくられた装置であるとわからないうちは、見るも恐ろしげである。

われわれはこうしたコウモリの超音波パルスを直接に聴くことはできないけれども、翻訳装置というか「コウモリ探知器」を使うと、何が起こっているのかをいくらかは理解できる。この装置は、特製のマイクロフォンを通してコウモリの超音波パルスを受信し、そのパルスを変換してヘッドフォンから聴くことのできる可聴域のクリック音にする。こうした「コウモリ探知器」を持ち出して、コウモリが餌を採る、障害物のない場所にでも置けば、彼らのパルスがほんとうはどんな「音」なのかをありのままに聴くことはできないにしても、それぞれのコウモリがパルスを発したそのときに聴けるようになる。そのコウモリが、ありふれた小型で褐色のホオヒゲコウモリ属（*Myotis*）の一種であれば、「通常業務」で飛びまわっているときには、毎秒約一〇回の割合でクリック音を出しているのを聴けるだろう。これはだいたい標準的なテレックスとかブレン機関銃なみの速度である。

　コウモリが自分の飛びまわっている世界についてもっているイメージは、おそらく毎秒一〇回の割で更新されているだろう。われわれ自身の視覚イメージは目が開いているかぎりたえず更新されているように思われる。世界についてのイメージが断続的に更新されるというのがどのようなことなのか、夜中にストロボスコープを使ってみれば理解できる。これはディスコなどでときどきやられていることで、かなり劇的効果がある。踊っている人間はまるで彫像のように、凍りついた姿勢が少しずつ変化していくかのように見える。ストロボの発光間隔を短くするほど、そのイメージは正常の「連続的」視覚により近いものになるのはあきらかである。コウモリの飛びまわっているときの毎秒一〇回という速度で、ストロボスコープ的に視覚「情報を抽出（サンプリング）」すると、ボールを受けたり昆虫を捕えたりするのには向かないけれども、通常のことをするには正常の「連続的」視覚とほとんど同じ程度にさしさわりはなくなる。

　この毎秒一〇回というのがちょうどいつも飛びまわっているときのコウモリの情報抽出の速度である。ホオヒゲコウモリが昆虫を探知し、そこから迎撃コースをたどりはじめると、クリック音の間隔は短くなっていく。それは機関銃よりも速く、コウモリが動く標的に最終的に接近すると毎秒気がつかない家庭用電源のサイクル数をさらに二倍にしたフラッシュの速度にまでストロボスコープをスピードアップしなくてはならない。それくらい高周波数の「パルスでできた」視覚世界であれば、われわれは平常のあらゆる視覚機能をはたらかすことができ、スカッシュやピンポンさえ何の苦もなくできる。コウモリの脳がわれわれの視覚イメージとよく似た世界のイメージをつくっていると想像してよいなら、そのパルス速度からしても、コウモリのエコー・イメージは少なくともわれわれの視覚イメージと同じくらい詳細かつ「連続的」でありそうである。もちろん、それがわれわれの視覚イメージほど詳細ではない理由も、別にあるかもしれない。

コウモリはその情報抽出速度を毎秒二〇〇パルスにまで増幅できるのに、どうしてこの速度をずっと維持しないのだろうか？　コウモリがその「ストロボスコープ」の速度を制御する「つまみ」をもっていることはあきらかである以上、なぜそれをずっと最高状態に合わせて、それによって世界についての認識をつねにもっとも正確な状態に維持して、どんな緊急事態にも対応できるようにしないのだろうか？　一つの理由は、そうした高速のパルスは近い標的にかぎってふさわしいということである。もしあるパルスがその先行パルスの後をあまりにくっついて追いかけると、遠くの標的から戻ってくるその先行パルスのエコーと混じりあってしまう。たとえこのような事態が生じなくても、いつもパルスを最大速度で発し続けないことは、おそらく経済的には理にかなっているだろう。大きな超音波パルスを生みだすことにはコストがかかるはずである。エネルギーのうえでも、音声と耳の耐久性の点でも、またおそらく演算時間の点でもコストがかかるだろう。毎秒二〇〇のはっきり区別されるエコーを処理している脳には、それ以外に何かを考えるための余分の能力などないのではなかろうか。たとえ毎秒一〇パルスのゆっくりした速度でも、おそらくかなりコストがかかるだろうが、毎秒二〇〇パルスの最大速度に比べればずっと少ないはずだ。あるコウモリがパルスの速度を上げても、エネルギーなどに余分な代価を支払うことになり、結局ソナーの感度が増大されたからといってもともとは取れないだろう。すぐ近くで動いている物体がそのコウモリ自身だけであれば、その世界として見えているものは一秒の何分の一かはほとんどそっくりそのままなので、それ以上頻繁に情報抽出する必要はない。行く手近くに別の動く物体がいるとき、とりわけその追跡者を死にもの狂いで振り切ろうとして体をひねったり引き返したり急降下したりする昆虫がいるときに、情報抽出速度を高めれば、コウモリはそれにかかった費用(コスト)に釣り合う以上の利益を得られる。費用と利益についてこの段落で考えたことは、もちろんすべて推測だが、何かほぼこれに近いことがきっと起こっているはずである。

技術者は、性能のよいソナーやレーダー装置のデザインにとりかかると、すぐさまそのパルスを極端に強くする必要性から生じてくる難問に逢着する。なぜパルスを強くしなくてはならないかというと、音波が遠くへ届くときには、その波面が拡がり続ける球面として前進するからである。音の強さは球面全体にわたって分散させられ、ある意味で「薄め」られる。ある球体の表面積は半径の自乗に比例する。したがって、球面のある点における音の強さは、波面が進みその球面が膨張するにつれ、音源からの距離(球の半径)そのものにではなく、距離の自乗に反比例する。というわけで、音源から、つまりこの場合はコウモリから遠くへ離れるにつれて音はかなり急速に弱まってしまう。

この薄められた音は、ある物体、たとえば一匹のハエに当たると、それからはね返ってくる。この反射音は今度は方向を変えてそのハエから球面上の波面となって広がってゆく。反射する前の音のばあいと同じ理由で、反射音はハエからの距離の自乗に反比例して減衰していく。エコーがふたたびコウモリに到達するときまでに、その音の強さは、コウモリからハエまでの距離でも、距離の自乗でさえもなく、その距離の自乗の自乗つまり四乗に反比例して減衰している。だから、その音はごくごく弱くなっている。この問題は、コウモリがメガフォンのようなもので音を発射していれば、いくぶんかは解決される。ただし、これもコウモリが標的の方向をすでに知っているとしての話だ。いずれにせよ、コウモリが離れた標的からともかくなんとか意味のあるエコーを受信しようとすると、コウモリからまさに発信されたばかりの金切り声のような音は、とてつもなく大きな音でなければならず、そのエコーを検出する装置である耳は、とても弱い音、つまりエコーにすこぶる高い感度をもたなければならない。すでに述べたように、なるほどコウモリの叫び声はしばしばとても大きく、しかも彼らの耳はきわめて感度がよい。

さてここには、コウモリのような機械を設計しようとする技術者が頭を悩ませる問題がある。このマイクロフォンもしくは耳がそれほどまでに高感度だと、自らが発する音声パルスがとてつもなく大きいため深刻な損傷を被るおそれが多分にある。発する音を弱くしてこの問題に対処するのはいい方法ではない。それだとエコーが弱くなりすぎて聴こえなくなるからだ。また、マイクロフォン（「耳」）をより高感度にすることによってその問題に対処するのもいい方法ではない。そんなことをするとマイクロフォンがより傷つきやすくなり、たとえ発する音を少しばかり弱くできても、今度はその音によって耳が損傷を被ることにかわりはないからである！　これは発する音と戻ってくるエコーの強さのあいだで物理法則によって容赦なく課せられている劇的な違いによってどうしようもなく生じるジレンマである。

他にどのような解決策が技術者の頭に浮かぶだろうか？　それとそっくりの問題が第二次世界大戦時のレーダーの設計者たちを悩ませていたころ、彼らは「送・受信」レーダーと呼ばれる一つの解決策を思いついた。レーダー信号がことの必要上きわめて強力なパルスで送り出されれば、そのパルスは、微弱なエコーが戻ってくるのを待っている高感度のアンテナに損傷を与えかねないだろう。「送・受信」回路というのは、パルスが外へ向けて発射される直前に受信用アンテナとの連絡スイッチを一時的に切り、それからふたたびそのエコーを受けるときにアンテナにスイッチを入れるようにしたものだった。

コウモリたちは「送・受信」切り換えのテクノロジーをはるか昔に、おそらくわれわれの祖先が木から降りたころより数百万年前に、開発したのだ。それは次のように作動する。われわれの耳と同じように、コウモリの耳でも、音は、鼓膜からマイクロフォンの役割をする聴覚細胞へと、その形から槌骨、きぬた骨、あぶみ骨と名前のついた三つの小さな骨によって橋渡しされて伝わっていく。ついでに言うと、これら三つの骨の据え付けと蝶番接合は、まるでハイファイ技術者が必要な「インピーダンス整合」機能を果たすためにデザインしたかのようだが、まあそれは別の話である。ここで重要なのは、ある種のコウモリがあぶみ骨や槌骨に付着した筋肉をよく発達させているということである。これらの筋肉を収縮させると、骨は音をあまり効率よく伝えなくなる。それはちょうど、ふるえている振動板に親指を押しつけてマイクロフォンの音を弱めているようなものだ。コウモリは、これらの筋肉を使って一時的に耳をスイッチ・オフの状態にすることができる。それらの筋肉はコウモリが外へ向けてパルスを発する直前に毎回収縮し、そうしてこの大きなパルス音によって損傷しないように耳のスイッチを切る。それからその筋肉は弛緩し、エコーがちょうど戻ってくるときに耳は最高の感度にまで回復するのである。この送・受信切り換えシステムは、切り換えのタイミングが一瞬の違いもないくらいの正確さで維持されてはじめてうまく作動する。オヒキコウモリ属（*Tadarida*）と呼ばれるコウモリは、切り換え用筋肉の収縮と弛緩を毎秒五〇回繰り返すことができ、機関銃なみの超音波パルスと完璧に同調させている。このタイミングの合わせ方はおそるべき芸当であり、第一次世界大戦中にいくつかの戦闘機に用いられた巧妙な仕掛けにも匹敵するものだ。その戦闘機の機関銃は、プロペラ「越しに」発射されるため、弾丸がプロペラの羽の間を通り抜け、決してそれに当たらないよう、発射のタイミングがプロペラの回転と注意深く同調する仕掛けになっていた。

わが技術者にとって次に問題になってくるのは、こういうことである。ソナー装置というものが、音を出してからエコーが戻ってくるまでの無音の時間を測ることによって標的までの距離を測っているのなら——それはまさしくルーセットオオコウモリが使っていると思われる方法であるが——その音はきわめて短い、スタッカート・パルスでなくてはならないと思われる。長く引き延ばされた音だと、そのエコーが戻ってきてもまだ続いていることがあるだろうし、またたとえ送・受信切り換え筋肉によって部分的に消音されるにしても、エコーを検出するうえで障害になるだろう。理想的には、コウモリのパルスはきわめて短くあるべきだと思われる。しかし音が短ければ短いほど、ちゃんとしたエコーを生み出せるほどに音のエネルギーを大きくするのはいっそう困難になる。ここには物理法則によって縛られたもう一つの厄介な交換取引（トレードオフ）がありそうである。巧妙な技術者なら二つの解決策を思いつくだろう。実際、それらはまたしてもレーダーという類似例において、同じ問題に出くわしたとき、彼らの思いついた解決策でもある。その二つの解決策のどちらが望ましいかは、射程（物体がその装置からどれくらい離れているのか）を測ることの方が重要なのか、それとも速度（物体がその装置に対して相対的にどれくらいの速さで動いているのか）を測ることの方が重要なのかにかかっている。第一の解決策は、レーダー技術者に「チャープ・レーダー」として知られているものである。

レーダーの信号は一連のパルスとみなすこともできるが、どのパルスもいわゆる搬送周波数というものをもっている。これは音波や超音波の一つのパルスの「ピッチ」とよく似たものだ。すでにみたように、コウモリの叫び声には毎秒数十回から数百回の速度で反復されるパルスが含まれている。そうしたパルスの一つ一つは毎秒一万から一〇万サイクルの搬送周波数をもっている。言い換えると、各パルスは高いピッチの鋭い音なのである。同じように、レーダーの各パルスは、高い搬送周波数をもった電波の「鋭い音」なのだ。チャープ・レーダーの特殊性は、一つ一つの鋭い音の搬送周波数が固定されていないというところにある。それどころか、その搬送周波数は一オクターブばかり急上昇したり急降下したりする。それを音波に相当するものとしていうなら、レーダーから放射される各パルスは高音から低音に吹くヒューウウという口笛、ウルフ・ホイッスルみたいなものと思えばよい。チャープ・レーダーは、ピッチの固定されたパルスと対比させると、次のような利点をもっている。もとのチャープ音はそのエコーが戻ってくるときまで続いていても、ちっともかまわない。もとの音とそのエコーが互いに入り乱れて区別がつかなくなったりはしない。というのは、ある瞬間に検出されるエコーはそのチャープ音の初期の部分の反射であり、したがって異なったピッチをもっているからである。

人間のレーダー設計者たちはこの巧妙な技術をうまく利用してきた。コウモリたちも送・受信切り換えシステムを発見したのと同じように、この技術を「発見」したという証拠があるのだろうか？ そう、実際に、コウモリ類の多数の種は、ひと声叫ぶたびに通常一オクターブばかり急に下がるような声を出しているのだ。こうしたウルフ・ホイッスルのような叫び声は、変調周波数つまりFMとして知られている。それらは、まさしく「チャープ・レーダー」技術を利用するうえで必要とされるために現われたかのようにみえる。しかしながら、いままでの証拠によれば、コウモリ類は、エコーとそれをつくり出したもとの音を区別するためにではなく、あるエコーと別のエコーを区別するというもっと微妙な仕事のために、その技術を使っているらしい。コウモリは、近くの物体、遠くの物体、またその中間のあらゆるところにある物体からはね返ってくるエコーの世界に生きており、こうしたエコーをそれぞれ選り分けなくてはならない。コウモリが音域の急降下するウルフ・ホイッスルのようなチャープ音を出していれば、その選り分けはピッチによって手際よく行なわれる。遠くの物体からやっと戻ってきたエコーがあるとすれば、それは近くの物体から同時に戻ってきたエコーよりも「古い」エコーであるはずだ。したがってそのエコーはより高いピッチをもっているだろう。コウモリが数個の物体から戻ってきてかちあったエコーに直面するばあいには、「より高いピッチはより遠くからきた」とおよその見当をつければいいのだ。

技術者なら思いついたかもしれない第二の巧妙なアイデア、それも動いている標的の速度を測ることにとりわけ興味を抱いている技術者が思いつきそうなものは、物理学者がドップラー偏移と呼んでいる現象を利用することである。これは「救急車効果」と呼んでもよいだろう。というのは、救急車のサイレンのピッチがそれを聴いている人の前を疾走して通り過ぎると急に落ちる現象といえば、誰でもよく知っているはずだからだ。ドップラー偏移は、音（あるいは光でも他のどんな種類の波でもよい）の発生源とその音の受信者が相対的に動いているばあいならいつでも生じる。もっとも考えやすいのは、音源が静止していてそれを聴く人が動いているばあいだろう。工場の屋根にあるサイレンがずっと一定の調子で鳴り続けているとしてみよう。音は一連の波として外へ四方八方へ拡がっていく。その波は気圧の波なので見ることはできない。もし見えれば、それは静かな池のまんなかへ小石を投げたときにできる外向きに広がる同心円の波に似ているだろう。池のまんなかに小石が続けざまに次々と速い間隔で落とされるところを想像してみよう。波はその中央からたえず広がっていく。その池のある決まった点に小さなおもちゃのボートを浮かべてみると、ボートは波がその下を通過するたびにリズミカルに上下に動くだろう。そのボートが上下する頻度〔周波数〕がまあ言えば音のピッチである。さて、そのボートが、ただ浮かべられているのではなく蒸気で動いて、その波の円が広がってくる中心へ向かって池を横切って行くとしよう。ボートは次々とくる波面に当たるたびに、やはり上下に動くだろう。しかし、今度は波に当たる頻度はだんだん高くなる。なぜなら、ボートはその波源に向かって動いているからだ。それはより高い頻度で上下に動くだろう。これに対して、ボートがその波源を通過して、その反対側へと去って行くと、上下に動く頻度はあきらかに低くなる。

同じ理由から、われわれが（なるべく静かな）バイクに乗って工場のサイレンの鳴っているところを急いで通り過ぎるばあい、工場へ接近するときにはサイレンのピッチは上がるだろう。要するにわれわれの耳は、ただじっと座っているときよりも高い頻度でその波をわんわん受けることになる。同様の議論によって、バイクが工場を通り過ぎて遠ざかるときには、そのピッチは低くなるだろう。動くのを止めれば、サイレンのピッチは本来の高さで聴こえて、それは二つのドップラー偏移したピッチの中間になるはずだ。そのサイレンの正確なピッチを知っているなら、見かけのピッチを聴き、それと、わかっている「ほんとうの」ピッチとを比べさえすれば、われわれがどのような速さでそれへ向かっているかあるいはそれから遠ざかっているかを算定することも、理論的には可能だということになる。

音源が動いており聴く人が静止しているばあいも、同じ原理がはたらく。救急車にその原理がはたらくのはそういうわけだ。クリスチャン・ドップラーが自らブラスバンドを雇って、無蓋貨車の上で演奏させ、呆気にとられている聴衆の前を駆け抜けて、その効果を誇示したという、かなりできすぎた話が伝えられている。問題なのは相対的な動きであり、ドップラー効果に関するかぎり、音源が耳を通り過ぎていくと考えようと、耳が音源を通り過ぎていくと考えようと、どうでもよい。二つの列車が反対方向からそれぞれ毎時一二五マイルですれちがうとすると、その相対速度は毎時二五〇マイルになるので、一方の列車の乗客は、とりわけ劇的なドップラー偏移によって他方の列車の汽笛が急に下がるのを聴くだろう。

ドップラー効果は自動車のスピード違反者を摘発する警察のレーダーにも使われている。静止した装置からレーダー信号が道路に沿って発射される。そのレーダー波は接近してくる車からはね返って、受信装置に自動記録される。車が速く走っていればいるほど、周波数のドップラー偏移はより高くなる。出ていく周波数と戻ってくるエコーの周波数を比較すれば、警察は、というか正確に言えばその自動装置は、それぞれの車のスピードを計算できる。警察がこの技術を利用して暴走車(ロード・ホッグ)のスピードを測ることができるとすれば、コウモリだってそれを使って獲物となる昆虫のスピードを測っていると期待しても、まあかまわないだろうか？

　そうなのだ。キクガシラコウモリとして知られている小型のコウモリは、スタッカートのクリック音とか高音から急に低くなるウルフ・ホイッスルのような音ではなく、長い固定ピッチのホーという音つまりフート音（hoot）を出すことが、ずっと以前から知られていた。ここで私が長いと言うのは、コウモリの標準からすると長いという意味である。「フート音」は一〇分の一秒よりもいっそう短いのだ。さらに、あとでわかるように、それぞれのフート音の最後にはしばしば「ウルフ・ホイッスル」がくっついている。まずは、キクガシラコウモリが一本の木のような静止した物体に向かって速く飛びながら超音波の連続的な低いうなり声を出しているところを想像してみよう。その波面は、コウモリが木へ向かって動いていくために、いくらか加速された速度でその木へ当たる。木にマイクロフォンが仕掛けてあれば、コウモリの動きによってピッチの高まる方向へドップラー偏移した音が「聴こえる」だろう。むろん木はマイクロフォンをもたないけれども、その木からはね返ってくるエコーはこのようにピッチを高める方向へドップラー偏移しているはずだ。さて、エコーの波面が接近してくるコウモリへ向かってその木からはねかえっていくとき、コウモリはその波面へ向かってなおも速く動いている。したがって、コウモリがそのエコーのピッチを認識するさいには、ピッチを高める方向へいっそうのドップラー偏移が生じることになる。コウモリの動きは二重のドップラー偏移のようなものをもたらし、どれだけドップラー偏移しているかが木に対するコウモリの相対速度の正確な指標になる。叫び声のピッチと戻ってくるそのエコーのピッチを比べることによって、コウモリは（というか正確に言えばその脳に内蔵されたコンピューターは）理論的には自分がその木に向かってどれくらいの速さで動いているかを計算できるはずである。だからといってコウモリに木からどれくらい離れているかがわかるわけではないのだが、それでもきっとひじょうに有効な情報にはなるだろう。

エコーを反射する物体が動かない樹木ではなくて動いている昆虫であれば、ドップラー効果の帰結はもっと複雑になるだろうが、コウモリはそれでも自分自身と標的の間の相対的な動きの速度を計算できるはずである。これはちょうど、精巧な誘導ミサイルが必要とするような種類の情報である。何種かのコウモリは、単に一定ピッチのフート音を発して、戻ってくるエコーのピッチを測る以上に、興味深い仕掛けを使っている。彼らは、ドップラー偏移した後のエコーのピッチを一定に保つよう、ピッチを注意深く調整しながらフート音を発しているのだ。彼らが動いている昆虫の方へ向かってスピードを上げているとき、叫び声のピッチは、戻ってくるエコーのピッチを一定に保つのにちょうどどれくらいのピッチが必要とされるかをたえず探し求めながら、休みなく変化している。この巧妙な仕掛けによって、エコーは彼らの耳がもっとも感度の高いピッチに保たれているのである。エコーはきわめて微弱なので、これは重要なことだ。こうして彼らは、エコーのピッチを一定にするために出すべきフート音のピッチをモニターすることによって、ドップラー効果を計算するのに必要な情報を得ることができる。人間のつくった装置が、ソナーであれレーダーであれ、この精妙な仕掛けを使っているかどうか、私は知らない。しかし、この分野におけるもっとも賢明なアイデアは、まず最初にコウモリによって開発されたようだという信念に基づいて、私はかまわずその答えがイエスだという方に賭けよう。

これら二つのかなり異なった技術、ドップラー偏移技術と「チャープ・レーダー」技術は、それぞれ別の特殊な目的にかなっているだろうと予想するしかない。コウモリ類のグループのなかには、それらの一方に特殊化しているものもあれば、他方に特殊化しているものもある。なかには、長い固定周波数の「フート音」のおしまい（はじまりのばあいもある）にFMの「ウルフ・ホイッスル」をつけていて、両方の世界の最良のものを得ようとしているグループもあるようだ。キクガシラコウモリのもう一つの奇妙な仕掛けはその外耳のはためき運動に関係している。他のコウモリとは違ってキクガシラコウモリは外耳を前後に交互にすばやくはためかす。標的へ相対している聴覚面にこうした急速な動きを付け加えることによって、ドップラー偏移に有効な変調、付加的な情報をもたらす変調をひき起こしていると想像できる。耳が標的の方へはためいているとき、その標的の方向への見かけの運動速度は速まる。それが標的から遠ざかる方向へはためいているときには、その逆のことが起きる。コウモリの脳はそれぞれの耳がいまどちらの方向へはためいているかを「知っており」、情報を得るのに必要な計算をおよそのところ行なうことができるだろう。

コウモリが直面しているあらゆる問題のうちおそらくもっとも困難な問題は、故意ではないにしろ、他のコウモリたちの叫び声によって「妨害される」危険があることである。人間の実験者たちは、エネルギーの強い人工超音波をコウモリに聴かせてみたが、彼らを浮き足立たせるのは驚くほどむずかしいことに気がついた。後からよく考えてみると、これは予測されることであった。コウモリは昔から妨害回避の問題に折り合いをつけなくてはならなかったはずなのだ。コウモリ類の多くの種は洞窟の中をねぐらとして巨大な集まりをつくる。そこは超音波とそのエコーのせいで、耳をつんざくような騒々しさにちがいない。それでもコウモリたちは、完全な暗闇のなかで壁を避け、お互いを避けながら、洞窟内を速やかに飛ぶことができる。いったいどのようにしてコウモリは自分のエコーを追跡しつづけ、他のコウモリのエコーによって惑わされないようにしているのだろうか？　技術者ならまず思いつきそうな解決策は、どれかある周波数を暗号化（コード）することである。つまり、どのコウモリもちょうど別々のラジオ局のように私的な周波数をもつのだ。ある程度までそうなっているかもしれないが、話がすべてこれですんでしまうわけではない。

　コウモリが他のコウモリによって妨害されるのをどのように避けているのかはよくわかっていないが、コウモリをだまそうとする実験から興味深い手掛りが得られている。それは、コウモリに人為的に時間を遅らせて自分自身の叫び声を再生して聴かせると、彼らをほんとうに欺くことができるというものである。言い換えると、彼らに自分の叫び声の偽エコーを与えてやるのだ。この偽エコーを遅れて出す電子装置を周到に制御すれば、コウモリを「幻の」岩壁に着陸しようとさせることだって可能である。それは、レンズを通して世界を眺めるのと同じことをコウモリにさせているようなものではないだろうか。

　コウモリは、われわれからすると「違和感（ストレンジネス）フィルター」と呼んでもいいような何かを使っているようにみえる。自分自身の叫び声に由来するエコーが次々とやってくるたびに以前のエコーによって組み立てられた旧世界像をもとに、新たに意味づけられる世界像がつくられる。コウモリの脳が、別のコウモリの叫び声のエコーを聴いて、自分が前に組み立てていた世界像にそれを取り込もうとしても、そのエコーは意味をなさないだろう。そんなことをすると、あたかもその世界にあった物体が突然いろいろな方向へでたらめに飛び跳ねてしまったかのように思えるだろう。現実の世界の物体はそうした気違いじみたふるまいかたはしないので、脳は見せかけのエコーを背景の雑音としてなんなく濾過して取り除くことができよう。人間の実験者がコウモリに、自分自身の叫び声の「エコー」を人為的に遅らせたり速めたりしてぶつけると、この偽エコーはコウモリがすでに組み立てている世界像にもとづいて意味づけられることになる。偽エコーは、前のエコーとの文脈（コンテクスト）においてもっともらしいがために、違和感フィルターを通り抜けて受け入れられるのだ。偽エコーによれば物体はほんの少し位置がずれたかのように思える。それは、現実世界の物体にも当然起こっておかしくないことがらである。コウモリの脳は、あるエコーパルスによって描かれた世界が、前のパルスによって描かれた世界と同じであるか、あるいはたとえば追跡されている昆虫がちょっぴり動いているばあいのようにほんの少し異なっているか、そのどちらかであるという仮定に依拠しているのだ。

「コウモリであるとはどのようなことか？」という、哲学者トマス・ネーゲル(2)の有名な論文がある。その論文はコウモリについて書かれているのではなく、われわれではない何かであるというのは「どのような」ことなのか、に想像をめぐらすという哲学的な問題について書かれている。なぜコウモリが哲学者に格好の話題なのかといえば、エコーロケーションするコウモリの経験がどうみても異質のものであり、われわれ自身の経験とはたいへん異なっていると考えられているからである。とはいえ、コウモリの経験を共有したいとしても、洞窟へ行き、大声で叫ぶとか二本のスプーンを打ち合わせるとかして、そのエコーを聴くまでにどれくらいの時間が遅れるかを意識的に測ったうえで、洞窟の壁がどれくらい離れているかを計算してみるなどというのは、もうほとんど確実にはなはだしい誤解を招くもとなのだ。

それがコウモリであるとはどのようなことかと関係ないのは、これから述べることが色を見るというのはどういうことなのかと関係ないのと同じである。すなわち、ある装置を使ってあなたの眼に入ってくる光の波長を測ってみて、波長が長ければあなたは赤を見ているのだし、短ければ紫とか青を見ている。われわれが赤と呼んでいる光が、青と呼んでいる光より長い波長をもっているのは、ただ物理的な事実にすぎない。波長が異なれば、われわれの網膜にある赤色感受性をもつ視細胞にスイッチが入ったり青色感受性をもつ視細胞にスイッチが入ったりする。しかし、色というものをわれわれが主観的に感じるさいに、波長の概念などはまるで関係ない。青とか赤を見るのが「どのようなことか」について考えても、どちらの光がより長い波長をもっているかはまったくわからない。（ふつうはそんなことはないが）もし波長が問題であるとするなら、われわれはそれを覚えておくとか、あるいは（いつも私のしていることだが）本で調べるかしなくてはならない。同じように、コウモリは、われわれがエコーと呼んでいるものを使って昆虫の位置を認識している。しかし、われわれが青とか赤を認識するときに波長で考えたりしていないのと同じく、コウモリは昆虫を認識するときにきっとエコーの遅れによって考えたりしてはいないはずである。

それでもコウモリであるとはどのようなことかを想像する、というできそうもないことをどうしても試みようというのなら、私はこう推測する。彼らにとってエコーで位置を知るということは、われわれにとっては見ることに相当している、と。われわれは、見るということがどんなに込み入った仕事であるのかをほとんど理解できないくらい、徹底して視覚の動物である。物体は「外部に」あり、われわれは外部に物体を「見ている」と思っている。しかし、じつのところわれわれの知覚というのは、外部から入ってくる情報を利用できるかたちに頭のなかで変換し、それをもとに組み立てられている、脳内の精巧なコンピューター・モデルなのではないだろうか。外部での光の波長の違いは、頭のなかのコンピューター・モデルでは「色」の違いとして符号化（コード）されるようになる。形とかその他のいろいろな属性も同様の仕方で、扱うのに都合のよい形式に符号化されている。われわれにとって見るという感覚と聴くという感覚とはかなり異なっているが、だからといってこの違いを直接に光と音のあいだの物理的な違いに帰すわけにはいかない。光にしろ音にしろ、結局は、それぞれの感覚受容器官によって同じ種類の神経インパルスに翻訳されている。神経インパルスの物理的属性から、それが運んでいるのが光の情報なのか、音の情報なのか、臭いの情報なのかを識別することは不可能である。見るという感覚が聴くという感覚や嗅ぐという感覚とこんなにも異なっている理由は、脳というものが、視覚世界、聴覚世界、そして嗅覚世界について異なった種類の内部モデルを使うほうが都合がよいからである。つまり、見るとか聴くという感覚がことほどさようにも異なっているのは、われわれが内部において視覚情報や聴覚情報を異なった方法で異なった目的のために使っているからなのだ。光と音の物理的な違いが直接の原因なのではない。

　ところが、コウモリは音の情報を、われわれが目に見える情報を使うのとまさしく同じ目的のために使っている。ちょうどわれわれが光を使うのと同じように、コウモリは音を使って三次元空間にある物体の位置を知覚し、しかもその知覚像をたえず更新している。つまり、コウモリが必要とする内部コンピューター・モデルのタイプは、三次元空間にある物体の位置変化を内部的に表わすのに適したものである。私が言いたいのは、動物の主観的経験にかたちを与えることが、内部コンピューター・モデルの特性であろう、ということなのだ。このモデルは、外部からやってくる物理的刺激と関係なく、内部で有効に表現されるのに適したように、進化の過程でデザインされるだろう。コウモリもわれわれも、三次元空間における物体の位置を表わすためには同じ種類の内部モデルを必要としている。自分たちの内部モデルを組み立てるのに、コウモリはエコーの助けを借り、一方われわれは光の助けを借りているという事実は、このさいどうでもよい。いずれにせよ、そうした外部の情報は脳へいたる途中で同じような神経インパルスに翻訳されるのである。

というわけで、私の推測するところ、たとえ神経インパルスに翻訳される「外部の」世界の物理的媒体が、光ではなく超音波であるというふうに違っているにしても、コウモリはわれわれとほとんど同じ方法で「見ている」はずなのだ。コウモリは、外部世界の差異を表わすために、彼ら自身の目的に応じて、われわれが色と呼んでいる感覚さえ使っているかもしれない。そうした差異が波長の物理学とは何のかかわりもなくとも、その感覚は、われわれにとって色が果たしているのとよく似た機能的役割を、コウモリにおいて果たしているのだろう。ことによると、雄のコウモリは精妙できめ細やかな体表をもっており、それからはね返るエコーが、ゴクラクチョウの婚姻色の羽衣にも匹敵する華麗な色どりの音として雌に知覚されているかもしれない。私はこれを何か曖昧な隠喩（メタファー）として述べているのではない。雌のコウモリが雄を実際に知覚するときに経験する主観的な感覚は、たとえば、私がフラミンゴを見るときに経験するのと同じ感覚、鮮やかな紅色であるということだって実際にありうるのだ。あるいは、少なくとも、その雌コウモリの配偶者に対する感覚と私がフラミンゴを見たときの感覚との違いは、私がフラミンゴを見たときの感覚とフラミンゴがフラミンゴを見たときの感覚との違いくらいしかないかもしれない。

ドナルド・グリフィンは、一九四〇年に開かれた動物学者たちを驚かせたある会議で、同僚のロバート・ガランボスとともにコウモリのエコーロケーションという新発見の事実をはじめて報告したとき、どんな反応が起こったかを語っている。それによると、ある高名な科学者がとても信じられないと言わんばかりに憤然として、ガランボスの肩をつかんで揺さぶりながら、そんなとんでもない発表はとうてい本気にできないと、不満を述べた。レーダーやソナーは、軍事技術としてまだ開発中の機密事項であったし、コウモリがたとえかけ離れてはいるにせよ電子技術の最新の勝利と似たことをしているという考えは、大部分の人々に納得されなかったどころか、感情的な反発を招いたのだ。

この高名なる懐疑論者に同情するのはたやすい。彼がそれを信じたくなかったのはどこかしらとても人間的である。しかもそれこそ、人間とはまさしくそういうものなのだということを語っている。われわれが信じがたいと思うのは、われわれ人間の感覚がコウモリの感じていることを感じられないからなのは、はっきりしている。われわれは、人工的な機械を使ったり紙上で数学的な計算をしたりというようなレベルの話としてしかそれを理解できないので、小さな動物が頭のなかでそんなことをしてのけるとは、とても想像できないと思っている。しかるに、視覚の原理を説明するために必要になるはずの数学計算だってまったく同じように複雑でむずかしいけれども、小さな動物がものを見ることができるということについては、かつて誰ひとりとしてそれを信じがたいとは思いもしていない。われわれの懐疑主義にこうした二重規準（ダブル・スタンダード）がみられる理由は、ごく単純に、われわれが、見ることはできてもエコーロケーションはできないからである。

ある別世界を想像することにしよう。そこでは、学識のあるまったく目の見えないコウモリに似た生物が会議を開いており、ヒトといわれる動物の話を聞かされてめんくらっている。なにしろ、このヒトという動物は、新たに発見された、いまだに軍事開発の最高機密であるところの「光」と称される耳には聴こえない放射線を、周囲の事情を知る目的で実際に使うことができるというのだ。

その他の点ではおよそみすぼらしいこのヒトは、ほとんど全面的に耳が聴こえない（なるほど、彼らは曲がりなりにも聴くことができるし、少々重苦しくやたらにゆっくり間延びしたようななり声を出すことさえできるが、彼らはそうした音を互いにコミュニケートするといった初歩的な目的のために使うのがせいぜいで、この音を使ってたいそう大きな物体すら探知できそうにない）。そのかわり、彼らは「光」線を利用するために「眼」という高度に特殊化した器官をもっている。太陽がその光線の主要な発生源であり、驚くべきことにヒトは、太陽光線が物体に当たって、それからはね返ってくる複雑なエコーをとにもかくにも利用している。彼らは「レンズ」というまるで数学的に計算されたかのような形をした巧妙な装置をもっており、それによってこの音のしない線を曲げて、世界にある物体と「網膜」なる細胞の薄膜上の「像」との間に正確な一対一の対応を生み出している。これらの網膜細胞は、いささか神秘的な方法で、光を（言うなれば）「聴こえる」ようにでき、その情報を脳に中継する。われらが数学者たちの示すところでは、高度に複雑な計算を正しくしさえすれば、ちょうどわれわれが超音波を使って通常やっているのと同じくらい効果的に、いやある点ではさらに効果的にも、こうした光線を使って世界を安全に動きまわることが理論的には可能だという！　しかし、みすぼらしいヒトにこうした計算ができるなどといったい誰が考えたりしただろうか？

コウモリによるエコー探査は、私がすばらしいデザインについての論点をはっきりさせるために選ぶことのできたであろう何千例かのうちの一例にすぎない。動物たちは、理論に強くかつその応用にもすぐれた物理学者や技術者によってデザインされてきたように見えるけれども、物理学者がその理論を理解しているというのと同じ意味で、コウモリ自身がそれを知っていたり、理解していたりするようにはまったく思われない。コウモリというものは、警察のレーダー式スピード違反摘発装置を設計した人ではなく、そういう装置に似たものとして考えられるべきなのだ。警察のレーダー式スピードメーターの設計者は、ドップラー効果の理論を理解しており、その理解の仕方をはっきりと紙の上に書かれた数式のかたちで表現した。設計者の理解は装置の設計に体現されているが、装置自体は、そのはたらき方を理解していない。装置は電子部品を内蔵し、その電子部品は二つのレーダー周波数を自動的に比較し、その結果を都合のよい単位、たとえば毎時何マイルといったスピードに変換できるように配線されている。そこでやらなくてはならない計算は、込み入っていてややこしいが、適切に配線された最新型の電子部品で構成された小箱のもつ能力の範囲内で十分まかなえる。もちろん、洗練された意識をもつ脳がその回路を配線している（あるいは、少なくとも、回路の配線ダイアグラムを設計している）のだが、その小箱の瞬間瞬間のはたらきには、いかなる意識をもつ脳も関係していない。

　電子テクノロジーを経験することによって、われわれは、意識をもたない機械があたかも複雑な数学理論を理解しているかのようにふるまうことができるといった見方を受け入れる素地ができている。こうした見方は、生きている機械のはたらきに対しても直接あてはめることができる。コウモリというのは一台の機械であり、その内部のエレクトロニクスは、意識をもたない誘導ミサイルが飛行機に向かって行くのと同じように、翼の筋肉によって昆虫の方へ向かって行くよう配線されている。ここまでなら、テクノロジーからひきだされたわれわれの直観は正しい。しかし、われわれのテクノロジー経験は、洗練された機械の創出にあたって意識的で目的をもったデザイナーの意図を見て取る素地をもつくりだしている。生ける機械のばあい、間違っているのは、この第二の直観である。そこでは「デザイナー」は、意識をもたない自然淘汰、盲目の時計職人なのだ。

こうしたコウモリの話に、私がそうであり、またウィリアム・ペイリーもし知っていればそうであったろうように、読者も畏敬の念を抱いてほしいと思う。私の狙いはある点ではペイリーの狙いと一致していた。自然の驚異的作品と、それを説明するさいにわれわれが直面する問題を、どうか過小評価しないでいただきたい。コウモリのエコーロケーションは、ペイリーの時代には知られていなかったけれども、彼の示したどんな例にも勝るとも劣らないくらい彼の目的にかなっていただろう。ペイリーは次から次に例を挙げることによって自分の論議を反復し徹底していった。彼は頭のてっぺんから爪先まで体をくまなく検討して、いかなる部分も細大もらさずに、時計の内部のごとくいかにみごとに組み立てられているかを示した。私もあれこれと同じことをしたいところだ。というのも、語られるべきすばらしい話がいくらでもあるし、私はそういう話をするのが大好きなのだ。しかし、実際のところは例を重ねる必要はない。一つか二つで充分である。コウモリの飛行操縦術を説明できる仮説は、生物の世界のいかなる例をも説明しうる有力な候補であって、ペイリーの説明が彼の取り上げたどれか一例で間違っていたならば、われわれがいくら例を重ねてみてもその間違いを訂正できるわけではない。彼の仮説は、生きている時計が、腕のいい時計職人によって文字どおりデザインされつくられたというものだった。現代のわれわれの仮説によれば、その仕事は自然淘汰によって、徐々に進化する段階を経てなされたのである。

今日の神学者たちときたらペイリーほど率直とはとても言えない。彼らは、複雑な生きている仕組みを指して、それがまさしく時計のように創造主によってデザインされているのは自明だなどとは言わない。ところが、それを指してそうした複雑さ、あるいはそうした完全さが自然淘汰によって進化してきたとは「信じられない」と述べる傾向はみられる。その手の感想を読むたびに、私はいつも欄外に「勝手なことを言うんじゃない」と書き込みたい気持ちに駆られてしまう。バーミンガムの主教であるヒュー・モンテフォール[3]の『神の可能性』と称される最近の本には、そういう例が多数ある（私は一章に三五箇所を数えた）。この章で以下に使う例はすべて彼の本からとることにしよう。というのも、この本は、評判の教養ある著者による、自然神学を今日的なものに仕立てようとの誠実で正直な試みだからである。「正直な」というのは字義通りにとってほしい。彼の神学関係の同僚の何人かとは違い、モンテフォール主教は、神が実在するかどうかという問いが、事実をめぐる明確な問いであると述べることをおそれてはいない。「キリスト教信仰とは一つの生き方である。神の実在についての疑問は考慮されない。そんな疑問は実在論（リアリズム）の幻想によって生み出された蜃気楼なのだ」――彼はこんな胡散くさい言い抜けでやりとりしたりはしない。その本のある部分は物理学や宇宙論にかかわっており、私にはそれらを註釈するに足る資格はないが、彼が正真正銘の物理学者をその典拠としているらしいことだけは述べておこう。では、生物学の部分でも、彼はそれと同じことをしているだろうか。不幸にして、彼はそこでは、アーサー・ケストラー[4]、フレッド・ホイル[5]、ゴードン・ラットレイ＝テイラー[6]、それにカール・ポパー[7]の著作に好んで意見を仰いだ！　この主教は進化が起きたことは信じているが、自然淘汰が進化の起きたすじ道を十分に説明するとは信じられないようだ（それというのもひとつには、他の多くの人たちと同じく、悲しいかな彼も自然淘汰を「ランダム」で「無意味」なものであると誤解しているからである）。

彼は「個人的猜疑にもとづく議論」と言ってよいようなやり方を濫用している。ある章を読み進んでいると、こんな語句が順に出てくるのに気がつく。

……ダーウィン主義の基盤にはどのような説明もあるとは思えない……説明するのはさらに容易ではない……理解しがたい……理解するのは容易ではない……説明するのはやはり困難である……簡単に理解できるとは思えない……容易にわかるとは思わない……理解しがたいことがわかった……うまく説明できそうにない……どうしてなのか納得できない……ネオダーウィン主義は動物の行動が示す複雑さの多くを十分に説明できないようだ……そうした行動が自然淘汰のみによってどうしてこのように進化することが可能だったのかは容易には理解できない……それは不可能である……こんなに複雑な器官がどのようにして進化しえたのだろうか？……納得するのはたやすくない……納得しがたい……

「個人的猜疑にもとづく議論」というのは、ダーウィン自身も記していたように、きわめて脆弱な論法である。ばあいによっては、単なる無知にもとづいていることもある。たとえば、その主教が理解しがたいと思った事実の一つは、ホッキョクグマの白い色なのだ。

擬装(カムフラージュ)に関して、ネオダーウィン主義の前提に立てばこれがいつも容易に説明できるとはかぎらない。ホッキョクグマが北極で支配的であるとすれば、白い色の擬装を進化させる必要などなかっただろうと思われる。

これは次のように翻訳されるべきである。

私としては書斎にこもったままでよく考えておらず、北極へ行ったこともなければ、野生のホッキョクグマを見たこともなく、古典や神学の教育ばかり受けてきたので、なぜホッキョクグマが白いことで利益を受けているのかという理由をいままでどうしても考えつかなかった。

ここで取り上げた例では、獲物になる動物だけが擬装（カムフラージュ）を必要としていると仮定されている。見逃されているのは、捕食者だって獲物から身を隠せば利益を受けるということだ。ホッキョクグマは氷の上で休んでいるアザラシを襲う。アザラシは、十分に離れたところからやってくるクマに気づけば、逃げられるだろう。黒っぽいハイイログマが雪の上のアザラシを襲おうとしている光景を思い浮かべれば、この司教はたちどころに自分の誤りに気がついたのではないだろうか。

ホッキョクグマの論議はあまりにも簡単に粉砕されることがわかったが、重要な点では、そのことはたいした問題ではない。たとえ学界の重鎮がいくつかの注目すべき生物学的現象を説明できないとしても、だからといってそれが説明不能だというわけではない。数多くの謎が何世紀ものあいだ解かれずにきて、そして結局は説明を与えられてきた。おそらく現代のたいていの生物学者なら、主教の挙げた三五の事例のどれ一つをとっても、そのすべてがホッキョクグマの例と同じくらい容易ではないとしても、自然淘汰説によって説明するのが困難だとは思わないはずである。とはいえ、われわれは人間の利巧さを検証しているわけではない。たとえ説明のつかない例が一つくらい見つかったとしても、われわれ自身が無能であるという事実から何か大袈裟な結論をひきだすことには、ためらうべきだろう。ダーウィン自身はこの点についてひじょうにはっきりしていた。

個人的猜疑にもとづく議論のもっと重大な変形版がある。それは単なる無知もしくは創意のなさによりかかったものではない。その議論の一つの形式は、コウモリのエコーロケーション装置の細部にわたる完全さのような、高度に複雑にできた機械に遭遇したときに、誰しもが感じてしまうはなはだしい驚きをそのまま利用している。この議論は、何であれかくも不思議なものが自然淘汰によって進化しうるはずがないということはともかく自明だ、とするものである。主教は、クモの網についてのG・ベネットの言い分を、同意しつつ引用している。

何時間にもわたってクモの仕事を観察したことのある人なら、いまここにいるこの種のクモもそれらの祖先もかつては網の建築家ではなかったとか、網がランダムな変異を通じて一歩一歩つくられてきたかもしれないなどと少しでも疑うことは不可能である。それはあの複雑かつ厳密に均整のとれたパルテノンが、大理石の切れっぱしをでたらめに積み重ねて生みだされたと考えるのと同じくらい馬鹿げていよう。

そんなことはちっとも不可能ではない。それこそ私の堅く信じているところであり、それもクモとその網をいくらか観察した経験をもちあわせてのことだ。

主教はヒトの眼の話に及んで、「こんなに複雑な器官がどのようにして進化しえただろうか？」と修辞的に問いかけ、それには答えがないと言わんばかりである。こうなると議論どころか、単に確信にみちた猜疑心とでもいうほかない。ダーウィンがこのうえない完全さと複雑さをもつ器官と呼んだものについて、われわれが誰しもつい感じてしまいそうになるこの直観的な猜疑の底には、二重の基盤が潜んでいると私は思う。一つは、進化的変化が起こるのに使える時間が途方もなく長いので、われわれはそれを直観的に把握できないことである。自然淘汰については懐疑を抱いている人でも大部分の人は、自然淘汰が、産業革命以来いろいろな種類の蛾で進化してきた暗色というような、小さな変化ならもたらしうることを、受け入れる覚悟はできている。しかし、それを受け入れたうえで、それがなんと小さな変化であることか、と彼らは指摘する。主教が強調しているように、その暗色の蛾は新種にはなっていない。これが小さな変化であり、眼の進化とかエコーロケーションの進化にはとても及ばないことは私も認める。しかしそれと同時に、この蛾がそんなふうに変化するのにわずか一〇〇年しかかかっていないことも認めなくてはならない。一〇〇年というのは、われわれの人生よりも長いので、ずいぶん長い時間のように思えるだろう。ところが、地質学者にとっては、それは通常測定できる時間のほぼ一〇〇〇分の一の短さなのである！

眼は化石にならないので、何もない状態から現在のわれわれのもっているような複雑さと完全さをそなえた眼が進化するのにどれくらいの時間がかかったのか、わからない。しかし、それに利用できた時間は数億年である。比較のために、人間がイヌを遺伝的に淘汰することによってはるかに短い期間で生みだしてきた変化を考えてみよう。数百年ないしはせいぜい数千年のうちに、われわれはオオカミからペキニーズ、ブルドッグ、チワワ、そしてセントバーナードまでつくってきた。悲しいかな、それらはしかしやっぱりイヌではないか。違う「種類」の動物になったりしていないではないか。なるほどそのとおりだ。そういう言葉遊びが慰めになるというのであれば、それをすべてイヌと呼んでもかまわない。しかし、それに要した時間についてちょっと考えてほしい。オオカミからこうしたイヌのあらゆる品種を進化させるのにかかった時間を、ふつうに歩くときの一歩で表わしてみよう。それと同じ尺度で、あきらかに直立歩行をしたもっとも初期の人類の化石であるルーシー(8)や彼女の仲間にまで遡るためには、どれくらい遠くまで歩かねばならないだろうか？　答えは約二マイルである。では、地球上の進化の出発点まで遡るためには、どれくらい歩かねばならないだろうか？　ロンドンからバグダッドまでずっととぼとぼ歩かねばならない距離というのがその答えだ。オオカミからチワワまで進んだときの変化の総量について考え、それにロンドンとバグダッド間の歩数を乗じてみよう。そうすれば、自然界に実際に起こった進化において期待できる変化量について、ある直観的観念が得られるだろう。

　ヒトの眼やコウモリの耳など、きわめて複雑な器官の進化について、素朴な猜疑心を抱かせる第二の基盤は、確率論を直観的に適用してしまうことにある。モンテフォール主教は、カッコウについて述べたC・E・レイヴン(9)を引用している。カッコウは自分の卵を他の鳥の巣へ産み込み、その卵を産み込まれた巣の鳥は何も知らぬまま里親の役を演じる。多くの生物学的適応と同じく、カッコウの適応も単純ではなく多面的である。カッコウの示すいくつかの現象は彼らの寄生生活にふさわしいものである。たとえば、母親は他の鳥の巣に産卵する習性をもっているし、雛はその寄主の雛たちを巣の外へ放り出す習性をもっている。どちらの習性もカッコウの寄生生活を成功させるのに一役かっている。レイヴンは続ける。

> こうした一連の習性のどれ一つをとっても、その全体の成功にとって不可欠であることがわかるだろう。しかも、どの習性もそれだけでは役に立たないのだ。「完全な作品(オプス・ペルフェクトゥム)」がまるごと同時に達成されたのでなくてはならない。そうした一連の偶然の一致がランダムに起こる見込

みは、すでに述べてきたように、とてもではないがありそうにない。

このような議論は、まったくむきだしの猜疑にもとづく議論に比べれば、原則的にはずっと立派ではある。ある示唆が統計的にどれくらいありえないかを測ることは、その信用度を評価するさいの適切な方法である。実際、それはこの本でもたびたび使う方法だ。しかし、使うなら正しく使わなくてはならない！　レイヴンの提出した議論には二つのおかしなところがある。一つは、あのおなじみの、かなり苛々して述べなくてはならない、自然淘汰と「ランダム性」との混乱である。ランダムなのは突然変異であって、自然淘汰はランダムとは正反対のものだ。もう一つは、「どの習性もそれだけでは役に立たない」とされているが、それはまったく正しくないということだ。完全な作品がまるごと同時に達成されなくてはならなかったというのは正しくない。各々の部分がその全体の成功にとって不可欠であるというのは正しくない。眼、耳、エコーロケーション・システム、カッコウの寄生システムなどは、たとえ単純かつ未発達で中途半端でも、何もないよりはましである。眼がなければまったく物を見ることはできない。中途半端な眼でもあれば、たとえはっきりした像を結べなくても、少なくとも捕食者の動くだいたいの方向を探知することはできるだろう。しかもこのこといかんで、生きるか死ぬかの分かれめになるかもしれない。こうした問題は、次の二つの章でもう一度さらに詳しく取り上げることにしよう。

3章　小さな変化を累積する

生物は、偶然によって生まれたとはとても考えられず、しかもみごとに「デザイン」されているように思われる。では、どのようにして生物は生まれてきたのだろうか？　それについての、ダーウィンの答えは、単純なもの、つまり偶然によって生まれるくらい単純な原初の実体からはじまって、一歩一歩漸進的に変化してきたというものだ。漸進的な進化の過程において次々に生じる変化の一つ一つは、その先行者と比べれば、偶然によって生じうるくらい十分に単純なものだった。とはいえ、最初の出発点に比べてその最終産物がいかに複雑であるかを考えてみれば、偶然にはよらない何らかの過程が、この累積的な変化系列全体を構成していることがわかるだろう。累積的な過程は、生き残りがでたらめには起きないことによって方向づけられている。この章の目的は、基本的に非ランダムな、つまりでたらめではない過程としての、この累積淘汰の力(パワー)を示すことにある。

石ころの多い岸辺をあちこち歩いてみれば、そこにある石ころがでたらめに転がっているのではないことに気がつくだろう。小さめの石は岸辺の汀線に沿って平行に少し離れたところにきまって見いだされる傾向があり、それより大きな石は別のところに帯状に転がっている。こうした石は選別され、配列され、より分けられているのだ。岸辺近くで生活している部族なら、この世にどうしてこんな選別やら配置の形跡があるのか不思議に思ったことだろうし、それを説明するために、ことによると整理好きの精神と秩序感覚をもった天の大いなる精霊の仕業であるとした神話の一つもこしらえたことだろう。われわれなら、そんな迷信に対して優越感を漂わせた微笑を向けて、そのような配置は実際には盲目の物理的な力、このばあいには波の作用によって生じたと説明するところだ。波には、目的も意図も整理好きの精神も、またいかなる精神もいっさいない。波はせっせと石を転がしているにすぎず、大きな石と小さな石は、波のそうした処遇にそれぞれ異なったふうに反応して、やがて岸辺の違った高さに達したままでだ。わずかばかりの秩序が無秩序から現われるのであり、何らかの精神がその秩序をつくろうとしたわけではない。

波と石は、ひとりでに非ランダム性を発生させる系（システム）の、単純な例の一つである。そうした例はいくらでも溢れている。私の思いつくもっとも単純な例は、穴だ。穴を通過できるのは、その穴より小さな物体しかない。つまり、穴の上に物体をでたらめに寄せ集めてから、なにがしかの力を加えてそれらを揺すり、でたらめにかき混ぜてみる。しばらくすると、物体は穴の上と下にでたらめでないやり方で選り分けられることになる。穴の下の空間には穴より小さな物体が、そして穴の上の空間には穴より大きな物体があるということになる。むろん、人類は、古くからこの単純な原理を使って非ランダム性を発生させてきた。篩（ふるい）として知られているあの便利な道具である。

太陽系というのは、太陽のまわりを軌道に沿って周転している惑星、彗星、何らかの破片などの安定な配置であり、おそらく宇宙に数多くあるそうした周転系の一つである。惑星がその恒星に近いほど、恒星の重力に抗して安定な軌道にとどまるためには速く周転しなければならない。どの軌道にも、惑星が周転しその軌道にとどまっていられる唯一の速度がある。かりにその惑星がそれとは異なった速度で動こうものなら、深淵なる宇宙空間へ飛び去るか、もしくはその恒星に引き込まれて壊滅するか、はたまた別の軌道へ移るかするだろう。われらが太陽系の惑星に目を向けてみよう。なんと、どの惑星も太陽のまわりをめぐる安定軌道を保つのにぴったりの正確な速度で動いている。これぞ神の摂理によるデザインという聖なる奇跡か？　もちろんそうではなく、もう一つの自然の「篩」にすぎない。あきらかに、われわれがいま太陽のまわりを周転しているのを見ている惑星はどれも、その軌道を保つことのできるきっちり正確な速度で動いているはずだ。さもなければ、その惑星はそこにないのだから、そんなものをそこに見るはずもない！　ただしそれが意図的なデザインの証拠にならないのはやはりあきらかである。それは篩にすぎない。

この程度の単純なふるい分けは、それだけではわれわれが生物に見る大量のランダムではない秩序を説明するために十分なものとは言えない。十分どころの話ではない。組合せ錠のアナロジーを思い出してみよう。単純なふるい分けによって発生しうるような非ランダム性は、それこそまったくの幸運だけで簡単に開く、ダイアルが一つしかない組合せ錠を開けるのにほぼ相当する。ところが、われわれが生物に見るような非ランダム性は、ほとんど数えきれないいくらいのダイアルをもった巨大な組合せ錠に匹敵する。血液中の赤い色素であるヘモグロビンのような生体分子を単純なふるい分けによって発生させるのは、ヘモグロビンの構成ブロックであるすべてのアミノ酸を取り出し、それらをでたらめにかき混ぜて、もう一度ヘモグロビン分子がまったく幸運にもできあがってくるのを待ち望んでいるに等しい。この離れ業に必要な幸運の量たるや、もう想像を超えている。

これはアイザック・アシモフなどが、著しく想像を超えるものの例として使ってきた。

　ヘモグロビンの一分子は、アミノ酸でできた四本の鎖が互いにねじれた形をしている。この四本鎖のうちの一本について考えよう。それは一四六個のアミノ酸からできている。生物に共通してみられるアミノ酸には二〇種類ある。二〇種類のものを一四六個つないでずらりと並べるあらゆる場合の数は、思いも及ばぬ莫大な数になる。これをアシモフは「ヘモグロビン数」と呼んでいる。計算するのはやさしいが、その答えを思い浮かべるのは不可能だ。一四六個の長さをもつ鎖の最初の鎖環には二〇種類のアミノ酸のどれがきてもよい。二番目も二〇種類のどれがきてもよいので、アミノ酸二個の場合の数は二〇×二〇で、四〇〇通りになる。三個の場合の数は二〇×二〇×二〇、つまり八〇〇〇通りになる。一四六個の場合の数は二〇の一四六乗通りになる。これは驚異的な数だ。一〇〇万というのは一の後にゼロが六個つく。一〇億になると一の後にゼロが九個だ。われわれの求めている数、「ヘモグロビン数」は、一の後にゼロが一九〇個もつく（ほぼそれに近い）！これがたまたま運よくあるヘモグロビンを引き当てるのに必要とされる機会の数なのだ。しかもヘモグロビン一分子は、生体がもつ複雑さのほんの限られた部分にすぎない。単なるふるい分けが、それだけで生物にみられる大量の秩序を発生させるなどということは、まったくありそうにないのはあきらかである。ふるい分けは生物の秩序を発生させるには欠くことのできない要素ではあるが、それですべてが語られるというには、ほど遠い。何かそれ以外のことが必要だ。この問題を説明するには、「一段階（シングル・ステップ）」淘汰と「累積」淘汰の違いをはっきり区別しなくてはならない。この章でここまで考察してきた単純な篩というのは、一段階淘汰の例ばかりである。生物体は累積淘汰の産物なのだ。

一段階淘汰と累積淘汰の本質的な違いはこういうことである。一段階淘汰では、石でも何でも淘汰されたり選別されたりする実体は、一回選り分けられ、そしてそれっきりである。他方、累積淘汰では、その実体は「繁殖（再生産）」する。別の言い方をすると、一回のふるい分け過程の結果がひきつづいて次のふるい分けに繰り込まれ、それがさらに次のふるい分けに……というふうに続いていく。その実体は継続して何「世代」にもわたる選別淘汰にさらされる。ある世代における淘汰の最終産物は次世代の淘汰の出発点であり、そういうことが何世代も続く。「繁殖」とか「世代」といった生物に結びつきのある言葉が借用されているのは当然である。それは生物が、累積淘汰にかかわっているものとして、われわれの知っている主要な例であるからだ。生物は、実際に累積淘汰にかかわっている唯一のものなのかもしれない。しかし、だからといって私は、さしあたり断定的にそう言うことで論点をはぐらかしたくはない。

雲は、風のせいででたらめにこねられたり曲げられたりして、見覚えのある物体に見えるようになることがままある。小型飛行機のパイロットによって撮影された、空からこちらを睨みつけているどこかしらキリストの顔のように見える雲のよく知られた写真がある。誰だってたとえばタツノオトシゴとか微笑みを浮かべている顔といった何かを思い起こさせる雲を見たことがあるだろう。こうした類似は一段階淘汰によって、まあ言うなれば単なる偶然の一致によって生じる。したがって、それはさして深い印象を与えるものではない。サソリ座とかシシ座などの黄道十二宮とその名の由来となった動物との類似は、占星術師の予言と同じく別にどうということはない。そういう類似性には、累積淘汰の産物である生物の適応から受けるような圧倒的な感動を覚えることはない。われわれは、たとえばコノハムシと葉っぱや、カマキリとひとむらのナデシコの花との類似なら、この世のものとは思えぬ奇怪な、あるいは華々しく劇的なものとして記述する。雲がイタチにそっくりであればほんの軽い気晴らしにはなろうが、連れに注意を向けさせるくらいが関の山だ。そのうえ、その雲が何にいちばんよく似ているかとなると、われわれはまったくもってたちまち心変わりしてしまう。

ハムレット　あの雲が見えるか、ラクダのような形をしている？
ポローニアス　なるほど、ラクダのようですな、たしかに。
ハムレット　おれにはイタチのようにも見えるがな。
ポローニアス　背中のところがイタチのようで。
ハムレット　というより、クジラのようではないか？
ポローニアス　まさにクジラのようですな。

〔小田島雄志訳〕

最初に言ったのは誰だったか知らないが、たっぷり時間がありさえすれば、タイプライターをでたらめに打ち続けるサルだってシェイクスピアの全作品を余さず書くことができる。ここで鍵になるのは、むろん「たっぷり時間がありさえすれば」ということだ。われらがサルに課す仕事をいくぶん軽減しておこう。シェイクスピア全集まるごとではなく、ほんの短い文章「おれにはイタチのようにも見えるがな（Methinks it is like a weasel）」をつくってもらうことにする。少しはやさしくするために二六文字（大文字）とスペースバーだけしかないキーボードの付いたタイプライターを一台与えることにしよう。さて、このささやかな文章を書くのにどれくらいの時間がかかるだろうか？

この文章は二八文字分でできているので、そのサルには、キーボードを二八たたきするのを一回として、何回も「試行」を続けてもらう。この文章を正しくタイプすれば、それで実験は終わりである。できないときは、もう一度二八文字の「試行」をやらせる。私にはサルの知り合いがいないけれども、幸い一一カ月になる娘が経験豊かなランダム発生装置として、このうえなく熱心にサルのタイピスト役をかってでることがわかった。ここに、娘がコンピューターにタイプした例を掲げてみよう。

UMMK JK CDZZ F ZD DSDSKSM
S SS FMCV PU I DDRGLKDXRRDO
RDTE QDWFDVIOY UDSKZWDCCVYT
H CHVY NMGNBAYTDFCCVD D
RCDFYYRM N DFSKD LD K WDWK
JJKAUIZMZI UXDKIDISFUMDKUDXI

娘は娘なりにやりたい大切なことが他にもあったので、私はでたらめにタイプする赤ん坊もしくはサルをシミュレーションするためにこのコンピューターのプログラムをつくらざるをえなかった。

WDLDMNLT DTJBKWIRZREZLMQCO P
Y YVMQKZPGJXWVHGLAWFVCHQYOPY
MWR SWTNUXMLCDLEUBXTQHNZVJQF
FU OVAODVYKDGXDEKYVMOGGS VT
HZQZDSFZIHIVPHZPETPWVOVPMZGF
GEWRGZRPBCTPGQMCKHFDBGW ZCCF

などなど。このランダム・コンピューター（あるいは赤ん坊かサル）が、METHINKS IT IS LIKE A WEASEL とタイプするのに、どれくらいかかると予想するのが適当かを計算するのはむずかしくはない。サルとか赤ん坊とかランダム・コンピューターが、ちょうどその長さの句を何通りタイプできるか、その総数について考えてみよう。それは、先にヘモグロビンについてやったのと同じような計算であり、それと似たような大きな数になる。二七文字（「空白(スペース)」も一文字と数える）がその句の最初の位置に入る可能性がある。サルがその句の最初の文字、つまりMという正しい文字をたまたま打つ見込みは、したがって二七分の一である。最初の二文字をMEと正しく打つ見込みは、最初の文字をMと正しく打ったうえで、二番目の文字をEと正しく打つ見込み（1／27）にほかならないから、（1／27）×（1／27）、つまり1／729である。最初の単語、METHINKSを正しく打つ見込みは、その八文字それぞれについて（1／27）なので、（1／27）×（1／27）×（1／27）×（1／27）……と八回掛ける、つまり1／27の八乗である。二八文字からなる句全体を正しく打つ見込みは、1／27の二八乗、すなわち1／27を二八回掛けたものである。これはとても小さな確率、およそ一〇の四〇乗に一つの確率だ。控えめに言っても、われわれの求めている句が出てくるには長い時間がかかりそうである。シェイクスピア全集についてはは何をかいわんやだ。

ランダムに生じる変異の一段階淘汰というのはそんなものなのである。では累積淘汰はどうなのだろうか、それはどれくらい効果的なのだろうか？　それはきわめて効果的である。よくよく考えてみればほとんどあきらかなのだが、おそらく最初にわれわれが思っているよりもいっそう効果的なのである。プログラムに決定的な変更を施したうえで、もう一度あのコンピューターのサルを用いて、ちょうど前と同じ二八文字からなるでたらめな配列を選んでやってみよう。

WDLDMNLT DTJBKWIRZREZLMQCO P

さて今度はこのでたらめな句から「育種する」。この句は繰り返し複製をつくるものの、その複写過程においてある確率でランダム・エラーすなわち「突然変異」を起こす。コンピューターは、その突然変異を起こした意味のない句、つまりそのもとの句の「子（孫）」を検討し、たとえわずかであっても、あの目標の句、METHINKS IT IS LIKE A WEASEL にもっともよく似ている句を選ぶ。この例では、次「世代」へ勝ち残った句はたまたま次のようなものだった。

WDLDMNLT DTJBSWIRZREZLMQCO P

はっきりした改善は見られない！　それでもこうした手続きが繰り返され、ふたたび突然変異「子孫」がその句から「育種」され、新しい「勝者」が選ばれる。このように世代から世代へと進む。一〇世代後には、「育種」によって選ばれた句はこうなった。

MDLDMNLS ITJISWHRZREZ MECS P

二〇世代後には、こうなった。

MELDINLS IT ISWPRKE Z WECSEL

ここまでくると、その気で見ればあの目標の句に似たところがあると映るだろう。三〇世代まで行くと、もう疑う余地はない。

METHINGS IT ISWLIKE B WECSEL

四〇世代かかって、あと一文字のところへきた。

METHINKS IT IS LIKE I WEASEL

こうしてついに四三世代で目標に到達した。コンピューターの二回目の実行は次の句からはじまった。

Y YVMQKZPGJXWVHGLAWFVCHQYOPY

その途中経過（ここでも一〇世代ごとの句を報告するだけにしよう）。

Y YVMQKSPFTXWSHLIKEFV HQYSPY
YETHINKSPITXISHLIKEFA WQYSEY
METHINKS IT ISSLIKE A WEFSEY
METHINKS IT ISBLIKE A WEASES
METHINKS IT ISJLIKE A WEASEO
METHINKS IT IS LIKE A WEASEP

こうして六四世代で目標の句に到達した。三回目の実行ではコンピューターは次の句からはじめた。

GEWRGZRPBCTPGQMCKHFDBGW ZCCF

そして選抜「育種」の四一世代目で、METHINKS IT IS LIKE A WEASEL に到達した。
コンピューターがこの目標に達するのに正確にどれだけの時間がかかったかは問題ではない。それでも知りたいというのなら、一回目には、私が外へ昼食に出かけている間に、全作業が終わっていた。約三〇分だった（コンピューター狂なら、なんて遅いんだと思うだろう。遅い理由は、このプログラムがBASIC、言うなればコンピューターの幼児語で書かれていたからだ。Ｐａｓｃａｌ[1]で書き直したら、一一秒でできた）。コンピューターは、こういうことをさせるとサルよりちょっとは速いが、その違いはじつはどうでもよい。重要なのは、累積淘汰によってかかる時間と、同じコンピューターが、一段階淘汰を行なう別の手続きを用いるように課せられたとして、同じ速度でずっと作動しつづけて、目標の句へ到達するのにかかるであろう時間との差なのだ。この後者は約一〇の三〇乗の年数であり、宇宙がこれまで存在してきた時間〔約一〇〇億年〕のさらに一〇の二〇乗倍の長さである。実際に、サルやランダムにタイプするようにプログラムされたコンピューターが、目標の句をタイプするのにかかるであろう時間に比べると、宇宙のこれまでの年齢なんか無視できるくらいに微々たるものである。こうしたおよその計算では誤差の範囲に含まれてしまうくらいに小さい、と言った方が正しいかもしれないだろう。ところが、コンピューターがランダムに、ただし累積淘汰という条件のもとで同じ作業を実行するのにかかった時間は、人間が通常に理解できるのと同じ桁（オーダー）の時間、つまり一一秒から昼食をとるのにかかる時間の範囲に収まる程度である。

　累積淘汰（どんなささいなものであれ、一つ一つの改善が将来の構築のための基礎として利用される）と一段階淘汰（一つ一つの新しい「試み」がいつも斬新なものである）とのあいだには、大きな違いがある。もしも進化的前進が、一段階淘汰に頼らざるをえなかったとすると、それは決して成功することはなかっただろう。しかし、自然の盲目的な力によって累積淘汰の必要条件が設定される何らかの方法があったなら、その結果は絶妙ですばらしいものになるだろう。事実、これこそこの惑星上で起こったことであり、われわれ自身が、もっとも絶妙でも、もっともすばらしいものでもないとしても、そうした結果のうちもっとも最近の帰結に属している。

　私がヘモグロビン計算でやったような計算が、あたかもダーウィン理論に反対する論拠になるかのように利用されているのに、いまだにお目にかかることができるというのは、驚くべきことである。こういうことをする人たちは、しばしば天文学やら何やらの自分自身の分野では専門家なのだが、彼らはダーウィン主義が生物体を偶然のみによって、つまり「一段階淘汰」のみによって説明していると心から信じているようにみえる。ダーウィン的進化が「ランダム」であるというこの思い込みは、ただ単に間違っているばかりではない。それは真実とは正反対のものなのだ。偶然は、ダーウィン主義の秘訣（レシピ）としてはさして重要な構成部分ではない。もっとも重要な構成部分は、本質的にランダムではない累積淘汰である。

　雲が累積淘汰にかかることはありえない。特定の形状の雲がそれとよく似た娘雲を吹き出すといった仕組みはどこにもない。もしそういう仕組みがあれば、つまりイタチとかラクダによく似た雲がおおむねそれと同じ形状をした別の雲の系統を生み出せるのなら、累積淘汰が進行する機会もあるだろう。なるほど、雲はちぎれ、ときに「娘」雲をつくりもする。しかし、これだけでは累積淘汰には十分ではない。ある雲の「子雲」はその「雲個体群」にいるどんな年上の「親雲」に対してよりも、まさしくその「親雲」によく似ている必要がある。このきわめて重要な点は、自然淘汰説に最近関心を寄せている何人かの哲学者にあってもあきらかに誤解されている。さらに、ある雲が生き残り、そのコピーを吹き出すという見込みはその雲の形状にかかっていることが必要である。ことによるとどこか遠くの銀河でこうした条件が生じ、たっぷり長い時間が経っていれば、その結果、かぼそい希薄な生命形態が生じているかもしれない。これは、『白い雲』とでも呼べる、なかなかのSFになりそうだ。しかし、われわれの目的のためには、サル／シェイクスピア・モデルのようなコンピューター・モデルをもってした方がもっと把握しやすいだろう。

サル／シェイクスピア・モデルは、一段階淘汰と累積淘汰の区別を説明するには有効なのだけれども、重要な面で誤解を招きやすいところがある。その一つは、選抜「育種」のどの世代においても、その突然変異を起こした「子孫」句が、はるかな理想の目標であるMETHINKS IT IS LIKE A WEASELという句との類似性を規準にして判断されているということだ。生命というのはそんなものではない。進化には長期的な目的などない。人間は虚栄心から、自分たちの種が進化の最終目標であるという馬鹿げた観念を後生大事にしているけれども、淘汰の規準としてはたらくようなはるか遠くの目標や究極の理想などどこにもない。現実には淘汰で残る規準は常に短期的に、単純に生き残るか、あるいはもっと一般的に、繁殖に成功するかである。長い長い時が経ってからみると、はるか遠くの目的に向かう進歩のようなものが達成されているかに見えたとしても、これはつねに数多くの世代が短期的な淘汰を経たことによって起こった付随的な結果なのだ。累積的な自然淘汰という「時計職人」は、未来について盲目であり、長期の目的は何ももっていないのである。

以上の点を考慮してわれわれのコンピューター・モデルを変更できる。さらに、他の側面についてもより現実的に仕立て上げることもできる。文字や単語は人間特有の表現手段なので、その代わりに、コンピューターに絵を描かせてみよう。ひょっとすると、突然変異体の累積淘汰によって、コンピューターの画面上で動物もどきの形が進化していくのさえ見えるだろう。われわれは、最初から何か特定の動物の絵を組み込んでおいて、結末を予断しようというのではない。ランダムな突然変異の累積淘汰の結果だけでそれを出現させたいのだ。

実際には、個々の動物の形態は、胚発生によってつくりだされる。進化が起こるのは、何世代も続いていくうちに、胚発生にちょっとした違いが生じるからである。こうした違いは、発生を制御している遺伝子の変化（突然変異のこと——これが進化の過程における小さなランダム要素と私が言っているものである）によって起こる。したがって、われわれのコンピューター・モデルでは、胚発生に相当するものと、突然変異しうる遺伝子に相当するものを、何らかのかたちで設定しておかなくてはならない。コンピューター・モデルには、こうした特定の条件に応じる方法はいくらでもある。その一つを私は選んで、それを具体的に表現するプログラムを書いた。思うにこのコンピューター・モデルはなかなか啓発的なので、これからそれを説明しておきたい。あなたがコンピューターに弱ければ、コンピューターというのは、命令したことを正確にやってのけるだけでなく、しばしばその結果においてあなたを驚かせるような機械である、とだけ覚えておいてほしい。コンピューターに対する指令のリストはプログラム（program）と呼ばれる（program は標準的なアメリカ綴りであり、『オックスフォード辞典』によっても推薦されているが、それとは別のイギリスでふつうに使われている programme はフランス語の影響を受けているようだ）。

胚発生はあまりに込み入った過程なので、小さなコンピューターで現実的にシミュレーションすることはできない。したがって、かなり単純化した類似の過程で表現しなくてはならない。つまり、そのコンピューターが簡単に従うことができて、さらに「複数の遺伝子」の影響の下で変えることのできる、単純な描画規則を見つけなくてはならない。どのような描画規則を選ぶべきだろうか？　コンピューター・サイエンスの教科書には、「再帰」プログラミングと呼ばれているやり方がいかに威力を発揮するかが簡単な樹木成長の過程とともによく図解されている。コンピューターはまず一本の垂直線を描くことからはじめる。それからその垂直線は二つに分枝する。分かれた枝のそれぞれはさらに二つに分枝し、その小枝はさらに小さく分枝する、というふうに続く。それが「再帰的」であるというのは、同じ規則（このばあいは分枝規則）が成長しつつある樹木のあらゆる場所に適用されるからである。その樹木がどんなに大きく成長しようとも問題ではない。同じ分枝規則はありとあらゆる小枝の先端に適用され続ける。

再帰性の「深度」というのは、再帰過程が停止されるまでに成長できる小枝の分枝回数のことである。図2は、再帰性の深度をいろいろに変えて、同じ描画規則に正確に従うようコンピューターに命令すると、どういうことになるかを示している。再帰性のレベルが高いと、そのパターンはかなり錯綜してくるが、それでも、とても単純な分枝規則でそのパターンがつくりだされていることは、図2から容易に見てとれるだろう。そう、これはまさしく本物の樹木で起こっていることなのだ。カシとかリンゴの木の分枝パターンは複雑に見えるけれども、じつはそうではない。その基本的な分枝規則はきわめて単純だ。その規則が樹木のありとあらゆる成長している先端に適用されて、大枝が小枝をつくり、その各小枝はさらに小さい小枝をつくり、云々というふうになるために、樹木全体はやがて大きくなって、小枝が錯綜しておい茂る。

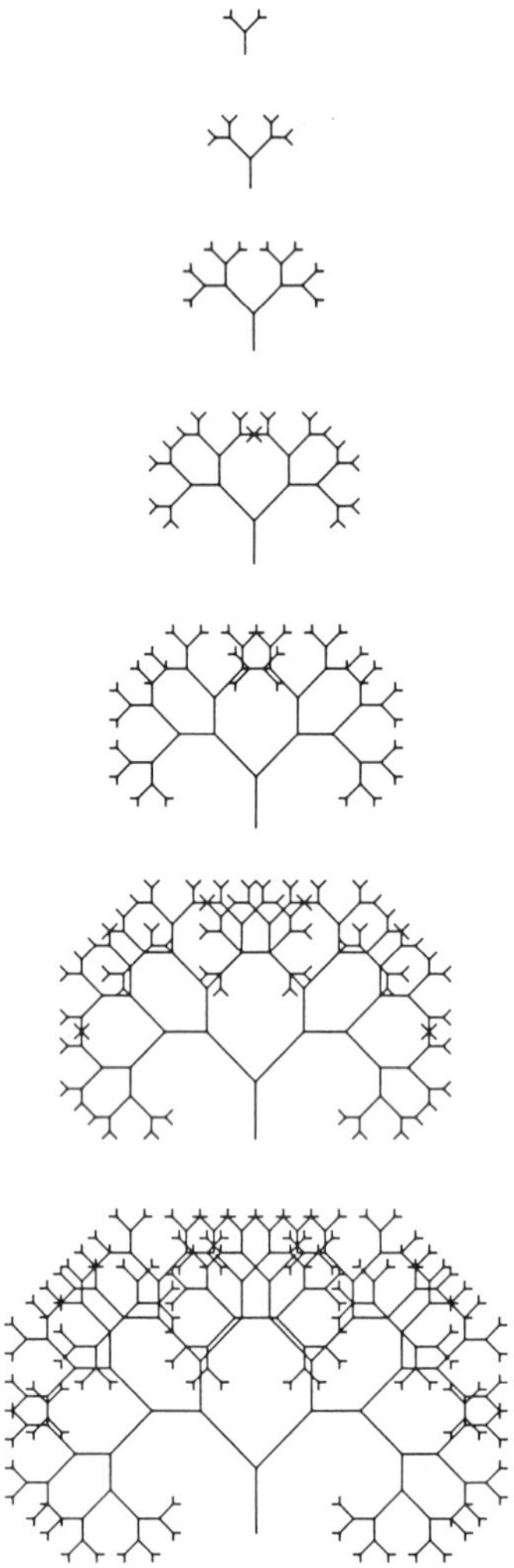

図2

再帰的な分枝はまた、動植物一般の胚発生についての格好の隠喩（メタファー）になる。動物の胚が分枝する樹木のようにみえる、などと言いたいわけではない。そうではないけれども、あらゆる胚は細胞分裂によって成長する。細胞はいつも二つの娘細胞に分かれる。また遺伝子は、いつも細胞と細胞分裂の二分枝パターンへ局所的な影響を及ぼすことによって、最終的には体に対する効果を発揮している。ある動物の遺伝子は決して遠大なる計画（グランドデザイン）でも体全体の設計図でもない。あとで述べるように、遺伝子は、設計図というより、料理法（レシピ）のようなものに近い。しかもそのうえに、料理法に従うのは、発生しつつある胚全体ではなく、一個一個の細胞とか分裂しつつある細胞の各々の局所的なかたまりなのである。私は、胚や、後には成体がひとつの形態をそなえていることを否定しているのではない。しかし、この形態は、発生しつつある体のありとあらゆるところで局所的な細胞レベルの効果が多数積み重なってこそ現われるのであり、しかもこうした局所的効果は基本的に二分枝、つまり二細胞に分裂するということからなっている。遺伝子が究極的にその成体の体に影響を及ぼしているのは、こうした局所的な出来事への影響を通してなのである。

というわけで、樹木を描くための単純な分枝規則は、胚発生の類似過程として使える見込みがありそうである。したがって、それをささやかなコンピューター手順にまとめ上げ、〈発生〉DEVELOPMENTと命名し、〈進化〉EVOLUTIONと命名されたより大きなプログラムにはめ込む手はずをとることにしよう。この大きい方のプログラムを書くための第一歩として、まず遺伝子に注意を向けよう。われわれのコンピューター・モデルでは「遺伝子」をどのように表現すればよいのだろうか？　遺伝子は実際には二つのことをしている。発生に影響を及ぼすことと、将来の世代に伝えられることである。実際の動物や植物には数万の遺伝子があるが、このコンピューター・モデルでは慎み深く、九個に限定しておこう。この九つの遺伝子はコンピューターのなかではそれぞれ単純にひとつの数で表わされており、その数を遺伝子の値と呼ぶことにする。たとえば、ある遺伝子の値は、4とか−7ということになる。

どのようにすればこれらの遺伝子が発生に影響を及ぼすようにさせられるだろうか？　遺伝子にできるだろうことはいろいろある。基本的な考え方としては、遺伝子がこの〈発生〉という描画規則へ何らかの弱い量的効果を発揮しなくてはならない。たとえば、ある遺伝子は分枝の角度に影響を及ぼしてもよいし、また別の遺伝子はある特定の枝の長さに影響を及ぼしてもよい。遺伝子がやるべきことでもう一つはっきりしているのは、再帰性の深度、つまりひきつづいて何回分枝するかに影響を及ぼすことである。私は、第九遺伝子にこの効果をもたせた。したがって、図2は、第九遺伝子に関してのみ異なっていて他は互いに同一の遺伝子をもつ、七個体の近縁な生物体の絵とみなせる。他の八個の各遺伝子が何をしているかは詳しく説明しない。それらの遺伝子がどのようなことをするかについては、図3をよく検討すればその概略をつかむことができるだろう。この絵のまんなかにあるのは基本樹木で、それは図2の樹木のうちの一つである。この中央の樹木をとりまいて他の八本の樹木がある。八本の樹木は互いに別々の遺伝子が一つずつ違っているというか「突然変異」を起こしているが、それ以外の遺伝子は中央の樹木と同じである。たとえば、中央の樹木の右の絵は、第五遺伝子が突然変異を起こしてその値に1を加えられるとどうなるかを示している。紙面に余裕があれば、この中央の樹木の周囲にぐるりと一八本の突然変異体を印刷したいところだ。一八本を示したいというのは、九個の遺伝子があり、その各々が「正」の方向にも（その値に1を加える）「負」の方向にも（その値から1を引く）突然変異しうるからである。ぐるりと輪になった一八本の樹木を描けば、中央の一本の樹木から派生しうる一段階突然変異体を余すところなく表現できるわけだ。

これらの樹木は、それぞれ九個の遺伝子の値で表わされる固有の「遺伝子型」をもっている。私はこの遺伝子型を書き出さなかったけれども、それは、遺伝式など書き出してみてもそれ自体は読者にとっては何の意味もないからだ。それは本物の遺伝子にもあてはまる。遺伝子は、タンパク質合成を経て、発生しつつある胚の成長規則に翻訳されて、はじめて何らかの意味を帯びてくる。そしてコンピューター・モデルでも、九個の遺伝子の値は、分枝パターンのための成長規則に翻訳さ

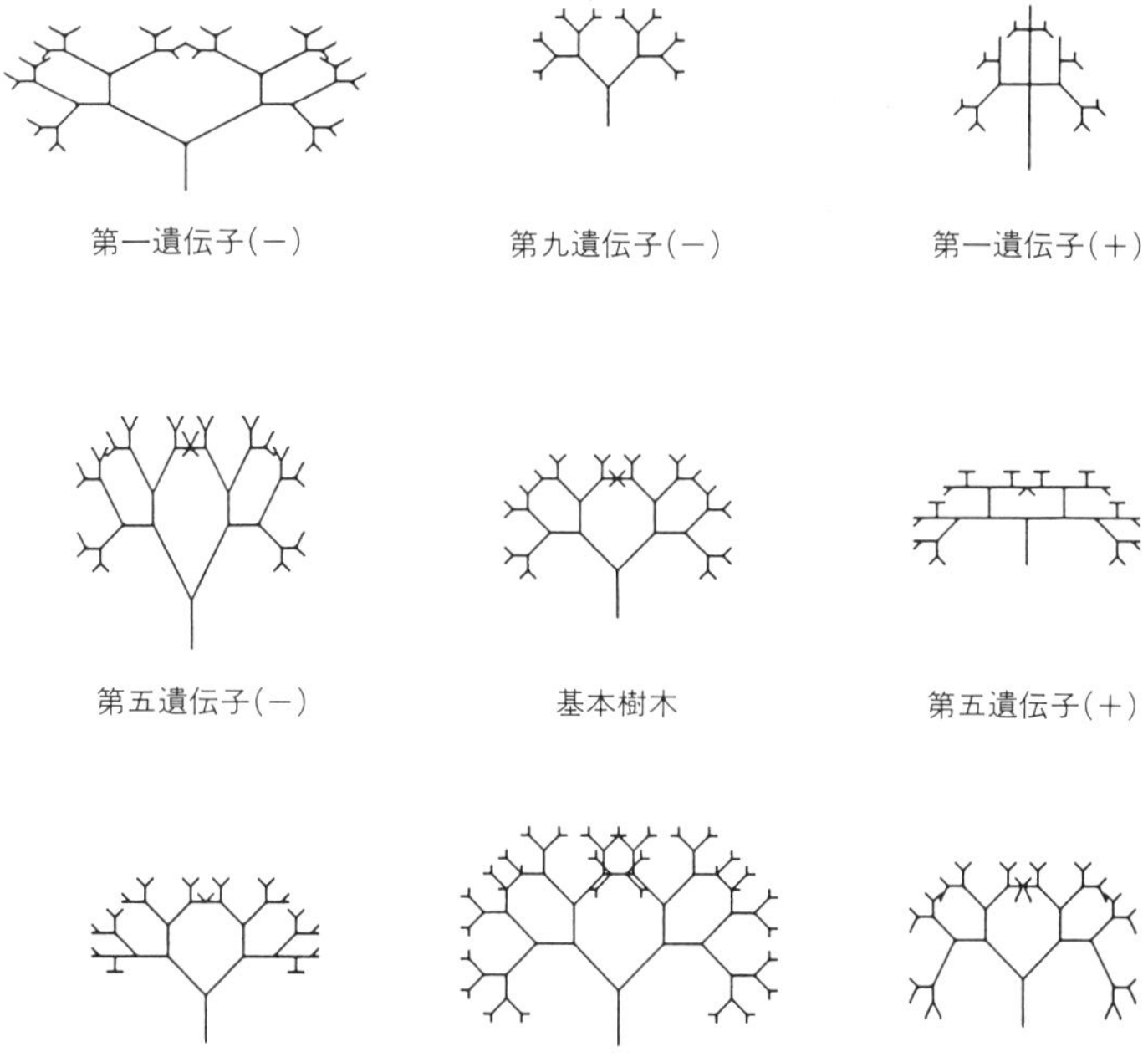
第一遺伝子(－)
第九遺伝子(－)
第一遺伝子(＋)
第五遺伝子(－)
基本樹木
第五遺伝子(＋)
第七遺伝子(－)
第九遺伝子(＋)
第七遺伝子(＋)

図3

れて、はじめて何らかの意味を帯びてくるのだ。しかし、各遺伝子が何をしているかを理解するには、ある特定の遺伝子に関して異なっていることがわかっている二つの生物体の体を比較すればよい。たとえば、絵の中央にある基本樹木とその左右にある二本の樹木を比較してほしい。第五遺伝子が何をしているのか、いくらかおわかりだろう。

これまた、まさしく実際に遺伝学者たちのしていることである。遺伝学者は遺伝子が胚にどのような効果を発揮しているかについて通常は知らないし、どんな動物についてもその遺伝式を完全に知っているわけではない。しかし、遺伝子一個で違っているとわかっている二匹の動物の成体の体を比較すれば、その一個の遺伝子がどのような効果をもっているかを理解できる。遺伝子の効果は、単純に加算されるのではなく、もっと複雑な仕方で相互作用しているので、それよりさらに複雑である。まったく同じことはコンピューターの樹木についても言える。それについてはあとで絵が示してくれるように、まさしくそのとおりなのだ。

樹木の形がことごとく左右軸に関して対称だということには、もうお気づきだろう。これは、私が〈発生〉の手順に課した一つの拘束である。そのようにしたのは一つには審美的な理由からであり、また一つには必要な遺伝子の数を節約するためである（遺伝子が、樹木の両側に対して鏡像的に効果を発揮しないとすれば、左側と右側に別々の遺伝子を必要としただろう）。さらに、動物らしい形が進化してくるのを期待していたからでもある。なにしろ、たいていの動物の体はかなり対称性が高い。同じ理由で、これより私は、こうした生物を「樹木」と呼ぶのをやめ、「体」ないしは「バイオモルフ」と呼ぶことにする。バイオモルフというのは、デズモンド・モリス[2]のシュールレアリストふうの絵にでてくる何やら動物めいた形に、彼がつけた名前である。これらの絵は、私の好きな絵のなかでもとびきりの位置を占めている。それというのも、そのうちの一つは私の最初の本のカバーになったからだ。デズモンド・モリスの言うところでは、バイオモルフは彼の心のなかで「進化」し、しかもその進化は次々と絵を描きながら追跡できるらしい。

コンピューター・バイオモルフと、一八通りの起こりうる突然変異の輪へ話を戻そう。そのうち代表的な八つの例は図3に描かれている。ぐるりをとり囲んでいる各バイオモルフは、中央のバイオモルフからただ一歩の突然変異段階にあるので、中央のバイオモルフを親とする子供たちだと考えることはたやすい。さてここに、〈繁殖〉REPRODUCTION というプログラムがある。これは〈発生〉と同様、もう一つのささやかなコンピューター・プログラムとしてまとめられ、例の〈進化〉という大きなプログラムに組み込まれる手はずになっている。〈繁殖〉については二つのことを覚えておこう。第一に、性がないこと、つまり無性的に繁殖すること。したがって、バイオモルフは雌雄と考えておく。それというのも、アブラムシのような無性動物はほとんどいつも基本的には雌の形をしているからだ。第二に、私の想定している突然変異は、すべて一回につき一つ起こるように拘束されている。バイオモルフの子供は、九個の遺伝子のうち一つしかその親と違っていない。さらに、あらゆる突然変異は、対応する親の遺伝子の値が＋1ないし－1だけ変化することによって起こる。これらは任意の約束事にすぎず、もっとほかにも、生物学的な現実性をとどめることができる約束事はあっただろう。

だが、このモデルの次のような特徴は生物学の基本原理を体現していて、これは任意の約束事ではない。つまり、めいめいの子供の形はその親の形から直接に派生しないということである。めいめいの子供は、自分がもっている（分枝の角度や長さなどに影響する）九個の遺伝子の値から形づくられる。さらに、その子供は、親の九個の遺伝子から自分の九個の遺伝子を得る。これはまさしく現実に起こっていることだ。体は世代を越えては伝わらない。伝わるのは遺伝子である。遺伝子はそれが居座っている体の胚発生に影響を及ぼす。そうして同じ遺伝子が次世代へ伝わるか、伝わらないかなのだ。遺伝子の性質は、体の発生に関与しているからといって影響を受けることはないが、遺伝子が伝えられる可能性は、それが手助けしてつくった体が成功するかどうかに影響を受けるだろう。だからこそ、このコンピューター・モデルで、〈発生〉と〈繁殖〉という二つの手順が防壁で隔てられた二つの区画のように書かれていることが重要なのである。〈繁殖〉が遺伝子の値を〈発生〉へ送り込んで、そこで遺伝子の値が成長規則に影響を及ぼしている点を除いては、二つの手順は防壁で遮断されている。〈発生〉が遺伝子の値を〈繁殖〉へ逆向きに送り込むことは断じてない――そんなことをすると「ラマルク主義」と同じになってしまう（11章参照）。

われわれは二つのプログラム・モジュールを組み立て、〈発生〉と〈繁殖〉と命名してきた。〈繁殖〉は、突然変異の可能性をともないつつ遺伝子を次の世代へ伝える。〈発生〉はどの世代でも〈繁殖〉から遺伝子を受け取り、それらの遺伝子を描画機能へと翻訳して、そうしてコンピューターの画面に体の絵が描かれる。さていよいよ、二つのモジュールをいっしょにして、〈進化〉という大きなプログラムを組み立てるとしよう。

〈進化〉は基本的には〈繁殖〉の果てしない反復からなっている。どの世代にあっても、〈繁殖〉はその前世代から供給された遺伝子を受け取り、それらを次世代へ手渡すのだが、小さなランダムな誤りつまり突然変異を付け加える。突然変異は、ランダムに選んだ遺伝子の値に1を加えるか引くかするだけである。ということは、世代が進むにつれて、もとの祖先との遺伝的差異の総量が、一回の小さな一歩を累積して、ひじょうに大きくなりうるということである。とはいえ、突然変異はランダムでも、世代を越えて累積される変化はランダムではない。どの世代の子もその親からランダムな方向へ異なっている。しかし、そうした子のどれが淘汰を通して残り、次世代へ進むかはランダムではない。ここに、ダーウィン淘汰が生じる場があるのだ。淘汰の規準は、遺伝子そのものではなく、遺伝子が〈発生〉を通してその形に影響を及ぼしている体なのである。

各世代の遺伝子は〈繁殖〉するだけでなく、また〈発生〉へ手渡されて、厳密に決められているそれ自身の規則に従って画面上に適当な体を成長させる。世代ごとに、「一腹」の「子供」（つまり次世代の個体）が全部画面に映し出される。これらの子供はすべて同じ親の突然変異を起こした子供であり、その親とはそれぞれ一つの遺伝子で異なっている。このたいへん高い突然変異率は、このコンピューター・モデルの著しく非生物学的な特徴である。現実には、一つの遺伝子が突然変異する確率は、しばしば一〇〇万分の一よりも小さい。モデルに高い突然変異率を組み込んでいるのは、コンピューター画面での作業全体が人間の目の都合を考えてつくられているためであり、人間は突然変異が一つ起きるのに一〇〇万世代も忍耐強く待っていられないからである！

ここではこの人間の目が積極的な役割を果たしている。それは淘汰の代理執行人なのだ。目は一腹の子供を見渡し、そのうちの一つを育種用に選別する。選ばれたものは、ついで次世代の親になり、今度は突然変異したその子供が一腹全部、同時に画面に映し出される。人間の目はここでは、血統書付きのイヌとか賞をもらったバラとかの育種においてしているのとまさに同じことを行なっている。言い換えると、われわれのモデルは厳密には自然淘汰ではなく人為淘汰のモデルなのである。「成功」の規準となっているのは、真の自然淘汰のように生き残りの直接の規準ではない。真の自然淘汰では、体が生き残るのに必要なものをもっていれば、遺伝子はその体の内部にあるのだから必然的に生き残る。したがって、体が生き残るのを助けるような性質をその体にもたらす遺伝子が、よく生き残る遺伝子になるのは必然的な傾向である。一方、このコンピューター・モデルでは、淘汰の規準は生き残るかどうかではなく、人間の気まぐれに訴える能力なのだ。それは必ずしものらくらした、いいかげんな気まぐれでない。というのは、「シダレヤナギに似ている」といったある性質に対してたえず淘汰をはたらかせようと決心することもできるからだ。とはいうものの、私の経験からすると、人間の淘汰代理執行人は往々にしてもっと気まぐれで日和見的である。これまた、ある種の自然淘汰に似ていないこともない。

人間はコンピューターに、いちばん新しい一腹の子供のうちのどのバイオモルフを育種すべきかを教える。選ばれた子供のもつ遺伝子が〈繁殖〉へ伝えられ、新しい世代がはじまる。この過程が、現実の進化のように、かぎりなく進行する。バイオモルフの各世代は、その先行者や後継者とは突然変異でほんの一歩だけ離れているにすぎない。それでも〈進化〉の一〇〇世代後には、バイオモルフはもとの祖先から突然変異で一〇〇歩のところまで離れたものになれる。しかも、突然変異で一〇〇歩進めば、かなりのことが起こりうるのだ。

この新しく書かれた〈進化〉というプログラムを実行しはじめた当初、私はそれほどたいしたことを夢見ていたわけではない。私を大いに驚かせたのは、バイオモルフがあれよあれよという間に樹木らしからぬものに変貌することだった。基本の二分枝構造はいつもそこにあるのだが、それはいくつかの線が次々に交わるにつれて簡単に覆い隠され、色で塗りつぶされた塊になる（印刷された絵では白黒だけになっているが）。図4は二九世代ばかりからなるある特定の進化史を示してい

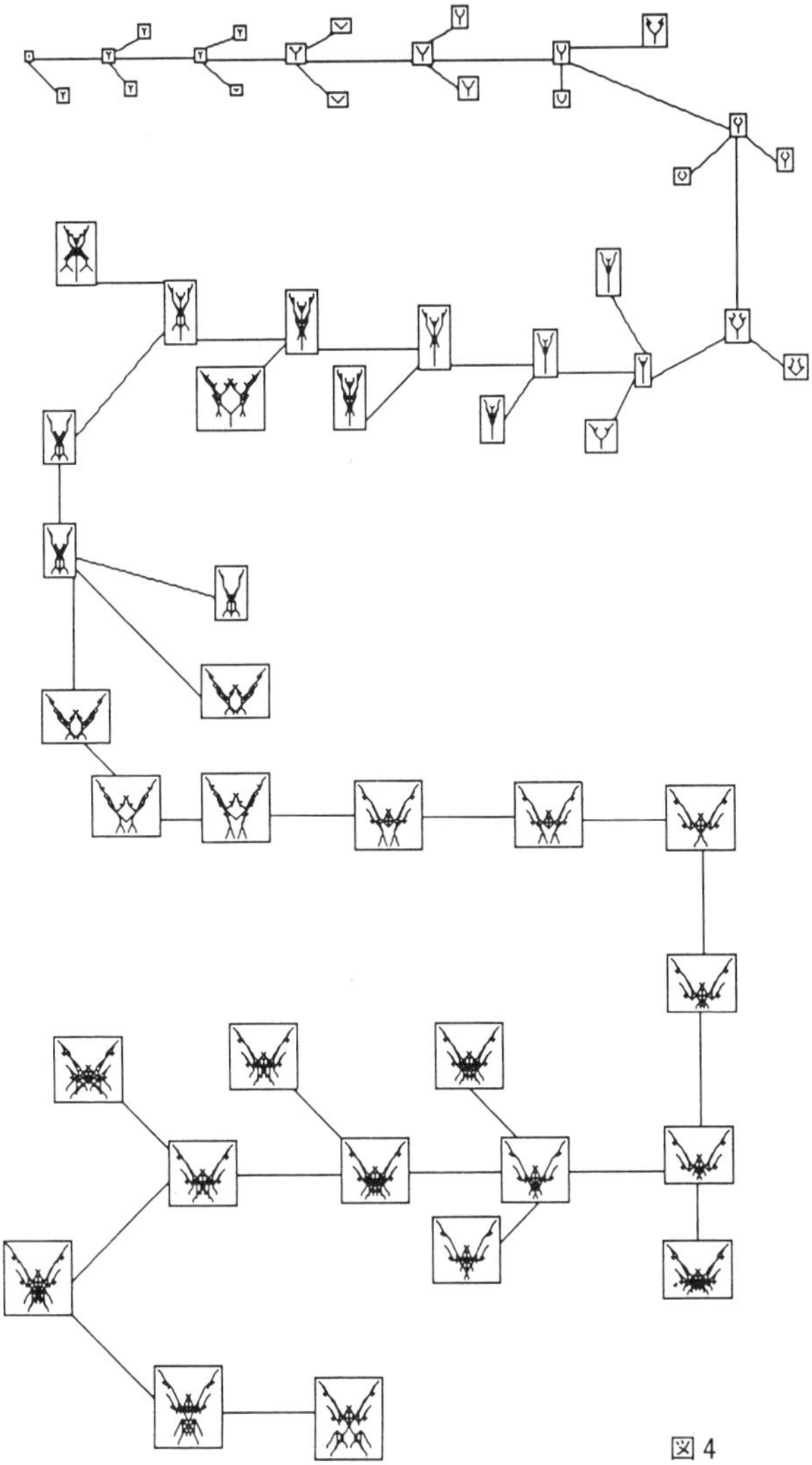

図4

る。その祖先は、小さな生物というか、ただの点である。この祖先の体はまるで始源の泥の中にいた一匹のバクテリアのような点ではあるが、その内部には、図3の中央にある樹木のパターンそっくりに分枝する可能性を秘めている。第九遺伝子が分枝回数を0回と指令（つまり分枝しない）しているだけのことだ！　このページに描かれている生物はどれもこの点の子孫だが、散らかった印象を与えるのを避けるために、私が実際に見たすべての子孫を印刷するのはやめにした。各世代で成功した子供（つまり次世代の親）とその成功しなかった一、二の姉妹だけを印刷した。そういうわけで、この絵は基本的に私の審美的淘汰によってみちびかれた進化の主要な系列を一つぶんだけ示してある。その主要系列にある段階はすべて示されている。

図4に示された進化の主要系列にある最初の数世代を手短にたどってみよう。最初の点は二世代目でY字形になる。次の二世代ではそのYが大きくなる。それから枝の部分が少し曲がって、よくできた「ぱちんこ」のようになる。七世代目では曲がり方が強調され、二本の枝はほとんどくっつきかけている。八世代目では曲がった枝がもっと大きくなり、各枝に一対の小さな突起ができる。九世代目でこれらの突起はふたたび失われ、ぱちんこの軸の部分が長くなる。一〇世代目はまるで花の断面のようであり、曲がった側枝は「柱頭」のような中央の突起を杯状に取り囲んだ花弁に似ている。一一世代目になると同様の「花」の形が大きくなり、もう少し複雑になる。

こんな物語をいつまでもやっている気はない。この絵が、二九世代を通して、おのずと語るにまかせよう。各世代がその親や姉妹といかにちょっぴりしか異なっていないかがわかるだろう。おのおのはその母親とわずかに異なっているので、祖母（または孫）とはもう少し異なっているはずだし、また曾祖母（または曾孫）とはさらにもっと異なっているはずだと期待されるにすぎない。高い突然変異率のせいで、ここでは非現実的な速度にまでスピードアップされているにせよ、これが累積進化というものにほかならない。スピードアップのおかげで、図4は、個体の系図というより、種の系図のようにみえるが、原理は同じことだ。

このプログラムを書いたとき、私は樹木ふうの形をした変異体以上の何かが進化してこようとは考えてもいなかった。シダレヤナギとかレバノンスギとかセイヨウハコヤナギとか海藻とか、ことによるとシカの角とかはでてくるだろうとは期待していた。画面に何が実際に現われてくるかについては、私の生物学者としての直観のなかにも、コンピューターをプログラムしてきた二〇年にわたる経験のなかにも、そして私の野心的な夢のなかにも、前もって教えてくれそうなものは何もなかった。何か昆虫らしきものが進化してきそうだとはじめて私にわかってきたのが、一連の世代のいつごろだったのか、はっきりとは思い出せない。大胆に推測して、ともかくもっとも昆虫らしく見える子供を選んで、私は世代から世代へ育種しはじめた。そしてどんどん昆虫に似たようなものが進化してくるにつれて私はだんだん信じられないという気持ちになってきた。図4の下の最終的な結果を見ればおわかりだろう。あきらかに、それらは、昆虫のような六本足のかわりに、クモのような八本足をもっているが、たとえそうであってもかまわない！　いまでさえ、自分の目の前にこうした絶妙の生物が出現してきたのをはじめて眺めたとき、自分がどんなに狂喜したかを隠せない。私ははっきりと、あの〈ツァラトゥストラはかく語りき〉（『２００１年宇宙の旅』のテーマ）[3]の勝ち誇ったようなオープニング・コードを心のなかで聞いた。食事も喉を通らないまま、その夜は、眠ろうとして目を閉じるたびに瞼の裏に「私の」昆虫たちが飛び交った。

市販されているコンピューター・ゲームのなかには、プレーヤーに地下の迷路をさまよっているような気にさせるものがあるが、それは、どんなに複雑な地形になっているとしても、またそこでプレーヤーがドラゴンとかミノタウルスとか他の神話に出てくる魔物どもに遭遇するとしても、しょせん限界がある。こうしたゲームに出てくる怪物たちは数からいうとむしろ少ないくらいだ。それらは人間のプログラマーによってすべてデザインされているし、迷路の地形も同じくすべてデザインされたものだ。進化のゲームでは、コンピューター版であれ本物であれ、プレーヤー（あるいは観察者）は、比喩的に言うと迷路のように枝分かれした通路をさまようような感覚になるのだが、とりうるすべての道すじの数はほとんど限りがなく、遭遇する怪物たちもあらかじめデザインされてはいないし予測もできない。バイオモルフの国の地下水脈をさまよいながら、私はホウネンエビ、アステカの寺院、ゴシック様式の教会の窓、アボリジニーの描いたカンガルーに遭遇し、二度と捕えられないのだが、忘れがたいものでは、論理学のウィカム記念教授のなかなかよくできた似顔絵にも出会ったことがある。図5は、私のトロフィー・ルームに陳列されているコレクションのささやかな一部であり、どれもこれも同じ方法で出てきたものだ。これらの形が芸術家の印象によるものではないことを、私は強調したい。これらはとにかくいかなる仕方でも修正をほどこされたりしたことのないものである。コンピューターの内部で進化したときに、コンピューターが描いたものそのままなのである。人間の目の演じた役割は、何世代もの累積進化のあいだにランダムに突然変異してきた子孫のうちから、淘汰することに限られていた。

さてわれわれは、シェイクスピアをタイプするサルが与えてくれたものより、はるかに現実的なモデルをもつにいたった。しかしバイオモルフ・モデルにもまだ、欠陥はある。それは、ほとんど無限ともいえるさまざまな擬似生物の形を生成するうえで累積淘汰がいかに強力かを見せつけるも

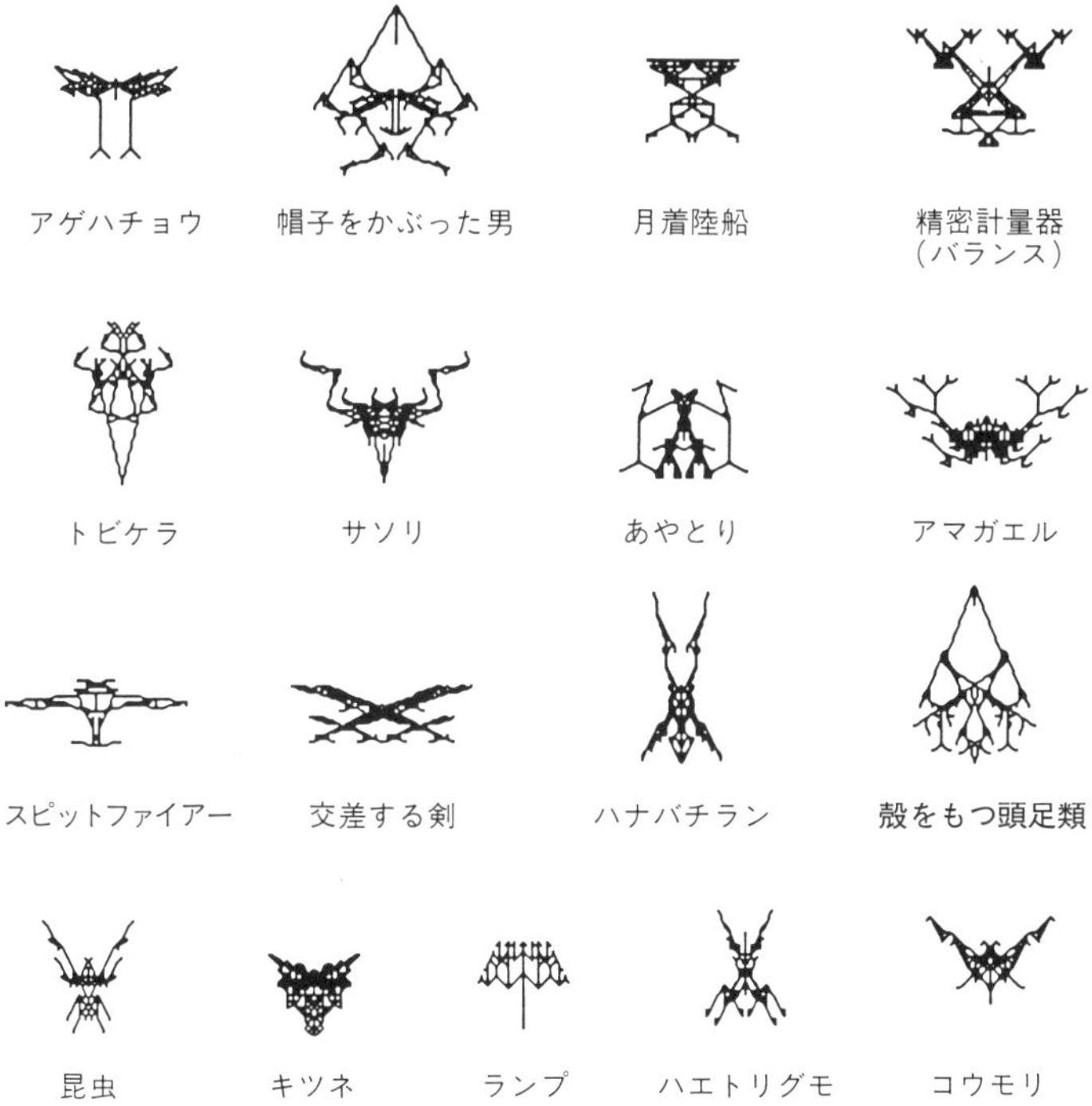
アゲハチョウ
帽子をかぶった男
月着陸船
精密計量器
(バランス)
トビケラ
サソリ
あやとり
アマガエル
スピットファイアー
交差する剣
ハナバチラン
殻をもつ頭足類
昆虫
キツネ
ランプ
ハエトリグモ
コウモリ

図5

のの、自然淘汰ではなく人為淘汰を使っている点である。そこでは人間の目が淘汰のはたらきをしている。それなら人間の目なんか使わずに、コンピューター自体に何らかの生物学的現実性をおびた規準にもとづいて淘汰を行なわせられないのだろうか？　それは思いのほかむずかしいのである。どうしてむずかしいのかを説明するのに少しばかり時間をかけるのも無駄ではない。

あらゆる動物の遺伝子が読み取れるなら、特定の遺伝子型を淘汰によって選び出すことは、つまらないくらいに簡単である。しかし、自然淘汰は遺伝子を直接に選びはしない。それは、遺伝子が体に及ぼす効果、専門的にいうと表現型効果を選ぶのである。人間の目は、イヌ、ウシ、ハトなど多くの育種に示されているように、それにそう言ってよければ、図5にも示されているように、表現型効果を選ぶのにたけている。コンピューターに表現型効果を直接選ばせるためには、われわれはきわめて複雑なパターン認識のプログラムを書かなくてはならない。パターン認識を行なうプログラムはいくつかある。それらは印刷文字だけでなく手書きの文字を読むのにさえ使われている。ただしそれらは、かなり大型の高速コンピューターを必要とする、むずかしい「最先端の」プログラムである。たとえそのようなパターン認識プログラムが、私のプログラム作成能力を越えておらず、私のささやかな六四キロバイトのコンピューターの容量を越えていなかったとしても、私はわざわざそんなことをするつもりはない。なにしろ、パターン認識というのは、人間の目と——ここが重要な点なのだが——頭骨の内部にある一〇〇億ニューロンのコンピューターとが協力すればずっとうまくやれる仕事なのだ。

漠然とした一般的特徴、たとえば、背の高い痩せ型、背の低い肥満型、また柔らかな曲線型、尖んがり型、ロココ調の装飾でもいい、そういった特徴をコンピューターに淘汰させることは、それほどむずかしいわけではない。一つの方法は、コンピューターに、人間がそれまでに好んできたいろいろな特性を記憶させ、これからもそれと同じような性質を淘汰しつづけるようにプログラムすることである。しかし、こうしたからといって自然淘汰のシミュレーションに近づくわけではない。重要な点は、クジャクの雌がその雄を選ぶといった特別なばあいを除けば、自然は淘汰するためにコンピューターのような演算能力を必要としていないということである。自然界では、通常の淘汰の執行人は、直接的でそっけなく単純なのだ。それは厳然たる死神である。もちろん、生き残れる理由はさまざまで単純どころではない――それこそ自然淘汰がこうしたおそろしく複雑な動物や植物を築き上げられた理由なのだから。しかし、死そのものにはどこかとても粗暴で単純なところがある。そしてランダムに起こるのではない死こそ、自然界では表現型と、したがってその表現型がもつ遺伝子とを淘汰するのに必要なものにほかならない。

コンピューターを使って興味深い方法で自然淘汰のシミュレーションをするためには、ロココ調の装飾などといった、視覚的に規定されるあらゆる性質のことを忘れなくてはならない。そのかわりに、ランダムではないかたちで起こる死のシミュレーションに専念する必要がある。バイオモルフはコンピューターのなかでシミュレートされた敵対的な環境と相互作用することになる。バイオモルフの形のもつ何かが、そのバイオモルフがその環境において生き残るかどうかを決めなくてはならない。理想的には、敵対的な環境は進化しつづける他のバイオモルフとして「捕食者」や「餌生物」や「寄生者」や「競争者」を含んでいてほしい。たとえば、ある餌バイオモルフが特定の形をしていることを通じて、特定の形の捕食者バイオモルフによる捕獲されやすさが規定されていたい。しかも、こうした捕獲されやすさの規準は、プログラマーによってはじめから組み込まれていてはならない。つまり、形自体が出現するのと同じ方法によって出現しなければならない。そのうえでようやく、コンピューター内の進化は実際に始まる。自己強化的な「軍拡競争」の条件が満たされたからだ（7章参照）。行きつくところがどうなるのかについては、私は敢えて推測しないでおく。まあ不幸にして、私の能力ではそうした擬似世界を設定するプログラマーにはなれそうにない。

かりにそれをするにふさわしいくらい利口な人がいるとすれば、あのスペース・インヴェーダーに端を発した、騒々しくて俗っぽいアーケード・ゲームを開発するプログラマーくらいなものだろう。こうしたプログラムでは、擬似世界のシミュレーションがなされている。その擬似世界にはしばしば三次元の地形もあれば、高速で動く時間軸もある。キャラクター本体は、不快な音を発しながら、呑み込んだり呑み込まれたり、激しく衝突しあったり、射ち落としあったりして、三次元のシミュレーション空間をとびまわっている。ジョイスティック[4]を握るプレーヤー自身がその擬似世界の一部になっているといった強烈な幻想に浸れるくらい、そのシミュレーションはよくできていることもあるだろう。思うに、この種のプログラミングの最高峰は、航空機や宇宙船のパイロットを訓練するのに使われているキャビンの中で究められているだろう。しかし、たとえこのようなプログラムでさえも、完全な擬似生態系に入れこまれた捕食者と餌生物の間の軍拡競争をシミュレーションで出現させるために書かれねばならないはずのプログラムに比べると、まるで雑魚みたいなものだ。とはいえ、たしかにこういうプログラムも書かれないとはいえない。もし、協同してそれに挑みたいという気のあるプログラムの専門家がいるなら、男性であれ女性であれ、連絡してほしいと思う。

ところで、もっと簡単なやり方が他にもあって私はそれを夏になったらやってみようと思っている。まず、庭の日蔭にコンピューターを置く。その画面はカラーで映し出される。私はすでに、形を制御する例の九個の遺伝子に、それと同じような方法で色を制御するための少数の別の「遺伝子」を加えた改訂版プログラムをもっている。多少なりともこじんまりした、鮮やかに色のついたバイオモルフではじめようと思う。コンピューターは、突然変異で形とか色のパターンがもとのバイオモルフと異なった一群の子供を同時に画面に映し出す。きっとハナバチやチョウや他の昆虫たちがその画面に訪れて、画面の特定の場所へぶつかることによってその子供たちのどれかを「選んで」くれるだろう。一定数の選択が記録されたところで、コンピューターはその画面を一掃して、一番人気のあったバイオモルフを「育種」し、突然変異した次世代の子を画面に映し出す。

私は大いなる願望を抱いている。何世代も経つうちに、野生の昆虫たちが現実にコンピューターのなかで花の進化をひき起こしてくれるかもしれない。もしそうなれば、コンピューター花（フラワー）は、野外の本物の花で進化してきたのとそっくり同じ淘汰圧のもとで進化してくるだろう。婦人服についている明るい色の模様に昆虫がよくやってくるところをみると（それにまた、すでに公表されているもっと体系的な実験の結果をみると）、私の願望もあながち捨てたものではない。もっと興奮にみちていると私には思える、もう一つの可能性もある。それは、野生の昆虫たちによって、昆虫に似た形が進化しないかということだ。それには、かつてハナバチはハナバチラン（フタバラン）の進化をひき起こしたという先例がある――だからこそそんな願望を抱くようになったのでもある。ハナバチの雄は、花と交尾しようとして、花粉を運び、何世代にもわたるランの累積的な進化の間にハナバチふうの形をつくりあげてきた。図5の「ハナバチラン」を色つきで想像してほしい。あなたがハナバチだとしたら、これをすてきだとは思わないだろうか？

　悲観的になる理由があるとすれば、それはもっぱら昆虫の視覚がわれわれの視覚とはかなり異なったはたらき方をしていることである。ビデオの画面は、ハナバチの眼ではなく人間の眼のためにデザインされている。このことは簡単にいうと、われわれとハナバチはともにハナバチランを、それぞれかなり異なった方法で、ハナバチに似たものとして見ているけれども、ハナバチはビデオ画面の像がまるで見えないかもしれない、ということだ。ハナバチには六二五本の走査線以外は何も見えないかもしれない！　それでも、まあやってみるだけのことはある。この本が出版されるころまでには、私はその答えを知っているだろう。(5)

　スティーヴン・ポター(6)なら「げっぷが出そうな」とでもいいそうな調子でよく言われる通俗的なきまり文句に、コンピューターからは入れたもの以上のものは出てこない、というのがある。別の言い方では、コンピューターは教えたことを正確にやるだけだ、だからコンピューターは決して新しいものを創れない。このきまり文句は、まったくとるに足らない意味であたっているにすぎない。たとえば、シェイクスピアは最初の学校の先生が字を書くときに教えてくれたもの、つまり単語以外は決して書きはしなかったというのと、変わらない。私はコンピューターに〈進化〉をプログラムしたが、「わが」昆虫もサソリもスピットファイアーも月着陸船も何も、つくろうともくろんだわけではない。そんなものが出現してこようとはまるで考えてもみなかった。だから、「出現」というのはまさにうってつけの言葉なのだ。なるほど、私の目は淘汰することで進化を誘導したが、どの段階においても、その対象となったのはランダムな突然変異によって供給されたほんの少数の子供に限られていたし、私の淘汰「戦略」——というほどのものではないが——は日和見的で、気まぐれで、目先のものであった。私は何か遠く離れた標的を狙っていたのではない。それは自然淘汰でも同じである。

　私が以前に遠くの標的を狙おうと試みたときのことを論じることで、このことをドラマ風に示すことができる。まず最初に告白しなくてはなるまい。いずれにせよ読者は察するだろうが、図4に示した進化史は再構成したものなのである。私が「私の」昆虫たちを見たのはこのときが最初ではなかったのだ。その昆虫たちがはじめて例のトランペットを産声のようにして出現したとき、私はそれらの遺伝子を記録する手だてをもっていなかった。それらはコンピューターの画面に静止していたが、私には手に入れることも、その遺伝子を解読することもできなかった。彼らを何とかして保存できないものかと知恵をふりしぼりながら、コンピューターのスイッチを切るのを延ばし延ばししていたが、いい方法は見つからなかった。その遺伝子は、ちょうど現実にそうであるように、あまりにも深く埋め込まれていた。かろうじて昆虫たちの体の絵は印刷して打ち出せたが、遺伝子の方は失われてしまった。それから私は直ちにプログラムを修正して、今後はいつでも遺伝子型の記録を取り出せるようにしたが、すでに遅すぎた。私はあの昆虫たちを失ったままだ。

　私はふたたびそれらを「発見する」試みに着手した。一度は進化したのだから、ふたたび進化させることだってできるにちがいない、そう思えた。失われた旋律のように、昆虫たちは私の脳裏に亡霊のごとく繰り返し出没した。私は奇妙な生物や物体の続く果てしない景色のなかをあちらからこちらへとバイオモルフの国をさまよったが、わが昆虫たちは見つからなかった。それらがどこかそのあたりに潜んでいるにちがいないとは、わかっていた。進化がもともとどの遺伝子から出発したかも私にはわかっていた。わが昆虫たちの体を描いた絵ももっていた。点のごとき祖先からわが昆虫たちにいたるまで少しずつ変化していった体の進化系列を描いた絵さえあった。しかし、それらの遺伝子型がわからなかったのだ。

その進化経路を再構成するくらい朝めし前だと思えるかもしれないが、そうではなかった。そのわけは、いずれまた述べることになるが、たとえ変化する遺伝子がたった九個しかなくても、進化経路が十分長ければそれによって生じうるバイオモルフの数は天文学的な数字になるからである。バイオモルフの国への数回に及ぶ巡礼の旅をして、私は例の昆虫の先行体にかなり接近したかに思えたが、淘汰の代理執行人としての私の最善の努力にもかかわらず、そのあとの進化が行きついたのは、どうみても間違った航路であった。最終的には、バイオモルフの国で進化的放浪を繰り返して、最初のときと同じほどの勝利感を味わって、ようやくあの昆虫を片隅に追いつめた。この昆虫たちが最初の「ツァラトゥストラの失われた旋律」の昆虫と正確に同じであったかどうか、それともそれらと「収斂」しているように見えただけなのかどうか（次章参照）、私にはわからなかったが（いまだにわからない）、まあそれでもよかった。今度はぬかりはなかった。私はその遺伝子型を書き留めたし、いまではいつでも望むときにその昆虫を「進化」させられる。

まあ、このドラマはちょっとやりすぎではあるが、そこには重要な点が一つある。たとえコンピューターにプログラムし、何をするかを細大もらさず教えたのが私であったとしても、私は決してそんな動物を進化させようと企んだわけではなく、はじめてあの昆虫たちの先行体を見たときその姿に仰天したくらいだ、というのがこの話の要点なのだ。進化を制御することにかけて私ときたらかくも無力であったので、特定の進化経路を再追跡しようと懸命になったときでさえも、結局再追跡は不可能だとわかったのだ。かりにあの昆虫の進化上の先行体たちの印刷された絵が全部揃っていなければ、それを再発見することなどできはしなかっただろうし、全部揃っていてさえ再追跡は困難で退屈きわまりなかった。プログラマーがコンピューター内の進化の方向を制御したり予測したりするのに無力だというのは、逆説めいているだろうか？　コンピューターの内部で何か謎めいたこと、神秘的とさえいえることが進行した、ということになるのだろうか？　もちろんそんなことはない。それどころか、実際の動物や植物の進化でも神秘的なことなど何も進行していない。われわれは、コンピューター・モデルを使って、その逆説を解けるし、そうするうちに実際の進化の過程について何かを学ぶことができるだろう。

先を見越して言うと、その逆説を解くための基盤は結局のところ次のようになる。有限個のバイオモルフを考えよう。各バイオモルフはある数学的空間の固有の場所に恒久的に位置している。恒久的に位置しているというのは、その遺伝子型を知ってさえいれば、即座にそのバイオモルフを見つけだせるし、さらにこの特殊な空間において隣にいるバイオモルフは、そのバイオモルフと遺伝子一個しか違っていない、という意味である。いまや、わが昆虫の遺伝子型はわかっているので、思いのままにそれを繁殖させることもできるし、コンピューターに命令して任意の出発点からその昆虫に向かって「進化させる」こともできる。あなたがはじめてこのコンピューター・モデルで人為淘汰によって新しい生物を進化させてみれば、まるで創造的な過程であるかのように感じられるだろう。そう、まったくそのとおりだ。しかし、あなたが実際にしているのは、その生物を見つけることである。なぜなら、数学的な意味では、その生物は、バイオモルフの国の遺伝的空間のそれ自身の場所にすでに位置しているからだ。それがどうして真に創造的な過程かというと、どんな生物であれ特定のものを見つけることはきわめてむずかしいからである。むずかしいのはまったく単純にバイオモルフの国はやたらに広大で、そこにいる生物の総数はほとんど無際限なためである。ただあてどなくでたらめに探しまわってもうまくいくわけがない。何かもっと効率のよい、つまり創造的な探索手順を採用しなくてはならない。

チェスをするコンピューターはチェスの駒の動きの可能な組合せをことごとく内部で試みたうえで作動していると、たわいもなく思い込んでいる人がいる。彼らは、コンピューターに打ち負かされたときにそんなふうに考えて慰めにしているが、この考えはまったくもって間違いである。チェスの駒を次にどう動かすかにはあまりにも多くの可能性があり、その探索空間はやみくもに探しまわってうまくいくなどというよりも数十億倍も広大なのである。上手なチェスのプログラムを書くこつは、その探索空間のなかで効率のよい近道を考えることである。コンピューター・モデルにおける人為淘汰であれ、現実の外部世界における自然淘汰であれ、累積淘汰というものは効率のよい探索の手順であり、それによってもたらされる結果はまさしく創造的な知性であるかのようにみえる。要するに、これはウィリアム・ペイリーのデザイン論が扱った問題である。技術的に言うと、コンピューター・バイオモルフ・ゲームをしているときに、われわれがしていることというのは、数学的な意味では、見つけられるべく待ち構えている動物を見つけることにほかならない。それが芸術的創造の過程のように感じられるのである。そこにほんの少数の実体しかない小さな空間を探索しても、まず創造的な過程とは思えない。指抜き探し(7)といった子供の遊戯ではとても創造的とは思えない。物をでたらめにひっくり返して、捜し物にひょっこり出会うのを期待するのは、ふつうは探索されるべき空間が狭いときにうまくゆく。探索空間が広くなるにつれて、よりいっそう洗練された探索の手順が必要となる。効率のよい探索の手順は、その探索空間が十分に広いとき、真の創造性と区別できなくなる。

コンピューター・バイオモルフ・モデルは、こうした点をはっきりさせてくれるし、チェスで勝つ戦略を練るような人間の創造的過程と、自然淘汰の進化的な創造性つまり盲目の時計職人とのあいだの有益な橋渡しをする。このことを理解するには、バイオモルフの国を数学的な「空間」として捉えるというアイデアを発展させなくてはならない。つまりさまざまな形態をもつ変異体が整然と並びながら延々と続く眺望のきく場であり、その空間ではあらゆる生物が正しい場所に位置して発見されるべく待ち構えているのだ。図5に示されている一七の生物〔バイオモルフ〕はそのページにさしたる順序もなく配列されている。ところがバイオモルフの国そのものでは、各バイオモルフはその遺伝子型によって決められ、隣りあう特定のバイオモルフにとり囲まれた固有の位置を占めている。バイオモルフの国のあらゆる生物〔バイオモルフ〕は、互いの間の空間的関係が厳密に決まっている。それは何を意味しているのだろうか？　空間的な位置にどのような意味を与えることができるのだろうか？

われわれが語っている空間は、遺伝的な空間である。それぞれの動物は遺伝的空間のなかに自らの位置をもっている。遺伝的空間のなかで隣り合っているのは、ただ一つの突然変異で異なっている動物である。図3では、中央の基本樹木は、遺伝的空間のなかですぐ隣にいるはずの一八通りの樹木のうち八つにとり囲まれている。われわれのコンピューター・モデルの規則からすれば、ある動物を中心とした一八通りの隣接者は、その動物が生むことのできる一八種類の異なった子供たちであり、その動物が生まれてくることのできた一八種類の異なった親たちである。一世代隔たると、それぞれの動物は三二四通り（一八×一八、簡単にするために復帰突然変異も含む）の隣接者をもつことになる。それは存在しうる孫、祖父母、叔父叔母あるいは甥姪の集合である。さらにもう一世代隔たると、それぞれの動物は五八三二通り（一八×一八×一八）の隣接者をもっており、それは存在しうる曾孫、曾祖父母、従姉妹などの集合である。

遺伝的空間という考え方によって何がはっきりするのだろうか？　それによってわれわれの理解はどこへおもむくのだろうか？　進化を漸進的かつ累積的過程として理解する方途を提供する、というのがその答えである。どれか一つの世代では、コンピューター・モデルの規則に従って、一歩だけ遺伝的空間を動くことができる。二九世代では、その最初の祖先からみて二九歩以上遠くへ遺伝的空間を動くことはできない。あらゆる進化史は、遺伝的空間を通る特定の経路あるいは軌跡からなっている。たとえば、図4に記録された進化史は、遺伝的空間を通る特定の曲がりくねった軌跡であり、一つの点から昆虫をつないで、二八の中間段階を通り抜けている。私が比喩的にバイオモルフの国を「さまよう」と言っているのは、こういうことなのである。

私は一つの絵のかたちでこの遺伝的空間を表現してみたかった。厄介なのは、絵が二次元であることだ。バイオモルフのいる遺伝的空間は二次元空間ではないし、三次元空間ですらない。それは九次元空間なのだ！　（数学について覚えておかなくてはならない大切なことは、恐怖心を抱かないようにすることである。数学は、その道のえらい先生がときとしてもったいぶってみせるほどむずかしくはない。私は脅威を感じたときにはいつでも、『計算なんてこわくない』にあるシルヴァヌス・トムソン[8]の格言、「こんなやつにもできるのだから、誰にだってできる」を思い出すことにしている）。九次元の絵が描けさえすれば、各次元を九つの遺伝子のうちのどれか一つに対応させることができただろう。たとえばサソリとかコウモリとか昆虫とかいった特定の動物の位置は、九

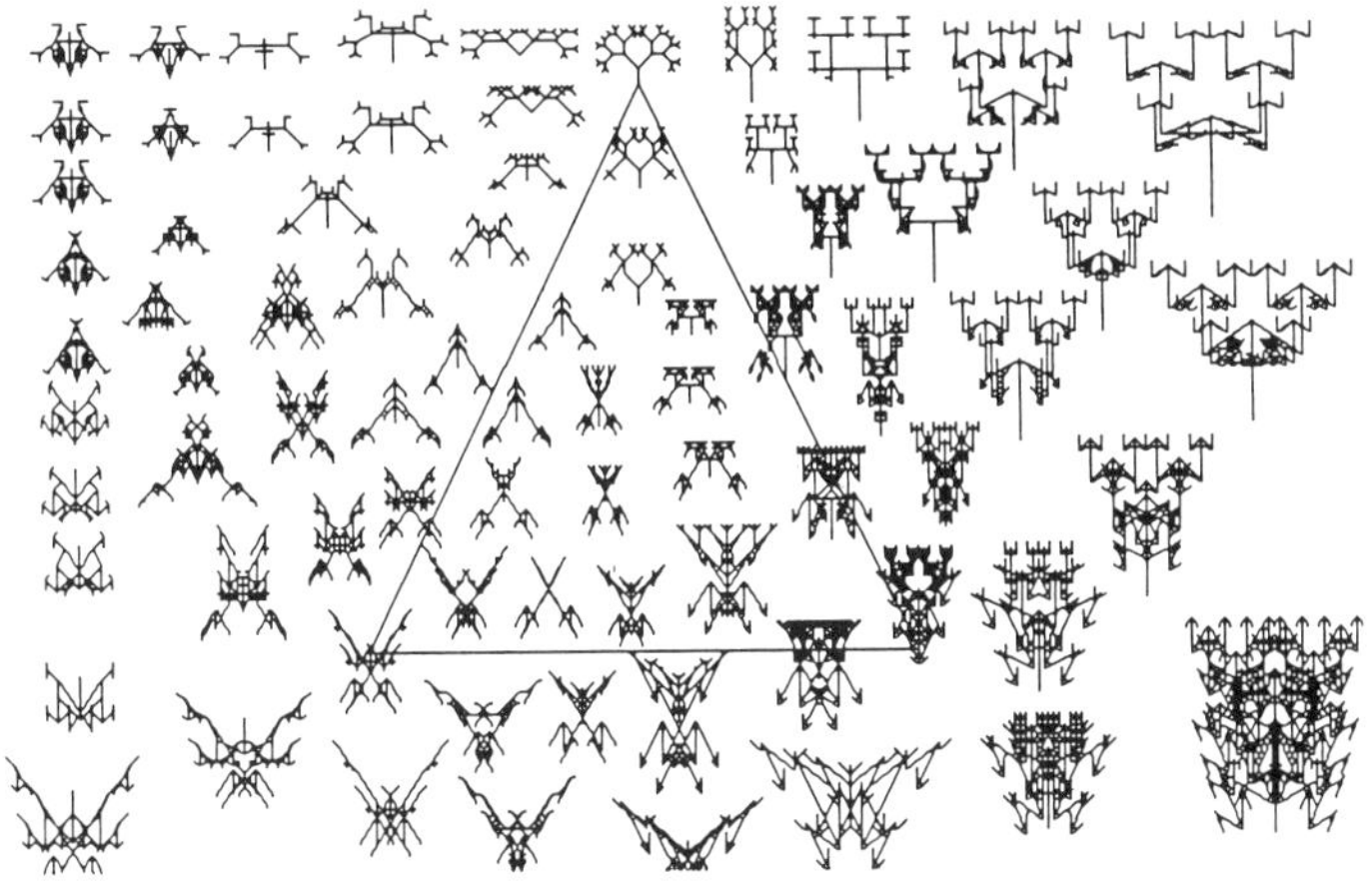

図6

つの遺伝子の値によって遺伝的空間に固定されている。進化的変化は、九次元空間のなかの一歩一歩の歩みからなっている。ある動物と別の動物の遺伝的差異の総量、つまりある動物から別の動物へ進化するのにかかった時間や進化することの難易度は、それらの間の九次元空間における一方から他方までの距離として測られる。

悲しいかな、われわれは九次元で絵を描くことはできない。私は、それをごまかす方法、あたかもバイオモルフの国の九次元の遺伝的空間で点から点へ動くかのような感じを抱かせる二次元の描画法を探し求めた。やろうと思えばいくつか可能な方法があるが、三角形トリックと私の呼んでいる方法を選ぼう。図6を見てほしい。三角形の三つの頂点に、任意に選ばれた三つのバイオモルフがある。いちばん上の頂点にあるのは基本樹木、左の頂点には「わが」昆虫の一つ、また右の頂点には名は無いけれどもなかなか可愛らしく思えるバイオモルフがいる。あらゆるバイオモルフと同様、これら三つはいずれもそれ自身の遺伝子型をもっており、それによって九次元の遺伝的空間のなかでの固有の位置が決まっている。

その三角形は、九次元超空間を切断する平らな二次元「平面」上にある（こんなやつにもできるのだから、誰にだってできる）。その平面は、ゼリーに突き刺さった平らなガラスの破片のようなものだ。ガラス面上には三角形といくつかのバイオモルフも描かれていて、遺伝子型によってそれらのバイオモルフは平面上の特定の位置を占める資格を与えられている。それらに資格を与えているのは何なのだろうか？　ここで、三角形の頂点にある三つのバイオモルフが登場する。それらを錨（アンカー）バイオモルフと呼ぶことにしよう。

遺伝的によく似たバイオモルフは近くに位置し、遺伝的に異なったバイオモルフは遠くに離れている、というのが、遺伝的「空間」における「距離」概念であったことを思い出そう。この特別な平面上での距離はすべて三つの錨バイオモルフとの関連で計算される。その三角形の内部であれ外部であれ、このガラス上の任意の点をとったとき、その点にふさわしい遺伝子型は、三つの錨バイオモルフの遺伝子型の「加重平均」として計算される。その重みづけがどのようになされるか、もうおわかりだろう。重みづけは、その平面上の距離によってなされる。もう少し正確に言うと、問題の点から三つの錨バイオモルフまでの近さによってなされるのだ。そういうわけで、その平面上の昆虫に近ければ近いほど、その場所のバイオモルフはより昆虫に似ている。ガラス面に沿って樹木の方へ移動するにつれて、その「昆虫」は徐々に昆虫らしさを失って、より樹木らしくなる。また三角形の中心の方へ歩を進めると、そこであなたが発見する動物、たとえば七本の枝に分かれたユダヤの燭台を頭にのせたクモといったものが、三つの錨バイオモルフ間のさまざまな「遺伝的な

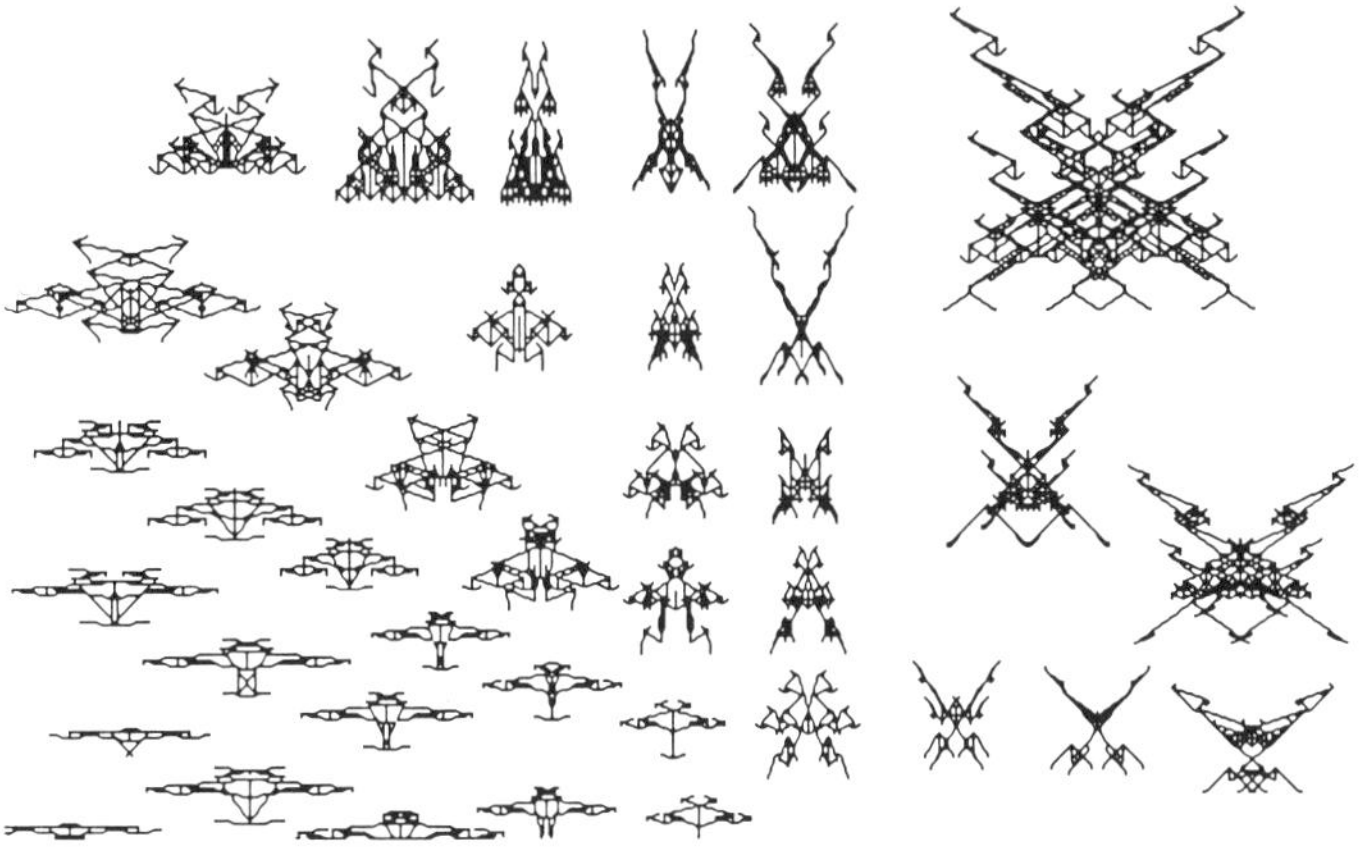

図7

妥協の産物」になるだろう。

しかしこんなふうに説明すると、三つの錨バイオモルフがあまりにも目立ちすぎかねない。たしかに、このコンピューターは錨バイオモルフを使って、この図の上にある、あらゆる点について適当な遺伝子型を計算している。しかし実際には、平面上に三つの投錨点（アンカーポイント）としてどのような点をとろうと、このトリックは同じように成立し、同じような結果をもたらすはずである。そういうわけで、図7には現に三角形は描かれていない。図7はちょうど図6と同じ描き方をした絵であり、表わしている平面だけが違っている。先の三つの投錨点の一つにいたのと同じ昆虫が、今度は右の方にいる。このばあい他の投錨点には、どちらも図5で見た、スピットファイアーとハナバチランがいる。この平面でも、隣り合ったバイオモルフは遠くのものどうしよりもよく似ていることにお気づきだろう。たとえば、スピットファイアーは編隊で飛んでいるよく似た航空機の飛行中隊の一部である。例の昆虫が両方のガラス上にいるので、この二枚のガラスは互いにある角度で交叉している、と考えてもいい。図6に対して、図7の平面は、その昆虫を含む軸を「中心に回転された」ものといえる。

三角形は気が散るもとだったので、それを取り除いたのはわれわれの方法にとっては一つの改善といえる。三角形のせいで平面上の三つの特定の点が不当に目立っていた。おまけにもう一つ改善を施そう。図6と図7では、空間的距離は遺伝的距離を示しているものの、その目盛りはすっかり歪んでいる。上下の一インチは左右の一インチと必ずしも等しくない。これを補正するには、あるバイオモルフから別のバイオモルフまでの遺伝的距離がどれも同じになるように、三つの錨バイオモルフを注意深く選ばなくてはならない。図8はまさにこの補正をしたものである。ここでも三角形は実際に描かれていない。三つの錨は、図5のサソリとまたしてもあの昆虫（さらにもう一度あの昆虫を含む軸を「中心に回転」させる）、そして上の頂点にいるどちらかというとあまり特徴のないバイオモルフである。これら三つのバイオモルフはどれも互いに突然変異で三〇歩離れたところにいる。ということはつまり、三つのバイオモルフの間ではどれからどれへ進化するとしても、その容易さは等しいということだ。その三通りの進化はどれでも、遺伝的には最短でも三〇歩はかかっているはずである。図8の最下端に描かれたレーダー・スクリーン上の位置を示す小さなブリップのような目盛りは、遺伝子で測られる距離の単位を示している。それはある種の遺伝的定規だと思えばよい。この定規は水平方向で測れるだけでない。それをあらゆる方向へ傾ければ、平面の任意の一点と他の一点との間の遺伝的距離や、したがってその最短の進化的時間を測ることができる（厄介なことに、このコンピューターのプリンターは比率が歪んでいるので、このページで距離

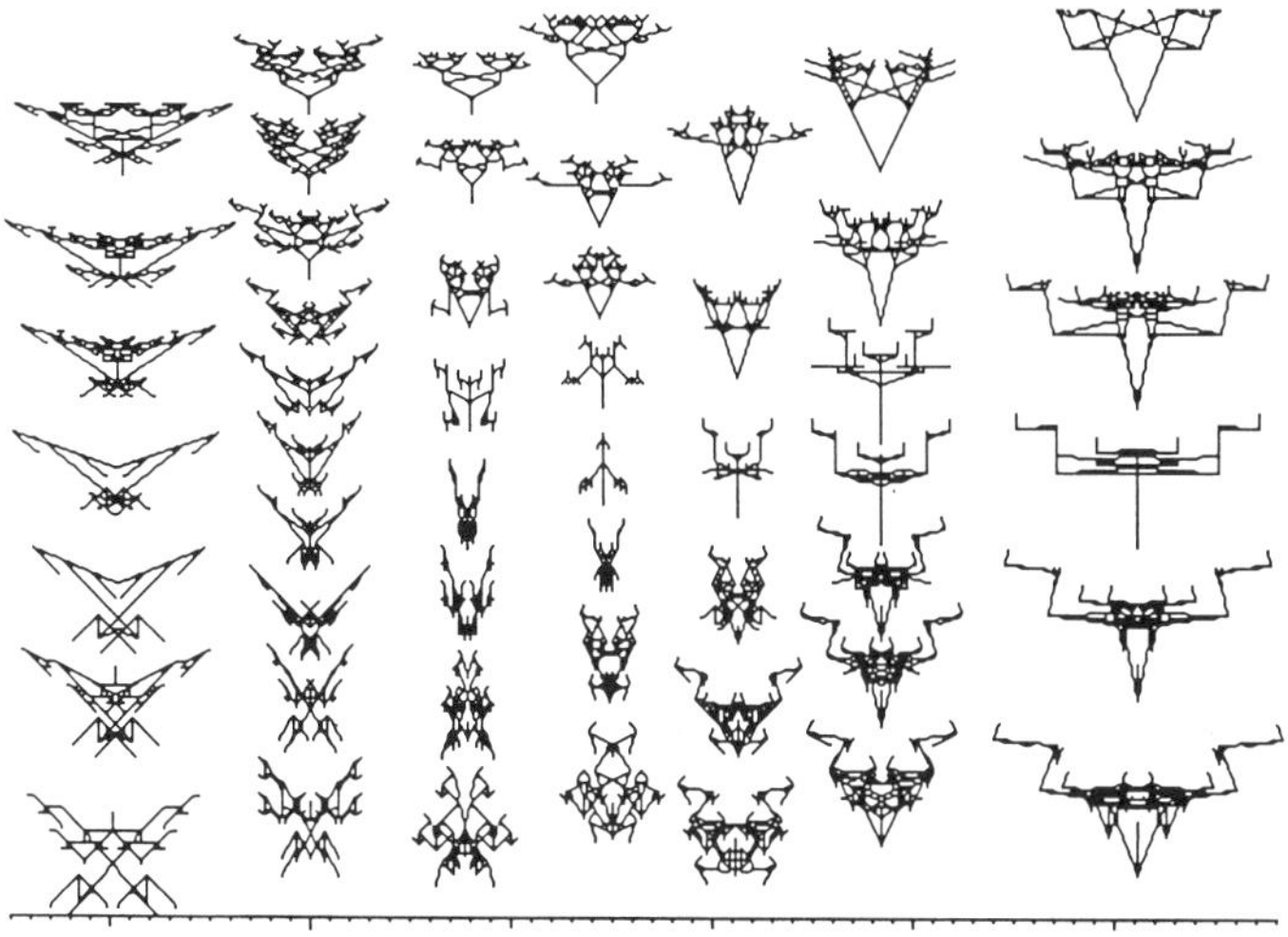

図8

を測ってもうまくいかないが、とはいえ、この物差し上でブリップを単純に数えるだけではわずかに間違った答えを得るにしても、その歪みの影響は気にしなくていいくらい微々たるものである)。

九次元の遺伝的空間を切断したこれらの二次元平面は、何かバイオモルフの国を散策しているような感覚を抱かせる。その感覚をいっそうそれらしくするには、進化が一つの平面に限定されていないことを思い出さなくてはならない。ほんとうの進化的空間を散策すれば、いつだって別の平面へ、たとえば図6の平面から図7の平面へといったぐあいに(例の昆虫の近傍では、この二平面は互いに近接している)、「落下」することだってできるだろう。

図8の「遺伝的定規」は、ある点から別の点へ進化するのにかかるであろう最短時間を計算可能にしてくれる、と私は述べた。もとのモデルの制限からすればまさしくそうなのだが、強

調されていたのは最短という言葉である。昆虫とサソリは互いに遺伝的に三〇単位離れているので、道を間違えさえしなければ、すなわち、どのような遺伝子型を目指して進んでいるのか、どのようにしてそれへ向かって舵をとればよいのかを正確に知っていれば一方から他方へ進化するのに三〇世代しかかからない。現実の進化には、どこか遠くにある遺伝的標的に向かって舵をとるといったことに相当するものは何もない。

　さて、ハムレットをタイプで打つサルによってあきらかにされた論点、つまり純粋な偶然とは対極にある、進化における一歩一歩段階を踏んだ漸進的な変化の重要性という問題にバイオモルフを使って戻ってみよう。まず、図8の下に示した物差し（グラティキュール）に、今度は異なった単位で目盛りを入れることからはじめる。距離を「進化的変化を起こさなくてはならない遺伝子の数」として測るかわりに、「たった一回の跳躍で、まったくの幸運によってたまたまその距離を跳び越える見込み（オッズ）」として測ることにしよう。これについて考えるためには、コンピューター・ゲームに組み込んだ制限の一つをここで緩めなくてはならない。それにはそもそもどうしてその制限を付けたのかを考察することになる。その制限とは、子供がその親から突然変異一回分の距離しか離れられないというものだった。言い換えると、一回に一つの遺伝子しか突然変異することができず、その遺伝子は自身の「値」を+1あるいは−1しか変えられない。この制限を緩めることによって、ようやくいくつかの遺伝子を同時に突然変異させることが可能になり、それぞれの遺伝子は現在の値に正であれ負であれいくらでも加算できるようになる。現実には、遺伝子の値にマイナス無限大からプラス無限大までの範囲を認めるというのは、あまりにも過大な制限緩和である。遺伝子の値を一桁の数字つまり−9から+9までの範囲に制限すれば適切な緩和といえる。

このように制限を緩めると、理論的には、一世代のうちに突然変異によって九個の遺伝子のどんな組合せにでも一挙に変化を起こすことが可能になる。そのうえ各遺伝子の値は、二桁の数字にさまよい出ないかぎり、どれだけでも変化できる。これはどういうことなのだろうか？　理屈の上では、進化はたった一世代でバイオモルフの国のいかなる点からいかなる点へも跳躍できる、ということなのだ。それもただ一平面上の点にかぎらず、九次元超空間全体の任意の点へ跳躍できる。たとえば、あなたが図5の昆虫からキツネへひとっ飛びしたいとしよう。その処方はこうである。遺伝子一から九までの値にそれぞれ、−2、2、2、−2、2、0、−4、−1、1という数を加えればよい。ただし、われわれはランダムな跳躍について語っているので、バイオモルフの国のあらゆる点が等しく一回の跳躍における着地点になる見込みがある。したがって、キツネでも何でもいい、ある特定の着地点にまったくの幸運で跳びおりる見込みは、容易に計算できる。その見込みは単純に空間内のバイオモルフの総数にかかっている。おわかりのように、われわれはまたしても天文学的数字の出てくる計算に乗り出しているのだ。九個の遺伝子があり、各遺伝子は一九通りの値のどれかをとることができるので、ただの一歩で跳躍できるバイオモルフの総数は、一九の九乗になる。これは一兆の半分くらいにあたる。アシモフの「ヘモグロビン数」に比べるとわずかであるが、それでもまあ大きな数と言っていいだろう。昆虫からはじめて、発狂したノミのように五〇〇〇億回ばかり跳躍すれば、一度はキツネに到達すると思ってもよい。

これは、実際の進化について、いったい何を物語っているのだろうか？　それはもう一度、一歩一歩段階を踏んだ漸進的な変化の重要性を徹底させていることになる。進化にはこの種の漸進論が必要だということを否定してきた進化学者たちもいる。バイオモルフの計算は、なぜ一歩一歩段階を踏んだ漸進的な変化が重要なのかという理由の一つを厳密に示している。昆虫からすぐ傍らの隣接者の一つへ跳躍する進化なら期待できても、昆虫からキツネとかサソリへ直接に跳躍する進化なんて期待できないと言うとき、私が言いたいのは厳密にはこういうことだ。かりにまぎれもなくランダムな跳躍が実際に起こるとすれば、昆虫からサソリへの跳躍だって確かに起こる可能性はあるだろう。なるほど、それは昆虫からすぐ隣りのバイオモルフへ跳躍するのと同程度に起こりうることではある。けれども、この国の他のどのようなバイオモルフへの跳躍も同じように起こりうるだろう。そして、これが厄介なのだ。[9] というのは、この国には一兆の半分くらいのバイオモルフがあり、それらのどれもが他のどのバイオモルフとも着地点になる見込みにおいて差がないとすると、どれか特定のバイオモルフへ跳躍する見込みは無視できるくらい小さくなるからである。

　ランダムではない強力な「淘汰圧」があると仮定しても何の助けにもならないことに注意しておこう。もしもあなたがサソリへの幸運な跳躍を達成したら大金（ランサム）をもらうという約束をしていたところでどうということはない。そんな跳躍ができる見込みは、それでも五〇〇〇億に一つでしかないからだ。けれども、跳躍するかわりに、一歩ずつ歩き、たまたま正しい方向へ一歩進むたびに報酬として一枚の小さなコインをもらうとすると、かなり短期間のうちにサソリに到達するだろう。必ずしも三〇世代という最短時間とは限らないとしても、かなり速く到達できるはずだ。理屈からすれば、跳躍する方が早く、つまりただのひとっ跳びで賞金がもらえることもあるだろう。しかし、うまくいく見込みはとんでもなく低いので、それまでの一歩ごとの成功に積み重ねながら、小さな歩みを続けていくのが唯一うまくいきそうな方法なのである。

　前節の語調はぬぐい去るべき誤解を招きかねない。またしても、進化があたかも遠く離れた標的、たとえばサソリのようなあるものに向かって行くこととかかわりがあるかのように思われたかもしれない。すでに見てきたように、そんなことはありえないのだ。しかし、もしわれわれがその標的を生存の機会を高めるような何かと考えているなら、論議はまだ生きている。ある動物が親であるとすれば、少なくとも成体になるまで生き残るほどにはよくできているにちがいない。その親から生まれた突然変異を起こした子供が親以上に生き残るのが上手だということだってあるだろう。けれども、子供が大々的に突然変異し、その結果遺伝的空間において親から遠く離れたところへ行ってしまったら、親よりもうまく生き残る見込みはどのくらいのものだろうか？　うまく生き残る見込みはとても小さいというのがその答えである。そのわけは、すでにバイオモルフ・モデルで了解したところである。もしわれわれの考えている突然変異の跳躍がとても大きなものであれば、その跳躍によって到達しうる点の数は天文学的に大きくなる。そして、1章でみたように、いろいろな死んでいる方法の数は、いろいろな生きている方法の数よりもはるかに多いのだから、遺伝的空間のなかで大きくランダムに跳躍したときに死にいたる見込みはきわめて高い。遺伝的空間におけるランダムな跳躍はたとえ小さくてもやはり死にいたりやすいだろう。しかし、跳躍が小さくなればなるほど、死ぬことは少なくなりそうだし、その跳躍が改善になることが多くなりそうだ。この論題には後の章で戻ることにしよう。

私がバイオモルフの国から教訓（モラル）をひきだすのもここまでにしておこう。バイオモルフの国をあまり抽象的なものだとは思わないでほしい。九個の遺伝子しかないバイオモルフではなく、それぞれが何万もの遺伝子を含んでいる何十億もの細胞でできた、血も肉もある動物でみちたもう一つの数学空間がある。これは、バイオモルフ空間ではなく、本物の遺伝的空間である。いままで地球上に生きてきた現実の動物は、理論的には存在することもできたはずの動物のうちの小さな部分集合なのだ。これら実在の動物は、遺伝的空間を通り抜けたごく少数の進化的軌跡の産物である。理論上、動物空間を通り抜ける可能性のある莫大な数の軌跡は、大多数がありえない怪物になってしまう。実在の動物は、遺伝的超空間の固有の場所に位置する仮想の怪物たちの狭間にぽつんぽつんと点在している。実在する動物はいずれも隣接者の小さな一群にとり囲まれており、それらの隣接者の大部分はいまだかつて存在したことすらないが、その少数は実在する動物たちの祖先であり、子孫であり、親類なのだ。

この巨大な数学空間のどこかに、ヒトやハイエナ、アメーバやツチブタ、プラナリアやイカ、ドードーや恐竜が位置している。理論的には、もしわれわれが必要な遺伝子工学の技術をもっているなら、動物空間の任意の点から他の任意の点へ移ることだってできるだろう。どこから出発しても、迷路のような道すじを通ってドードーやティラノサウルスや三葉虫を再生するというような方向へ進むことだってできるはずだ。どの遺伝子とどの遺伝子をつぎはぎするか、染色体のどの区画を複製したり、逆位にしたり、削除したりするかを知ってさえいればいい。われわれがいつになったらそんなことのできる知識をもつようになるのか、私は怪しいものだと思うけれども、その迷路を通り抜ける正しい道すじをたどるための知識がものにできたときに、見いだされるのを待ちながら、こうした親愛なる過去の生物たちは、巨大な遺伝的超空間の片隅に永遠に潜んでいる。われわれはハトを淘汰しながら育種することによってドードーをそっくりそのまま進化させることさえできるかもしれないが、その実験を完遂させるためには一〇〇万年生きなくてはならないだろう。しかし、現実にはこんな旅はさせてもらえないとなると、想像力はそんなに悪い代用品ではあるまい。私のように数学者でない人間にとって、コンピューターは想像力の心強い友だちである。数学のように、想像力を拡げてくれるだけではない。それは想像力を鍛え、かつ制御もしてくれるのである。

4章　動物空間を駆け抜ける

2章でみたとおり、多くの人びとにとって容易に信じられないのは、たとえばペイリーのお気に入りでもあった眼といったもの、つまり互いに絡みあってはたらくたいへん多くの部分からなり、きわめて複雑でかつみごとにデザインされたものが、そのささやかなはじまりから一歩一歩段階を踏んで漸進的な変化を重ねることによって生じてきた、ということである。バイオモルフによって与えられたであろう新たな直観に照らし、この問題へ戻ることにしたい。まず次の二つの問いに答えてみる。

問1　ヒトの眼は、まったく眼のない状態からただの一歩で直ちに生じえただろうか？

問2　ヒトの眼は、それとほんの少し異なった、かりにXとでも呼ぶ何かから直ちに生じたのだろうか？

問1への回答が決定的にノーであることははっきりしている。問1のような問いかけへの答えが「イエス」にならない見込みは、宇宙にある原子の数より何十億倍も大きい。その答えがイエスになるには、とても起こりそうもない巨大な飛躍によって遺伝的超空間を横切る必要があるだろう。問2への答えがイエスであるのは、現在の眼とそのすぐ前の先行体Xとの間の差異が十分に小さくありさえすれば、言い換えると、ありうるすべての構造体を含む空間においてそれらが互いに十分近接していれば、問1への答えと同じくらいはっきりしている。特定の程度の差異についての問2への答えがノーであるなら、もっと差異を小さくしてその問いを繰り返してみればよい。こういう問いを繰り返し発していけば、やがて問2へ「イエス」の答えを出せるくらい小さな差異が見つかるだろう。

Xは、Xにみられる属性のうち何か一つが置き換わることによって人の眼が生じてきてもよいくらいヒトの眼にたいへんよく似た何らかのもの、として定義される。あなたが心のなかにX像を描いたとして、ヒトの眼がそのXから直ちに生じたとは思えないというなら、それはあなたが間違ったXを選んでしまっただけのことだ。自分で選んだXがヒトの眼の直前の先行体としてもっともらしいと思えるまで、心のなかのX像をヒトの眼に似るようにどんどん近づけてほしい。何がもっともらしいかについてのあなたの考えがたとえ私の考えより慎重であろうとなかろうと、あなたがもっともらしいと思えるXが必ずあるはずなのだ！

さて、問2への答えがイエスになるようなXが見つかったなら、同じ問いをXそのものに向けよう。同じ論法により、Xは、またしてもほんの少し異なっているもの、X′と呼んでもよいものからたった一つの変化によって直ちに生じてくることができたと、結論しなくてはならない。次にX′から遡ってそれとほんの少し異なっている別のもの、X″へいたることができるのはあきらかであり、これはさらに延々と続く。十分に長いXの系列を差し挟むことによって、ヒトの眼を、それとほんの少し異なったものからではなく、ひじょうに異なったものからみちびきだすことができる。われわれは「動物空間」を横切って長い距離を「歩く」ことができるし、その動きは、十分に小さな歩幅をとりさえすれば、もっともらしくなるだろう。われわれはもう、第3の問いに答えるべきところにきている。

問3　現在のヒトの眼からまったく眼のない状態まで連続的につなぐXの系列はあるだろうか？

十分に長い一連のXを与えておきさえすれば、この答えがイエスでなくてはならないのは、あきらかだと、私には思える。一〇〇〇段階のXがあれば足りると、あなたは感じるかもしれない。しかし、もしあなたがその移り変わり全体をもっともらしいと心のなかで感じるのにもっと多くの段階(ステップ)が必要なら、一万段階のXを仮定しさえすればよい。また一万段階でも足りないのなら、一〇万段階にすればよい、云々というわけである。はっきりしているのは、使える時間がこのゲームに上限を課しているということだ。というのは、一世代あたりに一つのXがあるだけだからである。したがって、実際にはこの問いは、十分な数の世代が続くための十分な時間があったかという問いに転じる。必要とされる世代数について正確な答えを出すことはできない。われわれが知っているのは、地質学的時間はおそろしく長いということである。ここで語っている数字が何桁くらいになるかをちょっとはっきりさせておくと、われわれとそのもっとも初期の祖先とのあいだの世代数は確実に数十億になる。たとえば、何億段階ものXで考えてよいとなると、ヒトの眼をたいていどんなものにも納得のいくかたちでつなげる一連の小さな漸進的移行段階を描くことができるはずである！

ここまでは、多少とも抽象的な論法をとることによって、ひと続きの想像上のXがあり、そのそれぞれは、その隣接体の一つに変わってても納得のいくほどその隣接体によく似ており、全体としてヒトの眼をまったく眼のない状態へまで遡ってつないでいる、と結論してきた。しかし、この一連のXが現実に存在したということはまだ納得のいくかたちで示されたわけではない。われわれが答えなくてはならない問いがさらに二つある。

問4　まったく眼のない状態からヒトの眼までをつなぐ仮想的なX系列の各段階を考えてみると、それらのどのXも、その先行体のランダムな突然変異によって生み出されたというのはありそうなことだろうか？

これはじつのところ、遺伝学ではなく、発生学についての問いなのだ。しかもそれは、バーミンガムの主教などを悩ませたのとはまったく別の問いである。突然変異は、既成の胚発生過程を変更することによってはたらくはずである。特定の種類の胚発生過程が特定の方向への変異にすこぶる従順であり、別の方向への変異にはすこぶる反抗的であるというのは議論の余地のあるところだ。この問題へは11章で立ち戻るつもりなので、ここでは小さな変化と大きな変化の違いをいまいちど強調するだけにしよう。想定している変化が小さければ小さいほど、つまりX″とX′のあいだの違いが小さいほど、それにかかわる突然変異は発生学的にはいっそう起こってもよさそうである。前の章において、純粋に統計学的な基礎から、どんなものであれ大きな突然変異は、小さな突然変異よりも本質的に起こりにくいということを理解した。そうなると、問4によってどのような問題が生じるとしても、あるX′とX″のあいだの差を小さくすればするほど、その問題は小さくなると、了解することは少なくともできる。眼へつながる系列のなかで隣りあっている中間体のあいだの違いが十分に小さければ、その移行に必要な突然変異がまもなく出現するのはほとんど確実であるように思われる。結局のところわれわれが語っているのは、いつも既存の胚発生過程におけるちょっとした量的変化についてなのだ。ある世代における胚発生の現状がたとえいかに複雑であろうとも、そのときの状態で生じた突然変異によるどんな変化もひじょうに軽微で単純なはずだということを思い起こしておこう。

われわれが答えなくてはならない最後の問いはこうである。

問5　まったく眼のない状態からヒトの眼までをつなぐX系列の各段階を考えてみると、それらどのXも、当の動物の生き残りと繁殖を手助けするのに十分うまくはたらいていたというのはありそうなことだろうか？

なんとも奇妙なことだが、ある人たちは、この問いへの答えが「ノー」であることは自明だと考えてきた。たとえば、『キリンの首――ダーウィンはどこで間違ったか』という題で一九八二年に出たフランシス・ヒッチングの本から引用してみる。基本的にこれと同じ言葉を、「エホバの証人」のたいていの冊子から引用することもできたが、私はこの本を選ぶことにした。というのも、まだ就職先のない生物学専攻の大学院生か、それとも学部学生でも、その草稿にざっと目を通すように頼まれれば、たちまちにして見抜いてしまうような誤りがかなり多数見受けられるにもかかわらず、あの評判高い出版社（パン・ブックス社）がこの本は発行するにふさわしいと考えたからである（二つばかり楽屋落ちじみた冗談を紹介させてもらえば、私の気に入ったのは、ジョン・メイナード＝スミス教授[1]にナイトの爵位を授与してしまっていることと、数理遺伝学への雄弁かつもっとも非数学的な第一等の批判者であるエルンスト・マイアー教授[2]を数理遺伝学の「指導者」として記述していることだ）。

眼というものがちゃんとはたらくためには、最小限でも以下のような完全にうまく調和した段階が踏まれなくてはならない（他にも多くのことが同時に起こるけれども、ダーウィン説に関する問題点を指摘するためには、きわめて単純化された記述でも事足りる）。眼は、澄んでいてしかも湿っていなくてはならないが、そういう状態を維持するのは涙腺と動く瞼の相互作用であり、さらに睫毛が太陽光への粗いフィルターとしてもはたらく。光は、保護のための外部被膜の薄い透明な部分（角膜）を通過し、水晶体（レンズ）を経てその背面にある網膜に焦点を結ぶ。ここでは一億三〇〇〇万個の感光性桿状体や錐状体が光化学反応をひき起こし、光を電気的インパルスに変換する。毎秒何十億のインパルスが、まだよくわかっていないしくみで脳へ伝えられて、脳が然るべき作用をする。

さて、この途中でほんのちょっとした間違いが生じると、たとえば角膜がぼやけたり、瞳孔が開き損なったり、水晶体がくもったり、また焦点合わせが狂ったりすると、はっきりした像ができなくなるのはもうあきらかである。眼というのは、全体として機能するか、さもなければまったく機能しないかのいずれかなのだ。そうだとすると、この眼は、ダーウィン流のゆっくりした、絶えまのない、かぎりなく小さな改善によっていったいどのようにして進化してきたというのだろうか？ 何千の何千倍という幸運な機会に恵まれた突然変異が同時に起こり、互いに単独では機能しない水晶体や網膜が時間的に同調して進化したなんてことがほんとうだと思えるだろうか？ 見えない眼にどんな生存価値があるというのか？

こうした注目すべき論議は、おそらく、人びとがその結論を信じたがっているからだろうが、かなり頻繁にみられる。「ほんのちょっとした間違いが生じると……焦点合わせが狂ったりすると、はっきりした像ができなくなる」という意見を検討してみよう。あなたが眼鏡ごしにこうした言葉を読んでいる確率は、まず五分五分といったところだろう。その眼鏡をはずして、あたりを見まわしてほしい。どうだろう、あなたは「はっきりした像ができなくなる」というのに同意するだろうか？ あなたが男性なら、色盲である確率はおよそ一二分の一である。またあなたが乱視であってもおかしくない。眼鏡をはずしてしまうと、視界が霧でもかかったように霞んでいるということだってないわけではないだろう。今日のもっとも卓越した理論進化学者の一人は（まだナイトの爵位は受けていないけれども）、めったに自分の眼鏡を拭かないので、おそらく彼の視界はいずれにせよ霧がかかったようにぼんやりしているだろう。それでも彼はべつだん支障がないようだし、その彼が自ら語ったところでは、いつも下手くそなスカッシュを片目でやっていたという。あなたがもし自分の眼鏡を紛失してしまったら、通りで友人に出会ってもそれと気づかずに彼らをあたふたさせることになるかもしれない。しかし、誰かが、「きみの目はいまは完全じゃないのだから、眼鏡が見つかるまではしっかり目を閉じたまま歩きまわっていても同じだろう」なんて言ったりしたら、あなたはそれこそ動揺するだろう。ところが、私が引用した一節を書いた著者が示唆しているのは、本質的にそういうことなのだ。

彼はまた、水晶体（レンズ）や網膜が互いに単独では機能しないというのが、あたかも自明であるかのように述べている。何を根拠にそう言うのだろうか？　ある私の縁者が白内障で両眼を手術したことがある。彼女の眼にはまったく水晶体がない。眼鏡がなければ彼女はテニスをすることも、ライフルで狙い撃つこともできなかった。しかし彼女は、眼がまったくないのより水晶体のない眼をもっている方がずっと便利よ、と私に請け合っている。壁に向かっているのか人に向かっているのかぐらいはわかるだろう。野生の生物なら、きっと水晶体がなくともその眼を使って、捕食者のぼんやりした姿や、それが接近してくる方向を探知することくらいはできるはずだ。太古の世界にあっては、まったく眼をもたない生物もいれば水晶体のない眼をもつ生物もいただろうが、その水晶体のない眼をもつ生物はあらゆる面で有利であっただろう。ゆらゆらするぼやけた像から人のじつにはっきりした視覚像へというイメージの鮮明さの、一歩ずつはささやかな改善の連続的なX系列が存在し、生物体の生き残る機会をおそらく高めることになっただろう。

ヒッチングの本は続いて、ハーヴァードの有名な古生物学者スティーヴン・ジェイ・グールド(3)が次のように述べているのを引用している。

われわれは、「五パーセントしかない眼が何の役に立つのだろうか？」という巧みな問いかけを、そうしたできかけの構造の所有者がそれを見るという目的のために使っていたのではないと論じることによって、回避している。

五パーセントしかない眼をもつ古代の動物は、なるほど見ること以外の何かの目的でそれを使っていたかもしれないが、五パーセントの視覚を得るためにそれを使っていたことだって少なくとも同じくらいありえそうに、私には思える。さらに、じつは私にはそれがそんなに巧みな問いかけだとは思えない。私やあなたの眼に比べて五パーセント分の視覚は、まったく視覚のない状態に比べると、それをもっているだけでとてつもなく価値がある。一パーセントの視覚だって全盲よりはましなのだ。六パーセントなら五パーセントよりましであり、七パーセントなら六パーセントよりましであり、そうして漸進的な、連続した系列ができてくる。

このような問題は、「擬態」によって捕食者から身を守っている動物に興味を抱いた人たちを悩ましてきた。ナナフシは枝のように見えて、そのことで鳥たちに食べられることから救われている。コノハムシは葉っぱのように見える。多くの無毒な種のチョウは、有害なもしくは有毒の種に似ることによって身を守っている。こうした類似性は、雲がイタチに似ているのより、はるかに印象的である。多くのばあい、「私の」昆虫が本物の昆虫に似ているのよりもっと印象的である。ともかく本物の昆虫たちは、八本ではなく六本の足をもっているのだから！　本物の自然淘汰は、その類似性を完成するのに私がかけたのより、少なくとも何百万倍も多くの世代をかけてきたのだ。

われわれがこういうばあいに「擬態」という言葉を使うのは、それは動物が意識的に他のものを模倣すると考えているからではなく、他のものと間違えられるような体をもつ個体に自然淘汰が有利にはたらいてきたと考えるからである。別の言い方をすると、枝に似ていないナナフシの祖先は子孫を残さなかったということだ。ドイツ系アメリカ人の遺伝学者リチャード・ゴールドシュミット[4]は、そうした類似性の初期進化が自然淘汰によって有利になったりしないということを論じたもっとも著名な遺伝学者である。ゴールドシュミット礼賛者であるグールドは、糞に擬態する昆虫について、「糞塊に五パーセントだけ似て見えることにどんな強味があるのだろうか？」と述べている。ゴールドシュミットはその生前にあっては低く評価されていたが、主としてグールドの影響によって、じつは彼に学ぶところはたくさんあるのだと、近頃ではさかんに言われるようになってきた。ここにゴールドシュミットの論法の一例を引こう。

フォード[5]は……よりうまく身を守っている種にたまたま「かすかに類似」するような突然変異について語っている。それによってたとえわずかでもなにがしかの利益が生じるだろう、というのである。われわれは、淘汰価をもつためにはこの類似がどの程度までわずかでありうるのかと問わなくてはならない。鳥やサル、それにカマキリなどが、「かすかな類似」に気づき、それによって撃退されるくらいすばらしい観察者であると（あるいは、彼らのなかのとりわけ賢い何匹かがそういう観察者であると）ほんとうに仮定したりできるのだろうか？　これはかなりの難問だと私は思う。

ゴールドシュミットがここで足を踏み入れている、ぐらぐらした土俵に立てば、誰だってこんな意地の悪いあてこすりをしたくもなろうというものだ。すばらしい観察者だって？　彼らのなかのとりわけ賢いものがだって？　それなら誰だって、鳥やサルがかすかな類似にだまされることによって利益を受けていると思うことだろう！　ゴールドシュミットはむしろこう言った方がよかったのだ。「鳥や……などがかくも貧弱な観察者であると（あるいは、彼らのなかにとりわけ愚かなものが何羽かいると）、われわれはほんとうに仮定できるのだろうか？」。それでもなお、ここにはほんとうのジレンマがある。ナナフシの祖先がどれくらい枝に類似していたかというと、はじめはごくかすかだったにちがいない。鳥はそれにもだまされるくらいのこのうえなく貧弱な視覚をもっていなければならなかったことになる。ところが現在のナナフシは、驚くほど枝に類似しており、その類似はまがいものの花芽や葉の傷までつけるといったぐあいに、微に入り細に入っている。鳥たちは、その選択的捕食によってナナフシの進化に最後の仕上げを施した以上、少なくとも集団全体としては、すぐれて良好な視覚をもつようになっていたにちがいない。鳥たちはもうほとんどだまされないようになっていたにちがいないのだ。そうでなければ、ナナフシが、現に見られるような完全な擬態を進化させたりはしなかっただろう。つまりずっと不完全な擬態にとどまっていたはずである。こうした見かけの矛盾対立はどうすれば解決することができるだろうか？

一つの解答は、昆虫の擬装（カムフラージュ）が進化してきたのと同じ時間をかけて鳥の視覚も改善されてきたとするものである。少しばかりふざけて言えば、おそらく、祖先の昆虫がほんの五パーセントくらい糞のように見えたとすれば、ほんの五パーセントの視覚をもった祖先の鳥ならだませただろう。しかし、これは私が提示したいと思っている解答ではない。実際、かすかな類似からほぼ完全な擬態にいたる進化の全過程は、鳥の視覚が現在とまずまず同じくらい良い状態にあった長い期間全体を通じて、さまざまな昆虫のグループで繰り返し、しかもかなり急速に進行したのではないだろうか、と思われる。

このジレンマに対して提出されてきたもう一つの解答は、次のようなものである。おそらく、鳥とかサルのそれぞれの種は貧弱な視覚しかもっておらず、ある昆虫の外観のうちごく限られた一面をしっかり把握しているだけである。それぞれの捕食者は、色彩だけ、形状だけ、あるいは手触りだけに注意を向けているといったぐあいなのだ。そうすると、枝の限られた一面のみに似せている昆虫は、たとえ他のあらゆる種類の捕食者に食べられるにしても、ある種類の捕食者はだませることになるだろう。進化が進むにつれて、しだいに多くの類似点がその昆虫の擬態のレパートリーに加えられる。こうして、多様な種類の捕食者を通じてはたらく自然淘汰が積み重なり、ついには多面的な容貌をもった完成度の高い擬態が組み立てられてきた。どんな捕食者も完成した擬態の全貌を見ることはなく、そんなものを見るのはただわれわれだけだというわけである。

これは何を意味しているかというと、成功の絶頂にある擬態さえ見抜いてしまうほど「賢い」のはわれわれだけ、ということだろう。この説明は人間の鼻もちならない俗物根性に負っているということもあるが、私としてはもっと別の説明を好む。それは、ある捕食者の視覚がある条件のもとではたとえいかにすぐれていても、条件しだいでは極端に悪くもなりうる、ということである。事実、われわれは、自分たち自身の身近な経験によって、極端に貧弱な視覚からすぐれた視覚にいたるまでことごとく容易に体験できる。もし私が日中の強い日射しのなかで自分の鼻先二〇センチのところにいるナナフシを直接に眺めているのなら、それにだまされたりはしない。その長い足が幹のしわをしっかり抱え込んでいるのに気づくだろうし、本物の枝にはありえない不自然な対称性を見抜きもするだろう。しかし、まさしく同じ眼と脳をもっているこの私が夕暮れの薄暗い森の中を歩いているとすると、くすんだ色をしているたいていの昆虫といたるところにある枝の見分けがおそらくつかないだろう。その昆虫は、私の網膜の、より精度の高い中心部ではなく、周辺部で像を結ぶかもしれない。その昆虫が五〇メートル向こうにいるために、網膜上ではほんの小さな像しかつくらないかもしれない。光があまりに乏しいため、どうあがいてもほとんど何も見ることができないかもしれない。

　はっきり言えば、ある昆虫がどの程度かすかに、どの程度貧弱に枝に似ているかというのは問題ではない。どんなにすぐれた眼であってもかすかな類似にだまされる程度の、黄昏どきの暗さとか、眼からの距離とか、また捕食者の注意力の散漫度といったものがあるはずなのだ。もしあなたが想像していた何か特定の例について、このことが納得できないのなら、その想像の光をちょっぴり暗くするか、あるいはその想像していた対象をちょっぴり遠くへ押しやればいい！　要はこういうことである。捕食者が遠く離れていたり、薄暗がりだとか霧で霞んでいるところで見ていたり、あるいは受け入れてくれそうな雌に気を散らされながら見ていたりしたばあいには、枝とか葉とか落っこちている糞にほんのわずかだけ似ていることによって、救われた昆虫が数多くいただろう。また、捕食者がたまたま比較的に近いところや明るい光のもとで昆虫を見ているばあいでも、気味悪いくらいに枝によく似ていることによって、先と同じ捕食者から逃れた昆虫が数多くいただろう。光の強度、捕食者から昆虫までの距離、網膜の中心から像の映っているところまでの距離、それに他の同様の変数について重要なのは、それらがすべて連続的な変数であるということだ。これらの変数は、不可視の極から可視の極までの全域にわたってきわめてわずかずつ変わる。連続的で漸進的な進化を促進するのは、こうした連続変数である。

　リチャード・ゴールドシュミットは、進化が小さな一歩ではなく大きな飛躍（リープ）によって起こるという信念を抱いて、その研究生活の大半を過ごした。視覚の問題は、彼にそうした信念を抱かせるにいたった一群の問題の一つだったのだが、いまやまったく問題ではないとわかった。そしてさらに、五パーセントの視覚がまったく視覚をもたないよりもましであるということがまたしてもはっきりした。視力を測ることをいかに気にかけたところで、私の網膜の周辺部での視力は、たぶん網膜中央部での視力の五パーセントよりもっと貧弱でさえあるだろう。それでも、眼のはしっこで大型トラックとかバスの存在くらいは知ることができる。私は毎日自転車に乗って仕事に出るので、そのおかげできっと私の命は救われてきたにちがいない。雨降りで帽子をかぶっているときは事情が違うことにも気がついている。暗い夜での視力は、昼間のそれの五パーセントよりはるかに貧弱にちがいない。それでも、祖先のなかには、真夜中にサーベル「タイガー」とか断崖といった何かほんとうに重大なことを見つけて助かった者がおそらく多数いただろう。

　たとえば暗い夜での個人的な体験などから、まったく見えない状態から完全に見える状態にいたるまでの全域をきわめてわずかずつ推移する連続した系列があり、その系列に沿って見える方向へ一歩近づくごとにたいへん有利になることは誰でも知っている。双眼鏡の焦点を徐々に合わせたりぼかしたりしながら世界を見れば、焦点の合い具合にはそれぞれの段階がその前の段階よりも改善されているような連続的な段階があるということが即座に納得できる。カラーテレビの色バランスのつまみを徐々に回せば、白黒から総カラーの画像にいたる漸進的改善の連続的段階のあることもはっきりする。瞳孔を開けたり閉じたりする虹彩の絞り隔膜は、明るい光で目がくらむのを防ぐ一方、薄暗い光でも見えるようにしている。近づいてくる車のヘッドライトで一瞬目がくらんだとき、虹彩の絞り隔膜がなくなったかのような状態を誰でも経験している。しかし、このように目がくらむということは不快であり危険でさえあるけれども、それでも眼全体がはたらきを停止するというわけではない！　「眼というのは全体として機能するかまったく機能しないかのいずれかである」という主張は、単なるでたらめどころか、自分のよく知っている体験について二秒ばかり考えてみれば誰にも自明のでたらめだとわかる。

先の問5へ戻ろう。まったく眼のない状態から人の眼までをつなぐX系列の各段階を考えてみると、それらのどのXも、当の動物の生き残りと繁殖を手助けするのに十分うまくはたらいていた、というのはありそうなことだろうか？　その答えはあきらかにノーであるという反進化論者の受けとめ方が馬鹿馬鹿しいのはいま見たとおりだ。では、その答えはイエスだろうか？　あまりあきらかではないが、私はイエスだと思う。部分的であれ眼があればまったく眼のない状態よりもましであるのははっきりしているが、それだけではない。現在生きている動物たちには、もっともらしい一連の中間段階が見いだされる。むろん、だからといって、これら現生の中間段階が実際に祖先型を表現しているというわけではないが、中間的デザインがちゃんとはたらきうるということは示している。

いくつかの単細胞動物は感光点をもっていて、その背後には色素でできた小さなスクリーンがある。このスクリーンはある方向からの光が感光点に当たるのを遮るので、感光点に光がどの方向からくるかについて何らかの「観念」を与えるといえる。多細胞動物のなかでも、ミミズやゴカイなどの動物や貝類はそれとよく似た配置をもっているが、色素で裏打ちされた感光性細胞が一つの小さなカップ状になっている。細胞の一つ一つがその細胞の側からカップへ入ってくる光線を選択的に遮るので、この構造によって少しばかりましな方向探知能力が与えられる。感光性細胞の平らな薄膜から、浅いカップを経て深いカップにいたるまでの連続的な系列においては、その系列の各段階は段差が小さかろうと（大きかろうと）、光学的な改善になるはずである。そこで、そのカップをかなり深くして、側面部が上を覆うかたちにしてみよう。するとついにレンズのないピンホール・カメラができあがる。こうして、浅いカップからピンホール・カメラにいたる連続的な段階をもつ系列をみることができる（それを示す図としては、図4の進化系列のはじめの七世代を参照してほしい）。

ピンホール・カメラは、はっきりした像を結ぶが、その像はピンホールが小さければ小さいほど鮮明になり（ただし暗くなる）、大きければ大きいほど明るくなる（ただしぼやけてくる）。遊泳する軟体動物にオウムガイ（*Nautilus*）という、絶滅したアンモナイトのような殻に入って生活しているかなり奇妙なイカみたいな動物がいて（図5の「殻をもつ頭足類」を見よ）、眼として一対のピンホール・カメラをもっている。その眼は基本的にはわれわれの眼と同じ形状をしているが、レンズがなく瞳孔はただの穴になっていて、そこから内側のくぼみに海水が入るようになっている。実際、オウムガイはそもそもちょっとした難物である。祖先が最初にピンホール眼を進化させて以来ずっと数億年もの間、それはなぜレンズの原理を発見しなかったのだろうか？　レンズというものの有利さは、像を鮮明かつ明るくすることにある。オウムガイについて気になるのは、レンズがあれば実に大いにしかも直ちに利益を受けるだろうということを、その網膜の性能が示唆している点である。それは優秀な増幅器（アンプ）をもったハイファイ・システムがなまくらな針をもった蓄音器に取り付けられているようなものだ。そのシステムが大声を上げて要求しているのは、ある単純な変化である。オウムガイは遺伝的空間においてすぐさま明白な改善につながるすぐ近くの位置にいるように見えるにもかかわらず、それに必要な小さな一歩を踏み出していない。どうしてだろうか？　無脊椎動物の眼にかけては学界きっての権威であるサセックス大学のマイクル・ランドがそのことを気にしている。私もそうだ。オウムガイの胚発生の経路にあっては、必要な突然変異が起こりえないのだろうか？　私はそう信じたくはないが、それ以上の説明をもちあわせていない。少なくともオウムガイは、レンズのない眼がまったく眼のない状態よりはましであるという論点を劇的に示している。

　眼になりうるカップがあるのなら、その開口部を覆う素材が多少とも凸面をなしていて、多少とも透明あるいは半透明であれば、とにかくほんの少しでもレンズ様の性質をもっていることによって、改善になるだろう。それはこの部域に光を集め、その光を網膜のより小さな部域に収束させる。ひとたびそうした粗い原レンズができると、それを厚くしたり、より透明にしたり、さらに歪みを少なくしたりする連続的な段階をもった改善の系列が生じ、その傾向はついに誰もが本物のレンズとして認めるようなものに結実する。オウムガイに近縁なイカやタコは、われわれの眼とたいへんよく似た本物のレンズをもっているが、それらの祖先がわれわれとはまったく独立に一連のカメラ眼原理を進化させたのは確かである。ついでに言えば、マイクル・ランドは、眼の結像法には九通りの基本原理があり、そのほとんどは独立に何回も進化したことを認めている。たとえば、凹面鏡の原理というのは、われわれのカメラ眼とは根本的に異なっており（われわれはこの原理を電波望遠鏡や最大級の光学反射望遠鏡にも使っているわけで、それは大きなレンズより大きな鏡をつくる方がずっと容易だからである）、さまざまな軟体類や甲殻類によって独立に「発明」されてきている。別の甲殻類は昆虫のような複眼（多数の小さな眼が束になったもの）をもっているし、また他の軟体類は、すでにみたように、われわれの眼とよく似たレンズのあるカメラ眼もしくはピンホール・カメラ眼をもっている。このような眼のどの型をとってみても、進化的な中間体に対応する段階が、現生の他の動物にちゃんとした眼として存在している。

反進化論の宣伝（プロパガンダ）には、中間段階の漸進的系列を通り抜けてきたなどとは「とても思えない」複雑なシステムに異議を申し立てる例が溢れている。これは、われわれが2章で出くわした、かなり感情的な「個人的猜疑にもとづく議論」のまさしくもう一つの例といったところだ。たとえば、『キリンの首』は、眼についての一節のすぐ後で、続けてホソクビゴミムシについて以下のように論じている。

（ホソクビゴミムシは）ヒドロキノンと過酸化水素からなる致死的な混合液を敵の顔前に噴射する。この二つの化学物質は、いっしょに混ぜられると文字どおり爆発する。そこで、この虫は二つの化学物質をその体内に貯蔵しておくために、それらを無害にする化学的阻害物質を進化させた。この虫がその二つの溶液を尻から噴射する瞬間に、ある抗阻害物質が加えられて、混合液は再び爆発力をもつことになる。こうした複雑に調和した精妙な過程を進化させるにいたった一連の出来事は、単純な一歩一歩を基礎にした生物学的な説明ではかたづかない。その化学的均衡がほんの少し変わっただけでも、その虫はたちどころに自爆することになるからだ。

ありがたいことに同僚のある生化学者が、過酸化水素一瓶とホソクビゴミムシ五〇匹分に相当するヒドロキノンとを提供してくれた。さて私は、いままさにこの二つを混ぜようとしている。先の話によれば、それは私の目の前で爆発するはずだ。さあやるぞ……

さて、私はまだここにいる。私はヒドロキノンに過酸化水素を注ぎ込んだ。ところが、まったく何事も起こらなかった。熱くなりさえしなかった。もちろん、私は爆発しないことを知っていたし、そんなに向こう見ずではない！　「この二つの化学物質は、いっしょに混ぜられると文字どおり爆発する」という言葉は、創造論者の文書のなかできまって繰り返されるが、まったく単純な話、正しくないのだ。もしあなたがホソクビゴミムシに好奇心を抱くなら、ついでに言っておこう、現実にはこういうことが起こっている。ホソクビゴミムシが、敵に過酸化水素とヒドロキノンの火傷するように熱い混合液を噴射するというのはそのとおりである。しかし、過酸化水素とヒドロキノンは、ある触媒が加えられないかぎり、互いに激しく反応することはない。ホソクビゴミムシがやっているのは、この触媒を加えるということなのである。このシステムの進化上の先行体について言うと、過酸化水素とさまざまな種類のキノン類はともに体内化学系で他の目的に使われていた。ホソクビゴミムシの祖先は、すでにたまたま手近にあった化学物質を別な用途に利用しただけのことである。進化はしばしばそういうふうにしてはたらく。

ヒッチングの本のホソクビゴミムシの一節と同じページには、「半分しかない肺に……いったいどんな利用価値があるというのだろうか？　自然淘汰はそうした奇妙なものをもった生物を、保存するのではなく取り除くはずではなかっただろうか」といった問いかけがある。健康な成人では、二つの肺はそれぞれ、枝分かれした気管系の末端で約三億の小さな肺胞に分かれている。これらの気管の構造は、前章の図2の一番下に示したバイオモルフの樹木に似ている。その樹木では、ひきつづいて起こる分枝回数は「第九遺伝子」によって八回と決められていて、枝先の数は二の八乗、つまり二五六になる。図2にある樹木を上から下へ見ていくと、枝先の数は次々に二倍になっている。三億の枝先をつくりだすには、二九回つづけて倍増するだけでよい。たった一つの肺胞から三億の小さな肺胞へいたる連続的な段階があること、そしてその連続的変化の各段階は、二分枝を一回起こせば次の段階に進むことを覚えておこう。この移行は二九回の枝分かれで完成される。これを、遺伝的空間を一定の足運びで二九歩横切ること、というように素朴に考えてもよいだろう。

肺がこのように枝分かれしつくすと、片方の肺の内側の表面積は六〇平方メートルをかなり上まわることになる。面積は肺にとって重要な変数である。というのは、酸素を取り込み、不要の二酸化炭素を吐き出す効率を決めているのはその面積だからだ。さて、ここで重要なのは、面積が連続変数だということである。面積というのは、あるかないかといった類のものではなく、ほんのちょっぴり多いとか少ないとかいったものである。なによりも重要なのは、肺の面積がゼロ平方メートルから六〇平方メートルにいたるどの範囲でも漸進的に一歩一歩段階を踏んで変化するということだ。

片肺だけで歩きまわっている外科患者もたくさんいるが、なかには通常の肺面積の三分の一しかない人たちもいる。彼らは歩いているかもしれないが、そんなに遠くまで歩いたり、速く歩いたりはしない。ここが重要な点なのだ。肺の面積が徐々に減少してきたとしても、その効果は絶対的ではなく、生きるか死ぬかといった効き方はしない。それはどれくらい遠くまで歩けるか、どれくらい速く歩けるかというふうに漸進的で連続的な変化として効いてくる。そして、これはどれくらい長く生きていられるかにかかわる漸進的で連続的な効果でもある。死は、肺面積が特定の閾値以下になると突然やってくるのではない！　肺の面積がある最適値から減少するにつれて（また、同じ最適値から増加するにつれて、経済的浪費に関連する別の理由のために）、徐々に死が起こりやすくなっているのだ。

肺を発達させたわれわれの最初の祖先が、水中で生活していたことはほぼ確かだろう。現生の魚類を眺めてみれば、その祖先たちがどのようにして呼吸をするようになったか、およその見当がつく。大部分の現生魚類は水中で鰓によって呼吸するが、泥だらけの沼地に住んでいる多くの魚は、水面で空気をぱくぱく飲み込むことによってこの鰓呼吸を補っている。彼らは、口腔内の空洞をある種の未発達な原肺として使う。この空洞は広がって血管が豊富に集中した呼吸袋になっていることもある。すでにみてきたように、たった一つの袋から現在のヒトの肺に見られるような三億にも枝分かれした袋のかたまりまで連続的に結びつけるXの系列を想像するのはなんでもない。

おもしろいことに、多くの現生の魚類の袋は一つのままであり、しかもまったく別の目的のために使われている。それはおそらく出発点では肺であったけれども、進化の途上で、鰾（うきぶくろ）という、魚が水中で自分の体をずっと平衡状態に保つための巧妙な装置になってしまった。体内に鰾をもたない動物は、ふつう水よりも少し重いので、底へ沈む。サメが沈まないようにたえず泳ぎつづけていなければならないのは、そういう事情である。われわれのもっている大きな肺のように、体内に空気の入った大きな袋をもっている動物は、水面に浮き上がる傾向がある。この浮き沈みの連続線上のどこか中間には適正な大きさの鰾があり、それをもった動物は沈みもしなければ浮き上がりもしないで、苦もなく平衡を保ったままずっと浮いていられる。これが、サメ以外の現生魚類が完成してきた仕掛けなのだ。サメとは違って、彼らは自分を沈まないようにするためにエネルギーを浪費しなくてよいし、その鰭や尾鰭は、方向を決めたり急に推進力をつけるのに自由に使えるようになっている。さらに、鰾をみたすためにもはや外界の空気に頼る必要はなく、気体を製造するための特別な腺がある。こうした腺や他の手段を使って、彼らは鰾内の気圧を正確に調節して、体を正確な水力学的平衡状態に保っている。

　現生の魚類には水を離れることができるものが何種かいる。極端な例はインドのキノボリウオであり、これはほとんど水中へ入ることはない。このキノボリウオはわれわれの祖先の肺とはまるで異なった種類の肺を独立に進化させている。つまり気胞が鰓を取り囲んでいるのだ。基本的には水中で生活しているが、短い時間だけ水中から外へ出撃する別の魚もいる。これはおそらくわれわれの祖先がやっていたことだろう。この出撃で大事なのは、その時間が四六時中のものからゼロ時間のものまで、連続的に変化しうるということである。もしあなたが魚であって、基本的には水中で生活し呼吸しているが、ときには干ばつを生き抜くために危険を冒して陸へ上がり、あちこちの泥んこの水たまりを転々と移動するとなれば、半分の肺どころか、一〇〇分の一の肺からでも利益を受けるだろう。始原の肺がどんなに小さいとしても、それは問題ではない。その肺のおかげで水の外で耐えられるなにがしかの時間というものがあるはずであり、それは肺なしで耐えられたであろう時間よりも、ほんの少しだけ長いだろう。時間は連続的な変数である。水呼吸をする動物と空気呼吸をする動物のあいだに厳密な仕切りは何もない。生涯の間に水中で過ごす時間の割合は動物によって九九パーセント、九八パーセント、九七パーセントというぐあいにさまざまであり、ついにはゼロパーセントとなるだろう。その途上のどの段階でも、肺面積がほんのわずかでも増加すれば利益をもたらすだろう。いつだって連続性、つまりは漸進性が存在しているのだ。

　半分しかない翼にはいったいどんな利用価値があるだろう？　翼はどのようにしてできはじめたのだろうか？　多くの動物は枝から枝へ飛び移るが、地上に転落することもままある。とりわけ小型の動物では、その体表面全体が、未発達な翼としてはたらくことによって、空気をとらえてその跳躍を助けたり、あるいは落下のショックをやわらげたりする。重さに対する表面積の比を増加させるならどんな傾向でも役に立つだろう。たとえば関節部のわきに広がっている皮膚の襞（ひだ）でもいい。そこから、滑空用の翼、さらにはばたき用の翼へいたる、連続的な段階の系列がある。原翼しかもたないもっとも初期の動物には飛べなかった距離があるのはあきらかである。同様に、祖先動物の空気捕獲面がどんなに小さく未発達であったとしても、その襞のおかげで飛べるが、それがなければ飛べないある距離というものが、いくら短いにせよ、あるのもあきらかなのだ。

　あるいは、翼の原型である襞がその動物の落下のショックをやわらげるのにはたらいたとすれば、「ある大きさよりも小さいと、襞はちっとも役に立たないだろう」とは言えないはずだ。ここでもまた、最初の翼状の襞がどんなに小さかろうが、また翼らしくなかろうが、それは問題ではない。動物がその高さから落ちると首を折ってしまうが、それより少しでも低ければ、落ちても助かるような、ある高さがあるはずである。この高さをhとしておこう。この決定的な境界領域では、空気をとらえ、落下のショックをやわらげる、体表面の能力に改善があれば、たとえそれが微々たる改善であっても、生きるか死ぬかの分かれ目になる。というわけでささやかな翼の原型である襞は自然淘汰によって有利になる。こうした小さな翼状の襞がありふれたものとなってくると、決定的な高さhは少しばかり高くなるだろう。すると、その翼状の襞がさらにもう少しばかり増大するかどうかが、生きるか死ぬかの分かれ目になる。このようなことが続いて、はじめてそれなりの翼が生じるにいたる。

今日生きている動物のなかにはこうした連続体上のあらゆる段階をみごとに示すものたちがいる。指先の間にある大きな皮膜で滑空するカエル、平たい体で空気をとらえるキノボリヘビ、体の縁に沿ってひだをもつトカゲ。さらに、哺乳類には手足の間に伸びた皮膜を使って滑空する種類もいくつかいて、コウモリはきっとそのようなやり方から出発したにちがいないと思わせてくれる。創造論者の文書とはうらはらに、「二分の一の翼」をもった動物がふつうであるばかりか、四分の一の翼をもった動物だって、四分の三の翼の動物だってふつうだし、さらに……というわけである。どんな形をしていようと、ひじょうに小さな動物は空中に軽く浮いてしまいがちだということを思い起こせば、飛翔の連続性という考えはいっそう説得力を増すだろう。どうして説得力を増すのかというと、そこには小から大にいたるまでかぎりなく細かく段階づけられた連続性があるからである。

小さな変化が数多くの段階にわたって累積されるという考えは、とてつもなく強力な考えであり、それ以外には説明できないような莫大な範囲のことがらを説明可能にする。ヘビの毒はどのようにしてできてきたのだろうか？　咬みつく動物はたくさんいるし、どんな動物の唾液にもタンパク質が含まれていて、傷口から入れば、アレルギー反応を引き起こすかもしれない。いわゆる無毒ヘビでさえ、咬みつけば人によっては苦痛な反応を引き起こすことがある。そこにも、ごくふつうの唾液から猛毒にいたる連続的な段階をもつ系列が見られる。

耳はどのようにしてできてきたのだろうか？　皮膚のどの部分であれ、振動している物体に接触したなら、その振動を探知できる。これは触覚というものの当然の成り行きである。自然淘汰によれば、この機能がほんのちょっとした接触振動でもとらえるくらい鋭敏になるまで少しずつ促進されるのはいともたやすいだろう。ここまでくれば、あとは自動的に、十分大きな音や十分に近い音源からの空気中を伝わる振動をとらえるくらい鋭敏な感覚になってしまうだろう。そうなると、自然淘汰は空気中を伝わる振動をとらえるための特別な器官である耳の進化に有利にはたらき、とらえられる音源までの距離はしだいに遠くなるだろう。そこにいつでも一歩一歩の段階を踏んで改善されていく連続的な軌跡があったであろうことを了解するのは容易である。では、エコーロケーションはどのようにしてできてきたのだろうか？　少しでも音を聴くことのできる動物なら、反響（エコー）だって聴けるだろう。目の見えない人はしばしば学習によってこうした反響（エコー）を使うことができるようになっている。哺乳類の祖先において初歩的なかたちで見られたそうした技術が、自然淘汰を通じて組み立てられるための豊富な原材料を提供し、ついにはコウモリのような高い完成度をもつものまでが生み出されるにいたったのだろう。

　五パーセントの視覚も、まったく視覚を欠いているのよりはましである。五パーセントの聴覚だってまったく聴覚を欠いているのよりはましである。五パーセントの飛翔能力だってまったく飛べないのよりはましである。われわれが現実に見ることのできるあらゆる器官や装置は、動物空間を通り抜けた滑らかな軌跡の産物であり、その軌跡上のあらゆる中間段階も生存と繁殖の一助になっていたと、すっかり信用することができる。現に生きている動物に、X、つまり一段階の偶然ではとうてい生じないほど複雑な器官が見られるばあいはいつでも、自然淘汰による進化理論によれば、Xの一部分があればまったくXを欠いているよりはましだということにほかならない。さらに、Xの二つの部分はその一つの部分よりもましであり、X全体はその一〇分の九よりはましであるにちがいない。こうした言いまわしが、眼、コウモリのものも含めた耳、翼、昆虫の擬装（カムフラージュ）や擬態、ヘビの顎、毒針〔刺毛〕、カッコウの托卵習性、さらに反進化論の宣伝活動で持ち出されるその他ありとあらゆる例についても成り立つということを認めるのに、私には何のためらいもない。こうした言いまわしが成り立たない想像上のXや、中間段階がその先行体の改善にならないような想像上の進化的経路が数多く考えられることも、疑いのないところだ。しかし、そのようなXは現実の世界には見いだされない。

ダーウィンは（『種の起原』のなかで）書いている。

> もし、数多くのひきつづいて生じた軽微な修正によって形成されたとは考えられない複雑な器官が存在するということがあきらかになれば、私の理論は完全に崩壊してしまうだろう。

一二五年経って、われわれはダーウィンが知っていた以上に動物や植物について多くのことを知っているが、数多くのひきつづいて生じた軽微な修正によって形成されたとは考えられない複雑な器官など、私はいまだに一例たりとも知らない。そんな例が今後見つかるだろうとも私は思わない。もしそんな例があれば——それはほんとうに複雑な器官でなければならないし、後の章でみるように、「軽微な」という言葉の微妙な意味を理解していなければならないが——私はダーウィン主義を信奉するのをやめるだろう。

漸進的な中間段階をもつ歴史が、現生の動物の形にはっきりと書き込まれていることがあり、その最終的なデザインのうちにあからさまな不完全さとなって現われることさえある。スティーヴン

・グールドは、「パンダの親指」についてのすぐれたエッセイのなかで、進化は完全さの証拠よりも不完全さを物語る証拠によっていっそう強力に支持されるということを指摘した。二つばかり例を挙げてみよう。

海底で生活する魚は、扁平化してその体の外縁部を底にぴったりつけることで得をする。海底に住む平たい魚にはまったく異なった二つの系統があり、まるで異なった方法で扁平な体を進化させてきている。サメに近縁なガンギエイやエイは、まあわかりやすいといえる方法で平たくなっている。体を側方に拡げて大きな「翼」を形成したのである。それはまるでスティーム・ローラーで轢かれたサメみたいであるが、対称性をとどめ、「上下を正しく向けて」いる。カレイ、シタビラメ、オヒョウやそれらの近縁種は、それとは別の方法で平たくなっている。こうした魚は（鰾をもっている）硬骨魚類でニシンやマスなどと類縁があり、サメとはまったく類縁関係がない。サメとは違ってたいていの硬骨魚類は、垂直方向に平たくなる著しい傾向をもっている。たとえば、ニシンはその幅に比べてうんと「背が高い」。それは、垂直に扁平化した体全体を遊泳面として使い、体をゆるやかにうねらせて水中を泳ぎ抜けていく。したがって、カレイやシタビラメの祖先が海底にとりついたとき、ガンギエイやエイの祖先のように腹を下にしたのではなく、彼らが片方の側面を下にしたのは当然だったろう。しかしそれでは、片眼がいつも砂地の方を見おろすことになり、まるで役に立たないという問題が生じた。この問題は、進化の過程で下側の眼が上側へぐるりと「移動してくる」ことによって解決された。

眼がぐるりと移動してくる過程は、カレイ類の稚魚ならどれでもその発生途上で再演されるのが見られる。カレイの稚魚は、水面近くで遊泳生活をはじめるが、そのときはまさしくニシンのように左右対称であり、垂直（縦）方向に平たい体形をしている。ところが、それからその頭骨が奇妙に非対称にねじれたかたちで成長しはじめるので、片眼たとえば左眼が頭のてっぺんを越えて動き、最後にはその反対側まで行ってしまう。かくして稚魚は海底に定着し、その両眼を上方に向けた、奇妙なピカソふうの風貌を見せるにいたる。ついでながら、カレイ類のなかには右側を下にして底に定着する種類もあれば、左側を下にする種類や、さらにどちら側を下にするとも決まっていない種類もある。

カレイの頭骨全体は、そのもとの形がねじれて歪んだ証拠をそっくりとどめている。まさにこの不完全さこそが、古代からの歴史を、つまり熟慮されたデザインの歴史ではなく一歩一歩の段階を踏んで変化してきた歴史を力強く証言している。もし真白な製図板に向かってカレイをフリーハンドで創造してよいということになったとしても、気のきいたデザイナーなら誰もこんな怪物じみたものを思いつきはしないだろう。たいていの気のきいたデザイナーは、どこかもっとガンギエイに似たようなものを思いつくだろうと思う。ところが、進化は真白な製図板からは決して出発しない。それはすでにそこにあるものから出発しなくてはならない。ガンギエイの祖先のばあい、すでにあったのは遊泳型のサメであった。サメは一般に、ニシンなどの遊泳型の硬骨魚ほどに垂直方向に平たくなっているわけではない。多少とも平たいとすれば、すでに背中から腹の方向に少しばかり平たくなっている。つまり、昔のサメの一部が最初に海底にとりついたときに、ほんの少しばかり平たくない先行者よりも、海底という条件ではわずかに改善された各中間段階を経て、ガンギエイ型への容易で無理のない前進があった、ということである。

一方、ニシンのように、左右方向に押しつぶされて垂直に平たくなっているカレイやオヒョウの遊泳型の祖先が海底にとりついたときには、ナイフの刃先のようになった腹で危なっかしく平衡を保つよりも、側面を下にして横たわるほうがましだったのだ！　たとえ、その進化の方向が結局のところ、片側に二つの眼をもつようになるという複雑でおそらくコストのかかるねじれをみちびく運命にあったとしても、また、たとえガンギエイのような扁平化の方法が硬骨魚にとっても究極的には最良のデザインであったとしても、その進化経路に沿って並んだ仮想の中間体は側面を下にして横たわるライバルに比べて、短期的にうまくいかなかったのはあきらかだろう。側面を下にして横たわるライバルは、底にぴったり身をつけることにかけて、短期的には、はるかに上手だったのである。遺伝的超空間には、遊泳型の祖先硬骨魚から側面を下にして横たわる頭骨のねじれたカレイまでをつなぐ滑らかな軌跡がある。こうした硬骨魚の祖先から腹を下にして横たわる平たい魚までをつなぐ滑らかな軌跡はない。理屈の上ではそうした軌跡はありうるのだが、その軌跡は、かりにかつて存在したことがあったにしても、短期的には（そしてこの短期的にということこそ重要なのだが）不成功に終わってしまったであろうような中間段階を通過している。

　もしそうなっていれば究極的には都合がよかったかもしれないにしても、不利な中間段階のせいでそうなるにいたらなかった進化的前進についての第二の例は、われわれの（そして他のあらゆる脊椎動物の）眼の網膜にまつわるものである。神経ならどれでも同じように、視神経は主幹ケーブルつまり一本一本「絶縁された」軸索が束になったものであり、このばあいは約三〇〇万本の軸索からなっている。この三〇〇万本の軸索はどれも、網膜にある一つの細胞から脳へつながっている。これらは、三〇〇万の視細胞の列（実際には、いっそう多数の視細胞からくる情報を収集する三〇〇万の中継局（リレー・ステーション））と脳の中で情報を処理するためのコンピューターをつなぐ軸索だと、考えてもよい。その情報は網膜の全域からかき集められて、一本の束にまとめられる。この束が眼の視神経なのである。

技術者なら誰でも、視細胞は光のくる方を向いており、軸索は脳に向かって後方に伸びていると考えるのが当然だろう。視細胞が光がくるのとは逆方向に向いていて、軸索は光にいちばん近い側へ出ているなどと聞かされたら、彼はきっと笑いだすにちがいない。ところが、これこそまさしく、あらゆる脊椎動物の網膜で起こっていることなのだ。事実どの視細胞も後向きに配線されて、軸索は光にいちばん近い側から突き出されている。その軸索は網膜の表面を伝って網膜にある一つの穴（いわゆる「盲点」）まで行かねばならず、そこで潜り込んで視神経に合流する。ということは、光が、邪魔されずに視細胞へ達する通路を保証されているわけではなく、絡みあった軸索の森を通り抜けなくてはならないということであり、たぶん少なくともなにがしかの減衰や歪みを被るだろう（実際にはおそらくたいしたことはないにしても、細心な技術者なら気分を害してしまいそうな原理である！）。

この奇妙な事態が厳密にはどう説明されているのか、私は知らない。それにかかわりのある進化が起きた時期はかなり昔のことである。それでも、それは、眼に先行するどのような祖先的器官から出発したのであれ、網膜を正しい方向に回転させるために横断されなくてはならなかったであろう軌跡、つまりバイオモルフの国のそれに相当する現実の経路に関係しているだろう、と私は賭けてもいい。このような軌跡はおそらくあるのだろうが、その仮想的な軌跡は、中間段階にある動物に現実の体として実現されれば、不利であることが判明するのだ。一時的に不利なだけだが、それでもうおしまいである。中間段階は、その不完全な祖先と比べても物をよく見ることはできなかったろうし、また遠い将来の子孫のためによりすぐれた視覚をつくりつつある、などと言ってもはじまらない！　問題なのは、まさしくそのときそこでの生存なのだ。

「ドロの法則[6]」によれば進化は非可逆である。この法則はしばしば進歩が不可避的であるという、おびただしい観念的なたわごとと混同されたり、また進化は「熱力学第二法則に背いている」などという無知蒙昧さと結びつけられたりしている（作家のC・P・スノー[7]によれば、熱力学第二法則の何たるかを知っているのは、教育を受けた人口の半数だそうだが、彼らは、進化がこの法則に背いているのと同じように、赤ん坊の成長だってそれに背いているということを認めるだろう）。進化における一般的傾向が逆転してはいけない理由などありはしない。進化上しばらくのあいだ角（つの）が大型化する傾向があるとしても、それにひきつづいて今度は角が小型化する傾向が生じることだって簡単に起こりうる。ドロの法則は、じつは厳密に同じ進化的軌跡を（あるいは実際にはどの特定の軌跡だってそうなのだが）どちら向きであれ二度たどることは統計的にありそうもないということを述べたにすぎない。一段階の突然変異であれば、容易に逆転しうる。しかし、多数の段階にわたる突然変異に関しては、九つのささやかな遺伝子をもったバイオモルフのばあいですら、そのありうるすべての軌跡を含む数学的空間は、二つの軌跡がいつか同じ点にたどりつくチャンスなど消え入るくらいに小さくなるほど、巨大なのである。これは、莫大な数の遺伝子をもつ現実の動物については、なおさらあてはまる。ドロの法則には何も神秘的なところも謎めいたところもないばかりか、われわれが自然界へおもむいて「検証」するようなところもありはしない。それは確率の基本法則から単純にでてくるものである。

　ちょうどそれと同じ理由で、厳密に同じ進化的経路が二度もたどられるなどということはとてもありそうもない。また、二つの進化の道すじが異なった点から出発してまったく同じ終点に収斂するといったことも、同じ統計的な理由からやはりありそうもないように思われる。

　したがって、現実の自然に、ひじょうに異なった出発点をもつ複数の独立な進化系列が、まさしく同じ終点のように見えるものへと収斂したと思われる事例が数多く見いだされているのは、自然淘汰の力（パワー）を示すいっそう衝撃的な証言にほかならない。詳細に検討すると、その収斂が必ずしも全面的なものではないとわかる——そうでなければ、それこそ厄介なことだ。異なった進化系列は、その起源が独立であることを、細部における数多くの点で示している。たとえば、タコの眼はわれわれの眼にとてもよく似ているが、その視細胞から伸びている軸索は、われわれの眼のように、光のくる方に向いてはいない。この点では、タコの眼はより「気のきいた」設計になっている。タコの眼とわれわれの眼は、ひじょうに異なった点から出発して似たような終点へ到達している。そして、詳しくみれば、実はこのような違いがあるとわかる。

　こうした表面的な収斂による類似性は、しばしばこのうえなく顕著であり、私はこの章の残りをそのうちのいくつかの例に捧げることにしよう。それらの例はすばらしいデザインを組み立てる自然淘汰の力をもっとも印象的に呈示している。ところが、表面的によく似たデザインもやはり、じつは違っているという事実は、それらが独自の進化的起源や歴史をもつことを検証している。その根本的な理由は、もしあるデザインが一度は進化するほどすばらしいものであるなら、それと同じデザイン原理は、出発点が違っていようが、動物界の異なった系統において、もう一度進化するくらいすばらしいということなのだ。このことを示すのに、すばらしいデザインそのものの基本的な実例として使ったあのエコーロケーションにまさる事例はほかにはあるまい。

エコーロケーションについてわれわれが知っていることはたいていコウモリ類（および人間の機械装置）に由来しているが、エコーロケーション自体はそれ以外の互いに類縁のない多くの動物群にも見られる。少なくとも鳥類の二つの別々のグループがやっているし、イルカやクジラではかなり高度に洗練された水準にまで到達している。さらに、このエコーロケーションは、コウモリ類の少なくとも二つのグループによって独立に「発見」されたのはほぼ確実である。エコーロケーションを行なう鳥類は、南アメリカのアブラヨタカと、極東のアナツバメであり、このアナツバメの巣はスープに使われている。どちらの鳥とも、まったくといってよいほど光の届かない洞窟の奥深くに巣をつくっていて、自分自身で発するクリック音のエコーを使って暗闇のなかを飛びまわっている。どちらのばあいでもその音は、いっそう特殊化の進んだコウモリのクリック音のように超音波ではなく、人の耳にも聴こえる。実際、どちらの鳥も、エコーロケーションをコウモリがもっているような洗練の極にまで発達させているとは思えない。鳥類のクリック音はFMではなく、ドップラー偏移を使った速度測定に適しているようにも思えない。おそらく、果実食のルーセットオオコウモリのように、それぞれのクリック音を発してからそのエコーが返ってくるまでの無音の時間を測れるだけだろう。

このばあい二種の鳥が、コウモリ類とは独立にエコーロケーションを発明したこと、そして互いにも独立に発明したことは、絶対に確かである。その推論の裏付けは、進化学者がよく使う手である。何千種もの鳥類をのきなみあたってみると、それらの大多数がエコーロケーションを使っていないことがわかる。類縁の離れた二つの小さな属の鳥だけがそれを使っており、その二つは洞窟で生活している以外に何の共通性もない。あらゆる鳥類とコウモリ類の系統を十分に古くまで遡ってたどれば、それらには一つの共通の祖先があるにちがいないと、われわれは信じているけれども、その共通祖先は（われわれも含めた）全哺乳類と全鳥類の共通祖先でもあった。哺乳類の大多数と鳥類の大多数はエコーロケーションを使っていないし、それらの共通祖先がそれを使わなかったというのもかなり確かである（というか飛びさえしなかった——飛翔も数度にわたって独立に進化してきたもう一つのテクノロジーなのだ）。つまり、エコーロケーションというテクノロジーはコウモリ類と鳥類で独立に開発されてきた、ということになる。それはちょうどこのテクノロジーがイギリスとアメリカとドイツの科学者によって独立に開発されたのと同じようなものである。同様の推論をもう少し小規模にすれば、アブラヨタカとアナツバメの共通の祖先もエコーロケーションを使っていなかったし、これらの二属は独立に同じテクノロジーを開発してきた、という結論がみちびかれる。

哺乳類のなかでも、コウモリ類がエコーロケーション・テクノロジーを独立に開発してきた唯一のグループというわけではない。いくつかの異なった種類の哺乳類、たとえばトガリネズミやネズミやアザラシの仲間は、目の見えない人たちと同じように、少しばかりエコーを使っているらしいが、洗練度においてコウモリと太刀打ちできる唯一の動物は、クジラである。クジラ類は、二つの大きなグループ、ハクジラとヒゲクジラに分けられる。もちろん、どちらも陸生の祖先に由来する哺乳類だが、それぞれ異なった陸生の祖先から出発して、独立にクジラ式生活法を「発明」してきたと言ってよいだろう。ハクジラ類にはマッコウクジラやシャチそれにさまざまな種類のイルカが含まれ、いずれも魚やイカのような比較的大型の獲物を狙い、獲物を捕えるさいには顎を使う。徹底的に研究されているのはイルカ類だけだが、いくつかのハクジラ類は頭部に洗練されたエコー発信装置を進化させている。

イルカ類は、高いピッチのクリック音を断続的にすばやく発する。そのうちある音はわれわれの耳にも聴こえるが、超音波も含まれている。イルカの頭の前方には「メロン」というドーム状にふくれた部分があり、ニムロッド「早期警戒」機のもつ異様にふくらんだレーダー・ドームに似ている。これはなかなか愉快な一致で、おそらくソナー信号を前方へ発射するのにかかわっているらしいのだが、その正確なはたらきはわかっていない。コウモリのばあいと同じく、クリック音には比較的ゆっくりした「巡航速度」があり、イルカが獲物に近づいたときにはそれが高速の（毎秒四〇〇の）ブザー音になる。その「ゆっくりした」巡航速度でさえもかなり速い。泥っぽい水中で生活しているカワイルカがたぶんもっとも技巧派のエコー探査者だが、外洋に生活するいくつかのイルカもかなりの巧者であることが実験によって示されている。タイセイヨウバンドウイルカは、自分のソナーだけで円と正方形と三角形（どれも同じ面積に規準化されている）を区別できる。このイルカは、約六メートル離れたところにおいた二つの標的間の差がたった三センチしかなくても、どちらが近いかがわかる。さらに、六〇メートル離れていてもゴルフボールの半分の大きさしかない鉄球を探知できる。この性能は、明るい光のもとでのヒトの視覚ほどよくないにしても、月光のもとでのヒトの視覚よりはたぶんずっとすぐれている。

イルカについては、おもしろい示唆がなされてきた。もしエコーをその気で使うなら、イルカは、相手に自分の「心像（メンタル・ピクチャー）」を苦もなく伝えられる手だてを潜在的にはもっているというのである。彼らは、そのきわめて多彩な声を使って、特定の物体からのエコーによって生じるであろう音のパターンを擬態しさえすればよい。このようにして、彼らはそうした物体についての心像を互いに伝えることもできるというわけだ。この愉快な示唆には何の証拠もない。理論的には、コウモリも同じことができるはずなのだが、イルカの方がふさわしい候補に思われているのは、彼らが一般にいっそう社会的だからである。彼らはおそらく「より賢く」もあろうが、それはむしろどちらでもいいことである。エコー・イメージを互いに伝達するのに必要とされる装置というのは、コウモリやイルカがともにそもそもエコーロケーションをするためにすでにもちあわせていた装置以上に洗練されたものではない。しかも、音声を使ってエコーをつくることとエコーを擬態することとの間には、容易に変化しうる漸進的な連続性がありそうである。

　というわけで、少なくともコウモリ類の二つのグループ、鳥類の二つのグループ、ハクジラ類、さらに、程度は劣るもののおそらく哺乳類の他のいくつかの種類は、すべて独立にここ一億年の間のある時期に、ソナーのテクノロジーを収斂させてきた。いまでは絶滅してしまった他の動物たちも――ひょっとするとプテロダクティル〔翼手竜〕などはどうだろう？――独立にそのようなテクノロジーを進化させたかどうか、それを知る術はない。

　昆虫や魚でソナーを使うものはまだ発見されていないが、それぞれ南アメリカとアフリカにいる、まるで異なった二つのグループの魚類が、いくらかよく似た泳航（ナヴィゲーション）システムを発達させている。そのシステムは、ソナーと同じほど洗練されているように見えるし、同じ問題に対する、関連はあるけれども、異なった解答とみなすことができる。これらは、いわゆる弱いデンキウオである。「弱い」という言い方をしたのは、泳航するためにではなく、獲物を気絶させるのに電場を使う強いデンキウオと区別するためである。ついでに言うと、獲物を電気ショックで気絶させる技術は、互いに近縁ではないいくつかのグループの魚類で独立に発明されていて、たとえばデンキ「ウナギ」（ほんとうのウナギではないが、その形がほんとうのウナギと収斂している）やシビレエイにみられる。

南アメリカとアフリカの弱いデンキウオは、系統的にはまるで関係がないが、ともにそれぞれの大陸で同じような水域、つまりあまりに泥っぽくて視覚が役に立たない水域に生活している。彼らが利用している水中における電場という物理的原理は、われわれの感覚からするとコウモリやイルカたちの利用している原理以上にいっそうなじみがない。エコーとは何であるかについてなら、われわれは少なくとも主観的には思い浮かべることができる。ところが電場を感じるというのがどういうものなのかは、主観的にはまるでわからない。われわれは二世紀前まで電気というものの存在すら知らなかったのだ。主観的な人類としてのわれわれはデンキウオと共感できない。とはいうものの、物理学者としてなら、彼らを理解することはできる。

夕食の大皿の上でたやすく見ることができるが、どんな魚でも体の両側面に沿って筋肉が一列の節として、つまり一揃い（バッテリー）の筋肉単位として並んでいる。たいていの魚は、筋肉を次々に収縮させて体を波のようにうねらせ、前方に向かって進んでゆく。デンキウオでは、強いデンキウオも弱いデンキウオも、この筋肉が文字どおりの蓄電池（バッテリー）になってしまっている。この蓄電池のそれぞれの分節（「電池（セル）＝細胞」）からある電圧が発生する。こうした電圧はその魚の体軸に沿って直列で加算されるので、デンキウナギのような強いデンキウオにおいてはその蓄電池全体で六五〇ボルト、一アンペアの電流が発生する。デンキウナギ一匹でも人を気絶させるくらいに強力である。しかし、弱いデンキウオでは、純粋に情報収集が目的なので、そんなに高い電圧や電流は必要ない。

エレクトロロケーション〔電気的位置探査〕と呼ばれているこの原理は、むろんデンキウオのように感じるとはどういうことかといった水準ではないにしても、物理学の水準ではかなりよく理解されている。次のような説明がアフリカ産と南アメリカ産の弱いデンキウオに等しくあてはまる。つまり、このばあいの収斂はそれほどまでに徹底しているのだ。電流は、魚の体の前半部から後方へ向かって水中に流れ出し、曲線を描いて尾の端に戻ってくる。実際には別々に分かれた「線」があるのではなく、連続した「場」つまり魚の体をとりまいている目に見えない電気の繭があるのだ。しかしながら、体の前半部に沿って間隔をあけて配置されている一連の船窓のような穴を通って魚から離れた一群の曲線が、すべて水中を曲がって、その尾の先でふたたび魚の中へ入って行くというふうに、視覚にうったえて考えるとわかりやすい。この魚は、それぞれの「船窓」に電圧をモニターする小さな電圧計にあたるものをもっている。もし魚が周囲に何の障害物もない広い水域に浮かべられたとすると、電気の流れは滑らかな曲線を描く。各船窓にある小さな電圧計は、どれもその船窓における「通常の」電圧を表示するだろう。しかし岩とか食物といった何か障害物がその近辺に現われると、その障害物にたまたまぶちあたった電流線は変更されてしまう。これによって、電流線が影響を受けた船窓では電圧が変化し、該当する電圧計はその事実を表示することになる。したがって理論的にいえば、コンピューターによってすべての船窓の電圧計が表示する電圧のパターンを比較することで、魚の周囲にある障害物の形状パターンを計算することもできるだろう。これがおおよそこの魚の脳がやっていることらしい。だからといって、このばあいでもその魚が賢い数学者であるというわけではもちろんない。ちょうどキャッチボールをしているときにわれわれの脳がいつでも無意識に方程式を解いているように、彼らはそれに必要な方程式を解く装置をもっているのである。

とりわけ大切なのは、この魚の体そのものが完全にまっすぐに保たれていることである。魚の頭のなかにあるコンピューターは、自分の体がふつうの魚のように曲がったりねじれていたりすると、そのときに引き起こされる余分な歪みを処理できないだろう。デンキウオは、少なくとも二度にわたって独立にこの巧妙な泳航法を思いついたが、ある代償を支払わなくてはならなかった。つまり、通常の魚が見せる、体全体を蛇行する波のようにくねらせるという効率の良い遊泳法をあきらめなくてはならなかったのである。彼らは、体を火かき棒のように堅くしたままにすることで問題を解決したのだが、彼らは体の全長にわたる一本の長い鰭をもっている。そして、体全体を波のようにくねらせるかわりに、この長い鰭をくねらせる。この魚は水中でかなりゆっくり前へ進むのだが、それでもともかく動いており、速い運動を犠牲にすることにはそれなりの価値があるのはあきらかである。つまりこのような泳航法によって得られる利得は、遊泳速度における損失を上まわっているようにみえるということだ。おもしろいことに、南アメリカのデンキウオはアフリカのデンキウオとほとんど同じ解答を思いついたのだが、まったく同じではなかった。その違いははっきりしている。どちらのグループも体の全長にわたる長い一本の鰭を発達させているが、アフリカのデンキウオの鰭は背中に沿って走っているのに、南アメリカのデンキウオでは腹に沿って走っているのだ。こういった細部の差異は、すでに見たように、まさしく収斂進化に見られる特徴である。もちろんそれは、人間の技術者による収斂的デザインのもつ特徴でもある。

弱いデンキウオの大多数は、アフリカ、南アメリカのいずれのグループにあっても、断続的なパルスで放電するので「パルス」種と呼ばれているけれども、両グループの少数の種はそれとは違ったやり方で放電し「ウェーヴ」種と呼ばれている。私はこれ以上その違いを論じるつもりはない。

この章として興味のあるところは、パルスかウェーヴかという分化が新世界と旧世界の互いに類縁のないグループでそれぞれ独立に進化したことである。

私の知っている収斂進化のもっとも奇怪な例の一つは、いわゆる周期ゼミに関するものである。その収斂の話にとりかかる前に、背景となる情報をいくらか話しておかねばならない。多くの昆虫では、生涯の大半を過ごす幼虫の摂食期間と相対的に短い成虫の繁殖期間とがかなりきっちりと分離している。たとえばカゲロウは、生涯の大半を水中で摂食する幼虫として過ごし、それから羽化して空中へ出ると、たった一日のうちにその成虫生活のすべてを詰め込んでいる。成虫をサトウカエデなどの植物の、羽のついた短命の種子に、幼虫をその植物本体にというふうにたとえて考えてもよいだろう。もっともサトウカエデが多くの種子をつくり、何年にもわたってひき続きそれらを散布するのに対して、カゲロウの幼虫はその一生の果てにただ一匹の成虫になるという違いがある。それはともかくとして、周期ゼミはこのカゲロウ的傾向を極度に進めてしまった。周期ゼミの成虫は二〜三週間生きるが、その「幼虫」期（専門的には幼虫（ラーヴァ）ではなく「若虫（ニンフ）」）は、（変種（バラエティ）によって）一三年もしくは一七年続く。一三年（一七年）を地下の隠遁生活で過ごしたのち、成虫はほとんど同時に羽化する。どの地域でも正確に一三年（一七年）ごとに起こるセミの大発生は、壮観な大爆発であり、アメリカでは俗に「イナゴ」などと不正確に呼ばれるまでになっている。これらの変種は、それぞれ一三年ゼミと一七年ゼミとして知られている。

さて、ここにまことに瞠目すべき事実がある。つまり一三年ゼミが一種と一七年ゼミが一種いるのではないとわかったのである。そうではなく、周期ゼミは三種いて、その三種がそれぞれ一七年と一三年の変種（バラエティもしくはレース）をもっているのである。一三年変種（レース）と一七年変種への分化は、少なくとも三回は独立に起こったことになる。そこではあたかも、一四、一五、一六年という中間的な期間が少なくとも三回は収斂的に避けられてきたかにみえる。どうしてだろうか？　わからない。ただ一つ誰でも思いいたるのは、一四と一五と一六に対して一三と一七の何が特別かというと、それらが素数、つまり自分以外のいかなる数でもきっちりと割り切れない数だということだ。規則的に爆発的な大発生を繰り返す動物の変種は、その天敵である捕食者とか寄生者を交互に「圧倒する」か、さもなくば飢えさせることによって利益を得ているという着想である。そしてこうした大発生が素数年ごとに生じるよう注意深くタイミングを合わせられれば、これらの天敵は自分の生活環（ライフサイクル）をその大発生と同調させるのがいっそう困難になる。もしそのセミが一四年ごとに爆発的大発生をするとすると、たとえば、彼らは七年の生活環をもつ寄生種によって食い物にされただろう。これは奇怪な考えだが、現象そのものに比べてそれ以上に奇怪というわけではない。ほんとうのところいったい何が一三年と一七年に特別なことなのか、わからない。しかしさしあたり問題なのは、異なった三種のセミが独立にその年数に収斂してきているのだからこうした数には何か特別なものがあるにちがいないということだ。

　大規模な収斂の例は、二つもしくはそれ以上の大陸が互いに長期間隔離されており、一連の平行した「商売」がそれぞれの大陸にいる系統的に無関係な動物によって採用されるときに生ずる。私のいう「商売」とは、虫を探して穴を掘ったり、アリを求めて地面を掘ったり、大型草食動物を追跡したり、木に登って葉を食べたりといった生計の立て方のことである。格好の例は、南アメリカとオーストラリアと旧世界という別々の大陸で哺乳類の商売があらゆる領域にわたって示す収斂進化である。

これらの大陸は常に分かれていたのではない。われわれの人生は一〇年単位で数えられるし、文明や王朝でさえせいぜい一〇〇年単位で数えられるので、われわれは世界地図や大陸の輪郭を固定したものとして考えることに慣れきってしまっている。大陸が漂流したという説は、ドイツの地球物理学者アルフレート・ヴェーゲナーによってずっと昔に提出されたが、多くの人々は第二次世界大戦後もかなり最近まで彼を笑いものにしていた。南アメリカとアフリカがジグソー・パズルの別別に分かれた一片のように見えるというよく知られた事実は、ほんの愉快な偶然の一致であると考えられていた。いままでに知られているうちでもっとも急激かつ完璧な科学革命の一つと言えるが、「大陸移動」というかつて論争の的になっていた理論は、いまやプレート・テクトニクスの名のもとに世界的に受け入れられるようになっている。大陸が移動したという証拠、たとえば南アメリカがまさしくアフリカから切り離されたという証拠は、いまでは誇張なしに圧倒的なものになっているが、本書は地質学の本ではないので詳細な説明は省こう。ここで重要な点は、大陸が漂流したタイムスケールが、動物の系統が進化してきたのと同じくらいゆっくりしたタイムスケールにあたるということであり、それらの大陸での動物の進化パターンを理解しようとするなら、大陸移動について知らん顔をしているわけにはいかないということだ。

約一億年前までは、当時の南アメリカは、東側でアフリカと、南側で南極とつながっていた。さらに、南極はオーストラリアと、インドはマダガスカルを介してアフリカとつながっていた。つまるところ、一つの巨大な南方大陸があったのであり、われわれはいまそれをゴンドワナ大陸(ランド)と呼んでいる。この大陸は現在の南アメリカ、アフリカ、マダガスカル、インド、南極、そしてオーストラリアのすべてをひとまとめにしたものからなっていた。またローラシアと呼ばれている一つの大きな北方大陸もあり、それは現在の北アメリカ、グリーンランド、ヨーロッパとアジア（インドは除く）からなっていた。北アメリカと南アメリカとはつながっていなかった。約一億年前にこうした陸塊の大分裂が起こり、各大陸はそれ以来ゆっくり現在の位置へ向けて移動してきたのである（もちろん、将来も動き続けるだろう）。アフリカはアラビアを介してアジアとくっつき、われわれが現在旧世界と呼んでいる巨大な大陸の一部になった。北アメリカはヨーロッパから離れて移動し、南極は南へ移動して現在の凍りつくような位置まで達した。インドはアフリカから離れ、現在インド洋と呼ばれているところを横切って進み、ついには南アジアにがりがり食い込んで、ヒマラヤ山脈を隆起させている。オーストラリアは南極から離れて何もない海洋を移動し、どこからもはるかに離れた島嶼大陸になった。

ゴンドワナ大陸という大きな南方大陸の分裂は、たまたま恐竜の時代にはじまった。南アメリカとオーストラリアが分裂し、世界の残りの大陸からの長期にわたる隔離がはじまったとき、両大陸は、それぞれ固有の恐竜類と、現生哺乳類の祖先であるあまり目立たぬ動物を乗せて運んでいた。かなり後になって、よくはわからないもののなかなか有意義な推測の的となっている理由から恐竜類が絶滅に向かったとき（ただし現在われわれが鳥と呼んでいる恐竜類の一部を除く）、彼らは世界のあらゆる場所から姿を消してしまった。これによって、陸上動物が店開きできる「商売」に空白が生じた。この空白は、数百万年にわたる進化を通じて大部分哺乳類によって埋められたのである。ここで興味深いのは、オーストラリア、南アメリカ、旧世界に三つの独立した空白があり、それぞれ独立に哺乳類によってその空白が埋められたことである。

恐竜類がほぼ時期を同じくしてその大いなる生命の商売を店じまいしたさいに、この三つの地域をたまたまうろついていた原始的哺乳類は、どれもこれもかなり小型でたいして目立たず、たぶん夜行性であり、それまでは恐竜類のかげに隠れて圧倒されていた。こうした哺乳類は、その三つの地域でそれぞれ根本的に異なった方向へ進化することもできただろう。ある程度までこれはほんとうに起こったことだ。旧世界には、南アメリカの、悲しいかないまは絶滅してしまった地上性のオオナマケモノに似た動物は何もいなかった。南アメリカの幅広い哺乳類相には、ネズミではなく現生のサイほどもある、絶滅した巨大なテンジクネズミも含まれていた（旧世界の動物相は二階建ての家くらいもある巨大なサイを含んでいたので、わざわざ「現生の」サイとことわらなくてはならない）。しかし、離れ離れになった大陸はそれぞれに独特の哺乳類を生み出したとはいえ、この三地域すべての全般的な進化パターンは同じだった。この三地域のすべてで、たまたま最初にうろついていた哺乳類は放散進化し、さまざまな商売の専門家を生み出した。そして多くのばあい、それぞれの専門家たちは他の二地域における対応する商売の専門家と著しく類似することになったのである。それぞれの商売、穴掘り屋、大型の狩猟屋、平原の草食み屋などが、二つないし三つの別々の大陸で独立に起こった収斂進化の実体であった。これらの独立に進化の起こった三つの主要な場所にくわえて、マダガスカルのような小さな島にも、それらと平行した興味深い物語があるが、その話にまで立ち入るのはやめておこう。

オーストラリアの奇妙な卵生哺乳類であるカモノハシやハリモグラは別にして、現生の哺乳類はすべて二つの大きなグループのどちらかに属している。その二つのグループというのは、有袋類（とても小さな子供を産み、それから母親の袋内で育てる）と有胎盤類（われわれも含めた残りすべて）である。有袋類はオーストラリアの、有胎盤類は旧世界の進化物語でそれぞれ優位を占めるようになったのに対し、南アメリカではこの二つのグループが相並んで重要な役割を演じた。南アメリカの進化物語は、北アメリカからの哺乳類の侵入の波を散発的にかぶったことによって複雑になっている。

こういう場面を設定したうえで、ようやくいくつかの商売とその商売の収斂そのものを眺めることができるようになる。プレーリー、パンパス、サヴァンナなどとしてそれぞれに知られている広大な草原の利用にかかわって見過ごせない一つの商売がある。この商売を営んだ動物には、ウマ類（そのアフリカでの主要種はシマウマと呼ばれ、その砂漠版はロバと呼ばれている）と、いまでは狩猟によって絶滅に瀕している北アメリカのバイソンのような、ウシ類が含まれる。草はあまり質のよくない食物であり、多大な消化力を必要とするので、草食動物はきまってさまざまな種類の発酵バクテリアをもつ長大な腸をそなえている。彼らは何度かに分けて食事をとるのではなく、おおむねのべつ食べているのがふつうである。莫大な量の植物質が、一日中まるで川のように彼らの中を流れている。こうした動物はかなり大型になることが多く、しばしば大きな群れで歩きまわる。こうした大きな草食動物の一匹一匹は、それを利用できる捕食者にしてみれば、価値ある食物の山のようなものだ。そういうわけで、これから見るように、彼らを捕えたり殺したりするという困難な仕事に一つの商売全体が費やされている。つまり、捕食者という商売だ。私は「一つの」商売と言ったが、現実にはライオン、ヒョウ、チーター、リカオン、ハイエナといった、いずれもそれなりに特殊化した方法で狩りをしている、たくさんの「小商売」をひっくるめたものを指している。同じような細分割は、草食動物をはじめ他のあらゆる「商売」にも見られる。

草食動物は鋭い感覚をそなえていて、それによって捕食者をたえず警戒し、彼らから逃れるためにたいへん速く走れるのがふつうである。そのため、彼らはしばしば長くて、すらっとした足をもち、たいていは、進化によって特別に長く丈夫になってきた足指の先で走る。このように特殊化した足指の先端の爪は、大きくかつ硬くなっており、蹄と呼ばれている。ウシはどの足の先端にも二本の長くなった足指、よく知られた「分趾蹄」をもっている。ウマもほとんどそれと同じことをしているが、おそらく歴史的な出来事が理由となって、彼らは二本ではなく一本の足指だけで走っている点だけが違う。それは、もともとあった五本の足指の中指に由来している。他の足指は、ときたま奇形的な「先祖返り」で再現することがあるが、進化的時間のなかでほとんど完全に消失してしまった。

すでに見たように、現在の南アメリカは、ウマやウシが世界の他の場所で進化していた期間中ずっと隔離されていた。しかし、南アメリカにはそれなりに大きな草原があり、その資源を利用する大型草食動物として固有の別のグループが進化した。そこには、大型のサイのような、しかしほんとうのサイとは何のつながりもない巨大な怪獣（リヴァイアサン）たち[8]がいた。初期の南アメリカの草食動物のいくつかの頭骨は、彼らが本物のゾウとは独立に、ゾウのような鼻を「発明」していたことを示している。ラクダによく似た動物もいれば、（今日の）いかなる動物にもまったく似ていないものや、あるいは現生動物たちのキメラのような異様な動物もいた。滑距類と呼ばれているグループは、ほとんど信じがたいほどその足がウマに似ていたけれども、それでも彼らはウマ類とはまったく関係がなかった。この外見上の類似に、一九世紀のアルゼンチンのある専門家はまんまとだまされた。お国自慢の気持ちもあって、それらが世界の他の場所のあらゆるウマ類の祖先であると考えたのだ。実際には、ウマとの類似は見かけのものであり、収斂であった。草原生活は世界中どこでもほとんど同じであり、ウマ類と滑距類は独立に、草原生活にともなう諸問題をこなすのに同じ性質を進化させた。とくに、滑距類はウマと同じように、それぞれの足の指を中指を除いてすべて失っており、残る中指が足のいちばん先端に近い関節として大型化して蹄となったのである。滑距類の足はどうみてもウマの足と区別できないが、それでもこの二つの動物には遠い類縁関係があるにすぎない。

　オーストラリアにいる、大型の草食のはぎとり屋（グレーザー）やつみとり屋（ブラウアー）はみなずいぶん変わっている。つまり、カンガルーがそうだ。迅速に移動するという点では要求は同じだが、カンガルーのやり方は違っている。ウマ（とそれにおそらく滑距類）がやったように、四本足でギャロップする走法を高度な完成の域に発達させるかわりに、カンガルー類は大きな尾でバランスをとりながら二本足でジャンプするというまったく別の走法を完成させた。こうした二通りの走法のどちらが「すぐれている」かなどと論じることはほとんど問題ではない。体がその走法を完璧に使いこなせるように進化していれば、それぞれにきわめて有効なのだ。ウマ類と滑距類はたまたま四本足のギャロップ走法を採用し、ついにはほとんど同じような足をもつにいたった。カンガルー類はたまたま二本足のジャンプ走法を採用し、ついには（少なくとも恐竜以来の）独特の大きな後足と尾をもつにいたった。カンガルーとウマは、たぶんそれらの出発点で何らかの偶然的な違いがあったために「動物空間」のなかで別々の終点に到達したのだろう。

　大型の草食のはぎとり屋なら走って逃げ出すことになる肉食屋に話をかえると、いっそうみごとな収斂現象がいくつか見られる。旧世界では、オオカミ、イヌ、ハイエナ、それにネコ類のライオン、トラ、ヒョウ、チーターといった大型の狩猟屋はおなじみである。ごく最近になって絶滅してしまった大型のネコに、サーベル「タイガー」がいる。その名は、さぞかし恐ろしげであったにちがいない大きな口の正面に上顎から下に向かって伸びた巨大な犬歯にちなんでいる。一方オーストラリアや新世界には最近まで本物のネコとかイヌの仲間はいなかった（ピューマとジャガーは最近になって旧世界のネコ類から進化した）。しかしその両大陸には、有袋類のそれにあたるものがいた。オーストラリアには、フクロオオカミ（*Thylacinus*）と呼ばれている有袋類の「オオカミ」（オーストラリア本土よりもタスマニアで少しばかり長く生き延びていたので、しばしばタスマニアオオカミとも呼ばれる）がいたが、「害獣」として、また「娯楽」のために人間によって莫大な数が殺戮され、悲劇的な絶滅に追いやられたのは記憶に新しい（タスマニアの奥地にいまなお生き残っているかもしれないというかすかな希望はあるが、その地域もいまや人間に「職」を提供するために破壊される脅威にさらされている）。ついでにいうと、もっと最近になって人間（アボリジニー）によってオーストラリアへもたらされた本物のイヌであるディンゴと、このフクロオオカミを混同しないでほしい。孤独な動物園の檻のなかを落ち着きなく往ったり来たりする最後のフクロオオカミを撮った一九三〇年代の映画は、奇怪なイヌふうの動物の姿を映している。骨盤と後足の支え方が少々イヌらしくないところにだけその有袋類的本性が表われていて、おそらく袋をそなえているることといくらか関係しているのだろう。愛犬家にとって、イヌのデザインに向かって接近していったもう一つの道、つまり一億年を隔てた平行な道を歩んだ進化の旅行者たる、どこか見なれていてしかもどこか見知らぬこの別世界のイヌをじっと眺めていることは、感動的な経験である。たぶん、彼らは人間にとって害獣ではあったろうが、人間は彼らにとってそれ以上に大害獣であったろう。いまや生き残っているフクロオオカミはおらず、途方もない数の人間がいる。

南アメリカにもまた、われわれがいま論じている長い隔離期間にわたって、本物のイヌやネコの仲間はいなかったが、オーストラリアと同様に、それにあたる有袋類がいた。おそらく、そのもっとも見ごたえのあるものはフクロサーベルタイガー（*Thylacosmilus*）であり、それは最近絶滅した旧世界のサーベル「タイガー」にまるでそっくりだったが、ただ、私の思うところではさらに見ごたえがあっただろう。短剣のような歯をむきだした大口はさらに大きかったし、想像するに、その恐ろしさはサーベル「タイガー」を凌いでいただろう。その名前は、サーベルタイガー（*Smilodon*）及びフクロオオカミ（*Thylacinus*）との外見的な親近性を示しているが、祖先をたどれば両者とはかなり離れている。有袋類ということではフクロオオカミの方にわずかに近縁で、ともに異なった大陸で独立に大型の肉食動物のデザインを進化させてきた。それらは互いにも独立であったし、また有胎盤類の肉食動物である旧世界の本物のネコやイヌの仲間とも独立だった。

オーストラリア、南アメリカ、そして旧世界は、さらに多くの多元的な収斂進化の例を提供している。オーストラリアには有袋類の「モグラ」がいる。それは、育児嚢をもっている点を除くと外見的には他の大陸の見なれたモグラとほとんど見分けがつかないし、他のモグラと変わらない方法で生活していて、やはり穴を掘るための巨大で強力な前足をもっている。オーストラリアには有袋類のネズミもいるが、このばあいは旧世界のネズミとそれほど似ていないし、まったく同じ方法で生活しているわけでもない。アリ食いも（ここでの「アリ」には便宜的にシロアリを含めているが、これは、あとで見るように、もう一つの収斂現象である）、収斂を遂げたいろいろな哺乳類によって占められた「商売」の一つだ。それらを細分すれば、穴掘り型と木登り型と地上徘徊型のアリ食いになるだろう。オーストラリアには、期待に違わず、有袋類のアリ食いがいる。フクロアリクイ（*Myrmecobius*）と呼ばれるこの有袋類は、アリの巣の中をひっかきまわす細長い鼻と、その餌をモップで掃除するようにかっさらう長いべとべとした舌をもっている。フクロアリクイは地上徘徊型のアリ食いである。オーストラリアには穴掘り型のアリ食いとしてハリモグラがいる。これは有袋類ではなく、単孔類という卵を産む哺乳類の仲間であり、われわれとはたいへん類縁関係が遠いのでそれに比べれば有袋類でさえわれわれの親類と言ってよいくらいだ。ハリモグラも長く突き出た鼻をもっているが、その針のせいで他の典型的なアリ食いよりむしろ、ハリネズミそっくりの外見をしている。

南アメリカには、有袋類のサーベル「タイガー」とならんで、有袋類のアリ食いがいたとしてもおかしくはなかったろう。しかしたまたま、そこでのアリ食い商売は早くから有胎盤類の哺乳類にすっかり占められていた。現生の最大のアリ食いは、オオアリクイ（*Myrmecophaga* ギリシャ語でまさしくアリを食べるという意味）という、南アメリカの大型の地上徘徊型アリ食いであり、それはおそらく世界でもっとも純粋なアリ食いの専門家である。オーストラリア産有袋類のフクロアリクイと同じように長くて突き出た鼻をもっているが、それもこのばあいは極端に長く突き出ていて、舌も極端に長くてべとべとしている。さらに南アメリカにはオオアリクイに近縁で、それほど極端でない形の、ミニチュア版といった木登り型アリ食い（ヒメアリクイ）と、第三の中間的な形のアリ食い（コアリクイ）とがいる。有胎盤類の哺乳類とはいえ、これらのアリクイは旧世界のどんな有胎盤類ともたいへんかけ離れている。彼らはアルマジロやナマケモノを含む南アメリカ固有の一族〔貧歯目〕に属しており、この古い有胎盤類の一族は、大陸が分離した初期から有袋類と共存していた。

旧世界のアリ食いの一つは、アフリカやアジアにいるセンザンコウで、木登り型から穴掘り型までさまざまな種を含んでいて、いずれも鼻を突き出したモミの球果のように見えなくもない。アフリカにはアリを食べる風変わりなツチブタがいて、部分的に穴掘りに専門化している。有袋類にしろ単孔類にしろ有胎盤類にしろ、すべてのアリ食いたちを特徴づける性質は、代謝率が極端に低いことだ。代謝率というのは、化学的な「火」が燃える速度であり、もっとも簡単には血液の温度として測られる。哺乳類では一般に代謝率は、体の大きさに依存する傾向がある。ちょうど小型自動車のエンジンが大型自動車のエンジンよりも高速で回転する傾向があるのと同じで、小型の動物ほど高い代謝率をもつのがふつうである。しかし、動物によっては大きさのわりに高い代謝率をもつものもいるし、アリ食いたちはその祖先や類縁がどうあれ、大きさのわりにかなり低い代謝率をもつ傾向にある。どうしてそうなのかは、はっきりしないが、アリを食べるという習性以外に何の共通性もない動物のあいだにこうしためざましい収斂があるところをみると、きっとこの習性に何か関係したことがあるにちがいない。

すでに述べたように、アリ食いたちが食べる「アリ」は本物のアリではなく、シロアリであることも多い。シロアリはよく「白いアリ」と思われているが、ハチに近縁な本物のアリよりもむしろゴキブリに近い。シロアリは外見的にはアリによく似ている。それは彼らが収斂して同じ習性を採用してきたからである。いや、一連の同じような習性を、と言った方がいいだろう。なにしろ、アリとシロアリの商売には多彩な部門があり、両者はこうした部門の大部分を独立に採用してきたからだ。たいていの収斂進化の例にもれず、その差異は類似点と同じくらいはっきりしている。

アリもシロアリもともに大きなコロニーをつくって生活しており、そのコロニーは大部分が不妊で翅のないワーカーからなっている。ワーカーは新しいコロニーを築くために飛び出していく翅のある繁殖カーストを効率よく生産するのに一生を捧げている。興味ある違いの一つは、アリのワーカーはすべて不妊の雌であるのに、シロアリのワーカーには不妊の雄と不妊の雌がいることだ。アリのコロニーもシロアリのコロニーもともに、一匹の（ばあいによっては数匹の）大型化した「女王」をもっており、ときにそれは（アリでもシロアリでも）グロテスクなまでに大型化している。アリでもシロアリでも、ワーカーには、兵アリなどの専門化したカーストがいることがある。これら兵アリは、とりわけその巨大な顎に見られるように（アリのばあいはそうだが、シロアリのばあいは化学戦用の「砲塔」で）、戦闘機械として専念しているので、自分で餌を採ることができず、兵アリではないワーカーに給餌してもらわなくてはならないことさえある。あるアリの種とあるシロアリの種のあいだには対応がある。たとえば、キノコ〔菌類〕を栽培する習性は、（新世界の）アリにも（アフリカの）シロアリにも独立に生じている。このアリ（あるいはシロアリ）は自分たちは消化しない植物質を採ってきて、キノコを育てる堆肥にする。彼らが自ら食べるのは、そのキノコなのだ。このキノコは、いずれのばあいもそれぞれアリやシロアリの巣内以外では成長しない。キノコを栽培する習性は、数種類の甲虫でも（二回以上）独立にかつ収斂的に発達していることが発見されている。

アリ類のなかでも興味深い収斂が見られる。たいていのアリのコロニーは、あるきまった巣に定着して生活しているけれども、なかには大軍をなして略奪をくりひろげながらさまようことで成り立っているうまい生活もあるようにみえる。これは行軍習性と呼ばれている。あらゆるアリが歩きまわって採餌するのはあたりまえだが、たいていの種類は戦利品をもって決まった巣へ戻ってくるし、女王と子供たちはその巣内に残されている。ところが、放浪的に行軍する習性の鍵は、この軍隊が子供や女王をいっしょに連れて行くことだ。卵や幼虫はワーカーの顎にくわえられて運搬される。アフリカで、この行軍習性を発達させたのは、いわゆるサスライアリである。中央・南アメリカでこれに対応する「グンタイアリ」は、習性も外見もサスライアリとまるでそっくりである。これらのアリはとりたてて近縁というわけではなく、「軍隊」稼業に必要な形質を独立にそして収斂的に進化させてきたことはまちがいない。

サスライアリもグンタイアリも例外的に大きなコロニーをもつ。その数はグンタイアリでは一〇〇万、サスライアリではおよそ二〇〇〇万にものぼる。どちらも遊動相と「定着」相を交互に繰返し、定着相では比較的安定した野営つまり「ビバーク」を行なう。グンタイアリやサスライアリたちは、というかアメーバのような単位としてまとめて考えた方がよいであろうそれらのコロニーは、ともにそれぞれの密林(ジャングル)の冷酷で恐ろしい捕食者である。どちらも、通り道にいる動物ならなんでもかんでもばらばらにしてしまうので、その土地の人々に神秘的な恐怖感を抱かせることになった。南アメリカの一部の村の人々は、グンタイアリの大軍が接近してくると、家財一式を持って村を引き払い、行軍が萱ぶきの屋根からさえゴキブリ、クモそしてサソリにいたるまできれいに一掃して行ってしまったあとで戻ってくる、と昔から言われている。私は、子供のころアフリカにいたときに、ライオンやワニよりもずっとサスライアリが恐かったことを覚えている。この恐るべき評判について、『社会生物学』の著者であり、かつアリ類についての世界一流の権威でもあるエドワード・O・ウィルソン(9)の言葉を引いて、真相を知っておくのは価値があるだろう。

アリについてもっともよく尋ねられる質問に対して、私は次のように答えることができる。いいや、サスライアリはほんとうは密林の恐怖なんかではない。サスライアリのコロニーは、二〇キログラムを越える重さをもち、二〇〇〇万にも及ぶ口と針をもつ一匹の「動物」であって、たしかに昆虫界でもっとも恐ろしい生物にはちがいないが、このアリについて語られている、例のぞっとするような話にみあうようなものではないのだ。実際には、サスライアリの大群は、三分で約一メートル進むことができるだけだ。ヒトとかゾウは言うに及ばず、ちょっと有能なノネズミなら、その大群集の狂乱全体を、脇へよけながら余裕をもって見つめることもできる。それは脅威よりも不思議さと驚嘆を与えるものであり、想像できる限り、哺乳類とはかけ離れた進化物語の頂点をきわめたものなのだ。

大人になってパナマに行ったとき、子供のころアフリカで怖い思いをしたサスライアリにあたる新世界のアリを観察したことがある。それは私のかたわらをザワザワと音をたてて川のように流れていた。そこで私はこの不思議さと驚嘆を証言しよう。私が女王を待つあいだ、行軍は何時間もかかって通り過ぎ、地面の上ばかりか互いに他のアリに積み重なるようにして進んでいた。ついに彼女はやってきたが、それは畏敬の念を起こさせる出会いだった。姿をじきじきに見ることはできなかった。狂乱したワーカーたちの動く波、腕をつないだアリたちの沸きかえるような蠕動性の球としてしか見えなかったのだ。彼女は、ワーカーたちの波が逆立つまっただなかのどこかにいた。まわりは兵アリたちが一団となって取り囲み、外へ向かって威嚇するように顎を大きく広げていた。兵アリはどれもこれも、女王を守るために敵を殺し自らも死ぬ覚悟でいた。女王見たさの私の好奇心をどうか許してもらおう。女王を追い出そうとしてワーカーの球を長い棒切れで突っついたのだが、うまくゆかなかった。すぐさま二〇匹もの兵アリが、放してはならじと、筋肉隆々たる大顎のはさみを私の棒切れに食い込ませてきたし、そうこうするうちに、何十匹もの兵アリがその棒切れをはい上がってきて、私は早々にあきらめさせられた。

私は女王を一瞥することもかなわなかったのだが、その沸きかえるような球のなかのどこかに、中央データ・バンクでありコロニー全体のマスターDNAの貯蔵庫である彼女がいたはずなのだ。顎を大きく広げた兵アリたちは女王のために死を覚悟していたが、それは兵アリたちが母親を愛していたからでも、愛国主義の理想をたたき込まれていたからでもなく、その脳や顎が、女王自身の携えている鋳型の原版から打ち抜かれた遺伝子によってつくられていたからにすぎない。兵アリたちが勇敢な兵士のごとくふるまったのは、それらが同様に勇敢であった兵アリたちによって生命と遺伝子が救われてきた、そのような祖先女王の遺伝子を延々と受け継いできたからである。わが兵士たちは、昔の兵士たちがその祖先女王から受け継いできたのと同じ遺伝子を現在の女王から受け継いでいる。わが兵士たちは、女王を防衛せよと仕向けているまさにその指令のマスター・コピーを防衛していたのだ。それらは祖先の知恵、いうなれば「契約(コヴェナント)の箱」(10)を防衛していたのである。こうした奇妙な言いまわしは、次の章へ進めば、もっとわかりやすくなるだろう。

そのとき私は不思議さと驚嘆を感じたが、その感覚は、半ば忘れていた恐怖が甦(よみがえ)ることで純化されたのではなく、アフリカにいた当時の子供の私には欠けていた、こうした行為がいったい何のためのものかを熟知したせいで、かたちを変えてかきたてられた。それは、この行軍の物語が、一度ならず二度までも同じ進化的頂点に達したことを知ってのことでもある。この行軍の主は、私の幼少時代の悪夢に出てくるサスライアリではなかった。サスライアリにいかにそっくりだとしても、それは遠くかけ離れた新世界の親類だった。連中はサスライアリと同じことを、同じ理由からやっていたのだ。もう夜になっていたので、私はまたしても畏れを抱いた子供のようにして家路についた。ただし、あの暗いアフリカの恐怖にとってかわる理解の新世界にたどりついたことを愉快に思いながら。

5章　力と公文書

　外ではDNAが降っている。私の庭のはずれ、オックスフォード運河の土手には、ヤナギの大木が一本あって、綿毛の生えた種子を空中に播き散らしている。風向きはとくに定まらず、種子は木からあらゆる方向に吹き流されている。運河の上流も下流も、双眼鏡で見通せる限りの水面は漂う綿毛で白くなっていて、きっと別の方角でもほぼ同じ範囲で地面は綿毛に覆われているにちがいない。綿毛はほとんどセルロースでできていて、遺伝情報であるDNAを収めたちっぽけなカプセルをさらに小さく見せている。DNAの体積は全体からみればわずかなものにちがいないのに、なぜ私はセルロースではなくDNAが降っていると言ったのだろうか？　それは、DNAこそが問題だからである。セルロースの綿毛はかさばりこそすれ、やがては棄てられるパラシュートにすぎない。綿毛だの「猫」（=尾状花序）だの木だの、その他もろもろのものはただ一つのこと、つまりDNAをあたり一面に播き散らすということを助けているだけなのである。そのDNAとは、ほかでもない、次の世代の綿毛の種子をまくはずのヤナギの木をつくりあげるための特別な指令を綴った暗号文をもつDNAである。綿毛の粒は、文字どおり、自らをつくる指令を播き散らしている。綿毛がそこにあるのは、彼らの祖先が同じことをうまくやったからである。向こうで指令が降っている。プログラムが降っている。木を育て、綿毛を播き散らすアルゴリズムが降っている。これは隠喩ではなく、明白な事実である。たとえフロッピー・ディスクが降ったとしても、もっと明白だというわけではないだろう。

このことは明白であり、事実であるのだが、長い間理解されていなかった。何年か前なら、生物は無生物と比べて何が特別なのかと尋ねられれば、たいていの生物学者は原形質と呼ばれる特別の物質のことを答えただろう。原形質は他のどんな物質とも似ていなかった。生き生きとして、うち震え、脈動的で、鼓動し、「はしこい」（反応が鋭いことの女教師ふうの言いまわし）ものだった。生物体をどんどん小さく切り刻んでいくと、ついには純粋の原形質片に行きあたるだろう。かつて前世紀には、アーサー・コナン・ドイルの描いたチャレンジャー教授[1]の生き写しのような人物が、海底の「グロビゲリナ軟泥[2]」を純粋の原形質だと考えていた。私が学校に通っていたころ、じつはもうそのころにはもっとよくわかっていたはずなのに、年配の教科書執筆者たちはまだ原形質のことを書いていた。いまではこの言葉を見たり聞いたりすることはない。フロギストン[3]や宇宙エーテル[4]と同じく死語なのである。生物を構成している物質には、特別なことは何もない。生物は、他のどんなものとも同じく、分子の集まりである。

特別なことは、それらの分子が無生物の分子に比べてはるかに複雑なパターンで組み立てられていて、その組み立てが、生物が自分自身でもっているプログラム、つまりいかに発生するかについての諸指令に従って行なわれることである。生物は確かにうち震え、脈動し、「はしこく」鼓動し、そして「生きている」ぬくもりにほてっているかもしれないが、そうした特性はすべて付随的に現われたものである。生きるものすべての中核に存在するのは、炎でも、熱い息吹でも、「生気」でもない。それは、情報であり、ことばであり、指令である。隠喩をお望みなら、炎や閃光や息吹を考えてはいけない。そのかわり、鉱石板に刻み込まれた一兆個のデジタル記号を想像してほしい。生命を理解しようというのなら、うち震え、脈動するゲルや軟泥ではなく、情報技術に想いをめぐらせるべきである。前章で、女王アリを中央データ・バンクと呼んだとき、私が言いたかったのはこのことである。

先進的な情報技術には、多数の記憶座をもつ何らかの記憶媒体が欠かせない。それぞれの記憶座はある決まった数の状態のうちのいずれかとして存在しなければならない。これは、今日われわれの技術の世界を席捲するデジタル情報技術に関してはどんなものにもあてはまる。情報技術にはもう一つ、アナログ情報にもとづくものがある。ふつうのレコード盤上の情報はアナログで、起伏のある溝に貯えられている。近代的なレーザーディスク[5]（困ったことに、実体をよく表わさない「コンパクトディスク」という名で呼ばれることが多く、しかもたいてい第一音節にアクセントを置いて誤って発音されている）上の情報はデジタルで、一連の小さな孔（ピット）に貯えられている。それぞれのピットは明確に存在するかしないかのどちらかで、中間段階はない。このように、その基本要素が、ある一つの状態かまたは別の状態としてはっきり存在し、中途半端な状態や中間もしくは折衷状態がないのがデジタル・システムを他と区別する特徴である。

遺伝子の情報技術はデジタルである。当時はこんな表現はしなかったはずだが、この事実は前世紀にグレゴール・メンデルによって発見されている。メンデルは、われわれが両親から受け継いだ遺伝的性質を混ぜ合わせたりしないことを示した。われわれは自分たちの遺伝的性質を不連続な粒子として受け取る。それぞれの粒子に関しては、それを受け取るか受け取らないかのどちらかである。実際、今日ネオダーウィン主義と呼ばれているものの創設者の一人、R・A・フィッシャー[6]が指摘しているように、遺伝が粒子的だという事実は、性について考えてみれば否応なくはっきりする。われわれは男親と女親からさまざまな特性を受け継ぐが、それぞれは男か女のどちらかであって、両性具有（間性）ではない。新たに生まれてくる赤ん坊は、男としてまたは女としての特性を受け継ぐ可能性をほぼ等しくもつが、そのどちらかだけを受け継ぎ、二つを混ぜ合わせたりはしない。いまでは、われわれの遺伝的性質のすべての粒子についてこれと同じことが起こるとわかっている。遺伝粒子は、世代を重ねて何度もシャッフルされるあいだにも、混じり合うことなく、別々に分かれたままである。もちろん、遺伝的な単位（ユニット）が体に及ぼす効果には、はなはだしい混合が現われることがよくある。背の高い人と低い人、あるいは白人と黒人が連れ添えば、その子孫はしばしば中間的となるだろう。しかし、混合が起こるのは体への効果にかぎってのことで、それは多数の粒子による小さな効果が集積した結果である。粒子自体は、次の世代へと受け渡されるさいにも、別々に分かれたままである。

遺伝的性質が混合的か粒子的かの区別は、進化思想の歴史においてたいへん重要な論点だった。ダーウィンの時代には、（自分の修道院に蟄居したまま、不幸にしてその死後まで無視されたメンデルを除いて）誰もが遺伝的性質は混合的だと思っていた。フレミング・ジェンキン[7]というスコットランドの技術者は、混合遺伝の事実（だと思われていたのだが）によって、自然淘汰は説得力ある進化理論とはほとんど認められなくなることを指摘した。エルンスト・マイアーは、ジェンキンの論文が「物理科学者にみられがちな先入観と誤解だけにもとづいている」とかなり冷たく書いている。けれども、ダーウィンはジェンキンの議論にすっかり困惑してしまった。ジェンキンの論旨は、「黒人」の住む島に難破した一人の白人の喩えにもっとも鮮やかに表現されている。

白人が黒人の原住民よりすぐれていると考えられるあらゆる長所を、彼に授けよう。生存闘争で生き残るチャンスは原住民の族長たちよりはるかに大きいと認めよう。けれども、それやこれやをすべて認めたところで、それでもなお、何世代かあるいははるか後にその島の住民たちが白人になるだろうという結論には達しない。難破したわが英雄はおそらく王になるだろうし、生き抜くための闘いで数知れずの黒人を殺すだろう。家来の多くは独身のまま死んでいくのに対して、彼は何人もの妻や子に恵まれるだろう。……白人としての資質によってきっと高齢まで永らえるだろうが、それでも家来の子孫たちを何世代かのうちに白人にすることはできないだろう。……最初の世代には、黒人たちの平均よりもずっと頭の良い数十人の混血児（ムラトー）が生まれるだろう。王位は数世代にわたって多少とも肌の色の薄い王に占められると考えてもいいだろう。けれども、島の住民たちみなの肌の色が徐々に薄くなるとか、ましてや白人になるなどと誰が信じるだろう？　あるいは活力、勇気、巧妙さ、忍耐力、自制心、持続力といった、わが英雄がかつて多くの祖先たちを殺し、何人もの子供をもうけるもととなった資質を島の住民たちが手に入れるようになるなどということを誰が信じるだろう？　もし生存闘争がふるいにかけて何かを残せるということなら、こうした資質こそが残されるはずなのだが。

白人優越の人種主義的仮定に憤慨してはいけない。人間の権利や人間の尊厳、そして人間の生命の神聖さといった人間中心主義的な仮定が今日疑問に付されていないのと同じように、ジェンキンやダーウィンの時代には白人の優越性に疑問の余地はなかったのである。ジェンキンの論旨をもっと偏見のないアナロジーで言い換えることができる。白い塗料と黒い塗料を混ぜ合わせると、灰色の塗料が得られる。しかし、灰色の塗料どうしを混ぜ合わせても、もとの白や黒の塗料はつくり直せない。塗料の混ぜ合わせはメンデル以前の遺伝観とそうかけ離れたものではなく、今日でも俗には「血」が混じるという表現で遺伝が語られることがよくある。ジェンキンの議論は希釈効果についてである。遺伝が混合的であるという仮定のもとでは、世代を重ねるにつれて変異が希釈されてしまう。均一化がどんどん進行するのである。そしてついには、自然淘汰のはたらくべき変異は何も残らなくなるだろう。

この論旨は、説得力はあったにちがいないが、単に自然淘汰を否定しているばかりではない。そもそも遺伝についての疑いようのない事実をも否定しているのである。変異が世代を重ねるにつれて消滅するというのはあきらかに正しくない。今日の人々がその祖父の時代の人々よりも互いによく似ているわけではない。変異は維持されているのである。淘汰のはたらく変異の給源（プール）がある。このことは一九〇八年にW・ワインベルグ[8]と風変りな数学者G・H・ハーディ[9]とが、それぞれ独立に、数学的に指摘している。ついでながら、彼の（そして私の）大学の賭記録帳によると、あるときハーディは「明日、太陽が昇るか否かで半ペニー対生涯の財産」という同僚からの賭の申し出に応じている。しかし、フレミング・ジェンキンに対する、メンデルの粒子遺伝学理論の立場からの完全な返答を用意するには、近代的な集団遺伝学の創設者であるR・A・フィッシャーとその共同研究者たちを待たねばならなかった。11章で述べるように、二〇世紀初頭の指導的なメンデルの後継者たちは自分たちを反ダーウィン主義者だと考えていたので、当時としてはこれは皮肉なできごとだった。フィッシャーと共同研究者たちは、進化の過程で変化するものが、個別に独立した遺伝性粒子、つまりその一つ一つが特定の個体内に存在するかしないかのいずれかである遺伝子の相対頻度であるなら、ダーウィン主義的な淘汰は意味をもち、ジェンキンの問題もきれいに解決されることを示した。フィッシャー以後のダーウィン主義はネオダーウィン主義と呼ばれている。遺伝の情報技術がデジタルの性質をもつことは、たまたま起こった偶然の事実ではない。おそらくデジタル性は、ダーウィン主義そのものが機能するうえで不可欠な前提条件なのだろう。

われわれの電子技術では、個々のデジタル座には二つの状態しかなくて、便宜的に0と1で表わされているが、高と低とか、オンとオフ（入と切）とか、上と下とかと考えてもいい。とにかく重要なのは、二つの状態が互いにはっきり区別されていることと、他のものに対して何らかの影響を与えられるように、その状態のパターンが「読み出し」可能になっていることである。電子技術は0と1を記憶させるために、磁気ディスク、磁気テープ、パンチカードやパンチテープ、さらには多数の小型半導体ユニットを内蔵した集積「チップ」などさまざまな物理的媒体を利用している。

ヤナギの種子や、アリや、その他あらゆる生物の、細胞内にある主な記憶媒体は、電気的ではなく、化学的なものである。この記憶媒体は、ある種の分子が「重合」できる、つまり鎖状につながりあってどんな長さにもなれることを利用している。そうしてできる重合体（ポリマー）にはおびただしい種類がある。たとえば、「ポリエチレン」はエチレンと呼ばれる小さな分子の長い鎖、つまり重合したエチレンである。デンプンやセルロースは糖が重合している。重合体のなかには、エチレンのような一種類の小さな分子からなる均一な鎖ではなく、二種類以上の異なった小さな分子が鎖になってできているものもある。重合体の鎖にそうした異質性が入り込むと、理論的にはとたんに情報技術が成立する可能性が生じる。鎖に二種類の小さな分子があると、各々を0と1とみなすことができて、鎖の長ささえ十分なら、すぐさまどんな種類のどんな量の情報でも記憶可能になる。生物の細胞内で使われている特別な重合体はポリヌクレオチドと呼ばれている。細胞内のポリヌクレオチドには、大別して、DNAとRNAと略称される二種類がある。どちらもヌクレオチドと呼ばれる小さな分子の鎖である。DNAもRNAもともに、四種のヌクレオチドからなる異質性を含んだ鎖である。当然このことが情報を記憶する礎となっている。細胞の情報技術には、0と1というただ二つの状態ではなく、習慣的にA、T、C、Gと呼ばれる四つの状態がある。状態が二つのわれわれの二元的情報技術と、状態が四つの細胞の情報技術とには、原理的にはほとんど違いがない。

1章の終わりで述べたように、ヒトの細胞一つには、『エンサイクロペディア・ブリタニカ』全三〇巻を三度か四度繰り返し記憶できるだけの情報容量がある。ヤナギの種子やアリの容量がどれほどかは知らないが、まず似たような桁はずれぶりだろう。ユリの種子一個や、サンショウウオの精子一個のDNAには、『エンサイクロペディア・ブリタニカ』を六〇回も記憶する容量がある。不当にも「原始的」と言われるある種のアメーバは、『エンサイクロペディア・ブリタニカ』一〇〇〇巻に匹敵する情報をDNA中にもっている。

驚いたことに、たとえばヒトの細胞なら、実際に使われている遺伝情報はわずかに約一パーセント、『エンサイクロペディア・ブリタニカ』のおよそ一巻相当分にすぎないようである。残りの九九パーセントがなぜ存在しているのかははっきりしない。私は前著で、それらが一パーセントの努力にたかる寄生的存在かもしれないと書いたが、この理論は最近、分子生物学者たちによって「利己的DNA」の名の下に取り上げられてきている。バクテリアには、ヒトの細胞よりもずっと少ない、一〇〇〇因子ほどの情報容量しかなく、そのほとんどすべてが使われているらしい。寄生者の入る余地はほとんどない。バクテリアのDNAには『新約聖書』が一冊分しか収められないだろう。

現代の遺伝子工学者たちは、バクテリアのDNAに『新約聖書』やら何やらを書き込む技術をすでに手にしている。どんな情報技術でも、その記号の「意味」は任意のものだから、DNAの四文字アルファベットの組合せ、たとえばトリプレット〔三つ組〕を、われわれの二六文字のアルファベットに割り当てていけない理由はない（大文字と小文字のすべてと一二の句読記号を割りふる余地があるだろう）。けれども残念なことに、バクテリアに『新約聖書』を書き込むには五人がかりで一世紀ほどかかるだろうから、そこまで苦労する人がはたしているかどうかは疑わしい。もしやったとすれば、バクテリアの増殖率は『新約聖書』なら一〇〇〇万部を一日で刷り上げる速さにあたるので、宣教師なら人々がDNAのアルファベットを読めさえすればなあと夢想するだろうが、悲しいことに、その文字は、一〇〇〇万部すべての『新約聖書』が同時に針の頭でダンスできるほどに小さいのである。

コンピューターの電子的な記憶は、ROM（ロム）とRAM（ラム）とに分類されるならわしになっている。ROMは‘read only’memory（「読み出し専用」記憶）を略している。より厳密には「一度だけ書いて何度でも読める」記憶である。0と1のパターンは製造過程で一度限り「焼きつけ」られる。その後は壊れないかぎりずっとそのまま変わらず、情報は何度でも読み出すことができる。もう一方の電子的な記憶はRAMと呼ばれていて、読み出しと同様、「書き込み」（この野暮ったいコンピューター用語にもすぐに慣れる）もできる。つまり、RAMはROMができることのすべてと、さらにそれ以上のことができるのである。RAMが何の略かは、誤解を招きやすいので、触れないことにしよう。[10] RAMに関して重要なことは、1と0のどんなパターンでも好きなときに何度でも好きな場所に書き込めることである。コンピューターの記憶の大部分はRAMである。私がタイプするとその単語はまっすぐRAMへ行き、それを制御する言語処理プログラムも（理論的にはROMに焼きつけられてその後いっさい変更しないようにもできるのだが）やはりRAMにある。ROMは、何度も何度も必要とされる標準的なプログラムの固定的なレパートリーとして使われ、変更したくてもできないようになっている。

DNAはROMである。何百万回も読み出されるが、書き込まれるのはただ一度、自分の宿る細胞の誕生にさいして最初に寄せ集められたときに限られている。どの個体の細胞にあるDNAも「焼きつけ」られていて、きわめてまれにランダムに劣化することを除いては、その個体の生涯を通して変更されることがない。しかし、コピーはされる。細胞が分裂するたびに複製がつくられるのである。A、T、C、Gのヌクレオチドのパターンは、赤ん坊が成長するにつれてつくられる無数の新しい細胞の一つ一つのDNAに忠実にコピーされる。新たな個体が受胎されると、新たな独自のパターンのデータがその子のDNAのROMに「焼きつけ」られ、それからは生涯ずっとそのパターンに染まったままになる。そのパターンはすべての細胞に（ただし後に述べるように、半数のDNAだけがランダムにコピーされる生殖細胞を除いて）コピーされるのである。

「ROM」であれ「RAM」であれ、コンピューターの記憶はすべて番地を付けられている。これは、記憶座のそれぞれにラベルが付いているということである。ラベルはふつう数字だが、それは便宜的な慣習にすぎない。大切なのは、記憶座の番地と内容との違いを理解することである。それぞれの座は番地によって区別されている。たとえば、この章の冒頭の二文字「外で」[11]は、今の瞬間には、私のコンピューターの全部で六五五三六の番地があるRAMの六四四六番地と六四四七番地におかれている。別の機会には、それら二つの座の内容はいまとは違っているだろう。ある座に一番新しく書き込まれたことがその座の内容となる。ROMでもやはりそれぞれの座に番地と内容がある。それぞれの座の内容がただ一度に限って焼きつけられることがRAMと違っている。

DNAは、長いコンピューター・テープのような、糸状の染色体に沿って並んでいる。からだの各細胞内のすべてのDNAには番地が付いている。これはコンピューターのROMや、実際のコンピューター・テープに番地が付いているのと同じ意味である。DNAの各番地には決まった数字や名前の符号がついているが、それはコンピューターの記憶座と同様、便宜的なものである。問題は、私のDNAのある特定の座が、あなたのDNAの一つの特定の座に正確に対応していること、つまり双方が同じ番地をもっていることである。私のDNAの三二一七六二番地の内容は、あなたのDNAの三二一七六二番地の内容と同じかもしれないし、そうでないかもしれない。しかし、私の細胞内での三二一七六二番地の位置と、あなたの細胞内での三二一七六二番地の位置とはそっくり同じである。ここで「位置」というのは、特定の染色体上での位置関係を意味している。ある細胞内でのある染色体の厳密な物理的位置は問題ではない。実際、染色体は液体中に漂っているので、その物理的な位置は変化するが、染色体上のそれぞれの座は、染色体の軸に沿って直線的な配列で正確に番地付けられている。コンピューター・テープ上のそれぞれの座が、たとえテープがきちんと巻き上げられていなくて床にまき散らされていたとしても、きちんと番地付けられているのとちょうど同じである。われわれみな、すべての人間は同じDNA番地のセットをもっているが、番地上の内容は必ずしも同じではない。それがわれわれがみな互いに違っていることの主な理由である。

種が異なれば、もっている番地のセットも異なる。たとえばチンパンジーは、ヒトが四六本なのに対して、四八本の染色体をもっている。番地は種間の障壁を越えては互いに対応していないので、厳密に言うと、番地ごとに内容を比較するのは不可能である。とはいえ、チンパンジーとヒトのように近縁の種では、まったく同じ番地付けシステムを適用するわけにはいかないものの、隣り合う内容が二種間で共通しているDNA断片がとても大きいので、それらが基本的に同じものだと容易に同定できる。種を定義するのは、その全構成個体がDNAに関して同じ番地システムをもっていることである。ささいな例外はいくつかあるとして、すべての個体は同じ数だけ染色体をもっていて、染色体上の各遺伝子座は、同種の全個体の対応する染色体上のちょうど同じ位置にそれぞれ対応する座をもっている。ある生物種の個体間で異なりうるものは、それらの座の内容である。

個体間の内容の違いは次のようにして生じるが、ここではわれわれ自身のように有性生殖する種について述べているということを強調しておかねばならない。われわれの卵や精子はそれぞれ二三本の染色体をもっている。私の精子のある一匹の各々の番地の付いた遺伝子座は、私の他の精子やあなたの卵（または精子）それぞれすべての特定の番地の付いた座に対応している。精子以外の私の細胞には、すべて四六本の染色体、つまり二組の番地セットがある。それらの細胞では、同じ番地がそれぞれ二度使われている。それぞれの細胞には第九染色体が二本あって、その上の七二三〇番地には二つの版がある。その二つの内容は、互いに同じこともあれば違っていることもある。同様に、同種他個体の同番地の内容と比べても、同じこともあれば違っていることもある。二三本の染色体をもつ精子は、四六本の染色体をもつ体細胞からつくられるとき、それぞれ二部ずつある番地の付いた座のうち片方だけを受け取る。どちらを受け取るかはランダムだと考えてよい。卵についても同じことが起こる。その結果、つくりだされたどの精子もどの卵も、（無視してさしつかえないささいな例外はあるにしても）番地システムについてはその種の全個体と一致しているが、座の内容についてはそれぞれ独特のものになる。精子が卵を受精させるともちろん四六本の染色体の完全な一揃いができあがる。それからは、発生中の胚のすべての細胞で四六本すべてが複製される。

最初に製造されたとき以外はＲＯＭは書き込めないと言ったが、そのことは、コピーの偶発的間違いを除くと細胞内のＤＮＡにもあてはまる。しかし、一つの種全体のＲＯＭからなる集合的なデータ・バンクは、書き込みができる構造になっていると見てもいい。種内の個体がランダムにでなく生き残り、あるいは繁殖に成功することにより、それが生存のためのよりよい指令となり、世代が重なるにつれ種の集合的な遺伝記憶に、効果的に「書き込まれ」ていく。種内の進化的な変化は、主として、番地付けられたＤＮＡの座それぞれにおいて、さまざまな内容のコピーの数が世代を重ねるにつれてそれぞれに変化していくことなのである。もちろん、どの時点をとってもそれぞれのコピーは各個体のなかになければならない。しかし、進化において問題なのは、各番地で置き換わり可能な内容が個体群のなかで頻度をどう変化させるかである。番地付けシステムは変わらないままだが、場所の内容の統計的な分布は何百年も経つにつれて変化する。

ごくまれには番地付けシステムそのものも変化することがある。チンパンジーの染色体は二四対なのにヒトのは二三対である。ヒトはチンパンジーと共通の祖先をもっているのだから、どこかの時点でヒトかチンパンジーかどちらかの祖先の染色体数が変わったにちがいない。ヒトが一本失った（二本が融合した）か、チンパンジーが一本得た（一本が分離した）かである。両親とは異なる数の染色体をもったものが、少なくとも一個体はいたにちがいない。遺伝システム全体が変化することはそれ以外にもときどきある。たとえば、後に述べるように、遺伝暗号がそのままそっくりまったく別の染色体にコピーされることがたまにある。同一のＤＮＡ情報をもった長い断片があちこちの染色体上から発見されたためにこのことがわかった。

　コンピューターの記憶装置内の情報が特定の場所から読み出されると、それに対して次の二つのうちのいずれかのことが起こる。単にどこか別のところに書き込まれるか、何らかの「作用」に関係するかである。どこか別のところに書き込まれるというのは、コピーされることを意味している。すでに述べたとおり、ＤＮＡは一つの細胞から別の新しい細胞に容易にコピーされるし、ＤＮＡの一部はある個体から別の個体、すなわちその子供にコピーされる。「作用」の方はもう少し入り組んでいる。コンピューターの場合、作用というのはプログラム指令の実行である。私のコンピューターのＲＯＭでは、六四四八九、六四四九〇、六四四九一番地には特定の内容のパターン（１と０の並び）がひとまとめにして書き込まれていて、指令として解釈されたときには、コンピューターの小さなスピーカーからピッピッという音を発することになる。そのビット・パターンは１０１０１１０１　００１１００００　１１００００００である。このビット・パターンとピッピッという耳ざわりな音とは本来は関係がない。どうみても、それがスピーカーにそんな効果を及ぼすだろうとはわからない。そんな効果を及ぼすのは、ひとえにコンピューターの他の部分の配線の仕方のせいである。同じぐあいに、ＤＮＡの四文字でできた暗号パターンも、たとえば眼の色とか行動に効果を及ぼすが、そうした効果はＤＮＡのデータ・パターンそれ自体に固有のものではない。効果を及ぼすのは、胚が発生していく結果としてだけであり、その発生の進み方は順次またＤＮＡの別の部分のパターンに影響されている。この遺伝子間の相互作用は7章の主題となる。

　ＤＮＡ暗号文の記号は、何らかの作用にかかわる前に、別の媒体に翻訳されなければならない。まず最初は対応するＲＮＡの記号に正確に転写される。ＲＮＡも四文字のアルファベットをもっている。そこからはポリペプチドまたはタンパク質と呼ばれる別の重合体(ポリマー)に翻訳される。タンパク質は、基本単位がアミノ酸なので、ポリアミノ酸と呼んでいいかもしれない。生物の細胞中には二〇種類のアミノ酸がある。生物体のタンパク質はどれもみな、それら二〇種類の基本ブロックでできた鎖である。タンパク質はアミノ酸の鎖なのだが、長い糸状のままのことはめったにない。各々の鎖はからまり合って複雑な結節構造をつくっていて、その正確な形はアミノ酸の配列順序によって決められる。したがって、この結節構造は特定のアミノ酸配列に対しては変わることがない。そしてそのアミノ酸配列は、ある長さのＤＮＡ暗号の記号によって（ＲＮＡをあいだに介して）きっちり決定されている。つまり、タンパク質の三次元的なコイル状の形はＤＮＡ記号の一次元的な配列によって決定されていると言ってもよいだろう。

　翻訳が進むことで、あの有名な三文字の「遺伝暗号」が具体化される。遺伝暗号はいわば辞書であり、それによってＤＮＡ（またはＲＮＡ）記号の考えられる六四（四×四×四）通りのトリプレット（三つ組）それぞれが、二〇種類のアミノ酸のどれか、または「読み出し停止」記号に翻訳される。「読み出し停止」の句読記号には三種ある。多くのアミノ酸は、（トリプレットは六四種類もあるのにアミノ酸は二〇種類しかないという事実から想像されるように）二種以上のトリプレットによって暗号化されている。整然と連なったＤＮＡのＲＯＭから、厳密に規定されたタンパク質の三次元形態への翻訳過程の全体は、デジタルな情報技術のすばらしい離れ業である。遺伝子が体に影響を及ぼすその後の段階は、コンピューターの流儀とは少しばかり異なってくる。

すべての生きた細胞は、バクテリアの一細胞でさえ、巨大な化学工場だと考えられる。DNAのパターン（あるいは遺伝子）は、タンパク質分子の三次元の形態に対する支配力を通じて、化学工場内の反応過程に干渉することで影響力を発揮している。一〇〇〇万ものバクテリア細胞が針の頭の表面に陣取れることなどを思い出すと、細胞に対して巨大という言葉を使うのは、奇異に感じるかもしれない。しかし、それら一つ一つの細胞には『新約聖書』全体を収めるだけの容量があることも思い出してほしいし、さらには、細胞の中に含まれる精巧な機械の数からいえば、たしかに巨大なのである。それぞれの機械は、DNAの特定領域の影響下に組み立てられた大きなタンパク質分子である。酵素と呼ばれているタンパク質分子は、それぞれが特定の化学反応をひき起こすという意味で機械とみなされる。各種のタンパク質機械はそれぞれに固有の化学製品をつくりだす。そのために、細胞のなかを漂っている原材料が使われるが、そうした原材料もおそらくは別のタンパク質機械の生産物だろう。それらのタンパク質機械の大きさはといえば、それぞれが約六〇〇〇の原子でできていて、分子の標準からするとたいへん大きい。一個の細胞内にはそうした大型機械装置が約一〇〇万台、二〇〇〇種以上もあって、それぞれの種類ごとに細胞という化学工場内での特定の作業に専門化している。こうした酵素による独特の化学的生産物が各細胞に固有の形態やはたらきを与えている。

体の細胞はみな同じ遺伝子を含んでいるのに、互いに同じでないのは不思議な感じがするかもしれない。それぞれに異なる理由は、細胞の種類が違うと読み出される遺伝子の部域（サブセット）が異なり、他の部域は無視されるからである。ＤＮＡのＲＯＭで、腎細胞の構築と特異的に関連している部域は、肝細胞では読み出されず、またその逆も言える。ある細胞の形態やはたらきは、その内部にある遺伝子のどれが読み出されてタンパク質分子へと翻訳されるかに依存している。それは、その細胞のなかにすでに存在する化学物質に左右されていて、さらにその化学物質もまた、そこで以前にどの遺伝子が読み出されていたかや隣にどんな細胞があるかにも依存している。一つの細胞が二つに分裂したとき、二つの娘細胞は必ずしも互いに同じではない。たとえば、もともとの受精卵では、ある化学物質は細胞の一方の端に集まり、別の物質は他の端に寄っている。そうした極性をもった細胞が分裂すると、二つの娘細胞で化学物質の分配のされ方が異なってくる。これは、二つの娘細胞では別の遺伝子が読み出されるだろうということと、一種の自己強化的な分化が起こっていることを意味している。体全体の最終的な形態や、手足の大きさや、脳の神経の走り方や、行動パターンのタイミングはすべて、種類の異なる細胞間の相互作用の間接的な結果であり、そうした細胞の違いというのは、そのつど異なった遺伝子が読み出されたことから生じている。この分化の過程は、何らかの壮大な中心構想（セントラル・デザイン）によって調整されているというのではなく、3章でみた「再帰的」な手順に従って局部的な自律性をもっていると考えるのがいちばんよいだろう。

　この章で使われている「作用」という言葉は、遺伝学者が遺伝子の「形質発現（表現型発現）」と呼んでいることを意味している。ＤＮＡは、体に、眼の色に、毛髪の縮れぐあいに、攻撃行動の強さに、そしてその他の何千もの特質に影響を及ぼしていて、それらはみな形質発現と呼ばれている。ＤＮＡは、ＲＮＡに読み出されてタンパク質の鎖に翻訳された後、まず最初は局部的に影響を及ぼし、そのことが後に細胞の形態やはたらきに影響する。これが、ＤＮＡのパターン中の情報が読み出される二つの方法のうちの一つである。もう一つの方法は新しいDNAの撚り糸に複製されるばあいで、先に論じたコピーに当たる。

DNA情報のこのような二つの伝達経路、つまり垂直的伝達と水平的伝達には基本的な違いがある。DNA情報は、精子や卵をつくる細胞（をつくる別の細胞）のなかの別のDNAとして垂直的に伝達される。こうして次の世代へと垂直的に伝達され、さらに将来にわたって何世代も垂直に受け渡されていく。これを「公文書DNA」と呼ぶことにしよう。公文書DNAは潜在的に不死である。公文書DNAが伝わりゆく一連の細胞群は生殖系列と呼ばれている。生殖系列は、体のなかで精子や卵のもととなり、ひいては後の世代の祖となる細胞群のことである。DNAはまた、肝細胞や皮膚の細胞などになる非生殖系列の細胞中のDNAとして横向きあるいは水平的に伝達され、そこでRNAからさらにタンパク質に転写・翻訳され、胚の発生にさまざまな効果を及ぼし、結局は成体の形態や行動を左右する。水平的な伝達と垂直的な伝達は、3章で〈発生〉と〈繁殖〉と呼ばれた二つのサブプログラムに対応していると考えることができる。

種の公文書中に自らを垂直的に伝達させる成功率に関して、ライバルのDNA間に差があることこそがまさに自然淘汰である。「ライバルのDNA」というのは、その種の染色体のなかの特定の番地に対する内容の選択肢を意味している。遺伝子のなかにはライバル遺伝子よりも公文書中に残ることに成功しているものがある。「成功」が究極的に意味するものはその種の公文書中での垂直的な伝達なのだが、ふつうは横への伝達によって遺伝子が体に及ぼす作用が成功の基準となっている。これまた、バイオモルフ・コンピューター・モデルとそっくりである。たとえば、トラの顎の細胞に横方向の影響を及ぼすことによって、ライバル遺伝子の影響下で発育するよりも少しばかり牙を鋭くさせる特別の遺伝子があると考えてみよう。特別に鋭い牙をもったトラは、ふつうのトラよりもうまく獲物をやっつけることができ、そのためより多くの子を得て、そのため牙を鋭くする遺伝子のコピーをより多く垂直に受け渡す。もちろん、そのトラは自分のその他の遺伝子も同時に受け渡すのだが、鋭い牙をもったトラの体のなかに安定して見いだされるのは、「鋭い牙の遺伝子」だけだろう。この遺伝子自体は、垂直的な伝達に関して、代々のトラの体に及ぼす平均的な効果によって利益を得ている。

文書記録媒体としてのDNAの性能はめざましい。メッセージを保存する能力にかけては石碑をはるかに凌いでいる。ウシとエンドウマメとは（そして、じつはどの生物もが）ヒストンH4[12]と呼ばれるほとんど同じ遺伝子を共有している。そのDNA文は三〇六文字の長さがある。番地ラベルについての意味のある比較は、種を超えてはできないので、この遺伝子がどの種でも同じ番地を占めているとは言えない。しかし、エンドウマメにある三〇六文字と実質的に等しい三〇六文字がウシにもある、とは言える。ウシとエンドウマメとではこの三〇六文字ずつのうちわずか二文字しか違わない。ウシとエンドウマメの共通の祖先が生きていたのがどれくらい昔かは正確にはわからないが、化石の証拠は一〇億年から二〇億年前であることを示している。かりに一五億年前だとしよう。このはるかに遠い祖先から枝分かれした二つの系統のそれぞれが（人間にとっては）想像のつかないほど長い期間にわたって、三〇六文字のうち三〇五文字を保存してきたのである（これは平均としてで、片方の系統が三〇六文字すべてを保存し、もう一方が三〇四文字を保存してきたのかもしれない）。墓石に刻まれた文字ならわずか数百年もすれば読めなくなってしまう。

石碑と違って、同じ物理的構造が文を保存しつづけるわけではないので、ヒストンH4のDNA

文の保存方法はさらに驚くべきものである。磨耗に先んじて八〇年ごとに記録官の手で儀礼的に書き写されるヘブライ聖典さながらに、DNA文は世代を重ねるごとに繰り返しコピーされる。エンドウマメとの共通の祖先からウシを導いた系統において、いったい何回くらいヒストンH4の文書がコピーされたかを正確に計算するのはむずかしいが、おそらく二〇〇億回は下らないだろう。連続二〇〇億回ものコピーで情報の九九パーセント以上を保存することの喩えに使う指標を見つけるのもむずかしい。一種の「伝言ゲーム」で説明してみよう。まず、二〇〇億人のタイピストが一列に座っているとする。このタイピストの列は地球を五〇〇周するほどになるだろう。最初のタイピストが一枚の文書を打ち、隣の人に手渡す。隣の人は文書を写して、また隣に手渡す。同様にして次々に写しては手渡していく。ついにはメッセージが列の最後まで届いて、われわれ（というよりもむしろ、すべてのタイピストが優秀な秘書のふつうの速さで打ったとして、われわれの一万二〇〇〇世代目の子孫）がそれを読む。そのときもともとのメッセージはどれくらい忠実にコピーされているだろうか。

これに答えるには、タイピストの正確さに関して何らかの仮定を置かねばならない。そこで、問いをひっくり返してみよう。DNAの性能に匹敵するには、それぞれのタイピストはどの程度うまくなければならないのだろうか。その答えはほとんど言うのも滑稽なくらいである。一応の計算では、それぞれのタイピストの打ち損じ率は約一兆回に一回、つまり『聖書』を二五万回いっきに打ってミスが一箇所しかないほどの正確さでなければならないことになる。実際には、優秀な秘書でも一ページに一つぐらいのミスをする。これはヒストンH4遺伝子の五億倍もの誤り率である。実際に秘書が並んで打てば、二〇〇億人の列の二〇人目までにもとの文章との一致率は九九パーセントに低下するだろう。一万人目では、もとの文章は一パーセント以下しか生き残っていない。九九・九九九五パーセントのタイピストたちがまだ文章を見もしない前に、もとの文章がほぼ完全に損なわれるときが訪れるだろう。

じつはこの比較全体には急所にちょっとしたごまかしがある。測定しているのはコピーの誤りであるかのような印象を私は与えた。しかし、ヒストンH4の文書はただコピーされるばかりでなく、自然淘汰にさらされてきたのである。ヒストンは生存にとってきわめて重要である。染色体の構築に使われているからだ。ヒストンH4遺伝子をコピーするにあたってはおそらくはるかに多くの誤りが起こっただろうが、突然変異が生じた個体は生き残れなかったか、あるいは少なくとも増殖しなかった。比較を公平にするには、各タイピスト席には銃が組み込まれていて、誤りを犯したタイピストは即座に撃たれて予備のタイピストと交替させられるようになっていると想定しなければならなかっただろう（神経質な読者は、バネのついた射出座席が下手くそなタイピストを穏やかに列の外に放り出すところを想像した方がよいと思うかもしれないが、銃の方が自然淘汰についてのより現実的なイメージを与えている）。

そういうわけで、地質時代を通じて実際に起こった変化の数を調べることでDNAがどれほど保守的かを測ろうとするこの方法では、真のコピー精度と自然淘汰のふるい落とし効果とを混同してしまう。われわれが見るのはうまくいったDNA変化の子孫たちだけである。致死的に変化したものは、当然ながらもはや存在しない。いったい、各世代の遺伝子に自然淘汰がかかる前に、実際のコピー精度をその場で測ることができるのだろうか？　できるのだ。これは突然変異率として知られているものの裏返し〔1から突然変異率を差し引いたもの〕で、その率は測定可能である。ある文字があるとき誤ってコピーされてしまう確率は、一〇億回に一回より少し多い程度だとされている。この突然変異率と、それよりも低い、進化の過程でヒストン遺伝子に実際に起こる変化率との差が、この古代の文書を保存するうえでの自然淘汰の効果の大きさなのである。

ヒストン遺伝子の長年にわたる保守性は、遺伝学の標準に照らして例外的である。他の遺伝子はもっと速い速度で変化している。おそらく自然淘汰が、それらの変異にはより寛容だからだろう。たとえば、フィブリノペプチド[13]という名のタンパク質を暗号化（コード）している遺伝子は、基本的な突然変異率にほぼ近い割合で変化を起こしている。これはおそらく、（血液が凝固するときに生産される）このタンパク質では細かい誤りはその生物にとってたいして問題とならないからだろう。ヘモグロビン遺伝子は、ヒストンとフィブリノペプチドとの中間の変化率を示す。誤りに対する自然淘汰の寛容度が中間にあるのだろう。ヘモグロビンは血液中で重要な仕事をしていて、細部に至るまでがたしかに問題になる。しかし、同じようにうまく仕事をこなせる代替的な変異がいくつかあるらしい。

こうしたことは、深く考えずに一見しただけだと、なんだか少し逆説的なように思われる。ヒストンのように一番ゆっくり進化する分子が、じつはもっとも厳しく自然淘汰にさらされてきたものだとわかった。フィブリノペプチドは、ほとんど自然淘汰にかからないため、もっとも速く進化する分子になっている。それは突然変異率で気ままに進化しているのである。このことが逆説的に思われる理由は、進化の原動力として自然淘汰をあまりにも強調しすぎているためである。そのため、もし自然淘汰がはたらかなければ進化は起こらないと思い込んでいるかもしれない。あるいは逆に、強い「淘汰圧」は急速な進化をみちびくだろうと、考えてもいいような気になっているかもしれない。ところが、われわれが見いだしたのは、自然淘汰が進化の歯止め効果を発揮しているということだった。進化の基準率というのは、自然淘汰がないときに実現可能な最高率であり、それは突然変異率と同義になる。

このことはじつは逆説ではない。注意深く考えてみると、これ以外にはありえないのだとわかる。結局のところ突然変異こそが種に新たな変異をもたらす唯一の方法なのだから、自然淘汰による進化の速度は突然変異率よりも速くはなれないのである。自然淘汰にできるのは、新たな変異のうちあるものを受け入れ、他を拒絶することだけである。突然変異率は進化の進行速度の上限にあたるものである。そして実のところ、自然淘汰は進化的な変化を促進するよりもむしろ抑制することと関係している。急いで付け足すと、これは自然淘汰が純粋に破壊的な過程だと言っているわけではない。それは7章で説明するようなやり方で、建設的なこともできる。

突然変異率でさえ、かなりゆっくりしたものである。これは、自然淘汰がはたらかなくとも、DNAの暗号が公文書を正確に保存する能力はまったくすばらしいものだということの別の表現である。自然淘汰がない状態でも、DNAの複製は控えめに見積もって五〇〇万回複製を繰り返してもその文字の一パーセントしか写し間違えないほど正確に行なわれている。あの仮想タイピストたちは、自然淘汰なしでも、とてもDNAにはかなわない。自然淘汰抜きのDNAと肩を並べるには、それぞれのタイピストが『新約聖書』全文をただ一箇所のミスだけでタイプできなくてはならないだろう。つまり、現実の標準的な秘書の約四五〇倍も正確でなければならないのである。これは、例の五億倍という、自然淘汰を経たヒストンH４遺伝子が標準的な秘書よりどれだけ正確かを表わす数字に比べれば、あきらかにはるかに小さい。しかし、それでもたいへんすばらしい数字である。

けれども、私はこれまでタイピストたちに不公平だった点がある。自分の誤りに気づいたり、それを訂正したりが事実上できないと想定していたのである。つまり校正がまったくないと想定していた。実際には、タイピストたちはもちろん校正をしている。だから、私のあの何十億ものタイピストたちでも、先に述べたほどそうやすやすとはメッセージの原文を損なったりはしないだろう。DNAのコピー機構も、同じような誤りの訂正を自動的に行なっている。そうでなければ、これまでに述べてきたような途方もない正確さを達成してはいないだろう。DNAのコピー手順にはさまざまな「校正」の手続きが組み入れられている。DNA暗号の文字は、花崗岩に刻まれた古代エジプトの象形文字（ヒエログリフ）のように静的なものでは決してないだけに、なおさら校正が必要である。静的でないどころか、DNA文字にかかわる分子はたいへん小さいので（DNA文字による『新約聖書』が何冊も針の頭に並ぶことを思い出してほしい）、熱によってふつうに起こる分子どうしの押し合いにたえず襲われている。そのため、メッセージの文字には恒常的な流動、つまり入れ換わりがある。ヒトのどの細胞でも、一日に約五〇〇〇のDNA文字が変質し、修復機構によって即座に取り除かれている。もし修復機構がなかったり、絶えまなくはたらかなかったりすれば、メッセージはどんどん壊れてゆくだろう。新たにコピーされた文書の校正は、通常の修復作業のほんの特例にすぎない。校正こそが、情報保存に関するDNAの著しい正確さと忠実性をもっぱら担っているのである。

ここまで、めざましい情報技術の中心がDNA分子であることをみてきた。DNA分子は、莫大な量の精密なデジタル情報をほんの小さな場所に詰め込むことができる。そのうえ、その情報を何百万年といった単位で測られるほどの長きにわたって――少しあるとはいえ、信じられないほどわずかな誤りだけで――保存することもできる。これらの事実はいったい何を意味しているのだろうか？　それは私が本章の冒頭のヤナギの種子についての一節で触れた、地球上の生命に関する核心的な真理を示している。すなわち、生物体はＤＮＡの利益のために存在していて、その逆ではないのである。まだこのことははっきりしないだろうが、何とか納得してもらいたいところだ。ＤＮＡ分子に含まれているメッセージは、個体の一生の尺度から見ればほとんど永久的なものである。ＤＮＡのメッセージの一生は（いくつかの突然変異は許すとして）何百万年から何億年といった単位で測られる。言い換えると、個体の一生の一万倍から一兆倍に相当する。それぞれの生物個体は、ＤＮＡのメッセージがその地質学的な長さの一生のほんの一部をすごすだけの、一時的な乗り物とみなされるべきである。

この世に存在する事物はいっぱいある……！　そのとおり、だが、それがどうしたというのか？　事物が存在するのは、それが最近できたところだからか、それまでに壊されてしまいそうにない性質をもっているからかである。岩は頻繁にできるわけではないが、一度できてしまうと固くて長持ちする。もしそうでなければ、もはや岩ではなく砂になっているだろう。なるほど一部は砂になっていて、だからこそ砂浜がある！　たまたま長持ちしているものが岩として存在している。一方、露のしずくは、長持ちするからではなく、ちょうどできたばかりでまだ蒸発してしまうほどの時間が経っていないから存在している。どうやら二通りの「生存価」があるようだ。露のタイプは「できやすいがあまり長持ちしない」とまとめられ、岩のタイプは「できやすくはないが、いったんできれば長持ちしやすい」とまとめられる。岩には持続性があり、露には「頻発性」（もう少しよい言葉を探したのだが思い浮かばなかった）がある。

ＤＮＡは両者の長所を兼ねそなえている。物理的な実体としてのＤＮＡ分子そのものは、露に似ている。適当な条件下ではたいへんな速さで生成されるが、長く存在するものはなく、数カ月以内にすべて壊れてしまう。ＤＮＡ分子は岩のようには長持ちしない。しかし、分子がその配列によってつくりだすパターンは、もっとも固い岩と同じくらい長持ちする。ＤＮＡ分子は、そのパターンが何百万年も存在し続けるのに必要な何物かをそなえているからこそ、いまでもここに存在しているのである。露との本質的な違いは、新しい露が古い露から生まれないことである。露はたしかに互いによく似ているが、その「親」露と特別よく似ているわけではない。ＤＮＡ分子と違って、露は系統を成さないので、メッセージを伝えることができない。露は自然発生によって生み出され、ＤＮＡのメッセージは複製によってつくりだされる。

　ある特殊な持続性、つまり何度もコピーを繰り返して系統を成すという形での持続性にあてはめてみない限り、「世界は、存在するのに必要な何物かをそなえている事物で溢れている」といった言い回しは当たり前で、ほとんどばかげてさえいる。ＤＮＡのメッセージは、岩とは違った種類の持続性をもち、露とは違った種類の頻発性をそなえている。ＤＮＡ分子にとっては、「存在するのに必要な何物か」は、決して自明でもなければ同義反復でもない意味をもつようになっている。「存在するのに必要な何物か」は、知られるかぎり宇宙でもっとも複雑なものである、あなたや私のような機械を組み立てる能力をもつことがわかっている。どうやってそうできるのかを見てみることにしよう。

　われわれがこれまでに確認したＤＮＡの特性が、累積的な淘汰のどの過程でも必要とされる基本要素だったことがその根本的な理由である。３章のコンピューター・モデルでは、われわれは累積淘汰の基本要素を意識的にコンピューターに組み込んでいた。もし累積淘汰が現実に起こっているのなら、そうした基本要素を特性としてそなえた何らかの実体が現われていなければならない。ここで、その要素とは何かを探ってみることにしよう。そのさい、それとまさしく同じ要素が、少なくとも萌芽的なかたちででも、原始の地球上で自然に発生していたにちがいなく、そうでなければ累積淘汰も、そしてもちろん生命も、そもそも始まることすらなかっただろうということを心にとどめておきたい。ここで問題にしているのは、とくにDNAにかぎったことではなく、宇宙のどこであれ生命が生まれるのに必要な基本要素についてである。

　ユダヤの預言者エゼキエルは骨の谷にいたとき、ばらばらの骨に神の御告げを授けて、然るべきかたちにつながせた。それからさらに御告げを授けて肉や腱をそのまわりに付けさせた。ところがそれにはまだ息吹がなかった。活力の要素、生命の要素が欠けていたのである。死の惑星には原子があり、分子があり、もっと大きな物質のかたまりもあって、物理の法則に従って、互いにランダムに押し合いへし合いしたり寄り添ったりしている。物理法則は、エゼキエルの干からびた骨のように、ときには原子や分子をくっつけたり、また引き離したりする。かなり大きな原子のかたまりができることもあれば、またそれが壊れて離れていくこともある。しかし、それでも依然として息吹はない。

　エゼキエルは四方の風に願って、干からびた骨に生命の息吹を吹き込んでもらった。われわれの地球がそうだったように、もしついには生命を宿す機会を秘めているものとすれば、原始の地球のような死の惑星が備えているべき生命の要素とはいったい何だろうか？　それは息吹でもなければ、風でもなく、いかなる錬金丹（エリクシール）でも霊液（ポーション）でもない。もちろん何かの物質でもなくて、**ある特性**、つまり自己複製という特性なのである。これこそ累積淘汰の基本要素なのである。自己複製する実体、つまり私の言う複製子が、通常の物理法則の帰結として、どうにかして現われたにちがいない。現在の生物ではもっぱらＤＮＡ分子がこの役割を果たしているが、コピーをつくることができるものなら何でもよかっただろう。原始の地球上に現われた最初の複製子はＤＮＡではなかっただろうと思われる。通常は生きた細胞のなかにだけ存在している他の分子の助けなしに、完成したＤＮＡ分子がいきなり現われることはとてもありそうにない。おそらく最初の複製子はＤＮＡよりもっと未完成で単純なものだっただろう。

必要な要素は他にも二つあるが、ふつうそれらは自己複製という最初の要素そのものから自動的に派生するものである。まず、自己複製はときどき誤らなければならない。ＤＮＡのシステムでさえきわめてまれには誤りを犯すのだから、地球上に現われた最初の複製子は、はるかに誤りが多かっただろうと思われる。さらに、複製子の少なくとも一部は自分の将来に力を及ぼすべきである。この最後の要素は実際よりも聞こえが悪い。複製子は、自らが複製される確率に対して影響力を及ぼすような特性を備えているべきだというほどの意味である。これは、少なくとも萌芽的なかたちにおいて、自己複製という基本的な事実そのものからの避けがたい帰結のようである。

さて、それぞれの複製子は自分自身のコピーをつくらせる。どのコピーももともと全く同じで、もとと同じ特性をそなえている。そうした特性のなかには、もっとたくさんの自分のコピーを（ときには多少間違えて）つくるという特性がもちろん含まれている。だから、それぞれの複製子は、かぎりなく長く続く子孫複製子系列の潜在的な「祖先」であり、はるかな未来へとつながって、枝分かれして測りしれないほど多くの子孫複製子を生み出す可能性を秘めている。新たなコピーはどれも、手近にある、より小さな構成ブロックを原材料としてつくられるはずである。おそらく複製子はある種の鋳型としてはたらいているのだろう。小さな構成要素は、鋳型で鋳物をつくるようなぐあいにして、鋳型へ入り込んでいく。そして、できた複製は鋳型から離れ、今度は自分が鋳型としてはたらくことができる。つまり、複製子の個体群は理論上は増加していく。とはいえ、鋳型に入り込む小さな構成要素の原材料がついには底をつくだろうから、無限に増え続けることはないだろう。

ここで第二の要素について考えてみよう。コピーは完全とはかぎらない。誤りが起こる。どんなコピーのやり方でも誤りの可能性を完全に取り除くことはできないが、低い水準に抑えることはできる。これは、ハイファイ装置の製作者がいつも努力しつづけていることで、すでに述べたように、現在のＤＮＡ複製過程は誤りを抑えることにすばらしい成績をおさめている。しかし、現在のＤＮＡ複製は、何世代にもわたる累積淘汰を経て完成された巧みな校正術をともなったハイ・テクノロジーなのである。先に述べたように、それに比較して最初の複製子はおそらくかなり未完成で、忠実度の低い仕掛けであっただろう。

さて今度は、かの複製子個体群に立ち戻って、誤りをともなうコピーの効果を考えてみよう。ここでは同一の複製子からなる均一な個体群ではなく、混合個体群を想定しているのはもちろんである。おそらく、誤ったコピーによって生まれたものの多くは、その「親」がもっていた自己複製の特性を失ってしまっているだろう。しかし、何らかの点で親とは異なっていて、しかも自己複製の特性は保持したままのものも少しはいるだろう。その結果、個体群中で複製される誤ったコピーができることになる。

「誤り」という言葉から、何だか悪いことを連想しないでほしい。単に、コピーの忠実度の高さという観点から見て誤りだというだけなのである。誤りが改善をもたらすこともある。おいしい料理でも、料理法（レシピ）どおりにやろうとしながら、料理人が間違えてしまったために新しくできたものが多いことだろう。これまでに私の得た科学的なアイデアで、たしかに独創的だと言えるものにかぎっても、他人のアイデアの誤解だったり読み間違いだったりしたことがときどきある。そこで、原始的な複製子に戻ると、おそらくたいていのコピーの誤りは複写効率を悪くしたり、自己複製の特性を完全に失ったりすることになっただろうが、自分を生んだ親の複製子よりも自己複製にかけてすぐれているものが少しは実際に現われたかもしれない。

「すぐれている」とはどういう意味なのだろうか？　つきつめると自己複製の効率が良いということになるのだが、実際問題としてはこれはどういうことなのだろう。ここで第三の「要素」が問題になる。私はそれを「力（パワー）」と呼んだが、それがなぜだかすぐにわかると思う。鋳物をつくる工程に喩えて複製を論じたとき、工程の最後の段階は新しくつくられた複製が古い鋳型から離れることだったはずだ。この段階でどれくらい時間がかかるかを左右する特性を、古い鋳型の「粘着度」と呼ぶことにしよう。複製子の個体群にはその「祖先」に遡る過去のコピーの誤りのせいでばらつきがあり、たまたま他に比べて粘着度の高い変異があったと仮定しよう。たいへん粘着度の高い変異では、新しいコピーが最終的に離れて工程がふたたびはじまるまでに、平均して一時間以上もへばりついている。粘着度の低い変異では、新しいコピーができると一瞬のうちに離れてしまう。複製子の個体群中で多数を占めるようになるのは、二つの変異のうちどちらだろうか？　答えははっきりしている。二つの変異で異なっているのがこの特性だけだとすれば、粘着度の高い方が個体群中ではるかに少数になるはずである。非粘着型は、粘着型が粘着型のコピーをつくる何千倍もの速さで、非粘着型のコピーを生みだしている。中間の粘着度をもつ変異は、中間の自己増殖率をもつだろう。ここでは粘着度を低くするように向かう「進化的傾向」が生じるだろう。

これに似た初歩的な自然淘汰が試験管内で再現されている。腸内細菌である大腸菌（*Escherichia coli*）に寄生するウイルスにQベータと呼ばれているものがある。QベータはDNAをもっていないが、それに類似した分子である一本鎖のRNAを含んでいる。というか、じつのところQベータはほとんどそれだけでできている。RNAはDNAとそっくりの方法で複製をつくることができる。

ふつうの細胞では、タンパク質分子はRNAの設計図の指示どおりに組み立てられる。この設計図は、細胞内の大事な文書局に保管されているDNAの原本から刷り出された作業用のコピーである。しかし、RNAのコピーから別のRNAのコピーを刷り出す特殊な機械（これも細胞内の他の機械と同じくタンパク質分子なのだが）を組み立てることも理論的には可能である。そのような機械はRNAレプリカーゼ〔複製酵素〕分子と呼ばれている。細菌細胞自身にとっては、そんな機械はふつうは何の役にも立たないし、つくることもない。けれども、レプリカーゼも他の酵素と同じくタンパク質分子にすぎないので、細菌細胞内の万能タンパク質製造機はレプリカーゼ製造用にたやすく転用できる。自動車工場の工作機械が戦時にはすぐさま軍需品用に転用されるのとそっくり同じである。適当な青写真を与えるだけで十分なのである。ウイルスはここにつけ込む。

ウイルスの機能部分はRNAの設計図である。それは、細菌のDNA原本から刷り出されたのちあたりを漂っている他のRNAの作業用設計図のどれとも、見かけ上は区別できない。しかし、ウイルスの小さな印刷物を読めば、何だか悪辣なことが書かれているのがわかる。それには、RNA

レプリカーゼをつくるための設計図、つまりその設計図のコピーを作るための機械を作るための設計図を作るための……が記されているのである。

こうしてその工場はわがままな設計図に乗っ取られる。ある意味では、乗っ取ってほしいと喧伝していたようなものだ。もしあなたの工場に、設計図がつくれと命じるものなら何でもつくれる精巧な機械がずらりと並んでいるとすれば、自分自身のコピーをつくれと機械に命じる設計図がいつか現われたとしてもさして驚くにはあたらない。工場はしだいに、自分自身を作る悪党機械でどんどん溢れかえってゆく。不運な細菌はとうとう破裂して数百万のウイルスをばらまき、それがまた新しい細菌に感染する。自然界で見られるウイルスのふつうの生活史はこんなところである。

私はRNAレプリカーゼとRNAをそれぞれ機械と設計図と呼んだ。ある意味ではそのとおりなのだが（後の章で別の立場から論議するつもりではある）、また同時に化学分子でもあるので、化学者たちが精製し、瓶に詰めて棚に保存しておくこともできる。ソル・スピーゲルマン[14]とその共同研究者たちが一九六〇年代にアメリカで行なったのは、まさにそういうことである。そのとき、彼らがその二種類の分子を溶液中で混ぜ合わせると、おもしろいことが起こった。RNAレプリカーゼの助けを借りて、RNA分子が自分自身のコピーをつくる鋳型として試験管内ではたらいたのである。工作機械と設計図はそれぞれ別々に抽出され冷蔵されていた。そののち、水中でお互いどうし、そして原材料として必要な小さな分子とも接触できるようになるやいなや、もはや生きている細胞内ではなく試験管内にいるのに、ともになじみの芸当をやってのけたのである。

ここから実験室内での自然淘汰や進化まではもうほんのわずかである。それはちょうどコンピューター・バイオモルフの化学版に当たる。基本的な実験方法は、RNAレプリカーゼと、RNA合成の原材料として使われる小さな分子とを含む溶液をそれぞれに入れた試験管群を一列に長く並べることである。試験管の一本一本には工作機械と原材料が入っているが、作業を行なうもととなる設計図がないので、そのままでは遊んでいて何も起こらない。そこでRNAそのものをほんの少し、最初の試験管に落としてやる。複製装置が直ちにはたらきはじめ、新しく導入されたRNA分子のコピーがおびただしくつくられて、試験管内に広がっていく。今度は最初の試験管から溶液を一滴採り出して、二番目の試験管に入れる。二番目の試験管内でも同じ過程が繰り返して起こり、一滴採り出されて三番目の試験管の種付けに使われる。これを繰り返す。

ランダムな写し間違いによって、少しだけ異なったRNA分子の突然変異がときどき自然に現われる。もし何らかの理由で新たな変異が古いものより競争力ですぐれていれば（ここですぐれているというのは、たとえば「粘着度」が低いために、より速くあるいはより効果的に複製されるというような意味であるが）、新しい変異は、それを生み出した親タイプを数で凌いで、出現した試験管内できわだって広がっていくだろう。そして、新しい試験管に種を付けるため、その試験管から溶液が一滴採り出されたとき、その種となるのは新しい突然変異だろう。長く並んだ試験管内のRNAを調べると、進化的な変化としか呼びようのないものを目のあたりにすることになる。試験管の最後の何「世代」かで生まれた競争力のすぐれたRNAの変異を、後で使えるよう名前をつけて瓶に入れておくことができる。たとえばV2と呼ばれるある変異は、通常のQベータのRNAよりもはるかに速く複製をつくる。おそらく小型だからだろう。QベータのRNAと違って、この変異はレプリカーゼ〔複製酵素〕をつくるための設計図を持っていることに「わずらわされ」[15]なくてよい。レプリカーゼは実験者が勝手に準備してくれる。V2のRNAは、レスリー・オーゲルとカリフォルニアの共同研究者たちによる、「厳しい」環境を与えられての興味深い実験で出発点として使われた。

オーゲルらは、RNAの合成を阻害する、臭化エチディウムと呼ばれる毒を試験管に入れた。この毒は工作機械のはたらきをすっかりダメにしてしまう。オーゲルと共同研究者は毒の薄い溶液からはじめた。最初は毒のせいでRNAの合成速度が低下したが、試験管の九番目の移し換え「世代」を過ぎたころ、毒に対して抵抗力のある新しいRNAの株が淘汰されてきた。そして、RNAの合成速度は、毒がないときの通常のV2のRNAに匹敵するほどになった。そこでオーゲルと共同研究者たちは毒の濃度を二倍にした。RNAの複製速度は再び低下したが、さらに一〇回かそこら試験管を移し換えると、濃度の高くなった毒にさえ抵抗できるRNAの株が進化してきた。そこで毒の濃度はまた二倍にされた。このように繰り返し濃度を倍にすることで、もともとの祖先のV2のRNAを阻害していた濃度の一〇倍もの高濃度の臭化エチディウムのなかでも自己複製できるRNAの株を何とか進化させることができた。この新しい、抵抗力のあるRNAはV40と呼ばれた。V2からV40への進化には、試験管の移し換えで約一〇〇「世代」を要した（もちろん一回ごとの試験管の移し換えの間に、RNAの実際の複製世代は数多く進んでいる）。

オーゲルは、酵素を供給しない実験も行なった。すると、RNA分子はそうした条件下でも、ごくゆっくりではあるが、自発的に自己複製できるとわかった。それには、たとえば亜鉛のような、何らかの触媒物質を必要とするようである。複製子が最初に出現したころの、生命の初期時代には、複製を助ける酵素がまわりにあったとは考えにくいので、これは重要なことである。しかし、おそらく亜鉛ならあっただろう。

マンフレート・アイゲン[16]のもとで生命の起源を研究しているドイツの有力な研究室で、一〇年ほど前にある補足的な実験が行なわれた。この実験では、RNAをつくるための構成要素とレプリカーゼは試験管内に準備されたが、その溶液にRNAで種付けすることは行なわれなかった。それにもかかわらず、ある特定の大きなRNA分子が試験管内で自然発生的に進化し、しかもその後に別個に行なわれた実験でも同じ分子が繰り返し何度も進化したのである！　慎重に検討した結果、RNA分子が混入した可能性はまったくないとわかった。大きな同じ分子が自然発生的に二度も現われることが統計的にどれほどありえないことかを考えると、これは驚くべき結果である。「METHINKS IT IS LIKE A WEASEL（おれにはイタチのようにも見えるがな）」と偶然にタイプされることより、もっとはるかに起こりそうにない。われわれのコンピューター・モデルにおけるこの一節のように、その特に栄を受けたRNA分子は漸進的で累積的な進化によってつくり上げられたのである。

この実験で何度も繰り返し生み出されたRNAの変異は、スピーゲルマンがつくりだした分子と大きさも構造も同じだった。しかし、スピーゲルマンの分子が自然に存在している、より大きなQベータ・ウイルスのRNAから「退化」によって進化したのに対し、アイゲン一派の分子はほとんど何もないところから勝手にできあがった。この特定の分子は、既成のレプリカーゼを与えられた試験管内の環境によく適応している。したがってこれは、まったく異なる二つの出発点から累積淘汰によって収斂したのである。もっと大きなQベータのRNA分子は、試験管内の環境にはあまりよく適応していないが、大腸菌によってつくられる環境にはよく適応している。

このような実験は、完全に自動的であって意図的ではないという自然淘汰の性質を認識するのに役立つ。レプリカーゼという「機械装置」は、なぜ自分がRNA分子をつくっているのかを「知らない」。レプリカーゼが行なっていることは、その形態の副産物にすぎない。そして、RNA分子自体も複製してもらうための戦略を計算しているわけではない。たとえRNAが考えることができたとしても、思考する実体なら何であれ自分のコピーをつくるように動機づけられているはずだとする明白な理由は何もない。かりに私が自分のコピーのつくり方を知っていたとしても、他のやりたいことすべてと比べて、その計画に高い優先順位を与えるかどうかはわからない。どうして私がそんなことをしなくてはいけないのか？　ともあれ、動機というのは分子には似つかわしくない。ウイルスのRNAの構造が、たまたま細胞内の機械に自分のコピーをどんどんつくらせるようになっているにすぎない。そして宇宙のどこであれ、何らかの実体が自分自身のコピーをつくることに長けた特性をたまたまもち合わせていたなら、まちがいなくその実体のコピーは次々に自動的に現われることになる。それればかりでなく、コピーが自動的に系統を成し、またときには写し間違われるため、累積淘汰の強力な作用によって、後でできたものが先にできていたものよりも「うまく」自分のコピーをつくるようになる。こうしたことはすべてまったく単純で自動的なことである。そして、ほとんど必然的と言ってよいほど予想を違えない。

試験管内で「成功する」RNA分子は、私の仮想的な例での「粘着度」に類した、何らかの直接的な固有の特性のおかげでうまくやっている。だが、「粘着度」のような特性はどちらかと言えばいささか愚直なものだ。それは複製子自体の基本的な特性、つまりそれが複製される可能性に直接影響を与える特性なのである。もし複製子が、何か別のことに影響をもち、それがさらに別のことに影響して、それがまた別のことに影響して……、ついにはその複製子が複製される可能性に間接的に影響しているとすればどうだろう。もしこのように長い原因の連鎖が存在しても、基本的な公理はそのままに保たれるだろうということを理解していただきたい。複製される可能性に影響を及ぼす原因の連鎖がどれほど長くまた間接的であろうとも、複製されるのに必要な何かを持ち合わせることになった複製子がその世界で多数を占めるようになるだろう。同様に、世界はこの原因の連鎖の環でいっぱいになることだろう。われわれはそうした鎖環に出会い、驚くことになる。

それは現存の生物体のいたるところに見られる。眼や皮膚や骨や爪先や脳や、そして本能もそれに当たる。これらはDNAを複製するための道具なのである。眼、皮膚、脳、本能などは、その違いがDNAの違いによってひき起こされているという意味で、DNAによってもたらされたものである。そして、それらはその違いをひき起こしたのと同じDNAを含んでいる（そのため運命をDNAと共有している）自分の体の生存や繁殖を左右することによって、自分をもたらしたDNAの複製に対して影響力を発揮している。つまりDNAは、体の属性を通じて、自分の複製に対して自ら影響を及ぼしているのである。DNAは自分自身の将来に対して力（パワー）を及ぼし、体や器官や行動様式はその力を発揮するための道具だということになる。

力（パワー）について語るとき、われわれは、それがいかに間接的な結果であれ、自らの将来に影響を与える複製子の作用の結果について語っている。原因から結果までの鎖にいくつの環があろうと問題ではない。もしその原因が自己複製する実体にあるなら、その結果は、いかに遠く間接的であろうと、自然淘汰を被ることになる。ビーバーについてのある話をすることで、概念をおさらいすることにしよう。細かいところは仮説ということになるが、決して事実からほど遠いわけではないはずだ。ビーバーの脳の連絡の発達について研究した人は誰もいないが、その類の研究は線虫など他の動物では行なわれている。線虫よりもビーバーの方がおもしろいし、多くの人の趣味にも合っているので、その結論を借りてビーバーにあてはめることにする。

ビーバーのある突然変異遺伝子は、数億字の原文のうちちょうど一字だけが変化している。その変化はある特定の遺伝子Gで起こったとしておこう。若いビーバーが成長するにつれて、文中の他のすべての文字とともに、その変化もビーバーの全細胞中にコピーされる。ほとんどの細胞ではG遺伝子は読み取られず、細胞の種類ごとに、そのはたらきに関係のある別の遺伝子が読み取られる。しかし、発達中の脳のいくつかの細胞ではG遺伝子が読み取られる。読み取られると、RNAのコピーとして転写される。RNAの作業用コピーは細胞の内部をあちこち漂い、最終的にその一部がリボソームと呼ばれるタンパク質製造装置に行きつく。タンパク質製造装置はRNAの作業計画を読んで、指示に従って新しいタンパク質分子をつくりだす。できたタンパク質分子は、自らのアミノ酸配列によって規定される特定の形にねじれあがる。このアミノ酸配列自体は結局G遺伝子のDNA暗号の配列によって支配されている。G遺伝子が突然変異を起こすと、その変化は、G遺伝子によって指定されるアミノ酸配列に、そしてひいてはタンパク質分子の巻き上がりの形状に対して決定的な違いをもたらす。

こうしてわずかに変更を受けたタンパク質分子が、タンパク質製造装置によって、発達中の脳の細胞内で大量に生産される。この分子が今度は酵素、つまり細胞内で別の化合物を製造する機械としてはたらく。こうしてできた化合物も遺伝子の生産物である。G遺伝子による生産物は細胞を取り囲む膜にたどりつき、その細胞が他の細胞と連絡を結ぶ過程に関与する。もとのDNAのプランがわずかに変更されたせいで、膜面のある化合物の生産速度が違ってくる。そのために今度は、発達中の脳のある細胞群間の連絡の仕方が変更される。DNA文の変化の間接的な、はるかに遠く離れた影響として、ビーバーの脳の特定の領域の配線図に微妙な変化が起こったのである。

さて、ビーバーの脳のこの特定の領域は、全体の配線図内での位置関係によって、ビーバーがダムをつくる行動にたまたま関係していたとしよう。もちろん、ビーバーがダムをつくるときには脳の広い部分がそれにかかわるのだが、G遺伝子の突然変異が脳の配線図のこの特定の領域に影響を与えると、その変化は行動に対してある特異的な効果をもたらす。ビーバーが水中で枝切れを顎にくわえて泳いでいるとき、頭をより高く持ち上げさせるのである。より高くというのは、突然変異遺伝子をもたないビーバーに比べての話である。このことで、枝切れについた泥が運んでいるうちに洗い落とされる可能性が少しばかり小さくなる。そのため枝切れの粘着性が増し、ビーバーが枝切れをダムに突っ込んだとき、そのままちゃんとそこで持ちこたえる可能性が増すことになる。これは、この特定の突然変異をもつすべてのビーバーによって運ばれたどの枝切れにもあてはまるだろう。枝切れの粘着性が増したのは、またもやDNA文の変化のきわめて間接的な結果である。

枝切れの粘着性が増したことは、ダムの構造をしっかりさせ、壊れにくくさせる。そこで、ダムによってつくられる池のサイズが大きくなり、そのために、池の中心にある巣は外敵に対してより安全になる。このことで、ビーバーがうまく育てられる子の数は増えるだろう。その結果、ビーバーの個体群全体をみてみると、突然変異した遺伝子をもつビーバーは、もたないビーバーに比べてより多くの子を育てる傾向になるだろう。その子たちは、まったく同じように変更された遺伝子の文書のコピーを両親から受け継ぐだろう。だから、このかたちの遺伝子は世代を経るにつれて個体群中でその数を増す。ついにはそれが標準となって、もはや「突然変異」という呼び名に値しなくなる。ビーバーのダムが全体に一段階改善されたのである。

　この話が仮想的であり、細部が間違っているかもしれないという事実は、たいした問題ではない。ビーバーのダムは自然淘汰によって進化したのだから、そこで起こったことは、実際に起こった細かな点は別にして、私の話した内容から遠く隔たっているはずがない。生命に対するこのような見方が一般的に意味することは、私の前著『延長された表現型』で詳しく説明されているので、ここではその議論は繰り返さない。この仮想的な話の中では、変更された遺伝子から生存率の向上にいたる原因の連鎖において、少なくとも一一の鎖環があったことにお気づきだろう。実際にはもっと多いかもしれない。それらの鎖環のどれ一つをとっても、細胞内の化学的な効果であれ、それより後の脳細胞の連絡の仕方に対する効果であれ、もっと後の行動に対する効果や最終的な池の大きさに対する効果であれ、まさしくDNAの変化によって**もたらされた**とみなされる。鎖環の数が一一一あろうと関係はない。遺伝子の変化が自分の複製される可能性に対して及ぼすどんな効果も、自然淘汰にとっては格好の獲物である。すべてはまったく単純で、楽しくなるほど自動的で、意図的ではない。累積淘汰の基本的要素――複製、誤り、そして力――がまず最初に現われたなら、似たようなことが起こるのはほとんど必然である。しかし、最初にはどのようにして現われたのだろうか？　まだ生物がいないときに、どういうふうにしてそれらの要素が地球上に生じたのだろうか？
次の章では、このむずかしい問いにどう答えられるかを検討してみよう。

6章　起源と奇跡

機会、幸運、偶然の一致、奇跡。この章のおもな話題の一つは奇跡とそれが意味していることについてである。一般に奇跡と呼ばれているできごとは、超自然的なものではなく、それほどは起こりそうもない自然なできごとの枠内に収まるものだ、というのが私の命題になるだろう。言い換えれば、奇跡というものは、そもそも起こるとすればだが、幸運のとてつもない積み重ねなのである。世の中のできごとは自然なできごとか、さもなければ奇跡かというふうにはっきり分かれるものではない。

とても起こるとは考えられないような想像上のできごともあるが、それだって計算してみるまでは本当に起こりえないかどうかわからない。そして計算をするには、どれくらいの時間があれば、もっと一般的にいうと何回ぐらい機会があれば、そのできごとが起こるのかを知らねばならない。もし無限の時間ないしは無限の機会があれば何でも起こる。天文学的な、という常套句どおりの莫大な数と、地質学のおはこの長い時間とが結びつけば、何が予測のつくことで何が奇跡的なことかについてのわれわれの日常的な見積りはめちゃくちゃになる。この章のもう一つの主題である特別な例を用いて、この点を確かめることにしよう。その例というのは、生命は地球上にどのようにして現われたかという問題である。論点をはっきりさせるために、生命の起源に関するある特定の学説を便宜的に取り上げるが、現代的な学説ならどれでもこの目的にかなうだろう。

説明するさいにある程度までなら幸運を採り入れてもよいが、多すぎてはならない。そこで、問題はどれほどかである。地質学的な時間は途方もなく長いので、法廷の弁護士に許されるよりははるかにありそうもない偶然を仮定することができるが、それでさえ限度というものがある。生命についてのあらゆる現代的な説明において鍵となるのは累積淘汰である。累積淘汰は、納得できる程度に幸運な一連のできごと（ランダムな突然変異）をランダムではない順序に配列するので、連鎖の最終的な産物は、たとえこれまでの宇宙の歴史の何百万倍もの時間が与えられたところで、偶然だけではとうてい生まれそうにないような、まったく途方もない幸運であるかのような幻想をもたらす。とはいえ、累積淘汰がまさに鍵を握っているとしても、まずそれがはたらき始めなくてはならず、その発端の一歩にあたる偶然のできごとを仮定しないわけにはいかない。

しかも、生命のその最初の一歩は、肝心な点で逆説であると思われるところがあるので、困難な一歩だった。われわれの知っている複製過程は複雑な装置のはたらきを必要としているように思われる。レプリカーゼ〔複製酵素〕という「道具立て」があれば、RNA断片は、累積淘汰の力（パワー）を考慮に入れないかぎりとても「見込み」がなさそうに思われるある一つの同じ終点に向かって、繰り返し収斂的に進化するだろう。けれども、その累積淘汰は手助けがなければはじまらない。前章で触れたレプリカーゼという「道具立て」のような触媒を準備してやらないかぎり、それははじまらないだろう。しかもその触媒というのは、別のRNA分子の指令がなければ自然には生まれそうにない。DNA分子は細胞内の複雑な装置によって複製され、書き記された言葉はゼロックス複写機によって複製されるが、どちらも複製をになう装置がなければ自然には複製されそうもない。ゼロックス複写機は自分自身の設計図をコピーできるが、知らないうちに組み立てられていることはありえない。バイオモルフは、コンピューターに適当なプログラムが準備されていれば容易に複製されるが、自分自身のプログラムを書いたり、そのプログラムを走らせるコンピューターをつくったりはできない。盲目の時計職人の理論は、複製および累積淘汰を仮定することが許されれば、このうえなく強力である。しかし、もし複製のために複雑な装置が必要となれば、複雑な装置を最終的に出現させる唯一の方法としてわれわれが知っているのは累積淘汰なのだから、問題が生じる。

現在の細胞内の装置類、つまりDNAの複製装置やタンパク質の合成装置は、もちろん高度に進化した、特別誂え、折り紙付きの機械である。それが正確な情報記憶装置としていかに驚嘆すべきものかは、これまで見てきたとおりである。超微細なレベルにおけるそのデザインの精巧さと複雑さは、もっと大きなレベルでのヒトの眼に匹敵する。このことを少しでも考えたことのある人なら誰でも、ヒトの眼と同じほど複雑な装置が一段階淘汰ではとうてい出現しないという意見に同意する。困ったことに、DNAが自らを複製する細胞内の装置の少なくとも一部については同じことが言えそうで、しかもそれはわれわれヒトやアメーバのような進んだ生物の細胞だけでなく、細菌や藍藻のような比較的原始的な生物にもあてはまる。

そう、累積淘汰は複雑さを生み出せるが、一段階淘汰は複雑さを生み出せない。けれども、累積淘汰は最小限いくつかの複製のための装置と複製子の力とがなければはたらくことができず、われわれの知っている唯一の複製装置はあまりにも複雑すぎて、何世代にもわたる累積淘汰がなくてはとうてい出現しそうにないのである！　このことを盲目の時計職人理論全体の根本的な欠陥だとみなす人たちがいる。そうした人たちは、これを設計者、つまり盲目の時計職人ではなく先見を備えた超自然の時計職人がはじめに存在していたにちがいないことの究極的な証拠だとみなしている。創造主は進化的なできごとの日々の移り変わりを管理されてはいない、すなわち主はトラや子ヒツジをつくられたり、木をつくられたりはされなかったが、最初の複製装置と複製子の力、つまり累積淘汰やひいてはすべての進化を可能にする最初のDNAとタンパク質という装置を設定なさったのだなどと論じられるかもしれない。

これは脆弱な論法であることが見え透いていて、もうどうみても自滅している。組織的な複雑さこそが、いま説明に苦慮しているものなのである。ひとたびその組織的な複雑さ、DNA／タンパク質複製装置という組織的な複雑ささえ想定を許されたなら、その機関に頼っていっそう組織的な複雑さを派生させることはそれほどむずかしくない。実際、本書の大半はそのことについて述べているのである。しかし、DNA／タンパク質複製装置ほど複雑なものを理性的にデザインできる神なら、当然少なくともその機械そのものと同じくらいには複雑で組織的だったにちがいない。さらに、神は信者の告白を聴いたり罪を許したりといった高度なはたらきもできるのであれば、もっとはるかに複雑にちがいない。DNA／タンパク質複製装置の起源を超自然の「デザイナー」に頼って説明することは、「デザイナー」の起源を説明しないままにしているのだから、まさしく何も説明していないことになる。「神は常にいらっしゃった」といった類のことを言わざるをえなくなり、そうした怠惰な逃げ道を認めるのなら、「DNAは常にいらっしゃった」とでも「生命は常にいらっしゃった」とでも言ってよいことになり、それで終わってしまう。

奇跡や、とても起こりそうもないことや、気まぐれな偶然の一致や、めったにない偶然のできごとから逃れれば逃れるほど、さらには、めったにない偶然を一連の小さな偶然の累積に解消できればできるほど、その説明は理性的精神をより満足させるものになるだろう。けれどもこの章で問うているのは、想定することを許されたただ一度のできごとがどれほどありそうもないか、どれほど奇跡的かなのである。ただ一度の偶然の一致、純粋に奇跡的な幸運として、最大限どの程度なら理論のなかに採り入れて、しかもなお生命についての満足できる説明だと主張することが許されるのだろうか。サルが偶然によって「METHINKS IT IS LIKE A WEASEL（おれにはイタチのようにも見えるがな）」と書くには、たいへんな量の幸運を必要とするが、それでもまだ測れない量ではない。その見込みはおよそ一兆の一兆倍の一兆倍のさらに一万倍（一〇の四〇乗）に一回と計算された。こんな大きな数字は誰も実際に理解したり想像したりできず、これほど起こりそうもないことは不可能と同じことだと受け取られる。だが、これほどの起こりそうもなさはとても頭で理解できないからといって、恐れをなして逃げ出してしまうべきではない。一〇の四〇乗という数は途方もなく大きな数ではあるだろうが、書いてみることもできるし計算に使うこともできる。考えてみれば、もっと大きな数だってある。たとえば、一〇の四六乗というのは単にもっと大きな数というばかりではない。一〇の四六乗を得るためには一〇の四〇乗を一〇〇万回も足し算しなければならない。もし、各々にタイプライターを持たせた一〇の四六乗頭のサルを寄せ集めることができたならどうだろう。なんと、そのうちの一頭が「METHINKS IT IS LIKE A WEASEL（おれにはイタチのようにも見えるがな）」と荘重にたたき出し、別の一頭はほぼまちがいなく「I THINK

THEREFORE I AM（われ思う、ゆえにわれわれあり）」と打ち出しているだろう。もちろん、問題はそんなに多くのサルを集められないというところにある。たとえ宇宙のすべての物質がサルの肉になったところで、十分な数のサルは得られないだろう。サルが「METHINKS IT IS LIKE A WEASEL」とタイプするという奇跡は、現実にどんなことが起こるかについてのわれわれの理論に取り入れるには量的には大きすぎる、つまり測れる程度に大きすぎるのである。しかし、そのことは机に向かって計算してみるまではわからなかった。

このように、人間のちっぽけな想像力にとってばかりではなく、生命の起源に関する実際的な計算に取り入れるにも桁が大きすぎる、まったくの幸運というのがある。しかし、質問を繰り返すと、どの程度のレベルの幸運なら、どのくらいの大きさの奇跡なら想定してもよいのだろうか？ 扱っている数字が大きいからという理由だけでこの問いから逃げないようにしよう。これはまったく妥当な問いであり、答えを計算するためには何を知らねばならないかを、少なくとも書き出してみることはできる。

ここで一つたいへんおもしろい考えがある。例の質問、「どの程度の幸運なら想定してもよいか」に対する答えは、われわれの惑星だけに生物がいるのか、それとも宇宙のいたるところに生物がいるのかにかかっているという意見である。一つだけはっきりわかっているのは、生命がまさにこの惑星で誕生したことがあるということである。けれども、宇宙のどこか別のところに生物がいるかどうかはまるでわからない。いない可能性は十分ある。ある人々は以下のような根拠にもとづいて（その誤りについては後に指摘しよう）、どこか別のところにも生物がいるにちがいないと計算している。すなわち、おそらく宇宙には、生命誕生にどうにか適当な惑星が少なくとも一〇の二〇乗（一兆の一億倍）はあるだろう。われわれのこの惑星で生命が誕生したことはわかっているのだから、他のすべての惑星に見込みがないことはありえない。だから、全部で一〇の二〇乗の惑星のうちの少なくともいくつかに生物がいることはまずまちがいない、というのである。

この論法の欠点は、この惑星で生命が誕生したのだから、（生命の誕生は）それほどひどく見込みの薄いことではありえないという推論にある。お気づきだろうと思うが、この推論は、地球上で起こったことは何であれ宇宙のどこかでも起こっているだろうという仮定をあらかじめ内包していて、まさに論点そのものを真として議論を進めているのである。言い換えると、ここに生物がいるのだから宇宙のどこか別のところにもいるにちがいないといった類の統計的な議論は、証明しようとしていることをあらかじめ仮定として採り込んでいる。このことは、宇宙のいたるところに生物がいるという結論が間違っていることを意味しているわけでは必ずしもない。おそらくその結論は正しい、と私は思う。ただ、その結論をみちびいたある一つの論拠が、まるで論拠になっていないと言っているのである。それは単なる仮定にすぎない。

議論のために、生命はかつてただ一度だけ誕生し、それはここ地球であったとする別の仮定について考えてみよう。以下のような感情的な理由から、この仮定には異議を唱えたくなる。それではまるで中世のようではないか。教会が、わが地球こそ宇宙の中心であり、星は人間を楽しませるために天にある照明装置の小さなちらつきにすぎない（あるいはさらにばかげたほど僭越にいえば、星が各々の道を運行するのは、われわれ人間のちっぽけな人生に占星術的な影響を及ぼすためである）などと教えた時代を思い出させるではないか。宇宙に数知れずあるすべての惑星のなかから、ある銀河の片隅に位置する、ある太陽系の片隅にある、世界の片田舎が生命のために選び抜かれたと仮定するのは、ひどい自惚れではないか。いったいどうして*われわれ*の惑星でなくてはいけないのか？

　私は、われわれが中世の教会の狭量な精神から免れられていることに心から感謝し、また現代の占星術師を軽蔑しているので、本当に残念なのだが、前の段落の片田舎についての形容はただ空虚な修辞にすぎないのではないかと懸念する。われらが片田舎の惑星が、かつて生命を生んだ文字どおり唯一の場所である可能性は*十分*にある。肝心なのは、かつて生命を生んだことのある惑星がただ*一つだけ*あるのなら、まさしく「われわれ」がここでその問題を議論しているという理由から、それはわれわれの惑星で*なければならない*ということである。もし生命の誕生が、宇宙においてたった一つの惑星でだけ起こるほど可能性の小さいできごとであるのなら、われわれの惑星こそがその惑星でなければならない。こういうわけで、地球が生命をもっているという事実を、生命は別の惑星上でも十分誕生するにちがいないと結論するために使うことはできない。このような議論は循環論になるだろう。宇宙のなかでいったいいくつの惑星が生命をもっているのかという問いに答えようとするなら、その前に、ある惑星に生命が誕生するのはどれほど困難なのか、あるいは簡単なのかについて、何らかの独立した論拠を得なくてはならない。

　とはいえ、それはわれわれの設定した問いではない。われわれの問いは、地球上の生命の起源についての仮説にはどれくらいの幸運なら想定してよいのか、というものだった。その答えは、生命がただ一度だけ現われたのか、それとも何度も現われたのかに依存していると私は述べた。どんなに小さな確率であれ、どれか特定のタイプの、無作為に選んだ惑星に生命が誕生する確率に名をつけることからまず始めよう。その数値を自然発生率（spontaneous generation probability 略して

SGP）と呼ぶことにする。化学の教科書を手にして机に向かうか、あるいは実験室でもっともらしい混合気体に火花を飛ばすかして、自己複製を行なう分子が典型的な惑星大気中に自然に現われる確率を計算して得られるのがSGPである。SGPのもっとも高い推測値を、あるきわめて小さな値、たとえば一〇億分の一と仮定しよう。この一〇億回に一回というのはもう途方もない幸運で奇跡的なできごとなので、生命の発生（起源）を実験室内で再現しようという希望など少しも抱かせないほど小さな確率である。それでも、議論のために仮定してみることは一向にかまわないので、生命が宇宙でただ一度だけ誕生したとしてみると、仮説にはたいへんな大きさの幸運を採り込んでもよいということになる。なぜなら、宇宙には生命が誕生できたかもしれない惑星がきわめてたくさんあるからである。ある人が計算したように、もし一兆の一億倍の惑星があるとするなら、さきほど仮定した、きわめて小さなSGPに対してさえも、一〇〇〇億回のチャンスがあることになる。生命の起源についてのある仮説を否定するに先立って、仮定することを許される幸運は、宇宙にある適当な惑星の数をNとすると、N回に一度の時最大になる、というのがこの議論の結論となる。ここでの「適当な」という言葉にはいろいろなことが隠されているのだが、この議論に依って仮定してよい幸運は、一兆の一億倍回に一度のできごとの時最大になることにしよう。

これが何を意味しているのかを考えてみよう。ある化学者のところに行って、こう告げる。きみの教科書と計算機を準備してくれないか。それから鉛筆ときみの才智を研ぎすまし、頭には化学式をたたきこみ、フラスコにはメタンにアンモニアに水素に二酸化炭素、それに生物のいない原始の惑星にそなわっていると期待できるあらゆる気体を詰め込んで、全部混ぜ合わせて煮立たせる。その模擬大気中には電光の火花を、そして頭脳にはひらめきの火花を飛ばす。優秀な化学者が身につけたあらゆる手段を駆使したその後に、自己複製する分子が典型的な惑星に自然に現われる確率について、最高の化学者であるきみの推定値を教えてほしい、と。あるいはこう尋ねてもいい。ある惑星でのランダムな化学反応、原子や分子のランダムな熱運動によって、自己複製する分子が生まれるまでにはどれほど長く待たねばならないだろうか？

化学者たちは、この問いに対する答えを知らない。現代の化学者の多くは、ヒトの寿命を基準とすれば長く待たねばならないが、宇宙論的な時間を基準にすればおそらくそれほど長くはないかもしれないと言うだろう。地球上の化石の歴史は、約四五億年前の地球の起源と最初の化石生物が現われた時代とのおよその隔たりから、約一〇億年、すなわち最近の便利な定義を使えば「一イーオン」はかかることを示している。「惑星の数」論法の要点は、もし化学者が「奇跡」を待たねばならない、つまり宇宙の存在よりもはるかに長い一兆の一〇〇万倍の年数を待たねばならないと言ったとしても、その答申を落ち着いて受け止められることにある。宇宙には、見込みのある惑星がおそらく一兆の一〇〇万倍以上あるだろう。もし各々の星が地球と同じくらい長く存在し続けるなら、惑星数×年数で一兆の一兆倍の一〇〇〇倍の年数が使えることになる。これならたっぷり間に合うだろう！　奇跡は掛け算によって、実際に論じる価値のある問題へと翻訳されたのである。

この議論には隠された仮定が一つある。いや、実際にはいくつもあるのだが、とくに一つ述べておきたいことがある。それは、ひとたび生命（すなわち、複製子と累積淘汰）が出現したなら、自らの起源について推測するほどの知性をもつ生物が必ず進化するに至るということである。もしそうでないのなら、さきに計算した、われわれが仮定することを許される幸運の量は、それに応じて減らされなくてはならない。もっときっちり言うと、どれくらい多くの星がわれわれのような生命の発祥地となれるかとして想定できる最大の数値は、宇宙にあって見込みのある星の数に、いったん現われた生命が自らの起源について推測するほどの知性をもつまでに進化する確率を掛けた数となる。

「自らの起源について推測するほどの知性」が変数として関係していることは多少奇妙に思えるかもしれない。なぜ関係があるのかを理解するために、別の仮定について考えてみよう。生命の出現はきわめてありふれたできごとだが、その後の知性の進化はめったに起こりそうにないことで、たいへんな幸運を必要とするとしよう。生命は多くの惑星で生まれているのだが、知性の誕生はたいへん珍しく、宇宙のただ一つの惑星でしか起こらなかったとする。すると、われわれがその問題を論議するだけの知性をそなえているのははっきりしているので、地球こそがそのただ一つの星だということになる。ここで、生命の誕生と、生命が出現したときの知性の進化とが、ともにめったに起こりそうにないできごとだったとしてみよう。すると、たとえば地球のように、ある惑星が両方の幸運に恵まれる確率は、この二つの低い確率を掛け合わせたものとなり、はるかに小さなものになってしまう。

われわれがどのようにして存在するにいたったかについての仮説では、ある一定量の幸運を想定することが許されているかのようである。この一定量は、宇宙にある好適な惑星の数を上限としている。一定量の幸運が与えられれば、われわれ自身の存在を説明する途上で、数の限られた必需品としてそれを「消費する」ことができる。ひとつの惑星でそもそも生命がどのようにして生まれたかについての説明でほとんどの幸運を使ってしまえば、たとえば脳や知性の累積進化など、仮説のその後の部分では想定できる幸運はもうほんの少しになってしまう。生命の起源の仮説で幸運を使いきってしまわなければ、累積淘汰がはじまってからの進化についての仮説でも使える幸運がいくらか残されている。もし、知性の誕生についての仮説でほとんどの幸運を使いたければ、生命の起源の仮説で使える幸運はそれほど多くない。つまり、生命の起源をほぼ必然とする仮説を出さなければならない。一方、もし仮説のこれら二つの段階で幸運の全量を必要としなければ、その結果余った分を宇宙のどこか別の場所に生命を想定するのに使うことができる。

累積淘汰がいったんまともにはじまってしまえば、その後の生命や知性の進化には比較的わずかな量の幸運を想定するだけでよいというのが私の個人的な見解である。累積淘汰は、いったんはじまれば、知性の進化を必然的にではないにしても十分可能にするほど強力なものだと私には思える。このことは、もしそうしたければ、仮定できる幸運の事実上全量を、一つの大いなる幸運、つまりある惑星上での生命の誕生についての仮説で使いきってしまえることを意味している。すなわち、もし使いたければ、上限として一兆の一億倍分の一（または、好適と考えられる惑星数分の一）の確率の幸運を生命の起源についての仮説で使ってしまってよい。これはわれわれの仮説で仮定を許されている最大の大きさの幸運である。たとえば、DNAとタンパク質主体の複製装置とがたまたままともに自然に出現したとき、生命がはじまったと言いたいとしよう。ある惑星でこの偶然の一致が起こる確率は一兆の一億倍分の一より小さくなければ、このとんでもない仮説の贅沢さを認めることができる。

この許容度は大きいように思えるかもしれない。DNAやRNAが自然に現われるにはおそらくそれで足りるだろう。けれども、まったく累積淘汰なしですませるにはほど遠い。アマツバメのように飛ぶか、イルカのように泳ぐか、あるいはタカのように視るかできるほどよくできた体を、たった一回の幸運で、つまり一段階淘汰で、組み立てられる賭け率は、惑星の数は言うに及ばず、宇宙にある原子の数をはるかに凌いで余りある！　いや、生命についての私たちの説明にはやはり大量の累積淘汰を必要とするだろうことは確実である。

生命の起源についてのわれわれの仮説には、限度内の最大規模、おそらく一兆の一億倍回に一度というくらい、の幸運を採り入れてもよいのだが、その限度のほんの一部以上に幸運を必要とはしないだろうという気がする。ある惑星での生命の誕生は、われわれの日常生活の基準からすれば、あるいはまた化学実験の基準からすれば、実際とても起こりそうにないことかもしれないが、それでもなお、宇宙全体では一度ならず何度も起こりうるかもしれない。惑星の数についての統計的な論拠は、最後のよりどころの論拠とみなすことができる。われわれの探している理論にとって必要なのは、主観的判断からすれば（その判断が下される方法のせいで）とても起こりそうにないか、あるいは奇跡的とさえ思われることなのかもしれないという逆説的な主張を、この章の終わりではするつもりである。ともあれ、「起こりそうになさ」の一番少ない生命の起源に関する仮説を探すことからまずはじめるのが、やはり理にかなっている。ＤＮＡとその複製装置が自然に出現したとするのはあまりにも突飛で、したがって宇宙では生命がきわめてまれで、もしかしたら地球だけのことかもしれないと思わせるほどなら、まず最初にとるべき手段はよりもっともらしい理論を見つけようとすることである。それでは、累積淘汰がはじまったはずの比較的もっともらしい方法について、どのような推測をはたらかすことができるだろうか？

「推測」という言葉は軽蔑的な語感をもつが、ここではそういう含みはまったくない。目下検討中のできごとが、四〇億年も昔に、それも現在われわれが親しんでいるのとはまったく異なっていたにちがいない世界で起こったことだというようなばあいに、推測以上のことは何も望めない。たとえば、大気中に酸素がなかったことはほぼ確実である。世界の化学的な性質は変化したかもしれないが、化学の法則は変わっていない（だからこそ法則と呼ばれるのである）。そして現代の化学者たちは、そうした化学法則を熟知しているので、理にかなった推測を提示できるし、推測は法則に裏付けられた妥当性について厳密な試験を通らねばならない。つまらない宇宙小説に登場する「ハイパー・ドライヴ」だの「タイム・ワープ」だの「無限推進力」だのといった万能薬に頼って想像力をあおり、乱暴かつ無責任に推測するだけではいけない。生命の起源についての数ある推測はたいてい化学法則に抵触していて、頼みの綱となる惑星の数に関する統計的な議論を駆使したところで、排除されてしまう。そのため、選り抜きの注意深い推測を検討することが建設的な課題となるけれども、そうするには化学者であることが必要になる。

私は化学者ではなく生物学者なので、正しく計算してもらうことは化学者に頼るしかない。化学者には人によってそれぞれお気に入りの仮説があり、仮説が不足することはない。それらの仮説を残らず公平に紹介することもできるだろう。学生向けの教科書ならそれがまっとうなやり方だろう。しかし、この本は教科書ではない。生命であれ他の何であれ宇宙にあるものを理解するのに「設計者」を想定する必要はない、というのが本書の基本的な考え方である。ここでは、直面している問題の性質からして、見つけられるはずの解答がどんな性質なのかを探ろうとしている。このことは、多くの仮説を個々に検討することによってではなく、一例としてどれか一つの仮説を取り上げて、累積淘汰はどのようにしてはじまったのかという基本的な問題がその仮説でどのようにして解決されそうであるかを探ることによって、もっともうまく説明されるように思われる。

では、代表例としてどの仮説を選べばよいだろうか？　たいていの教科書は、有機的な「原始スープ」にもとづいた諸仮説に最大の重点を置いている。生命が現われる前の地球の大気は、いまでも生物のいない他の惑星の大気に似ていただろうと思われる。酸素はなく、多量の水素と水蒸気、二酸化炭素、それにおそらくアンモニアやメタンや単純な有機気体（ガス）がいくらかはあっただろう。このような酸素のない環境では、有機化合物の自然合成が促進されやすいことが化学者たちには知られている。化学者たちは、初期の地球の状態をフラスコ内でごく小規模に再現させてみた。そして、稲妻を模した電気火花や、紫外線をフラスコに通した。地球が太陽光からの紫外線を遮るオゾン層をもつ以前は、紫外線は現在よりずっときつかっただろう。実験の結果はとてもおもしろいものだった。フラスコ内で自然に組み立てられた有機物分子のあるものは、ふつうなら生物体の中にしか見られないのと同じタイプの分子だった。ＤＮＡやＲＮＡは現われなかったが、そういった大きな分子の構成要素となる、プリンやピリミジンと呼ばれる分子は現われた。タンパク質の構成要素であるアミノ酸も現われた。この種の仮説にとっては、やはり自己複製の起源が失われた環となっている。フラスコにできた基本要素が集まって、ＲＮＡのような自己複製する鎖を形成することはなかった。あるいはいつかはできるのかもしれないが。

　しかし、いずれにせよ、求めるべき解答の性質を示す実例として私が選んだのは、有機物の原始スープ説ではない。私の最初の本、『利己的な遺伝子』ではその説を選んだので、ここでは、正解である見込みが少なくとも同じくらいはあるように思われる、いくぶん地味な説（このところ地歩を固めはじめてはいる）に探りを入れたいと思う。その説の大胆さは魅力的で、しかも、生命の起源に関するまっとうな仮説ならどれもが備えていなければならない特性をよくそなえている。「無機鉱物」説というのがそれで、グラスゴー大学の化学者グレアム・ケアンズ＝スミス[1]によって二〇年前にはじめて提唱され、それ以来三冊の本で展開され、洗練されてきている。そのうち最新の本である『生命の起源を解く七つの鍵』では、生命の起源が、シャーロック・ホームズばりの解決策を必要とするミステリー仕立てにされている。

ケアンズ＝スミスは、DNA／タンパク質複製装置を比較的新しく、とはいえおそらく三〇億年ほど前に、現われたのだろうと考えている。それ以前には、何かまったく異なった複製実体による何世代にもわたる累積淘汰があった。いったんDNAが現われると、複製子としてはるかに効率的で、自らの複製に及ぼす作用がずっと強力なことがはっきりして、DNAを産み出したもとの自己複製システムは見棄てられ、忘れ去られてしまった。この見方によると、現在のDNA／タンパク質複製装置は新参者で、初期のより簡単な複製子から基本的な複製子の役割を引き継いだ後発の強奪者である。そうした強奪劇は何度も起こったのだろうが、最も初期の複製手段は、私が「一段階淘汰」と名づけたしくみによって出現するほど単純なものだったにちがいない。

化学者は自分たちの学問を、有機と無機の二つの分科に大きく分けている。有機化学は、炭素という特定の元素についての化学である。それ以外はすべて無機化学に属する。炭素が重要であり、独自に化学の一分科をなすに値しているのは、生物体の化学がすべて炭素化学であることや、炭素化学を生物に適したものにしている炭素の特性が、プラスティック工業などの工業生産過程にとっても都合のよいことによっている。炭素原子を生物や工業的合成に適したものにしている本質的特性とは、集合してさまざまな種類のひじょうに大型の分子を形成する無限のレパートリーをもつことである。これと同じ特性を多少ともそなえているもう一つの元素が珪素である。現代の地球生物の化学的作用はすべて炭素化学だが、これが宇宙のどこでも通用するとも、この地球ではいつの時代にも通用していたともかぎらない。ケアンズ゠スミスは、この惑星での最初の生物は、珪酸塩などの、自己複製する無機物の結晶を基礎にしていたと考えている。もしそれがほんとうなら、後に有機物の複製子が、そして最終的にはＤＮＡがその役割を引き継いだか強奪したにちがいない。

この「引き継ぎ゠乗っ取り」説の一般的な妥当性について、彼はいくつかの論拠を示している。たとえば石のアーチは、セメントで固められていなくても、長い間崩れないでいられる安定した構造体である。進化を通じて複雑な構造体を築くことは、一度に一つの石しか扱えないのに、モルタルなしでアーチを築こうとすることに似ている。素朴に考えてみると、そんなことはとてもできそうにない。最後の石が積まれればアーチはしっかり建つだろうが、中間段階は不安定なのである。しかし、石を足していくだけではなく取り除くこともできるのなら、アーチを築くのは造作もない。まずがっちりした石の山を築くことからはじめて、次にその堅い土台の上にもたせかけてアーチを築く。大切ないちばん上の要石も含めて、アーチの石がそれぞれに所を得たなら、支えている石を慎重に取り除いていく。すると、よほど運が悪くないかぎり、アーチは壊れないでいるだろう。ストーンヘンジ[2]は、いまでは影もかたちもない何らかの足場やおそらくは土の斜面を作り手たちが利用したのだと気づくまでは、理解しがたいものである。われわれに見ることのできるのは最終産物だけなので、消え去った足場は推測しなければならない。ＤＮＡとタンパク質はそれと同じで、安定した優美なアーチの二本の脚であり、各部の部品がすべて同時に揃いさえすれば後はそのまま存続する。もっと早くにあった何らかの足場が完全に消え去ったのだとでも考えないかぎりは、それが徐々に完成されるやり方で現われたと想像するのは難しい。その足場そのものは、原初的なかたちの累積淘汰によって築かれたにちがいない。その淘汰の性質がどんなものだったかは推測するしかないが、自らの将来に力を及ぼすことのできる複製実体に基礎を置いていたものでなければならなかったはずだ。

ケアンズ＝スミスの推測によれば、もともとの複製子は、粘土や泥の中に見られるような無機物の結晶だったという。結晶とは、多くの原子や分子が固体の状態で規則的に並んだものである。いわばその「形態的」な性質から、原子や小さな分子はある決まった規則的なかたちで自然に集合する傾向をもっている。それはまるで、ある特定のやり方で寄り添いあうのを「望んで」いるかのようだが、その幻想は原子や分子の性質の偶然の結果にすぎない。それらの「好みの」寄り添い方で結晶全体の形が決められる。このことはまた、ダイアモンドのような大型の結晶でも、疵のあるところを除けば、結晶のどの部分をとっても他の部分とそっくり同じであることも意味している。もしわれわれが原子の尺度にまで縮むことができたなら、水平線まで一直線に続く、ほとんど果てしない原子の列、幾何学的反復からなる回廊を見ることだろう。

われわれの関心は自己複製にあるのだから、まず最初に知りたいのは、結晶は自らの構造を複製できるかどうかである。結晶は、原子（またはそれに相当するもの）の無数の層からなり、各々の層はその下の層の上に築かれている。原子（あるいはイオンだが、その違いはここではどうでもよい）は溶液中では自由に漂っているが、たまたま結晶に出会うと、その結晶の表面に位置を占めようとする自然の傾向をもつ。食塩溶液にはナトリウムイオンと塩素イオンが含まれていて、多少とも無秩序にぶつかりあっている。食塩の結晶は、ナトリウムイオンと塩素イオンが交互に九〇度の角度で整然と集合したものである。水溶液中を漂っているイオンが、結晶の固い表面にたまたま衝突すると、そこにくっついてしまうことが多い。イオンはちょうど正しい場所にくっついて、下の層とまったく同じように、結晶に新しい層をつけ加える。そこで、結晶はいったんできると、どの層もその下の層と同じになって、成長していく。

結晶は溶液中で自然にできはじめることもあれば、塵の粒子やよそから持ち込まれた小さな結晶で「種付け」されなければならないこともある。ケアンズ＝スミスは、以下のような実験をやってみることを勧めている。まず写真の定着用の「ハイポ」を多量に熱湯に溶かす。そして、塵をまったく落とし込まないように気をつけながら、溶液を冷やす。これで溶液は「過飽和」になって、結晶をつくる準備ができあがるが、反応を開始させる結晶の種子がない。ケアンズ＝スミスの『生命の起源を解く七つの鍵』から引用してみよう。

ビーカーのふたを慎重にとって、「ハイポ」の結晶のほんのひとかけらを溶液の水面に落とす。そして何が起こるかを目を凝らして見つめてみよう。結晶は目にみえて大きくなってゆく。ときどきは砕けるが、そのかけらがまた成長する。……ビーカーは数センチメートルほどの長さの結晶ですぐにいっぱいになる。そして数分の後、すべてが停止する。魔法の液はその力を失ったのだ。だがもう一度やらせてみたければ、ビーカーを温め直して、また冷やせばよい。……過飽和になるというのは、溶けるべき量以上のものが溶けてしまったということである。……冷たくなった過飽和溶液は、何をしたらよいのか、ほとんど文字どおりなす術を知らなかった。「ハイポ」の結晶に特徴的なやり方で（何兆もの）単位をすでに集合させている結晶のひとかけらを加えることで「知らされ」なければならなかった。その溶液は種付けされる必要があったのである。

二つの違った方法で結晶化できる化学物質がある。たとえば、黒鉛（グラファイト）とダイアモンドはともに純粋な炭素の結晶である。両者の原子はまったく同じである。この二つの物質は、炭素原子が集合する幾何学的なパターンだけが異なっている。ダイアモンドでは、炭素原子がきわめて安定した四面体型に集合している。これがダイアモンドがあんなに硬い理由である。黒鉛では、炭素原子は平たい六角形型に配列していて、互いに層をなしている。層間の結合が弱いので、層と層とが滑りあう。このため黒鉛はすべすべした手触りで、潤滑剤として用いられる。ハイポでできたように、種付けによって溶液から結晶化させることは、残念ながらダイアモンドではできない。それができれば、金持ちになれるだろう。いや、よく考えてみれば、誰だって同じことができるだろうから、やはり金持ちにはなれない。

さてここで、溶液から結晶化したがる点ではハイポのようで、また二つの違った方法で結晶化できる点では炭素のような物質の過飽和溶液を得たと考えてみよう。一方の結晶化のようすはいくらか黒鉛に似ていて、原子は層状に並び、小さく平たい結晶をつくる。そしてもう一方は塊状のダイアモンド型の結晶をつくるとしよう。そこで、平たい結晶の小片と塊状の結晶の小片とを過飽和溶液中に同時に入れる。何が起こるかは、ケアンズ＝スミスがハイポ実験を描写した文章を借用して書き表わせる。何が起こるかを目を凝らして見つめてみよう。二つの結晶は目にみえて大きくなり、ときどき砕けるが、そのかけらもまた成長する。平たい結晶は平たい結晶個体群を生み、塊状の結晶は塊状の結晶個体群を生む。もし一方のタイプの結晶が他方より少しでも速く成長したり分裂したりする傾向があれば、単純なかたちの自然淘汰を見ることになるだろう。しかしこの過程は、進化的な変遷を生み出すための生物的要素を依然として欠いている。その要素とは遺伝的な変異、ないしはそれに相当するものである。ただ二種類きりの結晶ではなく、形態の類似した系統を構成し、ときには「突然変異」を起こして新しい形態を生み出す二次的変異体が幅広く存在しなければならない。実際の結晶は何か遺伝的突然変異に相当するものをもっているだろうか。

粘土や泥や岩は小さな結晶でできている。それらは現在、地球上に豊富にあり、そしてたぶんこれまでもつねに豊富にあっただろう。ある種の粘土やその他の鉱物の表面を走査型電子顕微鏡で覗くと、驚くような美しい光景が見られる。何列もの花やサボテン、無機物のバラの花びらの庭、多肉植物の横断面に似た小さな螺旋、ぎっしり並んだオルガンのパイプ、透明な折り紙のミニチュアのように複雑に折りたたまれた角ばった形、ミミズの糞か絞り出された練り歯磨きのようなくねくねと曲がった形などに見える結晶が成長している。倍率を上げると、整然とした模様がいっそう目につくようになる。原子の実際の位置がわかるほどの倍率では、結晶の表面は、機械織りの杉綾模様のツィード生地のような規則性をそなえているように見える。しかし、これが肝心な点なのだが、そこには疵がある。整然とした杉綾模様が広がっているちょうどまんなかに、違った角度にねじれてしまって「織り目」があらぬ方向へ進んでいることを除けば、他には何の変哲もないパッチがあったりする。あるいは、織り目は同じ方向を向いているが、各列が半列分ずつ片側に「ずれて」いることもある。自然に生じた結晶にはすべてといってよいほど疵がある。そしていったん結晶に疵ができると、その後の層が上から覆いかぶさっていくので、疵はコピーされることが多い。

疵は結晶表面のどこにでも生じる。もし情報記憶能力についてあなたが考えてみたければ（私はそうだが)、結晶表面につけることのできる、パターンの異なる莫大な数の疵を想像すればよい。『新約聖書』をバクテリア一個のDNAのなかに詰め込む例の計算であれば、ほとんどどんな結晶でも同じくらい鮮やかにそっくり再演できるだろう。DNAがふつうの結晶よりすぐれているのは、情報の読み出し方である。読み出しの問題はさておくにしても、結晶の原子構造にある疵で二進法の数字を表わす任意の暗号法は簡単に考えつくことができる。そうすれば、数冊の『新約聖書』を針の頭ぐらいの大きさの鉱物結晶に詰め込める。規模を大きくすると、これは音楽情報をレーザー(「コンパクト」)ディスクの表面に記憶させる方法と本質的に同じである。音はコンピューターによって二進法の数字に変換される。鏡のように滑らかなディスクの表面に小さな疵のパターンを刻むためには、レーザー光線が使われる。刻まれた各々の小さな窪みが二進法の1(または0、呼び名は任意である)に対応している。ディスクをかけると、別のレーザー光線が疵のパターンを「読み取り」、プレーヤーに組み込まれた専用コンピューターが二進法の数字をふたたび音の振動に戻して、さらにそれが聴こえるように増幅される。

レーザーディスクは今日ではもっぱら音楽用に利用されているが、その気になれば『エンサイクロペディア・ブリタニカ』全巻をその一枚に詰め込み、同じレーザー技術を使って読み出すこともできる。原子レベルでの結晶の疵は、レーザーディスクの表面に刻み込まれた窪みよりもはるかに小さいので、結晶は一定の範囲内にもっと多くの情報を詰め込める可能性をもっている。実際、その情報記憶力に驚嘆させられるDNA分子には、どこか結晶そのものに近いところがある。粘土のなかの結晶は、DNAやレーザーディスクにできるのと同じくらい莫大な量の情報を理論上は記憶できるのだろうが、粘土がそんなことをしていたなどと言う人は誰もいない。粘土をはじめとする鉱物結晶がこの仮説で果たしている役割は、最初の「ロウ・テク（低技術）」複製子、つまり最終的にはハイ・テクのDNAに置換されてしまう複製子としてはたらくことである。結晶はここ地球の水中で、DNAなら必要とする精巧な「装置」なしに、自然に形成される。そして自然に疵を生じ、生じた疵のいくつかは、後からできた結晶の層でも複製されるだろう。その後に適当な疵のある結晶のかけらが剝がれると、剝がされたかけらは新たな結晶の「種子」としてはたらき、新たな結晶はどれも「親」がもっていた疵のパターンを「受け継いで」いると想像できる。

こうして、ある種の累積淘汰を開始させるのに必要だったであろう、複製、増殖、遺伝、突然変異といった特性のいくつかを、原始の地球上の鉱物結晶がそなえていたという想像図が得られる。それでもなお「力（パワー）」という要素が欠けている。つまり複製子の性質が、どうにかして自らの複製される可能性に影響を及ぼさなければいけないのである。複製子について抽象的に述べていたときには、「力」は単に複製子そのものの直接的な性質、「粘着力」のような固有の性質だと見ていた。この初歩的な水準では、「力」という呼び名はほとんどふさわしくないように思われる。たとえば（ヘビが生存してきたことの間接的な結果として）毒牙のDNA暗号を増殖させるヘビの毒牙の力というふうに、進化のもっと後の段階で現われるもののためだけに私はこの言葉を使っている。最初のロウ・テク複製子が鉱物の結晶だったにしろ、DNAそのものの直接的前駆的な有機物だったにしろ、それらが行使した「力」は、粘着力のように直接的で初歩的なものだったと想像してかまわないだろう。ヘビの毒牙やランの花のように高度な水準の力はずっと後になってから現われたのである。

粘土にとって、「力」とは何だろうか？　同じ変異タイプの粘土がその付近に増えていく可能性に影響を及ぼすことのできる粘土の付随的特性とは、いったいどんなものだろうか？　粘土は珪酸や金属イオンなどの化学的構成要素からできている。それらの構成要素は、はるか上流にある岩から「風化」して、川の流れのなかに溶け込んでいる。適当な条件がそろうと、それらは水中で結晶化して、粘土を形成しながらさらに下流に向かう（このばあいの「流れ」というのは実際には地上を走る川より、むしろ地下水の浸み出しや細流である可能性が高い。しかし、話を単純化するため、今後も流れという一般的な言葉を使う）。ある特定のタイプの粘土結晶ができるかどうかは、とりわけ流れの速度やパターンに依存している。しかし、粘土の方でも流れに作用できる。つまり、その堆積が、水が通り過ぎていく川底の高さや形や表面のきめを変えることで、気まぐれな影響を及ぼす。粘土のある変異タイプが、たまたま流れを速くするように土壌の構造をつくり直せる性質をもち合わせていたと考えてみよう。問題の粘土は、結果として、ふたたび洗い流されてしまう。定義によって、このような粘土はたいそう「できがよい」とは言いがたい。ライバル変異タイプの粘土に好まれるように、流れを変えてしまうものも、これまた別のできのよくない粘土だろう。

もちろん、存在しつづけることを粘土が「望んでいる」のだと言っているわけではない。どんなばあいでも、偶発的な帰結、つまり複製子がたまたまそなえていた特性から生じるできごとについて話しているにすぎない。もう一つ別の粘土の変異タイプを考えてみよう。この粘土は、自分と同じタイプの粘土の堆積が将来促進されるようなぐあいに、流れを遅くする。自分に「好都合」なようにうまく流れを操作するのだから、この第二の変異タイプはあきらかに次第に優勢になっていくだろう。これは「できのよい」タイプの粘土となる。だがここまでは一段階淘汰にかぎっての話である。何らかのかたちの累積淘汰は、はたしてはたらきだせたのだろうか？

さらにもう少し想像を進めて、ある粘土の変異タイプが、流れを堰き止めることによって、自らが堆積される見込みを高めているとしよう。これは、その粘土に固有の疵の構造にもとづく偶然の結果である。このタイプの粘土が分布する流れではどこでも、浅く大きな淀んだ池が堰き止められてできて、本流は新しい流路にそらされる。流れのない池では、同じタイプの粘土がさらに多く沈澱する。このようなタイプの粘土の結晶の種子にたまたま「感染」したすべての流れでは、流れに沿って同じような浅い池が次々に増えていく。このとき、本流がそれてしまっているので、乾期になると浅い池は干上がってしまうことがよくあるだろう。粘土は太陽に乾かされ、ひび割れて、いちばん上の層は土ぼこりになって飛んで行く。この塵の粒子はどれも、流れを堰き止めた親の粘土に固有の疵の構造、つまり流れにダムをつくるという特性を与える構造を受け継いでいる。私の家のヤナギから運河に降りそそぐ遺伝情報に喩えれば、この塵はどうやって流れを堰き止めて、最終的により多くの塵をつくるかという「指令」を運んでいる、と言ってもよいだろう。塵は風に乗って遠く、広く運ばれて行くので、それまでこのようにダムを築く粘土の種子に「感染」していなかった別の流れに、いくつかの粘土粒子がたまたま着地する可能性は十分ある。いったん適当な種類の塵に感染すると、新しい流れはダムを築く粘土の結晶を育てはじめ、堆積、堰止め、干出、風食という全サイクルを再現する。

　これを「ライフ」サイクル（「生活」環）と呼ぶのは、重大な論点を真として話を進めることになるだろうが、たしかに一種の循環（サイクル）過程ではあり、累積淘汰をはじめる能力を本物の生活環と共有している。ある流れは、よその流れから吹き飛ばされてきた塵の「種子」に感染したのだから、流れを「祖先」と「子孫」の順に並べることができる。Bの流れを堰き止めて池をつくっている粘土は、Aの流れから吹き飛ばされてきた塵状の結晶のかたちでそこに飛来したとしよう。Bの流れの池もついには干上がり、塵をつくってFやPの流れに感染させるだろう。どの流れも、それを堰き止めている粘土の出自に関して「家系図」に配置できる。感染したどの流れにもその「親」の流れがあり、一本以上の「娘」の流れをもつこともある。それぞれの流れはその「発生」が塵の種子という「遺伝子」に左右されている一つの体に喩えられ、体は最終的に新たな塵の種子を生み出す。このサイクルの各「世代」は、結晶の種子が塵のかたちをとって親の流れから離れたときにはじまる。塵の各粒子の結晶構造は、親の流れの粘土からコピーされている。粘土は結晶構造を娘の流れに伝え、そこで成長し、増殖して、ついにはふたたび「種子」を送り出す。

祖先の結晶構造は、結晶の成長に偶発的な誤り、つまり原子の積み重なり方に偶然の変更がないかぎり、世代を経て保存される。同じ結晶内で後からできる層は先のと同じ疵をコピーし、もし結晶が二つに割れると、変化した結晶の亜個体群を生むことになる。ここで、結晶の堰止め／干出／風食のサイクルの効率が、結晶が変化したことによって良くなったり、悪くなったりすれば、その後の「世代」でどれだけ多くのコピーができるかに影響を与えることになる。変化した結晶は、たとえばより分裂（「繁殖」）しやすくなることもあったかもしれない。変化した結晶でできた粘土は、細かいやり方のさまざまな違いによって、流れを堰き止める力がより強くなったかもしれない。一定量の日射を受けてひび割れしやすくなったもののもあっただろう。ぼろぼろに崩れて塵になりやすくなったもののもあったろう。ヤナギの種子の綿毛のように、塵の粒子が風をとらえやすくなったものもあったかもしれない。「生活環」の短縮化をひき起こし、結果として「進化」の速度を速めたタイプの結晶もあったかもしれない。「世代」を経るうちに、しだいに「うまく」次世代に受け渡されるようになる機会は十分ある。言い換えると、初歩的なかたちの累積淘汰が進行する機会は十分なのである。

ケアンズ゠スミス自身の説を脚色した、この想像力の小さな飛躍は、累積淘汰をその壮大な道のりに沿って歩ませはじめたかもしれない、何通りかの鉱物の「生活環」の一つを取り上げているにすぎない。他にもいろいろある。塵に砕けて「種子」になるかわりに、自分の流れをあちこちに延びる数多くの小支流に分裂させて、ついには新たな河川系に合流して感染することで新たな流れへの進入権を獲得した結晶種もあったかもしれない。また、滝をこしらえて岩をより速く磨滅させ、そうして下流の方で新しく粘土をつくるのに必要な原材料が溶け込むことを促進した結晶種もあったかもしれない。原材料をめぐって競争している「ライバル」の結晶種に厳しい状況をつくりだすことで、自分の立場を有利にしていた結晶種もあっただろう。ライバルの結晶種を壊してその成分を原材料に用いる「捕食者」になった結晶種もあっただろう。ここでも、また現在のDNAにもとづく生命においても、「意図的な」工学技術を示すものは何もないことを心にとめておきたい。自らを存続させ、散布させる特性をたまたまそなえているこうした多種多様な粘土（あるいはDNA）で、世界がおのずとみたされるというだけのことである。

ここで、議論を次の段階に進めよう。ある系統の結晶は、その結晶が「世代」を重ねてゆくことを助ける、新しい物質の合成をたまたま触媒するかもしれない。それらの二次的な物質には、自らの祖先や子孫の系統が（どのみち最初にはないのだが）なかったかもしれないが、一次的な複製子の各世代ごとに新たにつくられただろう。これは自己複製する結晶系統の道具、つまり原始的な「表現型」のはじまりとみなせるかもしれない。無機物の結晶の複製子がもっていた複製しない

「道具」のなかで、有機分子のはたらきは傑出していたと、ケアンズ＝スミスは考えている。有機分子は、液体の流れや、無機物粒子の分解や成長に与える効果によって、商業的な無機化学工業でよく利用されている。そうした効果は、結局のところ、自己複製する結晶の系統の「性能」に影響を与えていただろう。たとえば、モンモリロナイト(3)というかわいい名前の粘土鉱物は、カルボキシメチル・セルロースというあまりかわいくない名前の有機分子が少量存在すると壊れてしまう性質をもっている。ところが、カルボキシメチル・セルロースの量がもっと少なければ、まったく逆の影響を及ぼして、モンモリロナイト粒子どうしが結びつくことを助ける。別の有機分子のタンニンは、泥に穴を掘りやすくするために石油工業で使われている。採油業者が有機分子を使って泥の流れや掘りやすさを操作できるのなら、累積淘汰が自己複製している鉱物に同様のものを利用させるようにみちびいてならない理由はどこにもない。

ここにいたってケアンズ＝スミスの説は、説得力を高める幸運なボーナスのようなものを得る。おなじみの有機物の「原始スープ」説を支持している他の化学者たちが、粘土鉱物がその助けになっていただろうということを、偶然にもずっと以前から認めているのである。その一人（D・M・アンダーソン）を引用しよう。「自己複製する微生物の地球上での出現をもたらしたいくつか、おそらくは多くの非生物的な化学反応の進行が、地球の歴史のごく初期に、粘土鉱物やその他の無機物質の表面に近接して起こったということは広く認められている」。続けてこの著者は、たとえば「吸着による化学反応体の濃縮」など、粘土鉱物が有機的な生命の出現を助けるうえでの五つの「機能」を列挙している。ここでその五つを書き出すことはもちろん、理解することさえも必要ではない。われわれの観点からは、粘土鉱物のもつそれら五つの「機能」のどれひとつをとっても、逆転が可能であるということが重要なのだ。この見解は、有機化学合成と粘土表面の間に密接な関係が成り立ちうることを示している。したがって、粘土の複製子が有機分子を合成して、それを自分自身の目的のために使ったという説にとってはボーナスになっている。

ケアンズ＝スミスは、粘土結晶の複製子がタンパク質や糖類、そして何よりも重要なRNAのような核酸を初期にどのように使っていた可能性があるか、ここで紹介するよりもずっと詳しく議論している。RNAはまず最初、採油業者がタンニンを使ったり、われわれが石鹸や洗浄液を使ったりするように、純粋に構造的な目的で使われていたとされている。RNA類似の分子は、中心部が負の電荷を帯びるため、おそらく粘土粒子の外側を覆う傾向をもつだろう。この話をつきつめると、目下の話題からはずれて化学の領域に踏みこんでしまう。ここでのそもそもの目的からして重要なことは、RNAないしその類似物が、自己複製しはじめるよりもずっと前に現われていたことである。ついに自己複製するようになったのは、鉱物結晶「遺伝子」がRNA（や類似の分子）の生産効率を改善するために進化させた工夫としてだった。しかし、自己複製する分子が新しく現われるやいなや、新しい種類の累積淘汰がはじまっただろう。もともとは付録だったこの新しい複製子は、本来の結晶よりもはるかに効率がよいことが明らかになって、それと交替してしまった。そして、さらに進化し続けて、とうとう今日よく知られているDNA暗号を完成させた。もともとの鉱物性複製子は役割を終えた足場のように退けられ、現在の生物はすべて、ただ一つの一様な遺伝システムと、ほぼ均質の生化学的性質とをそなえた、ある比較的新しい共通の祖先から進化した。

私は『利己的な遺伝子』で、人間は現在まさに新たな種類の遺伝的な乗っ取りの入り口に立っているのかもしれないと推理した。DNAという複製子は自分たちのために「生存機械」、つまりヒトも含めた生物の体を組み立てた。体は、その装備の一部として搭載型コンピューター、つまり脳を進化させた。脳は、言語や文化的な伝承という手段で他の脳と交信する能力を進化させた。だが、文化的な伝承という新たな環境は、自己複製する実体に新たな可能性を開いた。新しい複製子はDNAでもなければ、粘土の結晶でもない。それは、脳あるいは、本やコンピューターなどのように脳によって人工的につくり出された製品のなかでだけ繁栄できる情報のパターンである。しかし、脳や本やコンピューターがあれば、遺伝子と区別するために私がミームと名づけたそれらの新しい複製子は、脳から脳、脳から本、本から脳、脳からコンピューター、コンピューターからコンピューターへと広がって行ける。情報のパターンは広がりながら変化する、つまり突然変異を起こすこともある。そして、おそらく「突然変異」ミームは、私が本書で「複製子の力(パワー)」と呼んでいる影響力を発揮できるだろう。この力というのは、自らが増殖される可能性を左右するあらゆる種類の影響力を指していたことを思い出してほしい。新しい複製子の影響下での進化――ミーム進化――はその揺籃期にある。ミーム進化は、文化的進化と呼ばれる現象に現われている。文化的進化はDNAにもとづく進化より桁違いに速く進むので、「乗っ取り」ではないかと思わせるほどである。新しい種類の複製子の乗っ取りがはじまっているのなら、その親であるDNAを（ケアンズ＝スミスが正しければ、その祖父母の粘土も）はるか後方に置き去りにするところまで進んで行くだろうと考えられる。そうなるとすれば、コンピューターが先頭に立つのは確実だと言えるかもしれない。

遠い未来のいつかある日、人工知能コンピューターたちは自分たちの失われた起源に思いを馳せるのだろうか？　そのうちのあるものは、自分たちの本体の珪素を基礎にした電子工学の法則にではなく、有機的な炭素化学にもとづいた、遠い日の初期の生命形態に自らの出自があるという異端の真理に気づくだろうか？　ロボットのケアンズ＝スミスは『電子工学的乗っ取り』という題の本を著わすだろうか？　彼は電子工学版の「アーチのアナロジー」を再発見し、コンピューターは自然に出現できたのではなく、先行する何らかの累積淘汰の過程に由来するにちがいないと気づくだろうか？　ＤＮＡを初期の複製子の有力候補、電子工学的な強奪の犠牲者として詳述し、見直すだろうか？　そして、そのＤＮＡさえもさらにはるか昔の原始的な複製子だった無機的な珪酸塩の結晶に対する強奪者だったかもしれない、と推理するほどの洞察力をもっているだろうか？　かのロボットが勧善懲悪の精神の持ち主なら、三〇億年以上も続いたとはいえ、幕間のつなぎにすぎないＤＮＡにかわって、珪素にもとづく生命がついに復活したことに、ある種の正義を見てとるだろうか？

これはＳＦであり、おそらく無理なこじつけのように思えるだろう。でもそんなことは問題ではない。さしあたりもっと重要なのは、ケアンズ＝スミス自身の説を含めて、生命の起源に関する説がどれもみなこじつけで信じがたく思えるかもしれないということである。ケアンズ＝スミスの粘土説も、もっと正統派の有機物の原始スープ説もどちらもほとんどありそうにもないと感じるだろうか？　でたらめにぶつかり合う原子を結合させて自己複製する分子をつくりあげるには、奇跡が必要であるかに思えるだろうか？　そう、私だってときにはそう思うことがある。とはいえ、この起こりそうもなさ（不可能性）や奇跡の問題について、もう少し突っ込んで検討してみよう。そうすることによって、逆説的ではあるが、またそれだけにおもしろくもある理屈を開陳しようと思う。それは、もし生命の起源が人間としての意識からみて奇跡と映らないなら、科学者としては、少しは悩んでもみるべきだということである。（ふつうの人間の意識に照らして）どうみても奇跡的に思える理論こそが、生命の起源というこの特殊な問題に対して求められるべき理論なのである。結局は奇跡というものがいったい何を意味しているのかということになるこの議論が、この章の残りの部分を占めることになる。これはある意味では、先に行なった、何十億もの惑星についての議論の延長である。

さてそれでは、奇跡というのはどんなことを意味しているのだろうか。奇跡とは、起こるには起こるが、きわめて驚くべき現象のことである。もし聖母マリアの大理石像が突然われわれに手を振ったなら、あらゆる知識や経験に照らして石像はそんなふるまいをしないはずのものだから、奇跡とみなすべきである。私はたったいま「雷よ、いますぐわれを打ちたまわんことを」と叫んだ。もしすぐさま私が雷に打たれていれば、これも奇跡とみなされるだろう。しかし、実際には、この二つのできごとはどちらも、科学の立場からは、まったくありえないことだとは分類されないだろう。どちらも単にきわめてありそうもないことで、石像が手を振るのは雷に打たれるよりもはるかに可能性が小さいと判定されるだけだろう。雷は実際に人を打つ。誰かは雷に打たれるだろうが、ある一分間に雷に打たれる可能性はかなり低い（とはいえ、『ギネスブック』には、ヴァージニアに住む「人間避雷針」というあだ名の男が七回目の雷撃を受けて入院加療中に当惑の表情を浮かべた写真が載っている[5]）。私の仮想の話で唯一奇跡的なことといえば、私が雷に打たれることと言葉に出して災難を祈願したこととの偶然の一致である。

偶然の一致とは微々たる可能性の掛け算を意味している。私が一生のあいだのある一分間に雷に打たれる確率は、大きめに見積もっておそらく一〇〇〇万分の一だろう。私がある一分間に雷に打たれることを祈願する確率もやはりたいへん小さい。私のこれまでの二三四〇万分の人生で、いましがた一度やったきりで、二度とやるとは考えられないから、確率はまあ二五〇〇万分の一としよう。ある一分間に偶然の一致が起こる確率を計算するには、二つの別々の確率を掛け算すればよい。およその計算では、だいたい二五〇兆分の一となる。これほどすごい偶然の一致が私に起これば、それは奇跡と呼ぶべきで、これからは言葉に気をつけるだろう。しかし、偶然の一致が起こる確率はきわめて小さいものの、なお計算することができる。文字どおりゼロというわけではない。

大理石像の例では、固い大理石内の分子はでたらめな方向にたえず互いにぶつかりあっている。さまざまな分子のぶつかりあいが互いに打ち消し合うので、石像の手は全体として静止したままである。しかし、まったくの偶然の一致によって、全部の分子がたまたま同時に同じ方向に動いたなら、手が動くだろう。それから全分子が動く方向を同時に逆転すれば、手はもとに戻る。こんなふうにして、石像が手を振ることは可能である。ことによると起こるかもしれない。そういう偶然の一致が起こる可能性は想像もつかないほど小さいが、計算できないほどではない。同僚のある物理学者は、これをわざわざ計算してくれた。その結果はあまりにも小さな数で、宇宙開闢以来の全時間を費やしてもゼロを書ききれない！　理論的には、同じような小さな可能性で、ウシが月を飛び越えることもできる。ありそうなこととして想像できることよりもはるかに奇跡に近い領域まで計算してみることはできる、というのがここでの結論である。

次に、何をありそうなことと思うかという問題を検討してみよう。われわれがありそうなこととして想像できるのは、それよりはるかに範囲の広い、実際に起こりうるできごとのスペクトル（領域）のまんなかの狭い部分である。ときには、現に起こっていることより狭いばあいもある。これは光のアナロジーでうまく説明できる。われわれの眼は、長い電波を一端とし、短いX線を他端とする電磁波スペクトルのどこか中間にある狭い周波数帯（それを光と呼んでいる）に対応してつくられている。光という狭い範囲の外にある波は見ることができないが、計算することはできるし、検出する装置を製作することもできる。同じようにわれわれは、大きさや時間のスケールが、われわれが思い浮かべられるスケールを超えて双方向に広がっていることも知っている。われわれの心は、天文学者が扱う長い距離や、原子物理学者が扱う短い距離に対応できないが、数学的な記号を使ってそれらの距離を表わすことはできる。一ピコ秒（一兆分の一秒）という短い時間間隔を想像はできないが、ピコ秒を扱う計算もできれば、数ピコ秒以内に計算を終えるコンピューターも製作できる。われわれの心は一〇〇万年といった時間を想像できないし、一〇億年ならなおさらだが、地質学者はいつもそんな時間について計算している。

　われわれの眼が、自然淘汰がわれわれの祖先に見るように授けた狭い周波数帯の電磁波しか見られないのと同じように、われわれの脳も狭い範囲の大きさや時間に対応してつくられている。おそらくわれわれの祖先にとっては、日常生活の実用性の狭い範囲を超えた大きさや時間に対応する必要がなかったので、脳はそれらを想像する能力を進化させなかったのだろう。一〜二メートルというわれわれの体の大きさが、想像できる大きさの範囲のほぼ中間にあたるということには、たぶん意味があるのだろう。そして数十年という私たちの寿命も、想像できる時間の範囲のだいたい中間にあたっている。

　実現可能性や奇跡についても、同じようなことが言える。原子から銀河にいたる大きさのスケールや、一ピコ秒から一イーオン（一〇億年）にいたるタイムスケールにならって、実現可能性のスケール（尺度）に目盛りをつけたと考えてみよう。このスケールにはさまざまな目印がついている。

その左端には、G・H・ハーディの半ペニーの賭けの対象になった、「明日、太陽が昇る」可能性のように、ほぼ確実なことがらがある。この左端の近くには、二個のサイコロを一度だけ振ってどちらも六の目を出すといった、わずかに可能性の低いことがくる。この確率は三六分の一になる。これはきっと誰もが何度も経験していることだろう。スケールの右端の方へ移動すると、今度はブリッジのパーフェクト・ディール、つまり四人のプレイヤーがそれぞれ同じマークの札を一揃い全部配られるばあいの確率を示す別の目印がついている。これは二二三五秭一九七四垓六八九京五三六六兆三六八三億一五五万九九九九回に一回起こる。これを可能性の低さの単位として一ディーリオンと呼ぼう。もし一ディーリオンの可能性をもつなにごとかが予言され、それが実際に起これば、よくありがちなインチキの疑いがないかぎり、奇跡と判断すべきである。それでも、パーフェクト・ディールは公正な勝負で起きたかもしれないし、大理石像が手を振るよりは、ずっとずっとありそうなことである。さらに、この大理石像が手を振るといったことでさえ、すでに述べたように、起こりうるできごとのスペクトルのしかるべき位置にちゃんとおさまっている。それは、一〇億ディーリオンよりはるかに小さくなるとはいえ、その可能性を計算できる。サイコロの六のゾロ目と、ブリッジのパーフェクト・ディールとの間には、誰かが雷に打たれたり、サッカー賭博で大穴を当てたり、ゴルフでホール・イン・ワンを出したりといったことを含めて、たしかにときには起こりはするものの、多少とも可能性の低いできごとの範囲がある。誰かのことを何十年ぶりかで夢に見て、目醒めてみると、その人がその夜に死んでいたことを知るといった、背筋の寒くなるような不気味な偶然の一致も、やはりこの範囲のどこかに入る。こうした不気味な偶然の一致が自分や友人の誰かに起こると、強烈な印象を受けるものだが、そのありえなさはわずか一ディーリオンの一兆分の一の単位で測れる程度のものである。

目印ないしは基準点を刻んだ、数学的な実現可能性のスケールができたところで、われわれが日常的な会話や思考のなかで対処できる狭い範囲にスポットライトを当ててみよう。スポットライトの当たる幅の狭さは、眼で見ることのできる電磁波の周波数の範囲が狭いことや、想像できる大きさや時間の範囲が狭く、自分たちの体の大きさや寿命の付近にあることと類似している。実現可能性のスペクトルの上でスポットライトに照らされているのは、左端（確実なこと）から、ホール・イン・ワンや正夢を見るといった類のささやかな奇跡にいたるごく狭い範囲であることがわかる。スポットライトの範囲外には、数学的には計算可能な、実現可能性の低い領域が延々と広がっている。

われわれの脳は、眼が電磁波の波長を評価するように自然淘汰によってつくられてきたのとちょうど同じように、起こりそうな確率や危険率（リスク）を評価するように自然淘汰によってつくられてきている。われわれは、人間生活にとって役に立つであろう可能性の範囲内で、危険率や見込みを頭のなかで計算する力を身につけている。これは、たとえば、バッファローに矢を射かけたときに角で突き刺されるとか、雷雨を避けて孤立した樹木の下に逃げ込んだときに雷に打たれるとか、川を泳いで渡ろうとしたときに溺れてしまうといったレベルの危険率のことである。これらの容認できる危険というのは、数十年というわれわれの寿命に釣り合っている。もし、われわれが一〇〇万年も生きることが生物学的に可能であり、またそうしたいと望むなら、危険率をまったく別なふうに評価すべきである。たとえば、五〇万年間、毎日道路を横断していれば、そのうち車に轢かれるにきまっているだろうから、道路は横切らない習慣を身につけなくてはならない。

進化はわれわれの脳に、一世紀以下の寿命をもった生物にふさわしい、危険率や実現可能性についての主観的な意識を備えさせた。われわれの祖先は危険性や可能性についての判断をくだす必要にいつも迫られていた。そのため自然淘汰は、ともかくもわれわれが望める短い寿命を背景として起こりそうな確率を評価するよう脳をこしらえた。もしどこかの惑星に一〇〇万世紀の寿命をもつ生物がいれば、その生物の理解できる危険率のスポットライトは、例の実現可能性のスペクトルの右端に向かってずっと広がっているだろう。彼らは、ブリッジでときにはパーフェクト・ディールになるだろうと予期していて、そうなったところでわざわざそのことを国許に手紙で知らせるなどはまずしないだろう。しかし、大理石像が手を振るのを見れば、彼らだって青くなるだろう。それほどのすごい奇跡を見るには、一〇〇万世紀という寿命すら何ディーリオンかにあたるほどの年月を長生きしなければならないからである。

いったいこのことは生命の起源についての諸説とどう関係するというのだろうか？　そう、この議論は、ケアンズ＝スミスの説や、原始スープ説が少しばかりこじつけめいていて、起こりえない話のように思えるということを認めたところから始まった。この理由から、ふつうわれわれはこれらの説を拒否したい気持ちになる。しかし、「われわれ」は、理解可能な危険を照らすスポットライト、言い換えると計算可能な危険率の連続線上のずっと左の端だけを照らす鉛筆のように細い光線をとらえるようにこしらえられた脳をもつ生物であることを思い出してほしい。何を分の良い賭けだと思うかというわれわれの主観的判断は、実際に分の良い賭けが何であるかとは何の関連もない。一〇〇万世紀の寿命をもつ異星人の主観的な判断ともまったく異なっているだろう。ある化学者の仮説で想定されている自己複製する分子の最初の起源といったできごとも、一生の時間が数十年の世界で暮らすように進化によって組み立てられているわれわれなら、それを驚くべき奇跡だと判断するはずだが、かの異星人なら、いかにもありそうなことだと判断するだろう。長寿の異星人の視点とわれわれの視点のどちらが正しいかはどうやって決めればよいのだろうか？

この問いに答えるのは簡単である。ケアンズ＝スミスのような説や、原始スープ説の妥当性を考えるには、長寿の異星人の視点が正しいのである。その理由は、これら二つの説が、ある特定のできごと、つまり自己複製する実体の自然発生は約一〇億年（一イーオン）に一度起こったきりだと想定しているからである。一イーオン半というのが、地球の起源からバクテリアに似た最初の化石までに経過したおよその時間である。一〇年単位向きのわれわれの脳にとっては、一イーオンに一度だけ起こるできごとは、あまりに珍しくて、たいへんな奇跡のように思われる。長寿の異星人にとっては、それくらいのことは、われわれにとってのゴルフのホール・イン・ワンほどの奇跡ですらないだろう。たいていの人は、ホール・イン・ワンを達成した誰かを知っている誰かを知っている。生命の起源についての諸説を判断するには、生命の起源にかかわるタイムスケールとほぼ一致するので、長寿の異星人の主観的なタイムスケールの方がふさわしいのである。生命の起源についての説の妥当性に対するわれわれ自身の主観的な判断は、一億倍の倍率で誤ることになりそうである。

実際には、われわれの主観的な判断はおそらくさらに大幅に誤っているだろう。本来われわれの脳は、短期間のできごとの危険率を評価するようにできているばかりではなく、自分に個人的に起こる、あるいは自分が知っている狭い仲間うちの人たちに起こるできごとの危険率を評価するようにもできている。これは、われわれの脳がマス・メディアの発達した状況下で進化したのではないからである。大量の報道があるということは、もしとても起こりそうもないことが世界のどこかで誰かに起こったなら、われわれはそれを新聞とか『ギネスブック』とかで読んでしまうということである。世界のどこかで一人の演説者が、もし自分が嘘をついているなら打ってみろ、と公衆の面前で雷に挑み、しかも即座に雷撃を受けたなら、われわれはそれを読んでいたく感動するだろう。しかし、世界にはこのような偶然の一致がその身に起こるかもしれない数十億の人間がいるのだから、この見かけの偶然の一致というのは実際には思っているほどたいしたことではない。おそらく本来的にわれわれの脳は、自分自身や、部族生活を送っていたわれわれの祖先がニュースを聞けたであろう、太鼓の音が届く範囲にある、いくつかの村の仲間うちの数百人の人々に起こる危険率を評価するようにできているだろう。ヴァルパライソかヴァージニアの誰かに起こった驚くべき偶然の一致を新聞で読んだとき、われわれは必要以上に感動してしまうのである。新聞がカバーしている世界の人口と、われわれの進化した脳がニュースを聞けると「予期している」部族の人口との比率が一億対一だとすれば、おそらく一億倍は余計に感動しすぎていることになるだろう。

この「人口（個体数）の計算」は、生命の起源についての諸説の妥当性に対する判断にも関係している。このばあいは、地球上の人間の数でなく、宇宙にある惑星の数、それも生命が生まれたかもしれない惑星の数が問題となる。これはこの章のはじめに行なった議論なので、ここでくどくど述べる必要はない。ブリッジの手札やサイコロの目の出方の偶然性を基準点として目盛られた、起こりそうもないできごとのスケールに対するわれわれの心象についての話に戻ろう。このディーリオンとかマイクロディーリオンとかの目盛りをつけられたスケールの上に、新たに次の三点の目盛りを刻んでみよう。各太陽系ごとにほぼ一回生命が誕生すると仮定したときに、（たとえば一〇億年間に）ある惑星上に生命が誕生する確率。各銀河系ごとにほぼ一回生命が誕生するとしたときに、ある惑星上に生命が誕生する確率。生命が誕生するのは宇宙で一回だけとしたときに、無作為に選んだ惑星上に生命が誕生する確率。これら三つの点を、太陽系数、銀河系数、宇宙数とそれぞれ名づけよう。宇宙には約一〇〇〇億の銀河系があることを思い出してほしい。われわれに見えるのは恒星だけで惑星は見えないから、それぞれの銀河系にいったいいくつ太陽系があるかはわからないが、宇宙には一兆の一億倍ほどの惑星があるのではないかという推定をさきほどから採用してきた。

われわれが、たとえばケアンズ＝スミスの仮説で想定されている、あるできごとの実現可能性を評価するばあい、起こりそうだとか起こりそうもないとかの主観的な感覚に照らすのではなく、太陽系数、銀河系数、宇宙数のような数値に照らして評価すべきである。これらの三つの数のうちどれが最適かは、われわれが次の三つの命題のどれをいちばん真実に近いと考えるかにかかっている。

1　生命は全宇宙でただ一つの惑星にだけ誕生した（そしてその惑星は、前に述べたとおり、地球でなければならない）。
2　生命は一つの銀河系あたりほぼ一つの惑星に誕生した（われわれの銀河系では、地球がその幸運な惑星である）。
3　生命の誕生は一つの太陽系あたりほぼ一度は起こるくらいのまずは確実なできごとである（われわれの太陽系では、地球がその幸運な惑星である）。

これら三つの命題は、生命の希少性についての三つの典型的な見解を表わしている。おそらく生命の実際の希少性は、命題1と命題3で表わされる両極の間のどこかに位置するだろう。どうして私はそう言えるのだろうか？　とくに、生命の誕生が命題3で述べられているのよりもはるかにありふれたできごとだという第四の可能性はどうして除外すべきなのだろうか？　それには強い論拠はなく、真偽のほどはわからないが、こんなふうに言えるだろう。もし生命の誕生が、太陽系数から示唆されるよりもはるかにありふれたできごとであるなら、われわれはこれまでに、生物それ自体（とみなされるようなもの）とではないにしても、少なくとも電波を通じて、地球外生物と接触していたと予想すべきである。

　生命の自然発生を実験室内で再現しようという化学者たちの試みが失敗してきたことはよく指摘される。この事実は、そうした化学者たちが検証しようとしている説を否定する証拠となるかのように言われている。しかし実際には、化学者が試験管の中で自然に生命を発生させるのがいとも簡単だと判明することこそ懸念すべきなのだと主張できる。化学者たちの実験が、数千年や数百万年ではなく、ほんの数年続いたにすぎないからであり、その実験を行なったのが、数千人や数百万人ではなく、ほんのひとにぎりの化学者にすぎないからである。もし生命の自然発生が、わずかな化学者たちが実験を行なったわずかな期間中にも起こるほどありふれたできごとだったということになれば、生命は地球上で何度も、そして地球に電波が届く範囲の惑星でも何度も誕生しているはずである。もちろんこうした言い方はすべて、化学者たちがはたして初期の地球の状態をうまく再構成できていたかどうかという重大な問題を避けてはいるが、たとえそうであっても、その問題に答えることはできないのだとすれば、この主張は続ける価値がある。

　生命の誕生が、人間の通常の基準に照らしても起こりそうなことだとすれば、電波の届く範囲内の多数の惑星が、とうの昔から電波技術を発達させていて、われわれが電波技術をそなえるようになったこの数十年間に少なくとも一回の送信ぐらいは捕えているはずである（電波は一秒間に約三〇万キロの速さで進むことを思い出してほしい）。電波技術を発達させたのが、他の惑星でもわれわれと同じ頃からにすぎないと仮定すれば、その年月の間に電波が到達できる範囲には、おそらく五〇くらいの恒星がある。しかし、五〇年というのはほんの一瞬であり、他の文明がそれほどまでわれわれと歩調をあわせているのなら、それはたいへんな偶然の一致である。もし一〇〇〇年前から電波技術を発達させていた文明を計算のなかに採り入れれば、電波の届く範囲にある恒星は一〇〇万かそこらになるだろう（それぞれの恒星はその周囲に惑星をいくつかともなっている）。電波技術を一〇万年前にまで遡れる文明を含めるとすれば、一兆の恒星をもつ銀河系全体が電波の届く範囲に入るだろう。もちろん、それほどはるかかなたからでは、送信は著しく減衰していることだろう[6]。

　さてここでわれわれは次のような逆説に到達している。もし生命の起源についてのある説が、その妥当性に対するわれわれの主観的な判断を満足させるにふさわしい「もっともらしさ」をもつなら、われわれがまさに観測しているような宇宙における生命の少なさを説明するには「もっともらし」すぎることになる。この議論によれば、われわれの探し求めている説は、地球向きかつ一〇年単位向きのわれわれの限られた想像力ではとてもありそうもなく思われるような類の説でなくてはならない。これに照らせば、ケアンズ＝スミスの説も原始スープ説もともに、もっともらしすぎる側に誤っているおそれがあるように思われる！　こう言ってしまってから白状しなければならないのだが、こうした計算には不確実な点が多すぎるので、たとえある化学者が生命の自然発生的な創造に成功したとしても、私はちっともうろたえたりはしないだろう。

自然淘汰が地球上でどのようにしてはじまったのかは、依然として正確にはわからない。この章は、自然淘汰が生じたはずの方法の性質だけを説明するという慎ましい目的をもっていた。生命の起源についての確実に受け入れられる説明が現在欠けていることを、ときどき（というのはおそらく希望的観測だが）見られるように、ダーウィン主義的世界観全体に対する障害であるかのように受け取るべきではもちろんない。これまでの章でも、障害だと申し立てられているさまざまなものを片づけてきたが、次の章では、さらにもう一つ別の障害、自然淘汰は破壊するだけで建設できないという考えを取り上げてみる。

7章　建設的な進化

自然淘汰はまったく否定的な力でしかない、つまり奇形（フリーク）とかできそこないを取り除くことはできても、複雑で美しくしかも効率のよいデザインをつくりあげることはできないと、しばしば考えられている。自然淘汰はすでにそこにあるものから何かを差し引くだけなのだろうか？　はたして真に創造的と言えるような過程がそこに何かを付け加えはしないのだろうか？　彫像を指してこの問いに答えることも、部分的にはできる。大理石の塊には何も付け加えられない。彫刻家は削り取るだけだが、それでも美しい彫像はできあがる、と。しかし、この隠喩（メタファー）は誤解を招きやすく、人によって悪い側面――彫刻家は意識をもったデザイナーであるという事実――にまっしぐらに向かわせてしまいがちだ。しかも、彫刻家の作業は付け足しではなく、取り除きによっているという事実が重要なのに、そのことを見落とさせる可能性がある。とはいえ、この重要な側面についても、彫刻家の隠喩にこだわりすぎてはいけない。自然淘汰は取り除くだけかもしれないが、突然変異は付け加えることができるからである。いくつかの方法によって、突然変異と自然淘汰は力を合わせて、長い地質学的時間のうちに取り除きよりも付け加えとかかわりの深い複雑なものをつくりあげることができる。この複雑なものの構築には二つの主要な方法がある。その第一の方法は「共適応した遺伝子型」という名のもとで進行し、第二の方法は「軍拡競争」という名のもとで進行する。この二つは表面的にはかなり違って見えるが、「共進化」と「互いの環境としての遺伝子」という項目のもとに結びついている。

まずは「共適応した遺伝子型」という考え方からはじめよう。遺伝子が特定の効果をもっているのは、そこに遺伝子がはたらくべき構造がすでにあるからこそである。遺伝子が脳の配線に影響を与えうるのは、そもそも配線されつつある脳が存在しているからであり、そもそも配線途中の脳がありうるのは、発生中の完全な胚があるからであり、そして発生中の完全な胚がありうるのは、化学的、細胞的レベルでの出来事を決めるプログラム全体があるからであり、このプログラムはおびただしい他の遺伝子とおびただしい非遺伝的原因との影響下にある。遺伝子がもつ特定の効果は、その遺伝子の内在的性質ではない。それは胚発生中の特定の場所と時間に起こる発生過程の性質であり、その過程そのものの詳細も遺伝子によって変更されうる。われわれは、いま言ったようなことがコンピューター・バイオモルフの発生によって基本的なかたちで示されているのを理解したはずである。

ある意味では、胚発生の過程全体は、何千もの遺伝子がいっしょになって運営する協同事業とみなされる。胚は、発生しつつある生物体のなかで互いに協力してはたらいている遺伝子すべてによって組み立てられているのだ。さて、そういった協力がどのようにして起こるのかを理解するための鍵がここに登場する。自然淘汰では、つねに遺伝子は自らのいる環境のなかで繁栄する能力をめぐって淘汰される。われわれは環境というと、捕食者や気候を含む外部世界を考えがちだが、一つ一つの遺伝子の観点からすれば、おそらく環境のうちでもっとも重要な部分は、各遺伝子が出会う他のあらゆる遺伝子である。では、遺伝子はどこで他の遺伝子と「出会う」のだろうか？　遺伝子がいるのは連綿と引き継いできた個体の体の細胞のなかであり、たいていは、そこが出会いの場所だ。一つ一つの遺伝子は、体のなかで出会う可能性の高い他の遺伝子の集団とうまく協同する能力をめぐって淘汰されるのである。

　ある遺伝子にとって実際の環境をかたちづくっている遺伝子の真の集団は、特定の個体の細胞でたまたまいっしょになった遺伝子の一時的な集まりではない。少なくとも有性生殖種では、交雑可能な個体からなる個体群内の全遺伝子の集合、すなわち遺伝子「給源（プール）」が遺伝子にとっての実際の環境である。ある時ある遺伝子のどれか特定のコピーについてみれば、個別の原子の集まりだという意味では、それは一個体のどれか一つの細胞に位置しているにちがいない。しかし、この原子の集合はある遺伝子のどれか一つのコピーにすぎず、恒久的な重要性はない。それはわずか数カ月の単位で測られる平均余命しかない。すでに述べたとおり、寿命の長い進化的単位としての遺伝子は、ある決まった物理的構造ではなく、テクストに保存されており世代を経るたびにコピーされる情報である。このテクスト化した自己複製子は散らばって存在している。空間的には異なった個体のあいだに広く散らばっているし、時間的には多くの世代にわたって広く散らばっている。こんなふうに散らばった状態をみれば、一つの体を共有しているときに、ある遺伝子が他の遺伝子と「出会う」と言えるだろう。ある遺伝子は、存在としては散らばりつつ、そして地質学的時間をたどりつつ、あちこちの体で時をたがえて、さまざまな他の遺伝子と出会うと「期待」できる。成功した遺伝子とは、あまたある異なる体のなかで出会いそうなこれら他の遺伝子によって与えられた環境でうまくやる遺伝子のことだろう。そうした環境で「うまくやる」というのは、結局これら他の遺伝子と「協同する」ことにほかならない。それがもっとも直接にみられるのは、生化学的経路の例である。

生化学的経路は、エネルギーの放出とか重要な物質の合成など、なにがしか有益な過程において次々に生じる段階を構成する一連の化学反応である。この経路の各段階には、巨大分子の一つで、化学工場における一つの機械のような仕事を担っている、酵素が必要とされる。化学的経路の段階が違えば、必要な酵素も違ってくる。ときには同じ有益な目的に対して、二つ以上の代替可能な化学的経路のあるばあいがある。どちらの経路も、最終的には同じ有益な結果をもたらすが、その結果にいたるまでの途中の段階が異なっていたり、出発点が違っていたりするのがふつうである。この二つの代替経路のどちらかがうまく機能していれば、どちらが使われていようが問題ではない。ある動物にとって大切なのは、一度に両方の経路を利用しないようにすることである。そんなことをしてしまうと、化学反応に混乱が生じ、効率が悪くなるからだ。

さて、経路1は望ましい化学物質Dを合成するのに一連の酵素A1、B1、C1を必要とし、経路2の方は同じ最終産物にたどりつくのに酵素A2、B2、C2を必要とするとしよう。各酵素は特定の遺伝子によってつくられている。つまり、経路1の流れ作業の列を進化させるには、種はA1、B1、C1を暗号化しているすべての遺伝子を同時に共進化させなくてはならないし、その代替経路2の流れ作業の列を進化させるには、種はA2、B2、C2を暗号化しているすべての遺伝子を互いに共進化させなくてはならない。この二つの共進化のどちらが起きるかは、事前の計画で決まっているわけではない。どちらが選ばれるかは、各遺伝子がそのときたまたま集団中で優占している他の遺伝子との相性のおかげで淘汰されることによって決まるにすぎない。たまたま集団中にB１とC１の遺伝子がすでに豊富になっていれば、このことは、A２遺伝子ではなくA１遺伝子に有利な状況を設定するだろう。逆に、集団中にB２とC２の遺伝子がすでに豊富になっていれば、このことはA１遺伝子ではなくA２遺伝子が淘汰上有利になる状況を設定するだろう。

ことほどさように簡単ではないにしても、ある遺伝子を有利にしたり不利にしたりする「状況」のもっとも重要な側面は、その集団中ですでに多数を占めている他の遺伝子、すなわち体を共有する可能性の高い他の遺伝子だということを理解していただけたかと思う。同じことはそっくりそのまま、これらの「他の」遺伝子自身にもあてはまるので、遺伝子のチームが一丸となって問題を協同して解決する方向に向かって進化するというふうに思い描くことができる。遺伝子自身が進化するのではない。遺伝子はただ遺伝子プールのなかで生き延びたり生き延びそこなったりするだけである。進化するのはその「チーム」なのだ。他のチームも同じようにうまく機能しているだろうし、それ以上にうまく機能していることさえあるかもしれない。しかし一つのチームが種の遺伝子プール中に優占しはじめると、そのチームはそれによって必然的に有利になる。少数派チームがそこに割り込むのは、それがたとえ結局はより効率よく機能する少数派チームだったとしても、困難なことである。多数派チームは、単に多数派だというだけで、必然的に置き換えられにくくなっている。だからといって、多数派チームが絶対に置き換えられない、というわけではない。もし絶対置き換えられないというのなら、進化はブレーキがかかって停止してしまう。そうではなく、ここには一種の内在的な慣性があるというわけなのだ。

もちろん、この種の論点は生化学的レベルにとどまらない。眼、耳、鼻、歩行肢といったさまざまな部分、動物の体の協同して働く部分のすべてをつくる相性のいい遺伝子の集まりについて、同じような議論が成立するだろう。肉を嚙むのに適した歯をつくるための遺伝子は、肉を消化するのに適した腸をつくる遺伝子が優占した「状況」のなかで有利になりやすい。逆に植物をすりつぶす歯をつくるための遺伝子は、植物を消化するのに適した腸をつくる遺伝子が優占した「状況」で有利になりやすい。どちらのばあいでも、歯と腸の関係が逆転しても同じことだ。「肉食遺伝子」チームはいっしょに進化しやすいだろうし、「草食遺伝子」チームもいっしょに進化しやすいだろう。まあ、ある意味では、一つの体のなかで仕事をしている遺伝子の大部分は、互いに一つのチームとして協同していると言ってもよい。なにしろ、それら（つまり、それら自身の祖先コピー）は、進化的時間にわたって互いに自然淘汰の作用を及ぼしあう環境の一部をなしてきたのだから。なぜライオンの祖先が肉食を採用し、レイヨウの祖先が草食を採用したのかという問いには、最初は偶然だったと答えることもできるだろう。偶然というのはつまり、草食を採用したのがライオンの祖先で、肉食を採用したのがレイヨウの祖先だったということもありえた、という意味である。けれども、ある系統がいったん草よりも肉を扱う遺伝子チームを築き上げだしてしまうと、この過程は必然的に（自己）強化されていくだろう。そして、別の系統がいったん肉よりも草を扱う遺伝子チームを築き上げだしてしまうと、その過程は必然的にもう一つの方向に強化されていくだろう。

生物の初期進化に起きたに相違ないおもな出来事の一つは、そうした協同事業に参与する遺伝子の数が増えたことである。バクテリアの遺伝子の数は、動物や植物に比べてずっと少ない。遺伝子の数はそこから、種々の遺伝子重複などによって増えてきたのだろう。思い出していただきたいのだが、遺伝子というものは、コンピューターのディスクに書き込まれたファイルのように、ある長さの暗号化された記号（シンボル）なのだ。ファイルがディスク上の違うところにコピーされるのとちょうど同じように、遺伝子は染色体上の違うところにコピーされることがある。この章の原稿を収めてあるディスクには、公式にはたった三つのファイルしかないということになっている。「公式には」というのは、コンピューターのオペレーティング・システムが表示するところでは、たった三つのファイルしかないということである。私はコンピューターに命令して三つのファイルのどれかを読み出し、アルファベットの文字列として目の前に提示することができる。そのなかには読者がいま読んでいる文字もある。まったくそれは秩序だっているように見える。しかし、じつのところディスクそのものに入っているテクストの配列は、手際よく統制がとれているどころではない。コンピューター自体の公式のオペレーティング・システムの統制から抜け出して、ディスクの全セクターに実際に書き込まれているものを解読する個人的プログラムを書き上げてみれば、どんなふうになっているか覗いてみることができる。三つのファイルはそれぞれの断片としてあたりに点在し、互いの間に挟まれたり、私が以前に消してそのままもう忘れてしまった古い死んだファイルの断片に挟まれたりしているのがわかるだろう。どの断片も、ディスク全体のあちこち数箇所に一字一句そのままに見つかったり、多少違ったかたちで見つかったりするだろう。

　そうなっている理由はなかなかおもしろいし、遺伝学にぴったりのアナロジーを提供するので、論じておく価値があろう。あるファイルを消去するようコンピューターに命ずると、コンピューターはその命令に従っているようにみえる。しかし、実際にはそのファイルのテクストは一掃されているわけではない。ファイルのありかを示すすべての指針が一掃されたにすぎない。まあいえば、ふうに利用するかといった、要は本棚にはいっている本の指針のようなものだけは残す」――

『チャタレー夫人の恋人』を抹殺せよと命じられた図書館員が、本はそのまま書棚に残しておいて、検索カードから問題のカードだけ抜き出して破り棄ててしまうようなものである。コンピューターにとって、これはまったく経済的な物事のやり方だ。というのは、「消去された」ファイルがそれまで占めていた空間は、その古いファイルの指針が取り除かれると同時に、自動的に新しいファイルに利用できるようになるからである。その空間をほんとうにわざわざ空白で埋めたりしていては、時間の浪費になるだけだ。古いファイル自体は、それが占めていた空間がたまたま全部新しいファイルをしまい込むのに使われないかぎり、完全になくなることはないだろう。

しかし、この空間の再利用は少しずつ生じていく。新しいファイルはめったなことでは前のファイルと同じ長さになったりしない。コンピューターは新しいファイルをディスクに保存しようとするとき、まず最初の空いている断片的空間を探して、その新ファイルの内容を収まるだけそこに書き込む。次いで、別の空いている断片的空間を探してもう少しだけ書き込む。ファイルは一個の統制のとれた文字列だと人がイル全体がディスクのどこかに書き込まれていく。ファイルは一個の統制のとれた文字列だと人が錯覚しているのは、コンピューターがあちこちに点在している全断片の番地を「指し示す」レコードを注意深く維持しているからにすぎない。これらの「指針」は、『ニューヨーク・タイムズ』に使われている「九四ページにつづく」という指針のようなものである。テクストの断片のコピーが一つのディスク上にいくつも見いだされるのは、この本の各章の原稿がそうであるように、テクストを何十回も繰り返し編集していると、そのつどそのつどの改訂版が結局ディスクに（ほとんど）同じテクストとして新たに保存されてしまうからである。そのようにして保存すれば、表面的には同じファイルを保存したことになるだろうが、おわかりのように、実際にはそのテクストはディスク上の空いた「隙間」に繰り返しばらまかれている。といったわけで、あるテクストの断片は複数のコピーとしてディスクの表面全体に見いだされるのであり、ディスクが古くて何度も使われていればいるほど、そうなっているのである。

さて、ある種にそなわったDNAのオペレーティング・システムはまったくもってずいぶん古いし、長期的に見れば、ディスクファイル付きのコンピューターにいくらか似たことをしているという証拠がある。その証拠の一部は「イントロン」と「エクソン」[1]という興味深い現象からもたらされる。近年明らかになってきたように、「一個」の遺伝子は、ひとつづきに読み通されるDNAテクストの一小節という意味では、一箇所にまとめてしまい込まれているのではない。実際に染色体に沿って見られるとおりに暗号文字を読んでみれば（すなわち「オペレーティング・システム」の統制から抜け出すのと同じことをしてみれば）、エクソンと呼ばれる「意味のある」断片がイントロンと呼ばれる「無意味な」部分によって分断されているのがわかるはずである。機能的な意味での「遺伝子」はどれでも、意味のないイントロンによって分断され、とびとびにつながった断片（エクソン）に分割されている。ちょうどそれぞれのエクソンが「九四ページにつづく」といった指針で終わっているようなものだ。したがって、タンパク質への翻訳のための「公式」オペーレーティング・システムによる読み出しが起こるときに、ようやく一連のエクソンが全部つなぎ合わされて一個の完全な遺伝子ができあがるのである。

さらに他の証拠としては、染色体にはいまでは使われていないものの、まだそれとわかるような意味をもった古い遺伝的テクストがとり散らかっているという事実がある。コンピューター・プログラマーにとって、こうした「遺伝的化石」（断片）の分布パターンは、テクスト編集に繰り返し使われていた古いディスク面上のテクストのパターンに、驚くほどよく似ている。いくつかの動物では、総遺伝子数のうち相当な割合が全然読まれていない。これらの遺伝子はまったく無意味か、旧式化した「化石遺伝子」か、どちらかである。

ときとしてテクストの化石は、私がこの本を書いていて経験したように、甦ってくることがある。コンピューターのエラー（というか、正確に言えば人間のエラーだったのかもしれない）によって、私はふとしたことから3章の入ったディスクを「消去」してしまった。もちろん、テクスト自体は文字どおりに全部消されたのではなかった。消されたとはっきりしているのは、各「エクソン」の始まりと終わりを示す指針だったのだ。「公式」にはオペレーティング・システムは何も読めないが、「非公式」に私は遺伝子工学者のまねをして、ディスクにあるテクストを全部調べることができた。そこで私が見たものは、最近のものあり、古代の化石ありのテクストの断片の目のまわるようなジグソー・パズルだった。このジグソーのかけらをつなぎ合わせて、ようやくその章を再生できたのである。しかし、私にはどの断片が新しく、どの断片が化石なのか、ほとんど見分けがつかなかった。いくらか新たな編集をやり直さなくてはならないという細かい点を除けば、みんな同じだったので、そんなことはどうでもよかったのだ。少なくとも「化石」のいくつか、あるいは旧式化した「イントロン」のいくつかは、ふたたび甦っただろう。そのおかげで私は苦境から救われ、その章をまるごと書き直すという手間のかかる仕事をしないですんだのである。

生きている種でも、ときおり「化石遺伝子」が一〇〇万年かそこらの眠りから覚めて甦り、再利用されているという証拠がある。だが、その詳細に立ち入ると、この章の本筋からあまりにも遠ざかってしまうことになる。なにしろ、お気づきのとおり、われわれはもうすでにかなり脱線してしまっている。ある種における遺伝的総容量は遺伝子重複によって増加するかもしれない、というのが話のもとだった。現存する遺伝子のうち古い「化石」コピーの再利用は、遺伝的容量の増加をもたらす一つの方法である。もう一つのより直接的な方法がある。すなわち、ファイルが同一ディスクの別のところへ、あるいは他のディスクへ複製されるように、遺伝子が染色体のあちこちにコピーされることによるものだ。

人間は、いくつかの違った染色体に乗っているグロビン遺伝子（いろいろな役割があるが、なかでもヘモグロビンをつくるのに使われている）と呼ばれる八つの別個の遺伝子をもっている。究極にまで遡れば、八つの遺伝子がすべてただ一つのグロビン遺伝子の祖先からコピーされてきたものだというのは確かのようである。約一一億年前、グロビン遺伝子の祖先は重複を起こして二つの遺伝子になった。この出来事の起こった年代を決めることができるのは、グロビンが通常どのくらいの速さで進化するかについての別の証拠が得られているからである（5章および11章参照）。最初の重複によってできた、この二つの遺伝子のうち一つが脊椎動物のヘモグロビンをつくるあらゆる遺伝子の祖先になった。もう一方の遺伝子は、筋肉のなかではたらく近縁のタンパク質であるミオグロビンをつくるあらゆる遺伝子の祖先になった。その後、重複が繰り返され、いわゆるアルファ、ベータ、ガンマ、デルタ、イプシロン、ツェータなどのグロビンができあがってきた。たいへん興味深いことにわれわれは全グロビン遺伝子族の完全な系図を構築できるし、その分岐点のすべての年代を決定することさえできる（たとえば、デルタ・グロビンとベータ・グロビンは約四〇〇〇万年前に、イプシロン・グロビンとガンマ・グロビンは約一億年前に分かれた）。それでもこれら八つのグロビンは、遠い祖先に生じた大昔の枝分かれに由来する子孫として、今でも、その全部がわれわれ一人一人のうちにそなわっている。それらはある祖先の染色体のいくつかの部分に分散し、われわれめいめいは異なる染色体上にこれらのグロビン遺伝子を受け継いできた。この分子は大昔の分子のいとこと、主要部の組成が共通している。そうした重複が染色体のあらゆるところで、地質学的時間にわたって大量に起きてきたのはまちがいない。これは、本物の生命が3章のバイオモルフよりも複雑であることを示す重要な点である。バイオモルフはどれも九つの遺伝子しかもっていなかった。それらは九つの遺伝子の変化によって進化したのであり、遺伝子の数が一〇に増えることによって進化したのではなかった。本物の動物の場合でも、ひとつの種のメンバーは全員同じDNAの「番地」システムを共有している、という一般的な言い方をしてもまずさしつかえない程度に、そうした重複はまれではある。

　種のなかでの重複は、協同しあう遺伝子の数が進化において増加する唯一の方法というわけではない。さらにまれではあっても、ことによるときわめて重要かもしれない出来事は、別種、それも極端に類縁関係の遠い別種からの偶然的な遺伝子の組み込みである。たとえば、マメ科植物の根にはヘモグロビンがある。これは他の植物の科には決して見られないので、おそらくウイルスを媒介者として動物から交叉感染（クロス・インフェクション）によってどうにかしてマメ科に入り込んだのはほとんど確実のようだ。

　アメリカの生物学者リン・マーギュリス[2]の、しだいに好意的に受け入れられつつある学説によると、このことと関連してとくに重要な出来事が、いわゆる真核細胞の起源にさいして生じた。真核細胞とはバクテリアの細胞を除くすべての細胞である。生物界は基本的にはバクテリア対それ以外に分けられる。われわれはそれ以外の方に属していて、ひっくるめて真核生物と呼ばれている。バクテリアと違うおもな点は、われわれの細胞の内部にはいくつかの別々に分かれたミニ細胞があることである。これらのミニ細胞とは、染色体を宿している核や、ややこしく折りたたまれた膜のつまったミトコンドリアと呼ばれる小型爆弾のような形をした物体（図1に簡単に示されている）、植物の（真核）細胞に見られる色素体などである。ミトコンドリアと色素体は独自のDNAをもっていて、これらのDNAは核の染色体上にある主DNAとはまったく別個に自己複製したり増殖したりする。あなたのなかにあるミトコンドリアはすべて卵に乗って母方からやってきたミトコンドリアの小集団の子孫である。精子はミトコンドリアを収納するには小さすぎるので、ミトコンドリアはもっぱら雌経由で伝わる。雄の体はミトコンドリアの繁殖に関するかぎり行き止まりなのだ。ついでに言えば、われわれはミトコンドリアを使って祖先のたどった雌方の道すじを厳密にたどれるということになる。

マーギュリス説は、ミトコンドリアや色素体、その他いくつかの細胞内構造がそれぞれバクテリアに由来しているというものである。真核細胞はおよそ二〇億年前に、数種類のバクテリアが力を合わせてできあがったらしい。その方が互いに相手から利益を得られたためだ。それらは途方もなく長い時間かかって徹底した統合を進め、協同的単位となった結果、真核細胞となり、あまつさえ、かつては別々のバクテリアだったという事実——かりにそれが事実であるとしてだが——を探り当てることができないくらいになってしまった。

真核細胞ができてしまうと、新たな広がりをもったデザインがそっくり可能になったように思える。いままで論じてきた観点からいちばん興味深いのは、細胞が何十億もの細胞からできた大きな体をこしらえるようになったことである。すべての細胞は二分裂によって増殖し、そのかたわれはどちらも遺伝子を一揃い全部もっている。針の頭の上にいるバクテリアの例でみたとおり、次々と二分裂していけば、たちまちにして莫大な数の細胞が生み出される。一つの細胞からはじめて、それが二つに分裂するとしよう。続いて二つの細胞がそれぞれ分裂して四つの細胞ができ、その四つがまた分裂して八つの細胞ができる。この数は八から一六、三二、六四、一二八、二五六、五一二、一〇二四、二〇四八、四〇九六、八一九二というふうに、次々と倍増していく。たった二〇回くらい倍になっただけで、たいして時間はかからないのだが、何百万もの数にふくれあがる。わずか四〇回の倍増で細胞の数は一兆以上にもなる。バクテリアのばあい、次々と倍増してできた莫大な数の細胞は、ばらばらの道を歩んでいく。同じことは、たとえばアメーバのような原生生物など多くの真核細胞にもあてはまる。進化における大きな一歩が踏み出されたのは、分裂によって次々とつくりだされた細胞が、独立して離れていくかわりに、いっしょにくっついたときである。比較にならないくらい小規模だけれど、二方向へ分枝するコンピューター・バイオモルフがちょうどそうであるように、高次構造はそうなってからはじめて現われた。

さて、これではじめて体が大きくなる可能性が生まれた。ヒトの体はまさしく巨大な細胞集団であり、その細胞はすべて一つの祖先、すなわち受精卵の子孫である。したがってその細胞も、体のなかの他の細胞のいとこであったり、子供であったり、孫であったり、叔父であったりする。われわれ一人一人を構成している一〇兆の細胞は、数十世代にわたる二分裂によってできあがったものである。これらの細胞は（好みしだいで）およそ二一〇の異なった種類に分類される。それらはすべて同じ遺伝子のセットによってつくられているが、細胞の種類によって遺伝子セットの違った部分のスイッチが入っている。そういうわけで、おわかりと思うが、肝細胞は脳細胞と違っていて、骨細胞は筋細胞と違っているのである。

多細胞体の器官や行動様式を通じてはたらきかける遺伝子は、単細胞がいくら自らにはたらきかけても及ばないようなやり方で、それ自身の増殖を確実にすることができる。多細胞体のおかげで遺伝子は、単細胞より桁はずれに大規模な道具を使って世界を操作できるようになる。遺伝子は細胞へのずっと規模の小さいより直接的な効果を通じてこうした大規模な間接的操作をなしとげている。たとえば、遺伝子は細胞膜の形を変える。それから細胞は巨大な集団として相互作用して、大規模なグループ効果を生みだし、腕とか足とか（もっと間接的に）ビーバーのダムなどをつくりだす。われわれの肉眼で見ることのできる生物体の大部分の性質は、いわゆる「創発的性質」である。九つの遺伝子をもったコンピューター・バイオモルフでさえ、創発的性質をもっていたのだ。本物の動物では、それらは細胞間の相互作用によって体全体のレベルでつくりだされる。生物体というのはまるまる一個の単位として機能し、その遺伝子は生物体全体に効果を及ぼしているといえる。たとえ、どれか一つの遺伝子のコピーはそれぞれ自身のいる細胞内でしか直接の効果を発揮していないとしても、である。

すでに見てきたとおり、遺伝子の環境としてひじょうに重要な部分は、世代が進むにつれ次々と生じる体の中で出会うであろう他の遺伝子である。これらはその種の内部でいろいろな組合せで組み換えられる遺伝子だ。実際、有性生殖種というものは、互いになじみの深い遺伝子のセットのそれぞれをさまざまに組み換える装置だと考えることができる。この見方によれば、種はたえずかき混ぜられている遺伝子の集合体であり、遺伝子はその種のなかで互いに出会い、他種の遺伝子とは決して出会わないということになる。とはいうものの、異なった種の遺伝子も、たとえ細胞の内側でひしめきあって直接に出会わなくとも、ある意味では相互の環境として重要な部分を構成している。その関係は協同的ではなく敵対的なことがよくあるが、これはちょうど正負の符号がひっくり返ったものとみなせる。ここへきて、われわれは本章の第二の主題である「軍拡競争」にたどりついた。軍拡競争は、捕食者と餌生物のあいだ、寄生者と寄主のあいだ、一つの種の雄と雌のあいだ——この問題はやや微妙だが、突っ込んで論じるつもりはない——にさえ存在する。

軍拡競争は個体の一生といった時間ではなく、進化的時間で進行する。それは、一方の系統（たとえば捕食者）が進化させた装備上の改善に対する直接の帰結として、他方の系統（たとえば餌生物）が生き延びるために装備を改善させることから成り立っている。軍拡競争は、各個体に進化的な改善能力をそなえた敵がいる場合ならどこでも見られる。私が軍拡競争に最大級の重要性を認めるのは、進化に見られる「前進性」を導入してきたのは大部分軍拡競争だからである。というのは、かつての先入観とはうらはらに、進化には内在的に前進するようなものは何もないからだ。動物の立ち向かわなくてはならない問題が、気象とかその他の非生物的環境によって投げかけられたものだけだとしたら、いったい進化がどんなふうになっていたかを考えてみれば、それがわかるはずである。

ある一つの場所で何世代にもわたる累積淘汰がはたらいたあとでは、その地方の動植物はその場所の条件、たとえば気象条件にぴったり合うようになる。寒ければ、動物は毛や羽毛の厚いコートをもつようになるだろうし、乾燥していればどんな少量の水分でも保つように革やワックスなどをつけた防水性の皮膚を進化させるだろう。局地的条件への適応は、形や色、内部器官、行動、細胞内の化学反応など、体のすみずみにまで影響を及ぼす。

ある動物の系統の生活条件が一定のままなら、たとえば乾燥して暑かったとしてそれが一〇〇世代にもわたってずっとそのままなら、その系統の進化は少なくとも温度や湿度への適応に関するかぎりブレーキがかかって停止してしまいそうである。その動物は局地的条件に対しては可能なかぎりうまく合うようになるだろう。これはそれ以上に良くするために完全にデザインされ直すことは絶対にありえないという意味ではない。その動物がもはや小さな（それゆえ起こりそうな）進化の歩みによってデザインを改善することはできない、ということである。まあいえば、「バイオモルフ空間」でそれに相当する局地的最適者のすぐ隣に位置するものにはその最適者以上のことはできない、というようなものである。

何らかの条件が変化しないかぎり、進化は行き詰まってしまう。たとえば、氷河期のはじまりだとか、その地域の平均降水量の変化だとか、卓越風の風向きの変化などが必要だ。そういった変化は、進化的時間のように長いタイムスケールを扱っているときには確かに起きることである。結果として、進化はふつうブレーキがかからず、変化する環境をたえず「あと追い」している。その地域の平均気温が着実に下降傾向をたどり、しかもその傾向が何世紀にもわたって続くなら、動物は延々と何世代も一定した淘汰圧を受けて、たとえば毛皮を厚くするといった方向へ推進されるだろう。二、三〇〇〇年も温度が低下したあとでその傾向が逆転し、平均気温がそろそろと上がりだすと、その動物は今度は新しい淘汰圧の影響下におかれ、ふたたび毛皮を薄くする方向へ押し出されるだろう。

ところで、いままでわれわれが考慮してきたのは、環境の限られた部分、すなわち気象だけだった。気象は動物にも植物にもきわめて重要なものである。そのパターンは何世紀も経つうちに変化するので、たえず進化を揺り動かしつづけ、その変化を「あと追い」させていく。しかし、気象パターンの変化はでたらめで一貫してしない。動物の環境には、それよりもさらに一貫して悪意のある方向で変化し、しかも「あと追い」される必要のある部分がある。環境のこうした部分とは、生物それ自体である。ハイエナのような捕食者にとって、その環境のうち少なくとも気象と同じくらい重要な部分は、餌生物つまりヌーやシマウマやレイヨウなどの変化する個体群だ。草を求めて平原をさまよい歩くレイヨウやその他の草食獣にとっても、気象だけでなく、ライオンやハイエナなどの肉食獣も重要である。累積淘汰のおかげで、動物は気象条件にうまく適合するようになるだけでなく、捕食者よりも速く走ったり、餌生物の裏をかいたりするのにうまく適合するようになる。そして、長期的な気象変動が進化によって「あと追い」されるのと同じように、捕食者の習性や武器の長期的変化は餌生物側の進化的変化によって「あと追い」されるだろう。むろん、その逆も同じである。

ある種にとっての「敵」という一般的な用語は、その生活を困難にするようなはたらきをする他の生物を指すのに用いることにしよう。ライオンはシマウマの敵である。この言いまわしをひっくり返して「シマウマはライオンの敵である」と言ってのけるのは、いささか無神経のように思えるかもしれない。この関係にあってシマウマが果たしている役割といえば、あまりにも無害で虐げられていて、とても「敵」などという非難めいた言葉で呼べないようにみえる。しかし、一頭一頭のシマウマは全力を尽くしてライオンに食われまいと抵抗しており、ライオンの観点からすれば、このことはライオンたちの生活を困難にしているのだ。かりにシマウマなどの草食獣たちが完全にその目的をまっとうすれば、ライオンは飢えて死んでしまうだろう。したがって、ここでの定義からすれば、シマウマはライオンの敵なのである。サナダムシのような寄生虫は寄主の敵であり、そして寄主も寄生虫に対抗する手段を進化させる傾向にあるので、やはり寄生虫の敵である。草食者は植物の敵であり、植物も刺や有毒物質または味の悪い化学物質をつくりだしているからには、草食者の敵なのだ。

動物や植物の系統は、進化的時間のうちには、平均的な気象条件の変化をあと追いするのに劣らないくらいきめ細かく、敵の変化を「あと追い」するだろう。チーターの武器や戦術の進化的改善は、ガゼルの観点から言えば、気候の着実な悪化に似ていて、同じような方法であと追いされる。しかし、この二つの間には、一つのきわめて重要な違いがある。気象は何世紀にもわたって変化するが、とりたてて悪意をもった方法で変化したりしない。気象はガゼルを「捕え」ようとしたりしないものだ。平均的チーターも何世紀にもわたって変化する。それは年間平均降水量が変化するのと同じである。しかし、年間平均降水量がとくに決まった理由や周期もなく上がったり下がったりするのに対して、平均的チーターは何世紀も経つうちに、その祖先よりガゼルの捕獲能力を高める傾向にある。というのは、チーターの連続世代は、年ごとの気象条件の連続変化と違って、それ自体累積淘汰を被るからである。チーターの足はだんだん速くなり、目はだんだん鋭くなり、歯はだんだん磨ぎすまされるようになるだろう。気象をはじめとする無生物条件は、いかに「敵対」しているようにみえても、さらに着実に敵対化していくような必然的傾向はもっていない。生きている敵は、進化的タイムスケールでみれば、まさしくそうした傾向をもっているのだ。

肉食獣がしだいに「よりよく」なる傾向は、餌生物の側にもそれに平行した傾向がなければ、人間界の軍拡競争のように（あとでわかるように経済的コストのせいで）たちまち失速してしまうだろう。同じことは餌生物側にもあてはまる。ガゼルはチーターと同じく累積淘汰を受け、やはり世代を重ねるにつれて速く走ったり、すばやく反応したり、丈の高い草のなかに混じって見えなくなったりする能力を改善する傾向にあろう。ガゼルもまた、よりすぐれた敵になる方向で進化できるのである。このばあいはむろんチーターの敵にだ。チーターの観点からすれば、年間平均気温の変化は、よく適応した動物にとってはどんな変化でも悪化として受けとめられるといった意味を除けば、年を経るにつれてひたすら良くなったり、あるいは悪くなったりはしない。しかし、年間平均ガゼルはひたすら悪くなる、つまりチーターから巧みに逃げるように適応していくので、だんだん捕えにくくなる一方である。ここでも捕食者がそれに平行して改善する傾向を示さないなら、ガゼルの前進的な改善への傾向にはやがてブレーキがかかってしまうだろう。一方が少し良くなれば、他方も少し良くなる。そして他方が少し良くなれば、一方も少し良くなる。この過程は、何十万年というタイムスケールで悪意にみちた螺旋を描いていく。

国家という世界においてこれよりずっと短いタイムスケールで、二つの敵が兵器類を互いに他方の改善に反応して前進的に改善させているとき、これを「軍拡競争」という。それと進化のアナロジーはこの言葉の借用を正当化できるほど密接であり、私はこうした明快なイメージをもった言葉を粛清しようとする気取り屋の同僚たちに何の弁解もしない。私はここでガゼルとチーターという単純な例を用いてこの考えを導入してきた。そうしたのは、それ自体が進化的に変化する生きた敵と、変化はしてもひたすらに進化的変化をしていくわけではない気象のような悪意のない無生物的条件とのあいだに、重要な相違点があることをあきらかにしたいがためだった。さてしかし、この確かな論点を説明しているうちに、私は別の意味で読者を誤解させてしまっているかもしれないと、そろそろ認めておいたほうがよさそうだ。よくよく考えてみればあきらかなように、私の描いた、たえず進歩する軍拡競争などというものは、少なくともある点では単純すぎた。走行スピードを考えてみよう。軍拡競争の考え方にしたがえば、このままだと、チーターとガゼルは世代が進むにつれてどんどん速くなり、ついには両方とも音速を超えてしまうだろう。こんなことは起こっていないし、起こるはずもない。軍拡競争についての議論を再開する前に、あらかじめ誤解のもとを制しておくのが私の務めというものだ。

最初に加えるべき制限はこうである。私が与えた印象では、チーターが餌生物を捕える能力やガゼルが捕食者を回避する能力は着実に上昇していくかのようである。読者は、世代ごとにその親世代よりもすぐれて、立派で勇敢になるものだというヴィクトリア朝のごとき断固たる進歩の理念を思い浮かべたかもしれない。自然界にある真実は、それとはまったく違っている。意味のある改善が検出できるようになるタイムスケールは、いずれにせよ、ある世代とその前の世代とを比較して検出されるなどというよりははるかに長いものだろう。さらに、その「改善」はちっとも連続的ではない。それは、軍拡競争という概念に示唆されるような改善の方向に向かった堅実な「前進」などではなく、停滞したりときには「逆行」しさえする気まぐれな事件なのだ。私が「気象」という一般項目にひっくるめた条件の変化、すなわち無生物的力の変化は、その場の観察者が気づきうるかぎりでは、軍拡競争というゆっくりした、むらの多い傾向を押し流してしまいそうに思える。軍拡競争には長期間にわたっていかなる「前進」も、ことによるといかなる進化的変化も、まったく起こらないといったことがあってもおかしくないのである。軍拡競争はときには絶滅で終局を迎え、それから新たな軍拡競争がふりだしから始まるかもしれない。しかしまあ、あれこれ言ったところで、軍拡競争という概念が、動物や植物のもつ進んだ複雑なからくりの存在を説明するには、ずば抜けて満足のいくものであることにかわりはない。軍拡競争のイメージによって描かれるような前進的「改善」は、たとえ間欠的であろうと中途半端であろうと、進行していく。たとえその純前進速度があまりに遅くて、ある人間の一生のあいだに、あるいは有史以来の時間のあいだにさえ検出できなくとも、それは進行していくのである。

第二の制限は、私が「敵」と呼んでいる関係が、チーターとガゼルの話で考えられている単純な二者間関係よりも込み入ったものだということである。一つの厄介な問題は、ある種が二つ（あるいはそれ以上）の敵をもっていて、さらにその敵どうしが互いにとってより手強い敵でさえありうるということだ。これは、よく言われるように、牧草が食われること（あるいは刈り取られること）によって利益を得ているという、半面の真理の背後にある原理である。ウシは牧草を食べるので、牧草の敵だと考えられよう。しかし、牧草は植物界にも別の敵をもっている。つまり、競争関係にある雑草であり、何の妨げもなく成長が許されれば、それらは牧草の敵としてウシよりいっそう手強くなりさえするかもしれない。さて、牧草はウシに食われることでいくらか損害を被っているが、競争関係にある雑草はそれ以上にウシによる損害を被っている。したがって牧草地に対するウシの正味の効果としては、牧草が利益を得ていることになる。この意味では、ウシは牧草の敵ではなく、むしろ味方ということになる。

それにもかかわらず、ウシは牧草の敵である。というのは、個体としての牧草は食われるより食われない方がいっそう良いだろうし、たとえばウシから自分を守る化学的武器をもつ突然変異植物は、どんなものであれウシにとってより食べやすい同種のライバル個体よりもたくさん（その化学的武器をつくるための遺伝的指令をそなえている）種子をばら撒くだろうと、やはり言えるからだ。特殊な意味ではウシは牧草の「味方」だと言えるとしても、自然淘汰はウシに食べられるために道を踏みはずすような牧草の個体には有利にはたらかない！　この段落の結論を一般的に述べると、次のようになる。ウシと牧草、あるいはガゼルとチーターといった二つの系統間の軍拡競争について考えるのは便利であっても、双方の関係者がそれぞれ別の敵をもっており、それらの敵とのもう一つの軍拡競争にも同時にかかわっているという事実を見失ってはならない。ここではこの問題を追及するつもりはないけれども、これは、どうしてある軍拡競争が安定化しそれ以上進行しないのか――たとえば捕食者がマッハ2のスピードで餌を追跡するようにならないのか――についての説明の一つとして発展させることができよう。

単純な軍拡競争への第三の「制限」は、制限というより、むしろそれ自体で興味深い論点になっている。チーターとガゼルについての仮想論議のなかで、チーターは気象と違って、世代を経るにつれて「よりすぐれたハンターになる」、つまりガゼルを殺す能力により長けた手強い敵になる傾向をもつと、私は述べた。しかし、だからといって、チーターがガゼルを殺すのにより成功するようになるというわけではない。軍拡競争概念の核心は、軍拡競争に関係する両者がそれぞれ自らの観点から改善を行なっており、同時に軍拡競争の相手側の生活をむずかしくしているということである。軍拡競争のどちらか一方の側が他方よりもどんどん成功するようになったり、あるいは成功しないようになったりすると期待する理由はとりたててない（というか、少なくともいままで論じたところでは何もない）。事実もっとも純粋なかたちでの軍拡競争概念によれば、軍拡競争に関係する両者の成功のための装備にははっきりした前進があるけれども、両者の成功率には絶対的にゼロ前進しかないことになる。捕食者はしだいに殺す能力を向上させるが、同時に餌生物も殺されるのを回避する能力を向上させるようになるので、したがって正味の結果としては、殺しの成功率は変化しない。

これは、もしある時代からタイムマシンに乗ってやってきた捕食者が、別の時代の餌生物に出会ったとすると、捕食者でも餌生物でもどちらでもいいのだが、より新しい「現代的な」動物の方が古い方に圧倒的に勝ってしまうだろう、というようなことを意味している。こんな実験はできるはずもないが、オーストラリアやマダガスカルなどの隔絶された土地の動物相は、あたかも古代のものであるかのように扱えると考えている人がいる。つまり、オーストラリアへ行くのはタイムマシンで過去へ行くようなもの、というわけだ。そうした人々の考えでは、オーストラリアの土着種は外の世界から導入されたすぐれた競争種や敵によってたいてい絶滅に追いやられてしまう。なにしろ、土着種は侵入種に比べて「ずっと古めかしく」、「時代遅れ」のモデルであり、まるでユトランド海戦[3]のときの戦艦が原子力潜水艦と一戦交えるのと同じような立場にあるというのだ。しかし、オーストラリアが「生きた化石」の動物相をもっているという仮定は正当化しがたい。おそらくはそう主張する論拠もあるのだろうが、まずめったに正しくはあるまい。そうした仮定は動物学におけるショーヴィニズム的俗物根性にも等しいのではなかろうか。それは、すべてのオーストラリア人を、つばのまわりにコルクのぶらさがった帽子をかぶり、身の回り品を入れた袋をさげた無骨な流れ者だとみなす態度と似たりよったりである。

たとえ装備の面では大きな進化的前進があっても、成功率の変化はゼロであるという原理は、アメリカの生物学者リー・ヴァン＝ヴェーレン[4]によって「赤の女王効果」なる忘れがたい名前を与えられている。『鏡の国のアリス』では、覚えておいでと思うが、赤の女王はアリスの手をつかんでひきずりまわし、片田舎を狂ったようにだんだん速く走りまわった。しかし、二人はどんなに速く走っても、ずっと同じ場所にいたままだった。アリスはすっかりめんくらって言った。「私の国では、どこか別の場所に着くはずなんです――私たちのように長い間、あんなに速く走ったりしますと」「のろまな国ね！」と女王様。「ここではね、同じ場所にいようと思ったら、あらん限りの速さで走らなくちゃいけないのよ。どこか別の場所に行くつもりなら、少なくともその倍の速さで走らなくちゃね！」

赤の女王というレッテルは楽しいけれども、数学的に厳密なものであるとか、文字どおり相対的な前進がゼロであるとか考えると（ときおりそんなふうに考えられている）、誤解の種になる。もう一つ誤解されやすい特徴は、アリスの話では赤の女王の言うことがほんとうの物理的世界の常識とは折り合わない正真正銘の逆説だということである。ところが、ヴァン＝ヴェーレンの進化的な赤の女王効果はまるきり逆説的などではない。むろん、常識が理性的に運用されていればの話だが、それは常識と完全に一致している。とはいうものの、逆説的ではないとしても、軍拡競争は経済的観念の発達した人間には浪費と思えるような状況にいたることがある。

たとえば、森の樹木はどうしてあんなに高いのだろうか？　簡単に答えれば、他の樹木がみな高いので、どの樹木も高くならないわけにはいかない、ということになる。そうしなければ、覆われて日陰になってしまう。これは本質的には正しいけれども、経済観念の発達した人間の気分を損ねるものである。どうにも無駄だし、浪費なのだから。すべての樹木が樹冠部の高みいっぱいまで伸びて、ようやくどれもだいたい同じくらい太陽に当たるのであり、それより低くなるわけにはいかない。しかし、すべての樹木がそれより低ければどうだろうか。森林の樹冠部として承認を受けた高さを低くしようという一種の労働組合の協定のようなものがありさえすれば、すべての樹木が利益を受けるだろう。相変わらず、ちょうど同じだけの太陽光をめぐって樹冠部で競い合っているにしても、どの樹木もはるかに低い成長コストを「支払う」だけで樹冠部に届く。森林全体の経済は利益を上げ、個々のどの樹木も利益を上げることになろうというものだ。だが、残念ながら、自然淘汰は全体の経済に気遣いを払わないし、カルテルや協定をとり結ぶ余地はない。森の樹木が世代を経るにつれて大きくなったのは、軍拡競争があったからである。軍拡競争のどの段階にあっても、高くなることとそれ自体には何の内的利益もない。どの段階にあっても、高くなることの唯一の要点は、隣接する樹木よりも相対的に大きくなることだった。

軍拡競争がどんどん進むにつれて、森林の樹冠部における平均樹高は高くなった。しかし、樹木が高くなることによって得た利益は大きくならなかった。現実には成長のためのコストが増したために、利益が減ってしまっている。樹木は何世代にもわたってたえず高くなってきたが、ある意味では高くなりはじめる前のままでとどまっていた方がましだったかもしれない。つまり、ここでアリスと赤の女王とに関連するわけだが、樹木のばあいにはちっとも逆説的でないことがもうおわかりだろう。誰もがエスカレートしなければ、全員の暮らし向きはいっそう楽になるのに、誰かが一人でもエスカレートしだすと、もはや誰もそうしないわけにはいかない、これが人間のばあいも含めて軍拡競争の一般的特徴なのだ。ところで、ここでも私は話を単純に語りすぎたと、強調しておくべきだろう。どの世代の樹木でも、前世代の同じ樹木よりも高くなっているとか、軍拡競争はもちろんいまもなお進行しているとか、言おうとしているのではない。

樹木の例で示されているもう一つの点は、軍拡競争が必ずしも異種のメンバー間でなくとも生じるということだ。一本一本の樹木は同種のメンバーによっても、異種のメンバーによるのと同じように日陰にされて被害を受けるだろう。おそらく、実際にはそうしたばあいの方が多いはずである。というのも、すべての生物体は異種よりも同種との競争によってより厳しい脅威にさらされているのだから。同種のメンバーは同じ資源をめぐる競争者だが、その程度は、異種のメンバーに比べてはるかにきめ細かな点にまで及んでいる。種内では、雄の役割と雌の役割のあいだでも、また親の役割と子の役割のあいだでも、軍拡競争がある。それらについては、私は『利己的な遺伝子』のなかで論じたことがあるので、ここではこれ以上言及しないでおこう。

樹木の話によって、対称軍拡競争と非対称軍拡競争と呼ばれる二種類の軍拡競争のあいだにある重要な一般的相違点を紹介することもできる。対称軍拡競争はお互いにおおむね同じことをしようとする競争者間のものである。光を求めて争っている森林の樹木が演じている軍拡競争はその一例だ。異なった樹種はそのすべてが正確には同じ方法で生計を立てているわけではないけれども、いまわれわれが語っている特定の競争、つまり樹冠部の太陽光をめぐる競争に関するかぎり、それらは同じ資源をめぐる競争者である。これらの樹木は、一方の側の成功は他方の側にとって失敗になる、そういった軍拡競争に参加している。そして、それが対称軍拡競争だというのは、両方の側にとって成功と失敗の性質が同じだからだ。つまり、どちら側にとっても成功とは太陽光の獲得であり、失敗とは日陰になることである。

しかし、チーターとガゼルの軍拡競争は非対称である。それは、どちらか一方が成功すれば他方は失敗したことになるという点では本物の軍拡競争なのだが、成功と失敗の性質がその両者でたいへん異なっている。それぞれの側はきわめて異なったことを「しようとしている」のだ。チーターはガゼルを食べようとしている。ガゼルはといえば、チーターを食べようとしているのではなく、チーターに食べられるのを避けようとしている。進化的な観点からは、非対称軍拡競争の方がずっと興味深い。というのは、高度に複雑な兵器体系をつくりあげやすいからである。その理由は人間の軍事技術から例をとってもわかるだろう。

例としてアメリカとソ連を使ってもいいのだが、特定の国に触れる必要はさらさらない。どこかの工業先進国の会社で製造された兵器は、最終的にはさまざまな国のどこかに買われていく。海面すれすれを飛んでいくエグゾセ型のミサイル[5]のように、成功をおさめた攻撃用兵器の存在は、たとえばミサイルのコントロール・システムを「混乱」させる電波妨害装置のような効果的な対抗技術の発明を「招く」ことになるだろう。その対抗装置は、おそらくは敵国によって製造されるのだろうが、同じ国、いや同じ会社によって製造されることさえあるのだ！　それというのも、結局、あるミサイルを最初につくった会社以上にそのミサイルに対する妨害装置をデザインできる能力をもった会社はないからである。同じ会社がその両方を製造して、それらを戦争で敵対する両陣営に売りつけるというのは、はなからありそうもない話ではないだろう。それくらいのことはいかにも起こっているのではないかと疑う程度には私はシニカルだし、この例は実質的な有効性が変わらないまま装備が改善される（そしてコストは増加している）という点をまざまざと描いている。

私のここまでの観点からすれば、人間の軍拡競争の対立陣営に兵器を供給している製造会社がお互い敵どうしなのか、それとも同じ側にあるのかは、おもしろいことに、どうでもよいのだ。問題なのは、製造会社がどこであるかにかかわらず、それら装置自体が、この章で私が定義した特殊な意味で、互いに敵どうしだということである。つまり、ミサイルとそれに特異的にはたらく妨害装置は、一方の成功が他方の失敗にほかならないという点で敵どうしなのだ。それらの設計者も敵どうしかどうかは、まあそう考えておいた方が無難ではあるにせよ、問題ではない。

いままでのところで、私はミサイルとそれに特異的にはたらく対抗兵器の例について、進化的、前進的な側面を強調しないで述べてきたが、この前進的な側面があるからこそ本章にこんな例を持ち込んだのである。ここでの問題は、ミサイルの現行のデザインが適当な対抗兵器、たとえば電波妨害装置を作り出させるだけではないということだ。対ミサイル装置は、ついでミサイルのデザインの改善、つまりその対抗兵器に特異的に対抗するための改善、いわば対対ミサイル装置を呼び起こす。ほとんどそれはミサイルの逐一の改善が、その対抗兵器への効果を通じて、ミサイルの次の改善を刺激するようなものである。つまり、装備の改善は自分自身を糧にしている。これこそ、爆発的かつ暴走的な進化の秘訣なのだ。

この発明と対抗発明の追いつ追われつの合戦が何年か続いたあかつきには、ミサイルもその対抗兵器も、それらの最新型はきわめて高度に洗練されているだろう。しかし同時に——ここでふたたび赤の女王効果が登場する——軍拡競争のどちらかの側が、軍拡競争の開始時点に比べていくらかでも兵器としての機能をより成功裏に果たすようになっていると期待する一般的理由はどこにもない。実際、ミサイルとその対抗兵器の両方が同じ速度で改善されてきたのなら、もっとも進歩した洗練された最新型も、もっとも幼稚で単純な旧式型も、その時々の対抗装置に対して互いにちょうど同じくらい成功をおさめていると考えられる。デザインの前進はあったのだが、軍拡競争の両陣営に同じだけのデザインの前進があったためにその成果には何の前進もなかったのだ。正確に言えば、両陣営におよそ同じくらいの前進があったからこそ、デザインの洗練化のレベルにははなはだしい前進があった。もし一方の側、たとえば対ミサイル妨害装置がデザイン競争においてはるかに先行してしまえば、他方の側、このばあいならミサイルは利用されなくなり、製造停止になってしまうだけだろう。つまりそれは「絶滅」してしまう。アリスのもともとの例のような逆説どころか、軍拡競争の文脈（コンテクスト）では赤の女王効果はまさに前進的進歩という考え方の基本であるとわかるはずだ。

私は非対称軍拡競争が対称軍拡競争よりも興味深い改善をもたらしそうだと言った。そこのところを示すために、人間の武器の例を用いて、なぜそうなのかをこれから考えてみよう。ある国が二メガトン級の爆弾をもてば、その敵国は五メガトン級の爆弾を開発するだろう。そうなると、最初の国を刺激して一〇メガトン級の爆弾を開発させ、それがまた第二の国を刺激して二〇メガトン級の爆弾をつくらせ……というふうに続いていく。これはまぎれもない前進的な軍拡競争である。すなわち、一方の進歩が他方を刺激して対抗進歩をもたらし、結果として時間が経過するにつれて、ある属性が着実に増加する——このばあいでいえば爆弾の爆発力が増加する。しかし、そうした対称軍拡競争にみられるデザインには、詳細な点での一対一対応はない。ミサイルとミサイル妨害装置のような非対称軍拡競争のばあいに存在する、デザインの詳細な点での「複雑なかみ合い方」だとか「相互の結びつき」だとかがないのだ。ミサイル妨害装置はそのミサイルのもつこと細かな特徴を克服するように特異的にデザインされている。つまり、その対抗兵器の設計者はミサイルのデザインを微に入り細に入り考慮している。さらに、その対抗兵器への対抗をデザインするにあたって、次世代のミサイルの設計者は前世代のミサイルへの対抗兵器の詳細なデザインに関する知識を利用する。これは、たえずメガトン数を増加させる爆弾のばあいにはあてはまらない。たしかに、爆弾のばあいでも、一方の側の設計者は他方の側からすぐれたアイデアを盗んだり、デザイン上の特徴を模倣したりすることもあるだろう。しかし、そうだとしても、それは付随的な問題である。ソ連製爆弾のデザインの一部がアメリカ製爆弾の細部にきめ細かな一対一対応をもっていなくてはならないというわけでは必ずしもない。ある兵器の系統とその兵器に対する特異的な対抗兵器のあいだの非対称軍拡競争にあって、連綿と何「世代」にもわたってそれらをたえず洗練させ複雑にしていくのは、この一対一対応である。

生物界でも、長い非対称軍拡競争の最終産物を扱っているばあいには、つねに複雑で洗練されたデザインが見いだされると考えてもいいだろう。そうした軍拡競争では一方の進歩が、同程度に成功をおさめた他方の（競争者ではなく）対抗兵器による微に入り細に入った一対一対応をつねにとらせてきたはずである。このことは、捕食者とその餌生物の軍拡競争ではいちじるしく明白だし、おそらく寄生者とその寄主の軍拡競争でもそれ以上にあてはまるだろう。コウモリの電子音響兵器システムは、2章で論じたとおり、すべてきめ細かに洗練されており、長い軍拡競争の最終産物と考えられる。驚くほどのことではないが、その相手側にこれと同じ軍拡競争を見出せる。コウモリが餌にする昆虫は、それに匹敵する洗練された電子音響装備を一式もっているのだ。いくつかの蛾は、コウモリと同じような（超）音波を出していて、コウモリを妨害することすらしているらしい。ほとんどすべての動物は、他の動物に食われるか、あるいは他の動物を食い損ねるか、どちらかの危険を冒していて、動物についての莫大な数の詳細な事実は、われわれがそれらを長くつらい軍拡競争の最終産物だと思いいたったときに、はじめて意味をなすだろう。古典的な『動物の適応的色彩』という本の著者、H・B・コット[6]は一九四〇年にこのことをうまく表現している。生物学における軍拡競争というアナロジーが活字として用いられたのは、この本がはじめてのようである。

バッタやチョウの人の目を欺くような外観が、不必要なまでに詳細をきわめていると言ってしまう前に、その昆虫の天敵の知覚力や識別力がどのようなものかをまずもって確かめなくてはならない。そうしないことには、巡洋艦があまりに重装備をしているとか、その大砲の射程距離が長すぎるとか、敵側の軍事力の特徴や戦闘力をよく調べもしないで言っているのと同じになってしまう。実際には、密林のなかの太古の戦いでも、文明時代の戦争が洗練されていくのと同様に、大いなる進化的な軍事力競争が進行しているのがわかるだろう——その結果は、防衛側では、スピード、警戒、鎧（よろい）、刺、穴掘り習性、夜行性、有毒物の分泌、むかつくような味、（擬装（カムフラージュ）やその他の種類の保護）といった装置として表われている。攻撃側では、スピード、不意討ち、待ち伏せ、おびき寄せ、視覚の鋭さ、爪、歯、針、毒牙、（擬似餌（ルアー））などの対抗属性として表われている。ちょうど、追跡されるもののスピードの増加が、追跡するもののスピードの増加と関連して発達した、あるいは防衛用の鎧が、攻撃用の武器と関連して発達したのと同じように、身を隠すための装置の完成化は、知覚力が増したのに反応して進化したのである。

人間のテクノロジーに見られる軍拡競争は、生物学でそれに相当するものに比べて、ずっと速く進むので研究しやすい。われわれは現実に年々軍拡競争が進んでいるのを目のあたりにすることができる。一方、生物の軍拡競争のばあいには、われわれが通常見るのはその最終産物だけである。

ごくまれに死んだ動物や植物が化石化し、動物の軍拡競争の前進的段階をもう少し直接的に見ることはある。そのなかでもっとも興味深い例の一つは、化石動物の脳の大きさとして示される電子軍拡競争に関するものだ。

脳自体は化石化しないが、頭骨は化石になるので、脳が収まっていた空洞つまり頭蓋は、注意深く解釈されたなら、脳の大きさのよい指標となりうる。私は「注意深く解釈されたなら」と言ったが、これは大切な制限である。問題は多いが、その一つに次のようなものがある。大きな動物は、一つには単にその動物が大きいために大きな脳をもつ傾向にあるが、だからといって大きな動物が必ずしも、どのように興味深い意味でも「より賢い」というわけではない。ゾウはヒトより大きな脳をもっているけれども、われわれの方がゾウより賢いと考えたくなるのには、たぶんなにがしかの正当性があろう。さらに、われわれがゾウよりずっと小さな動物であることを計算に入れれば、自分たちの脳の方が「ほんとうは」大きいのだと考えたくなっても無理はない。たしかに、われわれの脳は、その頭骨のふくらんだ形からも明らかなように、ゾウの脳よりも、体に対してはるかに大きな比率を占めている。これは単に種の虚栄心ではない。おそらくどのような脳であれ、体の日常的な管理運営を遂行するのにかなりの割合が必要とされており、そのため大きな体には必然的に大きな脳が必要となる。われわれの脳の大きさを計算するさいには、この単純に体のせいにしてしまえる割合を「差し引いて」、残された部分を動物のほんとうの「脳力」として比較可能にするための何らかの方法を見つけなくてはならない。これは要するに、真の脳力とは何のことなのか、正確に定義する良い方法が必要だと言っているのと同じことである。人によって違った計算方法を見つけるのは自由なのだが、おそらくもっとも権威ある指数は「脳化指数」すなわちEQだろう。これは、脳の歴史に関するアメリカの指導的権威、ハリー・ジェリソン(7)によって用いられたものである。

このEQは実際にはやや込み入った方法で計算される。脳の重さと体重の対数をとり、哺乳類全体といった大きなグループの平均値に対して標準化する。ちょうど人間心理学者に利用される（あるいは誤用されることのある）「知能指数」つまりIQが人口全体の平均値に対して標準化されるように、EQはたとえば哺乳類全体に対して標準化されるのである。IQ一〇〇が定義上、人口全体のIQの平均値を意味するように、EQ一は定義上、たとえばその大きさの哺乳類のEQの平均値を意味する。数学上のこと細かな処理技術は問題ではない。まあいえば、サイだとかネコだとかいった、ある動物種のEQは、その動物の脳がその体の大きさから期待されるよりもどれくらい大きいか（それとも小さいか）を表わす指標なのだ。たしかに、その期待値がどうやって計算されるのかについては、論争と批判は免れない。ヒトのEQが七であり、カバのEQが〇・三だからといって、ヒトがカバよりも文字どおり二三倍も賢いということを意味しはしないだろう！　とはいえ、測定されたEQは、おそらく、ある動物が大きいにせよ小さいにせよ、その体を日常的に動かすのに必要な、それ以上には削減できないぎりぎりのぶんのほかに、頭のなかにどれくらいの「計算能力」をもっているかについて、なにがしかのことを語っていよう。

現生哺乳類について測られたEQはひどくばらついている。ラットのEQは約〇・八で、全哺乳類の平均よりわずかに低い。リスはいくらか高くて、約一・五である。おそらく樹木という三次元の世界では、正確な跳躍をコントロールするのに余計な計算能力が要求されるだろうし、先につながったり行き止まりになったりしている迷路のような枝をどうやって効率よく通るかを考えるのにより多くの計算能力が要求されるのだろう。サルは平均よりかなり高いし、類人猿（とりわけわれわれ自身）にいたってはさらに高い。サルのなかでは、タイプによってEQが高かったり低かったりすることがわかっている。おもしろいことに、生活の仕方と何らかの関係があるらしい。昆虫食のサルや果実食のサルは、葉食のサルよりも、その体の大きさのわりに大きな脳をもっている。身のまわりにいくらでもある葉を見つけるのに動物が必要とする計算能力は、果実を一生懸命探しまわったり、積極的に逃げる手段を講じている昆虫を捕えたりするのに必要な計算能力よりも少なくてすむと論じるのは、いくらか意味がありそうである。もっとも、残念ながら、ほんとうのところはもう少し厄介で、代謝速度のような他の変数がもっと重要なようにいまでは考えられている。哺乳類全体から眺めると、肉食獣はその餌になる草食獣よりもいくぶん高いEQをもつのがふつうのようである。どうしてそうなのか、読者はおそらく思いつくところがあるかもしれないが、そうした思いつきを検証するのはむずかしい。ともあれ、理由がどうあろうと、それは一つの事実のようだ。

　現生の動物についてはこれでおしまいにしておこう。ジェリソンがやったのは、いまでは化石としてしか存在していない絶滅した動物のおよそのEQを再構成することであった。そのためには、頭蓋の内側の石膏模型をつくって脳の大きさを推定する必要がある。まったくおびただしい当て推量と推測をくぐり抜けなければならないが、誤差の程度はその企て全体を無効にするほどは大きくない。石膏模型をとる方法の精度は、ともあれ現生の動物を使って点検することができる。つまり、現生動物から干からびた頭骨しか手に入れられないつもりになって、石膏模型を使って脳の大きさをその頭骨だけから推定し、そのあとで本物の脳を用いて推定値がどの程度正確だったかを点検してみるのである。現生動物の頭骨を利用したこうした点検によって、遠い昔に死んだ動物の脳についてのジェリソンの推定値は信頼度を高めている。まず、彼の結論は、何百万年も経過するにつれて脳がしだいに大きくなる傾向にあるということである。ある時点で見れば、そのときの草食獣はそれを狩る同時代の肉食獣よりも小さな脳をもち、後期の草食獣は初期の草食獣よりも大きな脳をもち、後期の肉食獣は初期の肉食獣よりも大きな脳をもつ傾向があった。してみると、われわれは化石のなかである軍拡競争、もっと正確に言えば肉食獣対草食獣の、何度となくやり直される一連の軍拡競争を見ているらしい。これは人間の軍事力競争とのとりわけおもしろい平行現象である。というのは、脳は肉食獣と草食獣の両方ともが用いている搭載コンピューターであり、電子工学はおそらく今日の人間の兵器技術においてもっとも急速に進歩している要素なのだから。

軍拡競争はどのようにして終わるのだろうか？　ときには一方の絶滅で終わるかもしれない。そのばあい、他方はおそらくその相手に対する特別な方向で前進的に進化するのをやめ、たぶん経済的な理由から「後退」さえするだろう。これについてはすぐあとで述べよう。また別のばあいには、経済的圧迫によって軍拡競争に安定な休止状態がもたらされるかもしれない。たとえ競争の一方の側がある意味で半永久的に先行しているとしても、安定なばあいもあるのだ。例として走行スピードを取り上げてみよう。チーターとガゼルが走れるスピードには究極的な限界、つまり物理の法則からくる限界があるにちがいない。しかし、チーターもガゼルもその限界には達していない。どちらも、そのからだとして経済的と思われる、ある下限に対して走行スピードを押し上げてきた。高速で走るためのテクノロジーは安くはない。速く走るためには、長い足の骨や、強力な筋肉、容量の大きな肺などがいる。これらは、どんな動物でもほんとうに速く走る必要があるなら手に入れられるものだが、しかし費用を払って買い求めなければならない。しかも、支払われる費用はしだいにうなぎのぼりになる。その費用は、経済学者が「機会費用（オポチュニティ・コスト）」と呼ぶようなものとして測られる。何かの機会費用は、その何かを手に入れるためにさし控えなくてはならない、他のあらゆるものの合計として測られる。子供を有料の私立学校へやる機会費用は、結果として買い控えなくてはならない一切合財である。つまり、買えなくなる新車やあきらめなくてはならなくなるのんびりした休暇などだ（あなたがこんなものは手軽に手に入れられるほどの金持ちなら、子供を私立学校へやる機会費用はほとんどないに等しいだろう）。チーターにとって足の筋肉を大きくするための費用は、足の筋肉をつくるのに使った物質とエネルギーを用いてできたはずのもの、たとえば、子供のためにもっとたくさんのミルクをつくるといった一切合財のものである。

むろん、チーターが頭のなかで原価計算をしているなどと言っているのではない！　すべては通常の自然淘汰によって自動的になされたことなのだ。そうした足の大きな筋肉をもたないライバルのチーターは確かに速くは走れないだろうが、余計にミルクをつくりだすだけの資源をもち、したがってもう一匹子供を育て上げられるかもしれない。走行スピード、ミルク生産量、その他ありとあらゆる必要項目を予算内で最適な妥協物としてそなえさせる遺伝子をもったチーターによって、より多くの子供が育て上げられるだろう。たとえばミルク生産量と走行スピードのあいだの最適なトレードオフがどんなものであるかは、あきらかでない。それは種によって確実に違ってくるだろうし、それぞれの種内でも変動するだろう。あきらかなのは、要するに、このようなトレードオフが避けられないということである。チーターとガゼルの両方がそれぞれ内部の経済事情のなかで何とかできる最高の走行スピードに達すると、両者間の軍拡競争は終局を迎える。

チーターとガゼルのそれぞれの経済上の休戦地点が、両者をぴったり同じくらいに釣り合った状態にさせておくとはかぎらない。餌となる動物は、捕食者が攻撃用武器に予算をかけるよりも、もっと多くの予算を防衛用武器にかけた状態で終局を迎えるかもしれない。そうなる一つの理由はイソップ話の教訓に要約されている。ウサギの足がキツネよりも速いのは、ウサギが命がけで走っているのに、キツネは御馳走のためにしか走っていないから、というわけだ。経済学の言葉で言えば、資源を他の事業にまわすキツネは、同じ資源をすべて狩りの装備にまわすキツネよりもうまくやることができる。他方、ウサギ個体群では、速く走るための装備に出費を惜しまぬウサギ個体に向かって、経済的有利性のバランスが動いていく。こうして、種内で経済的に予算配分のバランスがとれた結果、種間の軍拡競争が一方の先行というかたちで互いに落ち着くようになる。

ダイナミックに前進している軍拡競争をわれわれが目撃することはなさそうである。なぜなら、軍拡競争はわれわれの時代などといった、地質学的時間のある特定の「瞬間」には演じられていそうもないからだ。しかし、われわれの時代に見いだされる動物は、過去に演じられた軍拡競争の最終産物として解釈することができる。

本章で言いたいことをまとめておこう。遺伝子が淘汰されるのは、遺伝子の内的性質のゆえではなく、環境との相互作用によっている。ある遺伝子の環境としてとりわけ重要な構成要素は、他の遺伝子である。なぜ他の遺伝子がそれほど重要な構成要素なのか、その一般的理由は、他の遺伝子もまた世代が経過するにつれて進化的に変化することにある。ここからおもに二つの帰結が生じる。

一つは、ある遺伝子が有利になるとすれば、それはその遺伝子が、協同が有利になる状況下で出会う可能性が高いような他の遺伝子と「協同」する性質をもっているからだ、ということだった。

このことは、同種内の遺伝子について、まあそれに限ってというわけではないにしろ、とりわけよくあてはまる。それというのも、一つの種内の遺伝子は細胞を共有しあうことが多いからである。それは協同関係にある大々的な遺伝子団の進化を招き、ひいては協同事業の産物として、体それ自体の進化を招いてきた。個体の体は、遺伝子協同組合によってつくられた、各組合員のコピーを保存するための巨大な乗物（ヴィークル）、あるいは「生存機械」なのだ。遺伝子たちが協同するのは、全員が同じ成果、つまり共有する体の生存と繁殖によって利益を得る立場にあるからであり、またそれらが互いに自然淘汰のはたらく環境として、重要な部分を構成しあっているからである。

もう一つは、状況によって必ずしも協同が有利にならないことがある、ということだ。地質学的時間を経ていくうちに、遺伝子たちは互いに敵対することが有利になる状況にも遭遇する。このことは異種間の遺伝子について、まあそれに限ってというわけではないにしろ、とりわけよくあてはまる。異種の個体どうしは交配できないので、異種では遺伝子が混じり合わない、というのが重要点である。ある種のなかで淘汰されて残った遺伝子が、別種の遺伝子の淘汰される環境を提供するとき、その結果はしばしば進化的軍拡競争となる。軍拡競争の一方の側、たとえば捕食者にあって淘汰されて生じた一つ一つの新しい遺伝的改善は、軍拡競争の他方の側、餌生物の遺伝子が淘汰される環境を変化させる。進化に現われるあきらかに前進的な性質、たとえば走行スピード、飛翔技術、視野の正確さ、聴覚の鋭さなどのたえざる改善を生み出してきたのは、おおむねこの類の軍拡競争である。これらの軍拡競争は永久に進行するわけではなく、たとえば、それ以上改善すれば当の動物個体にとって経済的コストが高くつきすぎるようになると、安定化する。

ここはなかなかむずかしい章だったが、この本にはなくてはならない章だった。もしこの章がなければ、自然淘汰は破壊的な過程にすぎないとか、せいぜい不要のものを一掃する過程にすぎないとかいった思い込みを残してしまっただろう。われわれは自然淘汰が建設的な力となりうる二つの方法をみてきた。一つの方法は種内の遺伝子間の協同関係にかかわっている。われわれの立てる基本的仮定は、遺伝子が「利己的」実体であり、種の遺伝子プールのなかで自分の増殖をはかっているというものでなければならない。しかし、ある遺伝子の環境は、かくも顕著に、これまた同じ遺伝子プールのなかで淘汰されている他の遺伝子からなっているので、この同じ遺伝子プールにいる他の遺伝子との協同が上手なばあいに、その遺伝子は有利になる。だからこそ、共通の協同目的に向かって首尾一貫して仕事をする巨大な細胞体が進化してきたのである。だからこそ、ばらばらの自己複製子がいまでも原始スープのなかで戦い続けているのではなく、体が存在しているのである。

体が統合されて首尾一貫した合目的性を進化させるのは、遺伝子が同種内の他の遺伝子によってもたらされた環境のなかで淘汰されるからである。しかし、遺伝子は異種の他の遺伝子によってもたらされる環境のなかでも淘汰されるので、軍拡競争が展開される。そして軍拡競争は、われわれが「前進的」で複雑な「デザイン」と認めるような方向での進化の、もう一つの偉大な原動力となっている。軍拡競争は、内在的に不安定な、「暴走的」であるかのような印象を与える。軍拡競争は、ある意味では無益で徒労なやり方で、また別の意味では前進的でわれわれ観察者にとって果てしなく魅力のあるやり方で、将来に向かって駆け抜けていく。次章では、ダーウィンが性淘汰と呼んだ、爆発的、暴走的進化の、ある、いささか特殊な事例を取り上げよう。

8章　爆発と螺旋

人間の心はアナロジー思考にひたりきっている。われわれは、ひじょうにかけはなれた過程になんとかしてわずかな類似点を探し出し、それに意味を見つけようとせずにはいられない。私はパナマで日がな一日、おびただしい数のハキリアリの二つのコロニーが戦うのを見ながら過ごしたことがあるが、心のなかで、この足の散らばる戦場とかつて見たパッシェンデール[1]の写真とをつい比較してしまった。私はほとんど銃声を聞き硝煙を嗅いでいた。私の最初の本『利己的な遺伝子』が出版されてまもなく、二人の聖職者が別々に私に近づいてきた。彼らは二人とも、その本のなかの考え方と原罪という教義とのあいだに成立する同じアナロジーを思いついたのだ。ダーウィンは進化という考え方を、数えきれないほどの世代が経つうちに体の形が変化する生物体に対してのみ、限定的に適用した。彼の後継者は、あらゆるものに進化を見ようとする誘惑にかられてしまい、たとえば、宇宙の形状の変化に、人間文明の発展「段階」に、そしてスカート丈の長さの流行にも進化を見た。ときにはそうしたアナロジーが途方もなく実り豊かなこともあろうが、アナロジーは往々にして度を越してしまいがちだし、またあまりに根拠薄弱で役に立たない、いやまったく有害でさえあるアナロジーにいたずらに興奮することも、じつは容易なのだ。私はしだいに私宛にくる偏執的な手紙を受け取るのに慣れっこになり、折紙つきの無益な偏執狂の特徴の一つが、度はずれた熱狂的アナロジー化であることを学んでいった。

しかし別の見方をすれば、科学におけるもっとも偉大な進歩のいくつかがもたらされたのは、頭のいい誰かが、すでに理解されている問題といまだに謎の解かれていない別の問題とのあいだにアナロジーが成立することを見抜いたおかげでもある。要は一方で極度に無差別なアナロジー化をすることと、他方で実りあるアナロジーに対して不毛にも目をつむることとの、中道を行くべきなのだ。成功した科学者と支離滅裂の偏執狂との分かれ目は、そのインスピレーションの質にある。しかし、じつは両者の差はアナロジーに気づく能力の差ではなくて、むしろ愚かなアナロジーを棄却し役に立つものを追究する能力の差に等しいのではないかと、私は思っている。ここに、科学の進歩とダーウィン流の進化的淘汰という、愚かしいのやら実りあるのやらわからない（オリジナルでないことは確かだ）、もう一つのアナロジーがあるのは事実だが、その事実には黙って素通りすることにして、さてこの章に関連のある問題に向かうことにしよう。というわけで、私はこれから二つの互いに織り合わさったアナロジーに乗り出すつもりである。それはなかなか活気を与えるものだと私は思っているが、注意しないと度を越してしまうこともあろう。第一は、どこかしら爆発と似ている点で結びつけられるさまざまな過程のあいだのアナロジーである。第二は、真のダーウィン進化といわゆる文化進化なるもののあいだのアナロジーだ。私はこれらのアナロジーが実りあるものだと考えている――むろんそうでなければ、それらに一章を費やしたりはしないだろう。しかし、読者はくれぐれも用心していただきたい。

爆発の性質でも、ここで関連のあるのは、技術者に「正のフィードバック」として知られているものである。正のフィードバックは、その反対の負のフィードバックと比較するのがもっともわかりやすい。負のフィードバックはたいていの自動制御や調節の基盤であり、いちばんすっきりしていてよく知られた例の一つにワットの蒸気調整器がある。役に立つエンジンというものは一定の速度の回転力を供給しなければならず、しかもそれは粉挽き、機織り、ポンプ押し、あるいはその他どんな仕事であろうと、その仕事にふさわしい速度の回転力でなくてはならない。ワット以前の問題点は、回転速度が蒸気圧に依存しているということだった。蒸気釜に燃料をくべれば、エンジンはスピードアップしてしまい、一定の動力伝達を必要とする製粉機や織機にとって望ましからぬ事態となる。ワットの調整器はピストンに入る蒸気の流れを調節する自動弁だった。

この巧妙な仕掛けは、エンジンによって生じる回転運動に弁を連動させて、エンジンの回りが速くなれば弁を閉じてそれだけよく蒸気を遮断することだった。逆に、エンジンの回転がゆっくりになると、弁は開くようになっていた。したがって、エンジンがゆっくりになりだすとすぐにスピードアップし、エンジンが速くなりだすとすぐにスローダウンする。この調整器がスピードを測る的確な手段は単純だが効果的なので、その原理は今日でも使われている。蝶番式のアームに接した一対のボールが、エンジンの力でくるくる回るようになっている。ボールが速く回りだすと、遠心力によって蝶番からボールが浮き上がる。ボールがゆっくり回りだすと、今度はボールが降りてくる。蝶番式のアームは直接に蒸気絞り弁と連動している。適当に微調整してやれば、ワットの調整器は、エンジンの火室にかなりの変動があっても、蒸気エンジンをほとんど一定の速度で回転させ続けることができる。

ワットの調整器の基盤となっている原理は負のフィードバックである。エンジンの出力（このばあいは回転運動）は（蒸気弁を通じて）エンジンにフィードバックされている。なぜフィードバックが負かといえば、高い出力（ボールの速い回転）が入力（蒸気の供給）に負の効果をもっているからである。逆に、低い出力（ボールの遅い回転）は（蒸気の）入力を高め、やはり符号がひっくり返る。ところで、私が負のフィードバックという考え方を紹介したのは、それを正のフィードバックと対比させたいからにすぎない。ワットの調整器付き蒸気エンジンに、一つの決定的な変化を加えてみよう。遠心ボール装置と蒸気弁の関係の正負符号をひっくり返すのである。さて、ボールが速く回りだすと、弁はワットの調整器のように閉じるかわりに、開く。逆に、ボールがゆっくり回りだすと、弁は蒸気の流れを増すかわりに、それを減少させる。正常なワットの調整器付きのエンジンでは、スローダウンしはじめたエンジンはすぐにこの傾向を修正して、ふたたび望ましい速さまでスピードアップする。ところが、われわれの手を加えたエンジンはちょうどそれと正反対のことをするのである。エンジンがスローダウンしはじめると、そのことによってエンジンはさらにいっそうスローダウンする。まもなく減速してとうとう止まってしまう。反対に、この手を加えられたエンジンが少しでもスピードアップすると、本来のワット・エンジンのようにその傾向が修正されるかわりに、その傾向は増幅される。わずかなスピードアップは、この逆調整器によって強められ、エンジンは加速する。この加速は正にフィードバックし、エンジンはさらにいっそう加速する。加速が続くと、ついには過度に力が加わるためにエンジンが壊れ、暴走したはずみ車が工場の壁を突き破ってしまうか、もうそれ以上蒸気圧が得られなくなってある最高スピードを強いられるかするだろう。

もともとワットの調整器は負のフィードバックを利用しているが、われわれが手を加えた仮想的な調整器は正のフィードバックという正反対の過程を例示している。正のフィードバック過程は不安定な暴走的性質をもっている。初期のわずかなゆらぎが増幅され、そしてそれはたえず大きくなる螺旋を描きつづけて暴走し、最後に惨事を迎えるか、他の過程によってより高いレベルで最終的な減速を迎えるかする。工学者はさまざまな過程を負のフィードバックという一つの項目に、また別のさまざまな過程を正のフィードバックという項目にくくるのは実りあることだと知っている。このアナロジーはいくらか曖昧で質的な意味で実りがあるばかりでなく、これらの過程がすべて同じ数学で記述できる基盤を共有しているからこそ実りがあるのである。生物学者は、体内の温度調節や食べ過ぎを食い止める飽食機構などの現象を研究するさいには、工学者から負のフィードバックに関する数学を借りてくるのが役に立つことを知っている。正のフィードバック・システムの方は、負のフィードバック・システムに比べると工学者によっても生体によってもあまり使われないが、それにもかかわらず、この章の主題は正のフィードバックなのだ。

工学者や生体が正のフィードバック・システムよりも負のフィードバック・システムをより多く利用している理由は、もちろん最適値の付近で制御された調節が有益だからである。不安定な暴走過程は、有益どころか、たいそう危険でもありうる。化学で典型的な正のフィードバックといえば爆発であり、爆発的という言葉はどのようなものであれ暴走過程の記述としてふつうに使われている。たとえば、われわれはよく誰かが爆発的な気性の持ち主だなどと言ったりする。私が教わった学校の先生の一人は礼儀正しく教養もあり、ふだんは紳士的な人だったが、ときおりかんしゃく玉を爆発させる気性の持ち主で、そのことを自分でもよくわきまえていた。教室でひどく腹の立つことがあると、彼は最初何も言わなくなったが、彼の内側では何かただならぬことが進行しているのをその顔が物語っていた。それからやおら、物静かで理性的な調子でこう言いだすのだった。「おお、なんということだ。わしはかんしゃくを起こしかけておる。諸君、机の下に身を隠したまえ。危ないからな。我慢できん。さあ、来るぞ」。そうこう言っているあいだにも彼の声は次第に大きくなり、ついには最高潮に達して、本、木製の背のついた黒板消し、文鎮、インク壺など、ともかく手当たりしだいにあらゆるものを摑んで、彼を怒らせた少年のいる方向をめがけて、やみくもに、あらんかぎりの力と狂暴さでそれらをたて続けに投げつけた。彼のかんしゃくはそれから徐々に和らいでいき、翌日にはいとも丁重な謝罪を同じ少年に申し出ることになるのだった。この先生は自分を制御できなくなることを知っており、自分が正のフィードバック・ループの犠牲になるのを目のあたりにしていたというわけだ。

しかし、正のフィードバックは暴走的な増加をもたらすだけではなく、暴走的な減少をもたらすこともある。最近、私はオックスフォード大学の「議会」である教職員会で誰かに名誉学位を授与するかどうかについての論争に立ち会った。いつもと違って、その案件は論議をかもしていた。投票のあと、投票用紙を集計するのにかかる一五分ばかりのあいだ、その結果を聞こうと待っていた人たちの会話でざわめいていた。その会話が何かの拍子で奇妙なことにしだいに静まり、とうとう完全な沈黙が訪れた。なぜそうなったのか、それはある種の正のフィードバックだったからと言える。それは次のようにして作用した。会話が全体としてがやがやいっているうちにも、騒音のレベルには偶然によって上がったり下がったりする変動が確かにあるはずであり、ふつうなら誰もそれに気をとめない。こうした偶然による変動のうち、静けさに向かう変動の一つがたまたま通常よりもわずかに著しくなり、数人が気づく結果となった。誰もがいらいらしながら投票結果が発表されるのを待っていたので、騒音のレベルがたまたまランダムに低下したのに気づいた人たちは顔を上げて会話を中断した。それが原因となって騒音のレベルは全体として少し低下し、その結果さらに多くの人がそれに気づいて会話をやめた。正のフィードバックが起こりはじめ、かなり急速に会場に完全な沈黙が訪れるまでそれは持続した。そして、それが虚報だとわかると、笑いが起こり、続いて騒音は以前のレベルを取り戻すまでゆっくりと段階的に上がっていったのである。

もっとも人目をひくめざましい正のフィードバックは、何かの減少ではなく、暴走的な増加をもたらすようなものである。たとえば、それは核爆発であり、かんしゃくを起こす学校の先生であり、パブでの喧嘩であり、国連でエスカレートする非難の声である（読者は、私がこの章のはじめに発した警告を思い出してもいい）。国際情勢における正のフィードバックの重要性は、「エスカレーション」といった専門用語や、中東は「火薬庫」であると言ったり、「引火点」を見極めると言ったりするときにも暗黙のうちに認められよう。正のフィードバックという概念についてのもっともよく知られた表現の一つは、『マタイによる福音書』に見られる。「おおよそ、持てる者は与えられ、いよいよ豊かになるが、持たざる者は、持っているものまでも取り上げられるであろう」。この章は進化における正のフィードバックについてである。生物体には、あたかも爆発的な正のフィードバックにつき動かされた、進化の暴走過程か何かの最終産物のように見えるいくつかの特徴がある。穏やかな意味では前章の軍拡競争もその例だが、ほんとうにめざましい例は性的な広告のための器官に見られる。

学部学生だった私を人々が説得しようとしたように、クジャクの尾羽は歯や腎臓と同様にふつうの機能をもった器官であると、つまり、尾羽はそれをもつことで別の種ではなくはっきりとこの種の構成員であるというレッテルを貼るという、実利的な仕事だけをするために自然淘汰によってかたちづくられたのだと、自らを説得しようと試みてほしい。私は決して説得されなかったし、あなたも説得されそうもないと思う。私にとってクジャクの尾羽は、紛うことなき正のフィードバックの御墨付をもつものである。それはあきらかに、進化的時間のうちに起きたある種の制御不能で不安定な爆発の産物だ。ダーウィンは彼の性淘汰説でそう考えたし、彼のもっとも偉大な後継者であるR・A・フィッシャーも簡単明瞭にそう考えた。ほんの短い理由づけのあとで、フィッシャーは（その著作『自然淘汰の遺伝学理論』のなかで）こう結論した。

雄の羽毛の発達およびそうした発達への雌の性的な選好性は、したがって同時に進むにちがいない。そして、その過程が激しい対抗淘汰によって止められないかぎり、それはたえず速度を増しながら進むだろう。そうした抑止がまったくない状態では、発達の速度はすでに達成された発達の度合に比例すること、したがって時間とともに指数的に、あるいは等比数列的に増大することは、容易に見てとれる。

いかにもフィッシャーらしいところだが、彼が「容易に見てとれる」と思ったことは半世紀あとになるまで他人には十分理解されなかった。彼は、性的な魅力のある羽毛の進化がたえず速度を増しながら、指数的に、爆発的に進むだろうという自分の主張をいちいち詳細に説明したりなどしなかった。フィッシャーが紙の上であれ頭のなかであれ、この問題を証明するのに使っていたに相違ないような数学的議論に、生物学界の残りの人々が追いつき、そして最終的にそれを十分なかたちで再構成するのには、約五〇年を要した。これから、私はこれらの数学的アイデアを純粋に非数学的な散文で説明しようと思う。こうしたアイデアは、大部分がアメリカの若い数理生物学者ラッセル・ランド[2]によって現代的なかたちで解かれたものである。一九三〇年の本につけた「まえがき」のなかで「私のいかなる努力もこの本を読みやすくするのには役立つまい」と述べたフィッシャー自身ほどに私は悲観的ではないつもりだが、それでも私がはじめて出した本のある親切な書評者の言葉にあるように、「読者には心にランニングシューズを履かねばならないと警告しておこう」。私自身これらの難解なアイデアを理解するのに苦闘したのである。ここで、本人は渋っているけれども、私の同僚であり以前には私の学生でもあったアラン・グラフェンに感謝の意を表わさなくてはならない。彼自身が心に履いている翼の生えたサンダルは比類のないほど悪名高いが、彼はそれを脱いで他人に物事を説明する正しい方法を思いつく類まれな才能の持ち主でもある。彼の教えがなければこの章の中盤はまったく書けなかっただろうし、これこそ私が謝辞を「まえがき」に押し込めるのを拒否する理由である。

これらの難解な問題に立ち入るまえに、後戻りして性淘汰というアイデアの起源について少し述べておかねばならない。それは、この分野の他の多くのアイデアと同じように、チャールズ・ダーウィンとともにはじまった。ダーウィンは生存と存在のための闘争〔生存競争〕とをもっぱら強調したけれども、存在と生存が一つの目的のための手段にすぎないことも承知していた。その目的とは繁殖だった。あるキジが高齢になるまで生きのびたとしても、繁殖しなければ子孫にその属性を伝えはしない。淘汰は動物をうまく繁殖に成功させるような性質を有利にするのであり、そして生存は繁殖するための闘いの一部にすぎないのだ。他の部分では、成功は異性にもっとも魅力のある個体に勝ちとられる。ダーウィンは、雄のキジやクジャク、あるいはゴクラクチョウがたとえ自らの命を削ることになっても性的魅力を手に入れれば、その雄が死ぬまでにとりわけ多くの子を残すことによって性的に魅力のある性質は後生に伝えられるだろうということを理解していた。彼は、クジャクの尾羽が生存に関するかぎりその持ち主にとってハンディキャップとなるにちがいないと見ていたので、雄に与えられる性的魅力の高まりはこのハンディキャップを補って余りあるのだと示唆した。家畜化とのアナロジーがお気に入りのダーウィンは、気まぐれな審美的方針に沿って家畜の進化の道すじを方向づける人間の育種家を雌鶏になぞらえた。それならわれわれも、審美眼にまかせてコンピューター・バイオモルフを淘汰する人物を雌鶏になぞらえてもかまわないだろう。

ダーウィンは雌の気まぐれを所与のものとしてただ受け入れていた。この気まぐれの存在は、彼の性淘汰説の公理であり、それ自体説明されるべきことがらというよりむしろアプリオリの前提だった。一つにはそのために彼の性淘汰説は評判を落とし、ようやく一九三〇年になってからフィッシャーによって救い出されたのだ。不幸なことに、多くの生物学者はフィッシャーを無視するか、誤解するかの、どちらかだった。ジュリアン・ハクスリーをはじめとする人たちから提出された反論は、雌の気まぐれなどというものは真の科学理論のための正当な基盤ではないということだった。しかし、フィッシャーは雌の選好性を雄の尾と同じようにまぎれもなく自然淘汰の正当な対象として扱うことで性淘汰説を救い出した。雌の選好性は雌の神経系の表出である。雌の神経系はその遺伝子の影響下で発生し、したがって神経系の属性は過去の世代にはたらいた淘汰による影響を被っているだろう。他の人たちの考えでは、雄の装飾は静的な雌の選好性の影響下で進化したということになるが、フィッシャーは雌の選好性が雄の装飾と歩調を合わせて動的に進化するというふうに考えた。おそらくあなたは、このへんで爆発的な正のフィードバックという考え方とどのようにして結びつきそうか、すでに了解しはじめているだろう。

難解な理論的アイデアについて論じるさいに、現実世界の特定の例を心にとどめておくのは悪くない。私は例としてアフリカ産のコクホウジャク〔黒鳳雀〕の尾を使うことにしよう。性淘汰された装飾ならどんなものでもいいのだろうが、ちょっと気まぐれを起こしてやり方を変え、（性淘汰の議論では）ありふれているクジャクを避けてみる。コクホウジャクの雄は肩のあたりに鮮やかなオレンジ色の模様をもつほっそりした黒い鳥で、主尾羽が繁殖期に四五センチにもなる点を除けばイエスズメと同じくらいの大きさである。アフリカの草地の上では、宣伝用の長い吹き流しをはためかせて飛ぶ飛行機さながらに、くるくる旋回したり宙返りしたりしてめざましい誇示飛翔を行なうのがしばしば見られる。驚くことでもなんでもないが、雨もようの日には地上から離陸できないことがある。なにしろ乾いていてもその長さでは、運びまわるにはなかなか厄介な重荷にちがいないのだ。われわれが興味をもっているのは、この長い尾の進化を説明することであり、われわれの推測によれば、それは爆発的な進化過程によるものと思われる。したがって、出発点は長い尾をもたない祖先の鳥である。祖先の尾長は約七・五センチ、現在繁殖している雄の尾の約六分の一だとしておこう。われわれの説明しようとしている進化的変化は、尾長にして六倍の増加ということになる。

動物のどこかを測定してみれば、たいていのばあい、ある種の大部分の構成員は平均値にかなり近いけれども、平均値を少し上まわる個体もいれば、下まわる個体もいるということはあきらかな事実である。コクホウジャクの祖先の尾長にはある幅があったはずで、平均七・五センチよりも長いものもあれば短いものもあっただろう。尾長は多数の遺伝子によって支配されていて、一つ一つの遺伝子のもつ小さな効果が足し合わされ、食事のメニューやその他の環境変数とあいまって、一個体の実際の尾長が決められると考えておけば間違いがないだろう。その効果が足し合わされるような多数の遺伝子はポリジーンと呼ばれる。たとえば身長や体重といったわれわれ自身のほとんどの測定部位は多数のポリジーンの影響を受けている。私がこれから忠実にたどる性淘汰の数理モデル、ラッセル・ランドのモデルは、ポリジーンのモデルである。

まず、雌に注意を向けなければならない。とくに、雌がどうやって配偶者を選んでいるかだ。配偶者を選ぼうとするのが雌であって、その反対でないとするのは少し性差別主義的であるように思えるかもしれない。だが現実にそのとおりであると期待するに十分な理論的根拠があるし（『利己的な遺伝子』参照）、実際のところもふつうはそうなっている。現在のコクホウジャクの雄はハーレムとして、五、六羽かそこらの雌をひきつけている。すなわち、個体群のなかには繁殖しないあぶれ雄がいるということになる。ということはさらに、雌が配偶者を見つけるのには何の困難もなく、しかも選り好みできる立場にあることを意味している。雄は雌に対して魅力的であることによって多くのものを得る。雌の方はどのみち確実に需要があるので、雄に対して魅力的であっても、さほど得るものはない。

そこで、雌が選択をしているという仮定を受け入れたうえで、次はフィッシャーがダーウィンの批判者を困惑させるにいたった決定的な方法（ステップ）を見ることにしよう。雌は気まぐれであると単純に鵜呑みにするかわりに、雌の選好性はちょうど他の性質と同様に遺伝的な影響を受ける変数であるとみなすのだ。雌の選好性は量的な変数であり、まさしく雄の尾長そのものと同じように、ポリジーン支配を受けていると仮定できる。これらのポリジーンは雌の脳の広範な部分のどこかに作用するのかもしれないし、雌の目にさえ作用するかもしれない。つまり、雌の選好性を変える効果をもつものなら何にでも作用するだろう。雌は、肩の模様の色や嘴の形など、疑いなく雄のさまざまな部分を考慮に入れて選好している。しかし、われわれはここではたまたま雄の尾長に関心を抱いているので、尾長の異なる雄に対する雌の選好性に関心をもつことになる。したがって、雌の選好性は、雄の尾長を測るのと同じ単位（センチ）で測ることができる。ポリジーンの取り計らいによって、雄の平均よりも長い尾を好む雌もいれば、平均より短い尾を好む雌も、またおよそ平均的な長さの尾を好む雌もいるようになるだろう。

さてここで、理論全体の鍵となる着想の一つに移ろう。雌の選好性のための遺伝子は雌の行動にだけ発現されるが、にもかかわらずそれらの遺伝子は雄の体にも存在している。それと同じ理由で、雄の尾長のための遺伝子は、雌に発現されてもされなくても、雌の体にも存在している。遺伝子が発現されずにいると考えるのはさしてむずかしいことではない。かりにある男性が長いペニスのための遺伝子をもっていれば、息子だけでなく娘にも同様にその遺伝子が伝えられるだろう。息子はその遺伝子を発現させるだろうが、娘の方はそもそもペニスなどもちあわせていないので発現させることはない。しかし、その男性が孫をもつにいたれば、娘方の孫息子は息子方の孫息子と同じように長いペニスを受けついでいるだろう。遺伝子は体のなかに持ち運ばれていても発現しないことがあるのだ。同じようにして、フィッシャーとランドの仮定によれば、雌の選好性のための遺伝子はたとえ雌の体でしか発現しないとしても、雄の体にも持ちこまれている。そして、雄の尾のための遺伝子は、たとえ雌の体では発現しないとしても、雌の体にも持ちこまれているのである。

ここで特別製の顕微鏡をもっていると想像してみよう。この顕微鏡を覗けば、どんな鳥でも細胞の内部が見え、その遺伝子を検査できる。たまたま平均よりも長い尾をもった雄を捕えて、細胞のなかの遺伝子を調べたとする。まず尾長のための遺伝子そのものを調べたところ、その雄が長い尾をつくる遺伝子をもっているのが発見できたとしても、驚くにはあたらない。なにぶん、その雄は長い尾をもっているのだから、それはあたりまえだ。さて次に、尾の選好性のための遺伝子を調べてみる。このばあい、そうした遺伝子は雌でしか発現しないので、外側から見ても手掛りはない。われらが顕微鏡の出番である。どんな遺伝子が見られるだろうか？　おそらく、雌に長い尾を選好させる遺伝子が見つかるだろう。逆に、現実に短い尾をもっている雄の内部を調べてみれば、雌に短い尾を選好させる遺伝子が見つかるだろう。これこそ、ほんとうにこの議論で鍵となる点なのだ。そのための理論的根拠は次のとおりである。

もし私が長い尾をもった雄なら、私の父も長い尾をもっているばあいの方がそうでないばあいよりも多そうである。これは通常の遺伝にすぎない。しかしまた、私の母は私の父を配偶者として選んだのだから、彼女は長い尾をもった雄を好むばあいの方がそうでないばあいよりも多そうである。したがって、もし私が父方から長い尾のための遺伝子を受け継いでいるなら、母方から長い尾を好む遺伝子も受け継いでいそうである。同じ理由から、短い尾のための遺伝子を受け継いでいれば、おそらく雌に短い尾を好ませる遺伝子をも受け継いでいるだろう。

雌にも同様の論法を用いることができる。私が尾の長い雄を好む雌なら、おそらく私の母も尾の長い雄を好んでいただろう。したがって、私の父は母によって選ばれた以上、おそらく長い尾をもっていただろう。したがって、私が長い尾を好む遺伝子を受け継いでいれば、おそらく長い尾をもつための遺伝子も、それらの遺伝子が雌である私の体に発現しようがしまいが、受け継いでいるだろう。そして私が短い尾を好む遺伝子を受け継いでいれば、おそらく短い尾をもつための遺伝子も受け継いでいるだろう。一般的な結論はこうだ。雄にせよ雌にせよある個体は、それがどのような性質であっても雄にある性質をもたせる遺伝子と雌にそれとまったく同じ性質を好ませる遺伝子の両方をもつ可能性が高い。

つまり、雄の性質のための遺伝子と雌にその性質を好ませる遺伝子は、個体群のなかででたらめに混ざり合うのではなく、連帯しながら混ざり合わされる傾向にあるのだ。この「連帯」は連鎖不平衡という、いささか人を怯ませるような専門的名称のもとで進行し、数理遺伝学者の方程式とともに不思議な手品を演じている。それは奇妙で不思議な帰結をもつが、もしフィッシャーとランドが正しければ、実際にはクジャクやコクホウジャクの尾や、その他多数の誘引器官の爆発的な進化はちっとも奇妙でも不思議でもない。これらの帰結は数学的にしか証明できないが、どんなものであるかを言葉で表わすことはできるし、数学的な議論の香りを非数学的な言語で手にいれようとすることもできる。それでも心のランニングシューズが必要だし、あるいは現実には登山靴と言った方がアナロジーとしてはよいかもしれない。議論はどの段階もいたって簡単なのだが、理解の頂きに登りつめるには長い段階がある。もし最初の方の段のどこかを踏みはずしてしまうと、残念ながらあとの方の段には進めない。

いままで、雌の選好性には、尾の長い雄が好みの雌から、その反対に短い雄が好みの雌まで、幅が全体に及んでいる可能性を認めてきた。しかし、ある特定個体群の雌について実際に世論調査してみれば、たぶん雌の大部分は雄に対して同じ一般的な好みを共有していることがわかるだろう。その個体群の雌の好みの幅は、雄の尾長の幅を表わすのと同じ単位（センチ）で表わすことができる。かくして、雌の平均的な選好性は同じくセンチ単位で表わされる。雌の平均的な選好性は雄の平均尾長とそっくり同じ、つまりどちらのばあいも七・五センチだと判明することもあろう。このばあい、雌による選択は雄の尾長を変える進化的な力とはならないだろう。あるいは、雌の平均的な選好性は現実に存在する平均的な尾よりも少し長い尾、たとえば七・五センチではなく一〇センチの尾に向けられていると判明することもあろう。しばし、なぜそうした可能性を仮定できるのかは問わないままにして、食い違いがあるとただ受け入れて次の明白な問題を問うてみよう。ほとんどの雌が一〇センチの尾をもった雄を好むなら、どうして現実には大部分の雄が七・五センチの尾しかもっていないのだろうか？　どうして個体群の平均尾長は雌の性淘汰の影響下で一〇センチに移行しないのだろうか？　好まれる尾長の平均と現実の尾長の平均のあいだに、どうして二・五センチの食い違いが存在しうるのだろうか？

雌の好みが雄の尾長に関係する唯一の淘汰ではない、というのがその答えである。尾は飛ぶうえで大事な仕事をつかさどっており、あまり長すぎても短すぎても飛翔効率は低下してしまうだろう。さらに、長い尾は持ち運ぶにも多くのエネルギーがかかるし、何よりもまずつくるだけでも多くのエネルギーがいる。一〇センチの尾をもった雄は雌鳥をひきつけそうだが、雄が支払う代価は飛翔の低効率化であり、エネルギー・コストの増大であり、捕食者による狙われやすさの増大である。これは、尾長に実用上の最適値があるということである。それは性淘汰による最適値とは異なっていて、通常の便利さの基準からみて理想の尾長である。つまり、雌をひきつけることを別にして、あらゆる観点から理想的な尾長なのだ。

実際の雄の平均尾長、われわれの仮想的な例で言えば七・五センチという平均尾長は、この実用上の最適値と同じだと期待してもよいのだろうか？　そうではない。実用上の最適値はそれよりも小さな値、まあ五センチくらいの値をとると考えるべきである。というのは、七・五センチという実際の平均尾長は、尾を短くする傾向にある実用淘汰と長くする傾向にある性淘汰との妥協の産物だからだ。雌をひきつける必要なんかないと言うのなら、平均尾長は縮んでいって五センチになるだろうし、飛翔効率やエネルギー・コストを気にする必要なんかないと言うのなら、平均尾長はしだいに伸びて一〇センチになるだろう。七・五センチという実際の平均尾長は一つの妥協なのである。

そうすると一方で、どうして雌は実用上の最適値からずれた長さの尾を好むことに同意したりするのか、という問題が残る。ちょっと考えてみると、そんなことは馬鹿げているように思える。グッドデザインの基準に照らしてかくあるべきだという長さよりも長い尾を好む、ファッションに敏感なライバル雌は、デザイン的に劣り、非効率で不器用な飛び方の息子をもつにいたるだろう。短い尾の雄が好みの、あまりファッションにとらわれない突然変異雌、それもとりわけ実用上の最適値と偶然一致した長さの尾を好みとする突然変異雌は、飛ぶためにうまくデザインされた効率のよい息子をつくり、その息子はもっとファッションに敏感なライバル雌の息子との競争に確実に勝ってしまうのではないか。おっと、しかしここに落し穴がある。それは、私が使っている「ファッション」という隠喩（メタファー）にも暗黙のうちに意味されている。突然変異雌の息子はなるほど効率よく飛ぶかもしれないが、個体群の大多数の雌から魅力的だとは思われていない。彼らは少数派の雌、ファッション無視派の雌しかひきつけないだろう。そして、この少数派の雌は、数が少ないという単純な理由で、当然ながら多数派の雌より見いだしにくい。交尾できるのが六羽に一羽の雄だけで、その幸運な雄たちが大きなハレムをもつような社会では、多数派の雌の好みにつけこむことは途方もなく大きな利益をもたらす。その利益は、エネルギーや飛翔効率といった実用上のコストを上まわることも十分ありうるのだ。

しかしたとえそうだとしても、この議論全体は任意な仮定にもとづいているではないかと、読者はそう不満をもらすかもしれない。大部分の雌が実用上は劣った長い尾を好むという条件があれば、それから後のことすべてが起こるのは認めてもいいだろう。だが、まず最初にどうして、この多数派の雌の好みがそんなぐあいになってしまったのか？　どうして、雌の大多数が実用上の最適値よりも短い尾を、あるいは実用上の最適値とぴったり同じ長さの尾を好まなかったのか？　どうして、ファッションが実用と重ならなかったのか？　こうしたことのどれもが起こる可能性があって、また多くの種ではおそらくそうなったのだろう、というのがその答えである。私の仮想的な例では、雌は長い尾を好んだが、いかにもこれは任意である。しかし、多数派の好みがたまたまどのようなものであったとしても、またいかに任意であったとしても、その多数派が淘汰によって維持される、いや条件によっては実際に数を増す、というか誇張される傾向があるだろう。私の説明に数学的な裏付けが欠けていることがほんとうに目立つようになるのは、議論のこの点においてである。できることなら、ランドの数学的根拠がこの点を証明していると読者にただただ受け入れるように勧めて、その問題をこのへんで切り上げてしまってほしいくらいだ。これは私にできるもっとも賢明なやり方だろうと思うが、それでもこの考えの一部を言葉で説明することを試みてみよう。

議論の鍵は、先にあきらかにした「連鎖不平衡」、つまりある長さの尾――どんな長さでもかまわない――のための遺伝子と、それに対応してまったく同じ長さの尾を好むための遺伝子との「連帯」という点にある。「連帯因子」は数値として測ることができるものと考えてもよい。連帯因子がかなり高いばあいには、ある個体の尾長の遺伝子がわかれば、十分な精度をもって彼または彼女の選好性の遺伝子を予測できる、あるいは、選好性の遺伝子がわかれば、尾長の遺伝子を予測できる、ということになる。逆に、連帯因子が低いばあいには、ある個体の二つの部門つまり選好性と尾長のどちらかの遺伝子がわかっても、彼または彼女のもう一方の部門の遺伝子についてはほんの少ししかヒントは得られない、ということになる。

連帯因子の大きさを左右するのは、雌の選好性の強さ、つまり雌が理想的ではないと思った雄をどれくらいがまんできるかとか、雄の尾長にみられる変異のどの程度が環境要因ではなく遺伝子によって支配されているか、などといった類のことがらである。こうした影響を全部ひっくるめた結果として、連帯因子、すなわち尾長の遺伝子と尾長に対する選好性の遺伝子の結びつきの程度がきわめて強ければ、以下のような帰結がひきだされる。長い尾をもっているために雄が選ばれるときはいつでも、長い尾のための遺伝子が選ばれているだけではない。同時に、その「連帯」の強さのおかげで、長い尾を好む遺伝子も選ばれているのである。つまり、ある長さの尾をもった雄を雌に選ばせる遺伝子は、実質的には自分自身のコピーを選んでいることになる。これは自己強化過程の本質的要素である。すなわち、自らを自動的に維持するモーメントをもっているのだ。いったん進化がある方向へ動きはじめれば、これはそれだけで進化を同じ方向に持続させる傾向を生み出すのである。

別のやり方でこのことを理解するために、「緑ひげ効果」として知られるにいたったもので説明してもよい。緑ひげ効果は生物学の学問上の冗談のようなものである。それは純粋に仮想的だが、とはいえ教訓的なのだ。もとはといえば、W・D・ハミルトン[3]の重要な血縁淘汰理論の根幹をなす基本原理を説明するための一方法として提案されたもので、私は『利己的な遺伝子』のなかでそれを長々と論じたことがある。いまではオックスフォードで私の同僚であるハミルトンは、近縁個体に対して利他的にふるまう遺伝子が自然淘汰によって有利になり、その理由はただそれとまったく同じ遺伝子のコピーが血縁個体の体に高い確率で存在するからであるということを示した。「緑ひげ」仮説は、まああまり実際的ではないとしても、同じ論点をもっと一般的に強調するものである。つきつめると、血縁関係というのは、遺伝子が他の個体の体にある自分のコピーを効果的に探り当てるためにできるやり方の一つにすぎない。理論的には、遺伝子はより直接的な手段で自分のコピーを探り出すこともできるはずである。次のような二つの効果をもった遺伝子がたまたま生じたとしてみよう（二つ以上の効果をもつ遺伝子はふつうにある）。その遺伝子の保有者にたとえば緑ひげのような目につきやすい「バッジ」を身につけさせる効果と、保有者の脳に影響を与えて、緑ひげを生やした個体に対して利他的なふるまいをさせる効果だ。たしかにそれはとてもありそうもない偶然の一致だけれども、もし生じれば、その進化的帰結は歴然としている。緑ひげ利他主義の遺伝子は、わが子や兄弟に対して利他的な遺伝子と、まさしく同じ理由で自然淘汰によって有利になるだろう。緑ひげを生やした個体が他の緑ひげ個体を助ければ、この差別的な利他主義のための遺伝子は、いつでも自分のコピーを優遇していることになる。緑ひげ遺伝子は自動的かつ必然的に広がっていくだろう。

緑ひげ効果がこんなに単純きわまりないかたちで自然界に見られるだろうなどとは、誰も本気にしないし、私だって信じない。自然界では、遺伝子は緑ひげほど特異的ではないとしてもそれよりもいっそうもっともらしいレッテルを用いて、自分のコピーをひいきしている。血縁関係がまさにそうしたレッテルだ。「兄弟」だとか、あるいは実際的には「自分がたったいま巣立った巣で孵化してきた個体」といったようなものは、統計的なレッテルである。そうしたレッテルの持ち主に対して利他的なふるまいをさせる遺伝子は、自分のコピーを援助する機会を統計的には十分もっている。兄弟は統計的にみて遺伝子を共有する機会を十分にもっているからである。ハミルトンの血縁淘汰説は、この種の緑ひげ効果がもっともらしくなる一つの方法とみなせる。ところで、思い出してほしいのだが、ここには遺伝子が自分のコピーを助けたいと「望んでいる」ことを示すものなど何一つない。たまたま自分のコピーを助けるという効果をもつ遺伝子が、いやおうなしに個体群中に増えていく傾向にあるだけなのだ。

というわけで、血縁関係は何かしら緑ひげ効果のようなものがもっともらしさを得るための一つの方法として理解される。フィッシャーの性淘汰説は、緑ひげ効果がもっともらしくなるいま一つの方法としても説明できる。個体群中の雌が雄の特徴に強い選好性をもっているばあい、以上に見てきたような理由づけから、必然的にそれぞれの雄の体は自分の特徴を雌に好ませる遺伝子のコピーをもつ傾向がある。雄が父親から長い尾を受け継いでいるなら、おそらく彼は父親の長い尾を選ばせた遺伝子をも母親から受け継いでいるだろう。雄の尾が短ければ、おそらく彼は雌に短い尾を好ませる遺伝子をもっているだろう。そこで、雌が雄を選択しているときには、彼女の選好性がどのようなものであれ、おそらく彼女の選択を偏らせるような遺伝子は、雄のなかにある自分自身の、、、コピーを選んでいることになるだろう。つまり、それらの遺伝子は雄の尾長をレッテルとして自分のコピーを選んでいるのであり、仮想的な緑ひげの遺伝子が緑ひげをレッテルとして使ってやっているることをもう少し込み入った形式でやっているのだ。

個体群中の半分の雌が尾の長い雄を好み、残り半分の雌が尾の短い雄を好むとすると、雌による選択のための遺伝子はそれでも自分のコピーを選び出すだろうが、どちらか一方のタイプの尾が一般に有利になる傾向はないだろう。個体群は、長い尾をもち長い尾を好む党派と、短い尾をもち短い尾を好む党派の二つに分裂する傾向にあるかもしれない。しかし、いずれにせよそうした雌の「世論」の二分裂は、事態としては不安定な状態である。どちらか一方のタイプを選好する雌がた、、、とえわずかでも多数派になりはじめたとたん、その多数派は次に続く世代で強化されていくだろう。というのは、少数派の雌に好まれる雄は配偶者を見つけにくくなるからだ。また少数派の雌が生む息子は相対的に配偶者を見つけにくくなり、したがって少数派の雌の孫は少なくなるはめになる。ちょっぴり少数派だったものがさらに少数派になり、ちょっぴり多数派だったものがさらに多数派になるとき、われわれはいつでも正のフィードバックを生みだす秘訣を握っていると言える。「およそ、持てる者は与えられ、いよいよ豊かになるが、持たざる者は、持っているものまでも取り上げられるであろう」というわけだ。不安定なバランスがあれば、必ずや任意でランダムな始まりは自己強化されるようになる。木の幹を切っていくとき、木は北向きに倒れるか南向きに倒れるかわからない。しかし、ほんのしばらく立った状態を保ったあと、いったんどちらかの方向に倒れはじめると、もうもとには戻らない。ちょうどそれと同じようなものである。

われわれは登山靴の紐をさらにしっかりと結びながら、次のピトンにハンマーを打ちつける準備もしている。雌による淘汰が雄の尾をある方向に引っぱっているそのあいだも、「実用」淘汰が雄の尾を違う方向に引っぱっていて（「引っぱっている」というのはもちろん進化的な意味においてである）、実際の平均尾長は二つの引力の妥協になるということを思い出してほしい。そこで、「選択の不一致」と呼ばれるある量を認めよう。これは、個体群中にみられる雄の実際の平均尾長とその個体群の平均的な雌がほんとうに好む「理想の」尾長との差である。選択の不一致を測る単位は、温度を測る摂氏や華氏の目盛りがそうであるように、任意にとれる。摂氏の目盛りが便利のために水の氷点をゼロ点に固定しているように、性淘汰の引力と実用淘汰による反対方向の引力とが、ぴったり釣り合う点をゼロに固定するのが便利というものである。別の言い方をすると、選択の不一致がゼロだというのは、二種類の対立する淘汰が互いにきっかり相殺しているために、進化的変化が止まるということを意味する。

あきらかに、選択の不一致が大きくなればなるほど、反対向きにはたらく実用上の自然淘汰の引力に抗して、雌が発揮する進化的「引力」は強くなる。われわれが興味をもっているのは、ある特定の時期における選択の不一致の絶対値ではなく、選択の不一致が世代とともにどのように変わるか、である。ある選択の不一致の結果として、尾はしだいに長くなり、同時に（長い尾を選ぶための遺伝子が長い尾をもつための遺伝子と連携して淘汰されていくことを思い出してほしい）雌の好む理想的な尾もしだいに長くなる。この二重の淘汰が一世代にはたらいたあと、平均尾長と雌の好む平均尾長は、どちらも長くなっている。しかし、どちらの方がより長くなっているだろうか？これは、選択の不一致に何が起こっているかについてのもう一つの問い方でもある。

選択の不一致が同じ状態のままでとどまっていることもあろう（平均尾長と雌の好む平均尾長が同じ分だけ増したばあい）。それはしだいに小さくなっていることもあれば（平均尾長の増し分が雌の好む平均尾長の増し分よりも多かったばあい）、あるいは最終的にもっと大きくなっていることもあろう（平均尾長もいくらか増しているのだけれども、雌の好む平均尾長の増し分がそれ以上に増したばあい）。もし尾が長くなるにつれて選択の不一致が小さくなっているのであれば、尾長がある安定な平衡長に向かって進化していくのを見ることになるだろう。しかし、尾が長くなるにつれて選択の不一致が大きくなっていれば、理論的には将来の世代では尾がたえずスピードを増しながらぐんぐん伸びていくのを見るだろう。活字になった彼の短い言葉では当時の誰にもはっきりとは理解されなかったけれども、これこそ疑いなく、フィッシャーが一九三〇年以前に計算していたことにちがいない。

まず、世代が進むにつれて、選択の不一致がだんだん小さくなるようなばあいを考えよう。どんどん小さくなって、ついには、雌の選好性によるある方向への引力が、実用淘汰による反対方向への引力ときっかり釣り合うにいたる。そうなると進化的変化は止まり、そのシステムは平衡状態にあると言われる。これについて、ランドは興味深いことを証明した。少なくともある条件下では、平衡点はただ一つではなく、たくさんあるというのだ（理論的にはグラフの直線上に無限個の平衡点が並んでいる。おっと、これでは数学になってしまいそうだ！）。釣り合いのとれる点はただ一つではなく、たくさんある。ということはつまり、ある方向に引っぱるある強さの実用淘汰に対して、雌の選好性の強さはそれにきっかり釣り合う点に到達するように進化するのである。

そこで、条件が整い、世代が進むにつれ選択の不一致が小さくなる傾向にあれば、個体群は「最寄りの」平衡点に落ち着くにいたるだろう。そこでは、ある方向に引っぱる実用淘汰は反対方向に引っぱる雌による淘汰と正確に打ち消しあい、雄の尾がどのような長さであるかによらず、それは同じ長さのままだろう。読者はそこに負のフィードバック・システムがあると気づくかもしれないが、それは少し奇妙な種類の負のフィードバック・システムなのだ。負のフィードバック・システムかどうかを見分けようと思えば、それを「かき乱し」て理想の「セットポイント」からずらしたときに何が起こるかを見ればよい。たとえば、窓を開けて室温をかき乱せば、サーモスタットはヒーターのスイッチを入れてそれを補正するように反応するだろう。

性淘汰のシステムはどのようにかき乱されるのだろうか？　ここで、われわれは進化的タイムスケールについて語っていたことを思い出そう。つまり、窓を開けることにあたるような実験をするのも、その実験結果を見届けるまで生きているのも、むずかしい相談だ。しかし、自然界では、たとえば幸運あるいは不運な偶然の出来事を通じて雄の数が何かの拍子にランダムに変動することによって、そのシステムがしばしばかき乱されることも疑いない。いままで論じてきた条件が与えられていれば、そんなことが起こったときには実用淘汰と性淘汰の組合せによって個体群は一群の平衡点のうちの最寄りの点に必ず回復するだろう。これはおそらく前と同じ平衡点ではなく、平衡点を表わす直線上のほんの少し上か下にある別の点のはずだ。そういうわけで、個体群は、時間が経つにつれて平衡点の直線を登ったり降りたりすることになる。直線を登るというのは、尾が長くなるということであり、理論的にはどれくらい長くなるかに限界はない。直線を降りるというのは、尾が短くなるということであり、理論的にはとことん降りてしまえば長さはゼロになる。

サーモスタットのアナロジーは、平衡点の概念を説明するのによく用いられる。このアナロジーを発展させて、平衡線というもう少しむずかしい概念を説明することもできる。暖房装置と冷房装置の両方をそなえた部屋を考えてみよう。どちらの装置にもそれぞれサーモスタットが組み込まれている。二つのサーモスタットは室温を摂氏二〇度という一定の温度に保つようにセットされている。温度が二〇度以下になると、ヒーターのスイッチが入り、クーラーのスイッチが切れる。温度が二〇度以上になると、今度は逆にクーラーのスイッチが入り、ヒーターのスイッチが切れる。ここでコクホウジャクの尾長に喩えられているのは温度ではなく（温度は二〇度付近に保たれている）、総電力消費速度である。肝心なのは、望ましい温度が達成されるには、いろいろな道すじがあるということなのだ。両方の装置がともに目いっぱいはたらくことによって、つまりヒーターが熱気をがんがん送りだし、クーラーがその熱を下げるために全力で動くことによって、それが達成されるばあいもあろう。あるいは、ヒーターがそれよりはいくぶん少ししか熱を吹き出さず、それにしたがってクーラーの方もその熱を下げるのに少しは楽に稼働して、達成されるばあいもあろう。また、どちらの装置もほとんどはたらかないで達成されるばあいだってある。もちろん電気代のことを考えれば、最後のがいちばん望ましい調節法にきまっているが、二〇度という一定温度を維持する目的に関するかぎり、一連の稼働速度のうちどれもが等しく満足のいくものなのだ。ここには一個の平衡点ではなく、平衡点の集まりからなる一つの直線がある。そのシステムの組み立てられ方の詳細や、システムの時間的遅れとかその他技術者が関心を寄せていることがらによって、その部屋の電力消費速度は、温度を一定に保ちながら平衡点の直線を登ったり降りたりすることが理論的には起こりうる。室温が少しかき乱されて二〇度以下になっても、それは回復するだろうが、ヒーターとクーラーの稼働速度の組合せが同じになるとはかぎらないだろう。平衡線上の違った点に回復してくるかもしれない。

実際の技術的条件からすれば、ほんとうの平衡線が存在するように部屋を仕立て上げるのはなかなかむずかしいだろう。実際には直線は「一点に落ち込み」やすい。性淘汰の平衡線に関するラッセル・ランドの議論もまた、自然界ではあまりあてはまらないような仮定にもとづいている。たとえば、たえず新しい突然変異が供給されていると仮定している。雌による選択という行為にはまったくコストがかからないと仮定している。この仮定が破れれば、なるほどありそうなことだけれども、平衡「線」は一個の平衡点に落ち込む。しかし、ともあれ、われわれはいままで何世代も続けて淘汰がはたらくにつれて選択の不一致が小さくなるような例だけを論じていたにすぎなかった。他の条件では選択の不一致は大きくなるかもしれない。

この問題を論じはじめてからしばらくたっているので、これがどういう意味なのかを思い出してみることにしよう。ここで取り上げている個体群の雄は、コクホウジャクの尾長のようなある形質を、尾長を長くする雌の選好性とそれを短くする実用淘汰の影響のもとで進化させつつある。長い尾に向かう進化の推進力があるのは、雌が自分の「好きな」タイプの雄を選ぶときにはいつでも、遺伝子のランダムでない結びつきのため、そうした選択を自分にさせているのとまさに同じ遺伝子のコピーを雌が選んでいることになるからである。かくて次の世代では、雄がより長い尾をもつ傾向にあるばかりか、雌も長い尾に対するより強い選好性をもつ傾向にある。これら二つの増加過程のどちらが世代ごとに速く進むかはあきらかでない。われわれがいままで考察してきたのは、尾長の方が選好性よりも世代あたりに速く増加するようなばあいだった。さて今度は、可能性のあるもう一つのばあい、選好性の方が尾長よりも世代あたりに速い速度で増加するばあいを考察する。言い換えると、これから、世代が進むにつれて選択の不一致が、前の段落で述べたように小さくなるのではなく、大きくなるばあいを論じようというわけである。

ここでの理論的帰結は前よりもいっそう異様でさえある。負のフィードバックのかわりに、正のフィードバックが登場する。世代が進むにつれ尾は長くなるが、長い尾に対する雌の欲求はさらに速い速度で増加する。ということはつまり、理論的に言えば、世代が進むにつれて、尾はなおも長くなり、しかもその速度はたえず加速されるのである。理屈のうえでは、尾は一〇マイルの長さになったあとでも伸びつづける。もちろん、あべこべのワットの調整器をもった例のエンジンが実際には毎秒一〇〇万回転もの速さに加速されつづけたりしないのと同じように、こうした馬鹿げた長さに達するずっと前に、ゲームの規則が変わってしまうだろう。しかし、極端な状態に行きつけば数理モデルの結論に冷や水をかけなければならないとしても、このモデルの結論は実際にもっともらしい条件の範囲であれば十分あてはまる。

ようやく五〇年後のいまになって、フィッシャーが大胆にも「発達の速度はすでに達成された発達の度合に比例すること、したがって時間とともに指数的に、あるいは等比数列的に増大することは、容易に見てとれる」と断言したときに、彼が言わんとしていたことをわれわれは理解できる。彼が次のように述べたとき、その理論的根拠はあきらかにランドのものと同じだったのである。「そうした過程によって影響を受ける二つの特徴、すなわち雄の羽毛の発達およびそうした発達への雌の性的な選好性は、したがって同時に進むにちがいない。そして、その過程が厳しい対抗淘汰によって止められないかぎり、それはたえず速度を増しながら進むだろう」。

フィッシャーとランドが数学的理由づけからともに好奇心をそそる同じ結論に到達しているから

といって、彼らの理論が自然界で起きていることを正しく反映しているとはかぎらない。性淘汰理論の第一人者である、ケンブリッジ大学の遺伝学者ピーター・オドナルドが言っているように、ランドのモデルにある暴走的性質は、最初の仮定に「組み込まれて」いて、数学的理由づけの別のところからかなりうんざりするやり方で現われざるをえない仕組みになっている、ということもあるかもしれない。アラン・グラフェンやW・D・ハミルトンなどの理論家たちは、雌によってなされる選択が、実利的な優生学上の意味でその雌の子供に有利な効果をもっているという代替理論を好んでいる。彼らがいっしょに取り組んでいる理論によれば、雌の鳥は診断医としてふるまっており、寄生虫にもっとも感染しにくい雄を探し出しているのだという。このハミルトンらしい独創的な説によれば、明るい羽毛の色は、雄が自分の健康を宣伝するために目立たせる方法なのである。

寄生虫の理論的重要性について十分に説明しようとすれば、あまりに長くなってしまうだろう。かいつまんで言えば、雌による選択に関するすべての「優生学」説にまつわる問題点は、いつでも次のようなものであった。もし雌がほんとうに最高の遺伝子をもった雄の選択に成功するなら、まさにその成功によって将来とりうる選択の幅が狭まることになるだろう。したがって、ついに、良い遺伝子だけになれば、もう選ぶべきところはなくなってしまうのである。寄生虫がこの理論上の難点を取り除いてくれる。というのは、ハミルトンによれば、寄生虫と寄主はお互い相手に対して終わることのない周期的な軍拡競争を演じているからである。つまり、ある世代の鳥における「最高の」遺伝子は将来の世代の最高の遺伝子と同じではない、ということになる。現在の世代の寄生虫を打ち負かすために講じている手段は、進化しつつある次世代の寄生虫には何の効き目もないのだ。したがって、そのとき発生している寄生虫を打ち負かすのに、たまたま他より遺伝的にすぐれた能力をもった雄がいつもいくらかはいるはずである。そこで雌はそのときの世代の雄のなかからもっとも健康な雄を選ぶことによって、いつでも自分の子供を有利にできる。何世代にもわたって雌が使える唯一の一般的基準は、獣医が使いそうな指標――ぱっちりした目、つやつやした羽毛、などである。正真正銘健康な雄にかぎって、こうした健康のしるしを示しているので、淘汰はそれらのしるしを十分に示している雄、そして長い尾や扇のように広がった尾羽のかたちでそれらを誇張さえしている雄に有利にはたらく。

しかし、寄生虫説は、正しいかもしれないけれども、この「爆発」に関する章の論点からずれている。フィッシャー／ランドの暴走理論に戻れば、いま必要なのは本物の動物による証拠である。どうやればそうした証拠探しに取り組めるだろうか？　どんな方法が使えるだろう？　ある有望なアプローチが、スウェーデンのマルタ・アンダーソンによってなされた。おりよく、彼が研究したのは、私がここで理論的な概念を論じるのに使っていたのとまさしく同じ鳥、コクホウジャクでもあった。彼はこの鳥をケニアの自然環境で研究したのだ。アンダーソンの実験が可能になったのは、最近のテクノロジーの進歩が生み出した強力接着剤のおかげである。彼は次のように論じた。実際に見られる雄の尾の長さが、実用上の最適値と雌がほんとうに望んでいる値との妥協物ならば、雄の尾の長さを余分に長くしてやることでその雄を超魅力的にすることができるはずだ、と。ここで強力接着剤が登場する。アンダーソンの実験は手際のよい実験設計(デザイン)の例でもあるので、簡単に述べてみることにしよう。

アンダーソンは三六羽の雄のコクホウジャクを捕え、それらを四羽ずつからなる九つのグループに分けた。四羽からなるグループはそれぞれ同じように扱われた。各グループの四羽のうち一羽

（無意識に生じる偏りを避けるため、周到にもランダムに選ばれた）は、尾の羽毛を切り取られて一四センチメートルにされた。この切除された部分は速乾性の強力接着剤で、そのグループの二番目の雄の尾の先にくっつけられた。つまり、一番目の雄は人為的に尾を短くされ、二番目の雄は人為的に尾を長くされたのである。三番目の鳥の尾は、比較のため何も手を加えられなかった。四番目の鳥も尾は同じままにされたが、これには手が加えられなかったわけではない。三番目と違って、尾羽の先が切り取られ、それからふたたびつけなおされたのだ。これは一見無意味な実験手続きのようにみえるが、実験をいかに注意深く設計（デザイン）しなければならないかを示す好例である。尾長そのものの実際の変化ではなく、尾羽に手が加えられたという事実、あるいは人間によって捕えられたり処理を受けたりしたという事実が鳥に影響を与えている可能性もないではなかった。グループの四番目の鳥はそうした効果に対する「対照（コントロール）」である。

実験の趣向は、各鳥の交尾の成否を、四羽からなる同じグループ内で異なる処理を受けた他の鳥のそれと比較することにあった。四通りの処理のどれかを受けたあと、どの雄ももともと住みついていた各自のなわばりに戻された。そこで各鳥はなわばり内に雌をひきつけ、つがいになり、巣をつくって卵を産むというふうにいつもどおりの仕事を再開した。問題は、各グループの四羽のうち、雌を得るのにもっとも成功するのは何番目の鳥だろうか、ということである。アンダーソンは、実際に雌を観察するかわりに、しばらく待って、各雄のなわばりに卵のある巣がいくつあるかを数えることによって、これを測定した。さて、彼が見いだしたのは、人為的に尾を長くした雄が人為的に尾を短くした雄のほとんど四倍も多くの雌をひきつけていたという事実だった。正常な自然の長さの尾をもった雄はその中間の成功度を示した。

この結果は、それらが偶然だけで生じるかどうか、統計的に分析された。結論は、雌をひきつけることが唯一の基準であれば、現実にもっているよりも長い尾をもつ雄の方がうまくやるだろう、というものだった。言い換えれば、性淘汰は尾を長くする方向にたえず（進化的な意味で）引っぱっているのだ。実際にみられる尾が雌の好むものよりも短いという事実は、尾を短いままに保つ何か他の淘汰圧があるにちがいないということを示唆している。これは「実用上の」淘汰である。たぶん、とくに長い尾をもった雄は平均的な尾の雄よりも死にやすいのだろう。残念ながらアンダーソンには、手術を施した雄がその後どのような運命をたどったか、追跡する暇がなかった。かりに彼が追跡していれば、予測では、余分な尾羽を接着剤でつけられた雄は、たぶん捕食者の餌食にされやすくなるために、正常な雄に比べて平均すると若くして死ぬはずだった。一方、人為的に尾を短くした雄は、おそらく正常な雄よりも長生きすると期待されるはずだ。正常な長さは性淘汰の最適値と実用上の最適値の妥協物と考えられるからである。たぶん、人為的に尾を短くした鳥は、実用上の最適値に近いために、長生きするだろう。しかし、これにはまったくたくさんの仮定がおかれている。長い尾がもたらす実用上の主要な不利益が、最初にそれを成長させる経済的コストであって成長してから死ぬ危険が増すことでなければ、楽々と余分の長い尾を与えられた雄は、まるでアンダーソンからただで贈り物をもらったようなものであり、結果としてべつだん若くして死ぬとは思えない。

私は、あたかも雌の選好性が尾やその他の飾りを大きくする方向に引っぱる傾向にあるかのように書いてきた。理屈から言えば、すでに述べたとおり、雌の選好性がまさしくその反対方向、たとえば尾を長くするのではなくて短くするような方向に引っぱらないとする理由は、とりたててない。

ミソサザイはずいぶん短くてずんぐりした尾をもっているので、その尾はひょっとすると厳密に実用上の目的にとって「あるべき」長さよりも短いのではないかと、つい考えたくなる。ミソサザイの雄どうしの競争は、体のわりに合わないほど大きな声のさえずりからも想像がつくとおり、熾烈である。そうしたさえずりはたしかにコストがかかるにちがいないし、ミソサザイの雄は文字どおり死なんばかりにさえずることで知られている。成功した雄は、コクホウジャク同様、なわばり内に一羽以上の雌をもつ。このような競争的風土では、正のフィードバックがどんどん進行すると期待してもおかしくはない。はたして、ミソサザイの短い尾は、進化的な縮小という暴走過程の最終産物を表わしているのだろうか？

ミソサザイはまあ別にしても、クジャクやハタオドリやゴクラクチョウの尾羽は、それらの装飾過剰なけばけばしさからいって、正のフィードバックによる、爆発的で螺旋を描いて進行する進化の最終産物とみなすのがいちばんもっともらしい。フィッシャーとその現代の後継者たちは、どのようにしてこれが生じてきそうかをわれわれに示してくれた。この考え方は、本質的に性淘汰だけに限られているのだろうか、それとも他の種類の進化にも説得力のあるアナロジーを見いだすことができるのだろうか？　われわれ自身の進化でも、爆発的なところを示す側面が一つならずあるので、それだけでもこんなふうに問うのはなかなか価値のあることである。たとえば、われわれの脳が過去数百万年のうちにきわめて急速にふくれあがったことからでも、それは明白にうかがえる。これまた性淘汰によっていると言われてきた。つまり、脳力（あるいは、長々と込み入った儀式的なダンスのステップを記憶する能力といった、別のかたちでの脳力の表われ）は性的に望ましい形質というわけだ。しかし、脳の大きさは、性淘汰と似てはいてもそのものではない、別種の淘汰の影響のもとで爆発的に大きくなってきたということもありうる。私の考えでは、性淘汰に可能なアナロジーとして、弱いアナロジーと強いアナロジーという二つのレベルを区別することが役に立つだろう。

弱いアナロジーとは、次のようなことを言っているにすぎない。進化のある段階の最終産物が次の段階のためのお膳立てをするといった進化過程は、どのようなものであれ前進的である可能性があり、ときには爆発的でもあろう、と。われわれはすでに前章で、「軍拡競争」というかたちでこのアイデアにお目にかかっている。捕食者にみられるデザインの一つ一つの進化的改善は、餌生物に対する淘汰圧を変え、それによって餌生物は捕食者をより巧妙に回避するようになる。すると今度は捕食者に淘汰圧がかかって改善され、かくてたえず上昇する螺旋がみられる。前に述べたとおり、捕食者も餌生物も、互いの敵が同時に改善されつつある以上、結果的に必ずしもより高い成功率を享受するとはかぎらない、ということになりそうだ。しかし、それにもかかわらず、餌生物と捕食者のどちらも、前進的によりすぐれた装備をそなえるようになっていく。というわけで、これが性淘汰との弱いアナロジーである。性淘汰との強いアナロジーの方は、フィッシャー／ランド理論の本質が「緑ひげ」的な現象だということを指している。つまり、雌による選択のための遺伝子は自動的に自分自身のコピーを選ぶ傾向にあり、おのずと爆発に向かっていく傾向をもった過程（プロセス）だということだ。性淘汰自体の他にもこの種の現象の例があるかどうかは、あきらかではない。

性淘汰のような爆発的進化とのアナロジーを探すのにふさわしい場所は、人間の文化的進化にあるのではないだろうか。というのは、そこでもまた、気まぐれな選択が問題になるからであり、しかもそうした選択は「流行（ファッション）」だの「多数派の常勝」効果だのといった影響を被っているかもしれないからである。もう一度、本章のはじめに私が発した警告を思い出していただきたい。文化的「進化」は、われわれが言葉の使い方にやかましい純潔主義者であろうとするなら、たしかに進化とは言えないにしても、文化的進化と本物の進化とのあいだには、なにがしか原理をなぞらえてもおかしくない共通点が十分にあるようだ。だからといって、その差を軽視してはいけない。この問題をかたづけてから、爆発的な螺旋という議論に戻ることにしよう。

　人間の歴史に見られる多くの側面にはどこかしら擬似進化的なところがあることは、何度も指摘されてきた——実際、誰が見てもそれはわかる。人間生活のある側面の見本を一定の時間間隔で集めてみれば、たとえば、科学知識の状態だとか演奏される音楽の種類、服装の流行（ファッション）、輸送のための乗物などの見本を一〇〇年おき、あるいは一〇年おきに集めてみれば、何らかの傾向が見つかるだろう。A、B、Cというひと続きの時間を追って順にとられた三つの見本があるとして、そこに一つの傾向があると言うことは、時間Bで測られた値が時間AとCで測られた値の中間にあると言うにほかならない。例外はあるにせよ、この種の傾向が文化生活の多くの側面を特徴づけるということには、誰でも同意するだろう。むろん、その傾向の方向がときには逆転することがあるにしても（たとえば、スカートの丈のように）、それは遺伝的進化だってそうなのだ。

　多くの傾向、それもとりわけ実用的なテクノロジーに見られる傾向は、軽薄な流行とは違って、ほとんど価値判断をめぐる議論の余地なく、改善として認められる。一例を挙げれば、世界を旅行するための乗物が、過去二〇〇年にわたって着実に退行することなく改善されてきたのは、疑いようがない。それは馬に牽引される乗物から蒸気に牽引される乗物を経て、そして今日では超音速ジェット機にいたっている。私は改善という言葉を中立的（ニュートラル）な意味で使っている。こうした変化の結果として生活の質が改善されたことに誰もが同意する、などと言うつもりはない。個人的には、私はしばしばそれを疑ってもいる。大量生産の方式が熟練の職人を押しやるにつれ、製品の水準が低下してきたという、よく耳にする見解を否定するつもりもない。しかし、世界のある場所から別の場所へ移動するという、純粋にそれだけの観点から輸送の手段をみれば、ある種の改善に向かう歴史的傾向があることには論争の余地はない。それがたとえスピードの改善でしかないとしてもである。同じように、数十年とかあるいは数年のタイムスケールでさえも、ハイファイ音声増幅装置の性能には否定しがたい前進的改善がある。もし増幅器(アンプ)が発明されていなければ、この世がもう少し快適な場所だったろうという点で、たとえあなたと私が意見を同じくすることが時にはあるとしてもだ。趣味が変わったのではない。音の再生の忠実度が一九五〇年のものよりもいまの方がよく、一九二〇年よりも一九五〇年の方がよかったというのは、客観的かつ測定可能な事実である。テレビ画像の再生の質は、むろん放送される娯楽番組の質に同じことがあてはまるわけではないにしても、いまの方が初期のものよりもはっきりとすぐれている。戦争で用いられる殺戮機械の性能は、改善に向かう劇的な傾向を示している——なにしろ、それらは年々より多くの人をより速く殺すことができるようになっている。これが改善なんかでないという意味は、あまりに明白でわざわざ説明する必要もあるまい。

技術的なという狭い意味では、時代の進むにつれ物がよくなっていることについては、何の疑いもない。しかし、これは飛行機とかコンピューターといった技術的な実用物にかぎった話である。人間生活には、はっきりした傾向を示しながら、いかなる明白な意味でもその傾向が改善とは結びつかない側面が他にもたくさんある。言語は何らかの傾向を示し、分岐し、そして分岐してから何世紀か経つにつれて、だんだんと相互に理解できなくなってしまうので、あきらかに進化すると言える。太平洋に浮かぶ多くの島々は、言語進化の研究のための格好の材料を提供している。異なる島の言語はあきらかに似通っており、島のあいだで違っている単語の数によってそれらがどれだけ違っているかを正確に測ることができよう。この物差しは、10章で論じられる分子分類学の物差しとたいへんよく似ている。分岐した単語の数で測られる言語間の違いは、マイル数で測られる島間の距離に対してグラフ上にプロットされうる。グラフ上にプロットされた点はある曲線を描き、その曲線が数学的にどんな形をしているかによって、島から島へ（単語が）拡散していく速度についての何ごとかがわかるはずだ。単語はカヌーによって移動し、当の島と島がどの程度離れているかによってそれに比例した間隔で島に跳び移っていくだろう。一つの島のなかでは、遺伝子がときおり突然変異を起こすのとほとんど同じようにして、単語は一定の速度で変化する。もしある島が完全に隔離されていれば、その島の言語は時間が経つにつれて何らかの進化的な変化を示し、したがって他の島の言語からなにがしか分岐していくだろう。近くにある島どうしは、遠くにある島どうしに比べて、カヌーによる単語の交流速度があきらかに速い。またそれらの島の言語は、遠く離れた島の言語よりも新しい共通の祖先をもっている。こうした現象は、あちこちの島のあいだで観察される類似性のパターンを説明するものであり、もとはと言えばチャールズ・ダーウィンにインスピレーションを与えた、ガラパゴス諸島の異なった島にいるフィンチに関する事実と密接なアナロジーが成り立つ。ちょうど単語がカヌーによって島から島へ跳び移っていくように、遺伝子は島の体によって島から島へ跳び移っていく。

言語は、したがって進化する。しかし、現代英語がチョーサー(4)ふうの英語から進化してきたからといって、現代英語がチョーサーふうの英語よりも改善されているなどと多くの人々が主張しようとするとは思わない。改善だとか質だとかいった認識は、われわれが言語について語っているばあいには頭に浮かんでこないのがふつうである。それどころか、言語について話しているときには、われわれはしばしば変化を退行であるとか、退化であるとかみなしている。われわれは古い言葉づかいが正統で、最近の変化を乱れだと考えがちである。しかし、それでも純粋に抽象的で価値観に縛られない意味あいで前進的な、進化のような傾向を探り当てることができる。そして、意味のエスカレーションというかたちで（あるいは別の角度からそれを見れば、退化ということになる）正のフィードバックの証拠が見いだされさえするだろう。たとえば、「スター」という単語は、まったく類まれな名声を得た映画俳優を意味するものとして使われていた。それからその単語は、ある映画で主要登場人物の一人を演じるくらいのふつうの俳優を意味するように退化した。したがって、類まれな名声というもとの意味を取り戻すために、その単語は「スーパースター」にエスカレートしなければならなかった。そのうち映画スタジオの宣伝が「スーパースター」という単語をみんなの聞いたこともないような俳優にまで使いだしたので、「メガスター」へのさらなるエスカレーションがあった。さていまでは、多くの売出し中の「メガスター」がいるが、少なくとも私がこれまで聞いたこともない人物なので、たぶんそろそろ次のエスカレーションがあるだろう。われわれはもうじき「ハイパースター」の噂を聞くことになるのだろうか？　それと似たような正のフィードバックは、「シェフ」という単語の価値をおとしめてしまった。むろん、この単語はフランス語のシェフ・ド・キュイジーヌから来ており、厨房のチーフあるいは長（ヘッド）を意味している。これはオックスフォード辞典に載っている意味である。つまり定義上は厨房あたり一人のシェフしかいないはずだ。ところが、おそらく体面を保つためだろう、通常の（男の）コックが、いやかけだしのハンバーガー番（スリンガー）でさえもが、自分たちのことを「シェフ」と呼びだした。その結果、いまでは「シェフ長」なる同義反復的な言いまわしがしばしば聞かれるようになっている。

　しかし、これが性淘汰のアナロジーだというのなら、いいところ私が言う「弱い」意味でのアナロジーにすぎない。さて、私の思いつくことのできる、「強い」アナロジーに向かう最短のアプローチへと一直線に跳んでみよう。それは、「ポップ」レコードの世界だ。熱狂的なポップ・レコードのファンたちの話に耳を傾けたり、ラジオのスイッチを入れてディスクジョッキーのイギリスふうともアメリカふうともつかない口調を耳にすれば、ひじょうに奇妙なことを発見するだろう。芸術批評の他のジャンルは、表現のスタイルや技術、ムードや情緒的な衝撃力、芸術形態の質とか特性になにがしか入れ込んでいることをあらわにしているけれども、「ポップ」音楽というサブカルチャーは、ほとんどもっぱらポピュラリティーそれ自体に入れ込んでいるのだ。まったくあきらかなことだが、あるレコードについて大事なのは、それがどのようなサウンドかではなく、どれくらい多くの人がそれを買っているかである。このサブカルチャー全体が、トップ20とかトップ40とか呼ばれる、売れ行きの数字のみにもとづいたレコードの順位にとりつかれている。あるレコードにとってほんとうに問題となるのは、それがトップ20以内のどこに位置しているかだ。これは、よくよく考えてみれば、かなり奇怪な事実であり、R・A・フィッシャーの暴走進化理論を思い起こすなら、きわめて興味深いものである。ディスクジョッキーが、あるレコードのヒットチャート中の現在の順位を言うときには、ほとんどきまって、同時に先週の順位に触れるというのも、おそらく意味のあることだろう。それによって聴く側が、レコードのいまのポピュラリティーだけでなく、ポピュラリティーの変化率や動向について評価を下せるようになるからだ。

多くの人々があるレコードを買うのは、たくさんの他人が同じレコードを買っているあるいは買いそうだということ以外にこれといった理由もない、というのは事実のようだ。あきらかな証拠は、レコード会社が代理人を主要レコード店に派遣して自社のレコードを大量に買い上げることがよくあるという事実からくる。むろん、売れ行きの数字を「とぶように売れる」といえる領域にまで伸ばすためだ（これは、思うほどむずかしくはない。というのは、トップ20という数字は少数のレコード店から報告される売れ行き数にもとづいているからである。そこで、どこがこうした主要店であるかを知っていれば、それらの店からそんなにたくさんのレコードを買うまでもなく、全国的な売れ行きの推定値にかなり影響を与えることができる。こうした主要店の店員が賄賂を受けるという、信頼すべき噂もあるくらいだ）。

もう少し穏やかではあるが、同じようにポピュラーであること自体がポピュラリティーをもたらすという現象は、出版業界や女性のファッション、そして広告一般の世界でもよく知られている。広告業者がある商品について言える、いちばんよいことの一つは、それがその種の商品のうちでベストセラーになっているということだ。本のベストセラー・リストは毎週出されているが、ある本がそのリストのどこかに載るくらいの部数売れるやいなや、その本の売れ行きがただその事実のおかげでぐんと伸びるのは、疑いもなくほんとうである。出版関係者は本が「とぶように売れる」と言うし、少し科学知識のある出版関係者なら「とぶように売れるための臨界値」について語りさえするだろう。ここでのアナロジーは原子爆弾だ。ウラン二三五は、一つの場所にあまり大量に貯蔵しておかないかぎり、安定である。その量には、ひとたび超えてしまえば、連鎖反応というか暴走過程の進行をくいとめられずに、悲惨な結果をもたらす臨界値が存在する。一個の原子爆弾には、二つのウラン二三五の塊が含まれており、それぞれの塊は臨界量よりも少なくしてある。爆弾が爆発すると、この二つの塊が一つに突き合わされて臨界値を超える。かくして、中規模の都市が一巻の終わりを迎える。本の売れ行きが「臨界に達する」というのは、評判が評判を呼ぶなどして、突如として暴走的な様相でとぶように売れだす点にその数字が到達することである。売れ行き率は臨界量に達する前に比べて突然劇的に大きくなり、避けがたい頭打ちとその後の低落が訪れるまでのあいだ、指数的な成長期があるだろう。

その基盤にある現象を理解するのはむずかしくない。基本的には、もっとたくさんの正のフィードバックの例がある。本とかポップ・レコードでも、それがほんとうにどういう質をもっているかはその売れ行きを決めるうえでは無視できないけれども、それでも正のフィードバックが潜んでいるようなばあいはいつでも、本やレコードのどれが成功して、どれが失敗するかを決める強い任意の要素がたしかにある。もし臨界量だとかとぶような売れ行きだとかがサクセス・ストーリーにつきものの重要な要素なら、そこには数多くの幸運がつきまとっているはずだし、そのからくりを知りつくしている人たちによって操作されたり利用されたりする余地もまた十分あるはずだ。たとえば、かなりな金額を投資して、本やらレコードやらをちょうど「臨界に達する」点にまで販売促進するのはやるに値することだろう。なにしろ、そうなれば、その後の販売促進にはもうそれほど金を費やす必要はないのだ。それからは、正のフィードバックがなりかわって宣伝を遂行してくれるのだから。

以上の正のフィードバックは、フィッシャー／ランド理論による性淘汰の正のフィードバックとなにがしかの共通点をもっているが、相違点もある。長い尾をもったクジャクの雄を好むクジャクの雌は、他の雌が同じ選好性をもっているという理由だけで有利になる。雄の性質はそれ自体は任意であり、どうでもよい。この点では、ただトップ20にあるというだけで特定のレコードを欲しがるレコード狂は、ちょうどクジャクの雌と同じようにふるまっている。しかし、正のフィードバックがはたらく正確なメカニズムは、二つのばあいで違う。そしてこのことこそ、私の思うところでは、本章のはじまりにわれわれを連れ戻すものなのだ。アナロジーの解釈はほどほどにすべきであり、度を越してなされるべきではないという警告で、それははじまっていた。

9章　区切り説に見切りをつける

『出エジプト記』によると、イスラエル人たちがシナイの荒野を通って約束の地にたどりつくのに、四〇年かかっている。距離でいえば、これは三二〇キロかそこらである。つまり、その平均移動速度は一日あたり約二二メートルで、時速になおすと〇・九メートルだったことになる。夜は止まっていたとしても、まあ時速二・七メートルがいいところだ。どう計算してみても、われわれが論じているのは馬鹿馬鹿しいほど遅い平均移動速度であり、のろいことにかけては定評のあるカタツムリの歩みに比べてもはるかにのろい（『ギネスブック』によれば時速五〇メートルという信じがたいスピードが、カタツムリの世界最高記録である）。とはいえ、もちろんこの平均移動速度がずっと変わらず維持されていたとは、誰も本気で信じているわけではない。イスラエルの人々が、おそらく長い期間一つの場所でキャンプ生活し、それから移動するというように、気まぐれな旅を繰り返していたのはあきらかである。たぶん彼らの大部分は、ある一定の方角へ向かって旅をしているなどとはっきり意識していなかっただろうし、砂漠の遊牧民がよくやるように、オアシスからオアシスへとあてどなく渡り歩いていたのだろう。繰り返すが、誰もこの平均移動速度がずっと変わらずに維持されていたと本気で信じているわけではない。

ところが、ここに二人の若い雄弁な歴史家が登場したと想像してみよう。彼らが言うには、聖書の歴史はこれまで「漸進説」学派の考えに支配されてきた。「漸進論者」の歴史家は、イスラエルの人々が一日に二二メートルずつ旅をした、つまり毎朝テントをたたんで東北東の方角へ二二メートル這って進み、それからまたキャンプを設営したと文字どおりに信じている、というのだ。「漸進説」に唯一とってかわれるのは、新しい動的な「区切り論者」の歴史学派だ、というのである。過激な若い区切り論者によれば、イスラエルの人たちはほとんどずっと「停滞」したまま、まったく移動もしないで、ときには数年間にもわたって一つの場所にキャンプして過ごしていた。それから人々はかなりの速度で新しいキャンプ地に移動し、そこでまた数年間とどまった。約束の地へ向かう彼らの歩みは、漸進的で連続的なものではなく、とびとびで気まぐれなものだった。長い停滞期は短い急速な移動期で区切られるのである。さらに、その突発的な移動はつねに約束の地の方向に向かって起きるとはかぎらず、その方向はほとんどでたらめであった。約束の地の方角に向かう傾向などというものは、後から大きな尺度で大移動のパターンとして眺めたときに、はじめて見えてくるにすぎない、というわけだ。

区切り論者の聖書歴史家は、そのあまりの雄弁さのために、華々しくマスコミに登場するにいたる。彼らの顔写真は大量の発行部数を誇る報道雑誌の表紙を飾り、聖書の歴史についてのテレビのドキュメンタリー番組は、少なくとも指導的な区切り論者の一人とのインタヴューくらいしないとかっこうがつかなくなる。かくして、聖書学については他に何も知らない人たちは次のような意見だけを記憶する。区切り論者がさっそうと登場する以前の暗黒時代には、誰も彼もが誤解していたのだと。区切り論者がよく世間に知られているということと、彼らが正しいかもしれないということとは無関係だということに注意しよう。彼らは、それ以前の権威者たちが「漸進論者」で間違っていると異議申し立てをしているだけなのだ。区切り論者が世間の耳目をひきつけているのは、彼らが革命家として自己宣伝しているせいであって、正しいからではない。

区切り論者の聖書歴史家についての以上のような話は、もとよりそのままほんとうというわけではない。それは、生物進化の研究者のあいだで交わされたよく似た異議申し立て論争についての、一つの喩え話である。ある点では不公平な喩え話かもしれないが、まるっきり不公平なわけではないし、この章のはじめに記しておくにはもってこいの真実を含んでいる。進化生物学者のなかには広く宣伝の行き渡った一派があって、その主唱者たちは自ら区切り論者と名乗り、もっとも勢力のある先人たちに「漸進論者」という名称を押しつけた。彼らは、進化について何も知らない人たちのあいだで名声を博しているが、というのもその立場が、彼ら自身ではなく代理のレポーターによって、それ以前の進化学者、とりわけチャールズ・ダーウィンの立場と根本的に異なっていると表現されたからである。ここまでのところは、私の聖書のアナロジーは公平なものである。

このアナロジーが公平でない点は、聖書歴史家の話に出てくる「漸進論者」が区切り論者によってでっちあげられた、あきらかにありもしないわら人形であるのに対して、進化論の漸進論者の方は実在しないわら人形かどうか、事実はそれほどはっきりしたものではないという点だ。それはきちんと示す必要がある。ダーウィンをはじめ多くの進化学者の言葉を故意に漸進論者として解釈することは可能だが、そうすると漸進論者という言葉は、解釈の仕方によっていろいろと違った意味をもつようになると理解しておくことが重要になる。実際、私は「漸進論者」という言葉の解釈を広げて、およそ誰でも漸進論者にほかならないとするつもりである。イスラエルの人々の喩え話と違って、進化論のばあいには、人目につかない本物の論争もあるにはあったが、それはごくささいな問題に関してで、マスコミの誇大宣伝をすべて正当化するほど重要なことではまったくなかったのだ。

進化学者のなかでも、「区切り論者」はもともと古生物学の分野から出てきた。古生物学は化石の学問である。それが生物学のなかにあってひじょうに重要な一分野を占めている理由は、進化上の祖先がすべてとっくの昔に死んでしまっていて、化石だけが遠い過去の動物や植物についての直接の証拠を示してくれる唯一のものだからである。もし、われわれの進化上の祖先がどんなふうだったかを知りたいと思えば、化石に望みを託すしかない。化石は悪魔の創造物だとか、ノアの洪水で溺れ死んだ哀れな罪深き者たちの骨だというのが、以前の考え方であったが、化石の何たるかを人々が理解したとたんに、どんな進化論でも化石の記録についての何らかの予測を抱かずにはいられないことがはっきりしてきた。しかし、その予測がほんとうのところどんなものなのかについては、かなりの議論がなされてきたし、区切り説の議論がかかわるのも、一つにはこの部分なのである。

われわれはまったく幸運にも化石を手にしている。動物の骨や殻、その他の硬い部分が分解してしまう前に、たまたま痕跡を残し、後にそれが鋳型となって固まりつつある岩石をその動物の永遠の記憶として造形することがあるというのは、地質学の驚くべき幸運な事実である。動物が死後どのくらいの割合で化石化するのかはわからない——個人的にいえば化石になるのは名誉なことだと思う——が、その割合がとても小さいことだけは確かだ。とはいえ、たとえ化石化の割合がどんなに小さくても、進化学者なら誰でも正しいと考えるほど確かに予測できることが、化石記録についてはいくらかある。たとえば、哺乳類が進化したと考えられているよりも以前の時代の記録に化石人類でも発見したりしたら、われわれはひどく驚くだろう！　もし一つでもちゃんと確認できる哺乳類の頭骨が五億年前の岩石のなかから出てくれば、現代の進化論はまるごとすっかり崩れてしまう。ついでに言うと、これは、進化論は「反証不可能」な同義反復にすぎないという創造論者とその仲間のジャーナリストによって広められている妄言に対する十分な答えになっている。皮肉なことに、テキサスの恐竜時代の地層にあるインチキなヒトの足跡、これは不景気のときに観光客をかつぐために彫られた代物だが、創造論者たちがこの足跡に夢中になるのもそういうわけなのだ。

いずれにせよ、本物の化石をいちばん古いものからいちばん新しいものへ順番に並べるなら、進化論の予測では、そこにめちゃくちゃな混乱ではなく、ある種の秩序立った系列が見いだされるはずである。もう少しこの章の話題に沿って言うと、同じ進化論でも、たとえば「漸進説」や「区切り説」のように見解が違えば、予測されるパターンの種類も違うだろう。そうした予測は、化石の年代を推定する何らかの方法か、あるいは少なくとも化石が堆積した順序を知る方法があって、はじめて検証することができる。そこで、化石の年代推定にまつわる問題やこれらの問題の解決について、ちょっとした脱線が必要になる。これから読者にはいくつかの脱線を大目にみてもらいたいが、これはその最初の脱線である。この章の主題を説明するには、それはぜひとも欠かせないからである。

化石を堆積した順に並べるやり方は昔から知られていた。その方法はまさに「堆積した」という言葉のうちにもうかがわれる。新しい化石は当然にして古い化石の下ではなく、上に堆積する。したがって、堆積岩のなかでは、新しい化石は古い化石の上にある。ときには、火山活動による隆起のせいで大量の岩石がひっくり返ることもあるが、そのばあいにはもちろん、掘り下げるにつれて見つかる化石の順番もそっくり逆になる。しかしまあ、こんなことは起こったときにははっきりそれとわかるくらい珍しいことである。たとえ、ある場所の岩をずっと掘り下げて地史的な記録を完全なかたちで手に入れるなどということがめったになくても、異なる地域から出た化石のうち地史的に重なった部分をつなぎ合わせれば、十分な記録が得られる（「掘り下げる」というイメージを用いて話を進めたが、実際には古生物学者が文字どおり地層を掘り下げていくことはほとんどなく、さまざまな深さに埋まっていた化石が侵食によって露出したところを発見するばあいが多い）。化石の年代を実際に何百万年と推定する方法が発見されるよりずっと前から、古生物学者は信頼できる地質年代の体系をつくりあげており、どの時代がどの時代の前にくるかをかなり詳細に知っていた。ある種の貝は、岩石の年代を示す信頼すべき指標であり、石油の試掘業者が主要な指標の一つとして使うほどであった。とはいえ、それだけでは岩石の層序の相対年代を示すにすぎず、絶対年代については何もわからない。

最近になって、物理学が進歩したおかげで、岩石やその中に含まれている化石の絶対年代を一〇〇万年単位で推定することができるようになった。これらの推定法は、特定の放射性元素があるきまった速度で崩壊するという事実にもとづいている。それはまるで、いくつもの精密な小型のストップウォッチが都合よく岩の中に埋め込まれているようなものだ。それぞれのストップウォッチは、それが堆積した瞬間から動き始める。古生物学者がしなければならないのは、それを掘り出して、文字盤上の時刻を読み取ることだけである。放射性元素の崩壊にもとづく、この地質学的ストップウォッチは、放射性元素の種類が違えばその進む速度も違っている。放射性炭素のストップウォッチは速い速度でどんどん回るので、数千年も経つとぜんまいがほとんどゆるんでしまい、時計はもはやあてにならなくなる。この時計は、数百年から数千年の範囲を扱う考古学や歴史学のタイムスケールで有機物の年代推定をするには役に立つが、何百万年といった範囲を扱う進化的なタイムスケールには向いていない。

進化的なタイムスケールには、カリウム‐アルゴン時計のような別の種類の時計が適している。カリウム‐アルゴン時計はたいへんゆっくり進むので、考古学や歴史学のタイムスケールには向いていない。それは一〇〇メートルの短距離走のタイムをふつうの時計の短針を使って測ろうとするようなものだ。ところが、進化という超長距離マラソンのタイムを測るのに必要とされるのは、まさにカリウム‐アルゴン時計のようなものである。その他の放射性元素の「ストップウォッチ」として、それぞれ特徴的なゆっくりとした崩壊速度をもったルビジウム‐ストロンチウム時計やウラン‐トリウム‐鉛時計がある。というわけで、古生物学者が化石を手にすれば、ふつうその動物がいつ生きていたかを何百万年という単位の絶対年代で知りうるということが、この脱線でわかるだろう。そもそもこの年代推定に関する議論に入り込んだのは、思い出していただきたいのだが、「区切り説」や「漸進説」など、いろいろな種類の進化論が化石の記録についてどんな予測を抱くかに興味があったからである。それでは、そのさまざまな予測がどんなものか、このへんで議論しよう。

まず、自然が古生物学者に対して異常に親切で（というか、それにともなう余分な仕事のことを考えると、不親切と言った方がいいのかもしれないが）、かつて生きていたあらゆる動物の化石を残してくれた、と想像してみよう。もし、注意深く年代順に配列されたそのような完全な化石記録を実際に見たら、進化学者たるわれわれは、そこにどんなことを予測すべきだろうか？　さて、われわれがイスラエルの人々の喩え話でカリカチュアライズされたような意味での「漸進論者」だとすれば、おおむね次のような予測をするはずだ。年代順に並べられた化石は一定の速度で変化する滑らかな進化傾向をつねに示すだろう、と。言い換えるなら、もし三つの化石、A、B、Cがあって、AはBの祖先で、BはCの祖先だとすると、Bはその出現時期に比例してAとCの中間的形態をもつと予想される。たとえば、Aの足の長さが五〇センチ、Cの足の長さが一〇〇センチであれば、Bの足の長さはその中間で、正確な長さはAが存在していたときからBが存在していたときまでの経過時間に比例するということになる。

イスラエルの人々の平均移動速度が一日二二メートルだと計算したのとちょうど同じように、漸進説のカリカチュアを論理的な結論にまでつきつめれば、AからCへの進化的な子孫系列における足の長さの平均伸長速度を計算することができる。たとえば、AがCよりも二〇〇〇万年前に生きていたとすると（これをおおまかに現実にあてはめると、知られているもっとも古いウマ科の一員であるヒラコテリウム（*Hyracotherium*）は約五〇〇〇万年前に生きており、その大きさはテリアほどだった）、二〇〇〇万年に五〇センチ、つまり一年あたり四〇万分の一センチの進化的成長速度となる。漸進論者のカリカチュアは、なんとウマの足が何世代にもわたってこのひじょうにゆっくりした速度で成長したと信じていることになるのだ。ウマのように約四年で一世代だと仮定すると、この速度は一世代あたり四〇万分の四センチである。この漸進論者が信じているとされるところでは、何百万世代のあいだずっと、平均よりも四〇万分の四センチだけ長い足をもった個体がそのときの平均的な足の長さの個体よりも有利だったのである。こんなふうに信じるのは、イスラエルの人々が毎日二二メートルの距離を旅して荒野を横切ったと信じるようなものなのだ。

同じことは、現在までにわかっているもっとも速い進化的変化の一つについてもあてはまる。ヒトの頭骨は、五〇〇cc〔立方センチメートル〕の脳容量をもったアウストラロピテクス（*Australopithecus*）のような祖先から、約一四〇〇ccの平均脳容量をもった現代のホモ・サピエンス（*Homo sapiens*）へと肥大した。約九〇〇cc、脳容量にしてほぼ三倍の増加がたった三〇〇万年以内に成し遂げられたのである。進化の標準に照らして言うと、これは急速な変化である。脳はまるで風船かなにかのようにふくらんだのであり、実際ある角度からみると、現代人の頭骨はアウストラロピテクスの扁平で額の傾斜した頭骨に比べると、球根のごとくふくらんだ丸い風船のようだ。しかし、三〇〇万年間の世代数を数えれば（一世紀に四世代としよう）、平均的な進化速度は一世代につき一〇〇分の一cc以下である。漸進論者のカリカチュアは、世代ごとにゆっくりとかつ断固とした変化が起こり、その結果どの世代でも息子はその父親よりもごくわずか〇・〇一cc分だけ頭が良かったと信じていることになる。ひょっとすると、一〇〇分の一ccだけ脳容量が多いことによって、各世代はその一つ前の世代よりも有意に生き残りやすいとでもされているのだろう。

しかし、一〇〇分の一ccというのは、現代人のなかに見られるさまざまな脳の大きさの幅と比べると、ごくわずかな量である。たとえばよく引用される例だが、作家のアナトール・フランス――決して馬鹿ではない、なにしろノーベル賞受賞者だ――の脳の大きさは一〇〇〇cc以下だったし、もう一方の極では二〇〇〇ccの脳というのも知られていないわけではない。その出典は私には定かではないが、オリヴァー・クロムウェル(1)がその一例としてしばしば引用されている。したがって、漸進論者のカリカチュアが有意な生存価値を付与しているとされている、世代あたり〇・〇一ccという平均増加量は、アナトール・フランスとオリヴァー・クロムウェルの脳の差のわずか一〇万分の一にすぎないのである！　漸進論者のカリカチュアなどというものが実在しないのは幸運なことだ。

さて、この種の漸進論者がありもしないカリカチュアであり、区切り論者が槍の矛先を突きつけている風車だとすると、筋道の通った信念をもった漸進論者なるものが別に実在するのだろうか？　私はその答えがイエスであり、あらゆる賢明な進化学者はこの第二の意味における漸進論者に含まれること、さらに区切り論者と自称している人たちさえ、彼らの信念を注意深く調べるなら、そのなかに含まれてしまうことを示そう。しかし、区切り論者がなぜ自分たちの見解を革命的でわくわくするようなものだと考えたのかは理解しなければならない。これらの問題を議論するための出発点は、化石記録には一見はっきりした「空白」が存在するということである。というわけで、これからこの空白の問題に話題を転じよう。

ダーウィンからこのかた、進化学者は、たとえ入手できるすべての化石を年代順に並べても、ほとんど変化が認められないほど滑らかな系列にはならないものと理解していた。足がしだいに長くなるとか頭骨がだんだんふくらんでくるとかいった長期間にわたる変化傾向はたしかに認めることができるが、化石記録にみられる傾向はふつうはとびとびであって滑らかではない。ダーウィンとその信奉者の大部分は、これはもっぱら化石記録が不完全なためだとみなした。ダーウィンの見解にしたがえば、完全な化石記録は、かりに手に入ったとすれば、とびとびでなくむしろ緩やかな変化を示すはずだった。しかし、化石化はたいへんあてにならない事件だし、化石化していたところでそれを発見するなどというのはもっとあてにならないことなので、コマのほとんどなくなった映画フィルムを手に入れたようなものだといえる。このような化石の映画を映せば、たしかにある種の動きを見ることはできるだろうが、それはチャーリー・チャップリンの動きよりもっとぎくしゃくしているだろう。なにしろもっとも古いつぎはぎだらけのチャーリー・チャップリンの映画でさえ、コマの九割がすっかりとんでしまっているわけではないのだ。

アメリカの古生物学者、ナイルズ・エルドリッジとスティーヴン・ジェイ・グールドは、一九七二年にはじめて区切り平衡説を発表したが、そのとき以来、それは従来の説ときわめて異なった提案として主張されてきた。じつは化石記録は考えられているほど不完全ではないだろうと、彼らは示唆したのだ。たぶん、「空白」は実際に起きたことをほんとうに反映しているのであって、化石記録が不完全なために生じる、迷惑ではあるが当然な結果ではない。たぶん、進化は実際に、ある系統では進化上の変化がまったく起きない長い「停滞」期を区切って、ある意味で突然の爆発として進行しただろう、というわけである。

彼らが心に描いているような突然の爆発的進化に話を移す前に、まず「突然の爆発」というものには、彼らがまったく思ってもいない、いくつかの意味が考えられることに注意しておこう。それらははなはだしい誤解のもととなってきたので、邪魔にならぬように始末しておかねばならない。エルドリッジやグールドでも、いくつかのきわめて重要な空白がほんとうに化石記録の不完全なせいであることにきっと同意するだろう。きわめて大きな空白についてもそうだ。たとえば、カンブリア紀の岩石の層は、約六億年も昔の時代物だが、主要な無脊椎動物のほとんどを見つけることのできる最古の地層である。その多くは最初に出現した時点ですでにかなり進化した状態にあることがわかっている。それはまるで、進化の歴史などなく、ちょうどそこに植えつけられたかのようである。言うまでもなく、この突然植えつけられたかのような出現は創造論者たちを喜ばせてきた。しかしながら、どんな立場の進化学者も、これが化石記録のきわめて大きな空白、つまり何がしかの理由で約六億年前以前の時代から今日まで維持されてきた化石がただ非常に少ないという事実による空白だと、考えている。一つのありそうな理由は、この時代の動物の多くは体が柔らかい部分だけでできていて、化石化する殻や骨がなかったことだろう。しかし、創造論者なら、これは手前勝手な議論だと考えるかもしれない。ここで私が指摘したいのは、この大規模な空白について話しているときには、「区切り論者」であろうと「漸進論者」であろうと、その解釈には何ら違いはないということだ。どちらの学派も、いわゆる科学的創造説なるものを軽蔑している点では変わりはないし、この重大な空白が本物で、それは化石記録がほんとうに不完全なせいだという点で一致している。つまり、どちらの学派も、カンブリア紀に突如としてかくも多くの複雑な動物の型が出現したことに対する唯一の代替的な説明が神による創造であるという点、そしてこの代替仮説を却下するだろうという点で一致しているのだ。

進化が突如としてとびとびに進むという言い方には、おそらくもう一つの意味が考えられるが、それもエルドリッジとグールドが少なくともその著作の大部分において提案したような意味ではない。化石記録にみられる見かけの「空白」のあるものは、実際にたった一世代で起きた突然の変化を反映していることだって、考えられる。いかなる中間的なものもじつは存在せず、大きな進化的変化がたった一世代で生じたということも考えられるのだ。父親とずいぶん違っているために、父親とは違う種に属しているとするのが適当なほどの息子が生まれてくることもあるかもしれない。とすれば、その息子は突然変異個体であり、その突然変異はあまりにも大きいので、それを大突然変異と呼ぶことにしよう。大突然変異にもとづいた進化の理論は、ラテン語で跳躍を意味する*saltus* から、「跳躍（saltation）」説と呼ばれている。区切り平衡説はしばしば本物の跳躍説と混同されることがあるので、ここで跳躍について議論し、なぜそれが進化の重要な要因となりえないかを示しておくのは、大切なことである。

　大突然変異、すなわち大きな効果をもった突然変異は間違いなく起こる。問題は、それが起こるかどうかではなく、進化に役割を果たすかどうかである。言い換えるなら、大突然変異がある種の遺伝子プールに組み込まれているのかどうか、その逆に、自然淘汰によってつねに取り除かれているのかどうかである。大突然変異の有名な例には、ショウジョウバエの「触角肢（アンテナペディア）」がある。正常な昆虫でも、触角には肢と何がしか共通したところがあり、胚では同じようにして発生が進む。とはいえ、違いもまた顕著であり、この二種類の突出部はまったく違った目的のために使われる。もちろん、肢は歩くために、触角はものに触れたり匂いを嗅ぎとったりその他の感覚を感じたりするために使われる。触角肢をもったハエとは、触角がまさに肢のように発生する奇形である。あるいは、別の表現をすれば、それは触角がなく、触角のあるべきくぼみから余分に一対の肢が生えているハエなのだ。これは、ＤＮＡの複写の誤りに由来しているので、本物の突然変異である。したがって、触角肢をもったハエが繁殖できるまで長生きするように実験室でだいじに育てられれば、触角肢をもったハエの系統が固定する。ただし、動きが鈍く、生活能力も損なわれているので、野外では長生きしないだろう。

ともあれ、大突然変異は生じている。しかし、それは進化に役割を果たしているのだろうか？跳躍論者と呼ばれる人々は、大突然変異が進化の大きな跳躍をたった一世代で起こしうる手段だと信じている。4章で出会ったリチャード・ゴールドシュミットは、真の跳躍論者である。もし跳躍説が真実なら、化石記録における見かけの「空白」は空白ではなくてもちっともかまわない。たとえば、跳躍論者であれば、額の傾斜したアウストラロピテクスから額のまるく盛り上がったホモ・サピエンスへの移行がたった一段階の大突然変異で一世代のうちに生じたと考えてもおかしくはない。この二種のあいだの形態の違いは、正常なショウジョウバエと触角肢をもったショウジョウバエの違いよりもおそらく小さいだろうし、最初のホモ・サピエンスは正常なアウストラロピテクスの両親から生まれた奇形の子供——おそらく排斥され迫害の憂き目にあっただろう——であったと、理屈の上では考えることもできるのだ。

そうした跳躍論者の進化理論をすべて却下する、いくつかのとてもよい理由がある。その一つはかなり陳腐なもので、もし新しい種がほんとうに一段階の突然変異で生まれたりしたら、その新しい種のメンバーは配偶者を見つけるのに苦労するだろうというものである。しかし、なぜバイオモルフの国では大きな跳躍が除外されるべきかについて議論したときに、すでに前もって示されていたその他の二つの理由に比べると、この理由は説得力もないし、あまりおもしろくもないと私は思う。これらのうちの第一点は、これまでの章で別の問題に関して登場している偉大な統計学者にして生物学者であったR・A・フィッシャーによって指摘された。フィッシャーは、今日よりもはるかに跳躍説が流行していた時代に、あらゆるかたちの跳躍説に対して強固な信念をもって反対した。

彼は次のようなアナロジーを用いた。完全ではないもののほぼ焦点が合い、しかも焦点調節以外の点ではくっきり像を結ぶように調整された顕微鏡を考えてほしい。もしこの顕微鏡の状態をでために変化させたとき（突然変異に対応する）、さらに焦点が合って像の質が全般的に向上するような見込みはどれくらいあるだろうか？　フィッシャーはこう述べた。

どんなふうにであれ大きく動かしたときには、調整がさらに進む確率はきわめて小さいが、顕微鏡の製作者や使用者が意図した最小の動きよりもずっと細かく動かしたばあいには、改善される確率はほぼ正確に二分の一になることは、充分あきらかである。

フィッシャーが「容易に見てとれる」と思ったことがらがふつうの科学者には手に負えないほどの知力を要求する、ということはすでに述べたが、同じことはフィッシャーが「充分あきらか」と考えたことにもあてはまる。にもかかわらず、よくよく考えてみれば、たいていいつも彼が正しかったことがわかるし、このばあいにはそれほど苦労せずとも満足のいく程度にそれを証明することができる。手を加える前に顕微鏡の焦点はほぼ定まっていたと仮定していることを思いだそう。レンズが完全に焦点の合うべき位置よりもわずかに低い位置にあった、たとえば一〇分の一センチだけスライドグラスに近かったとする。さて、ほんの少し、一〇〇分の一センチほど、レンズをでたらめに動かしたとすると、焦点が前より合う見込みはどれだけあるだろうか？　たまたま下向きに一〇〇分の一センチ動かしたのであれば、焦点はいっそう合わなくなるだろう。たまたま上向きに一〇〇分の一センチ動かしたのであれば、焦点は前より合うようになるだろう。レンズを動かす向きは任意なので、これらの二つの事象のどちらかが起きるチャンスは二分の一である。調整のためのレンズの動きが最初のずれに比して小さければ小さいほど、焦点の合い方が向上するチャンスは二分の一に近づくだろう。以上のことからフィッシャーの命題の後半はすっかり正当化される。

さてしかし、顕微鏡の鏡筒を、大突然変異に相当するほど、大幅にしかも任意の向きに動かすとしてみよう。たとえば、まるまる一センチ動かすとする。そうすると、上下のどちらの向きに動かすかにはもはや関係なく、焦点は以前よりもいっそう合わなくなるはずだ。動かしたのがたまたま下向きであれば、理想的な位置から一・一センチはずれてしまう（たぶんスライドグラスにぶつかって壊してしまうだろう）。動かしたのがたまたま上向きであれば、今度は理想的な位置から〇・九センチはずれてしまう。動かす前には、理想的な位置からせいぜい〇・一センチしかずれていなかったので、どちらにしてもこのような「大突然変異的」な大きな動きはものごとを悪化させている。さてわれわれは、きわめて大きな動き（「大突然変異」）ときわめて小さな動き（「微小突然変異」）についての見積りを行なってきたことになる。もちろん中間的な範囲の動きについても同じような見積りをすることができるが、そんなことをしても意味はない。動かし方が小さければ小さいほど、向上をもたらす見込みが二分の一になるという一方の極端なばあいに近づき、動かし方が大きければ大きいほど、向上をもたらす見込みがゼロになるという他方の極端なばあいに近づくことは、いまやもうこのうえなくあきらかだと思う。

この議論は、顕微鏡が任意の調整を施す以前にあらかじめかなりよく焦点が合っていたという出発点の仮定にもたれかかっていることに、読者は気づいておられるだろう。かりに顕微鏡の焦点が二センチずれていれば、たとえ一センチ任意に変化させても、一〇〇分の一センチ任意に変化させせたときと同じように、向上するチャンスは五〇パーセントである。このばあいには、「大突然変異」はよりすばやく顕微鏡の焦点を合わせるという利点をもっているように思われる。そうなると、もちろんフィッシャーの議論は、ここでは任意の方向に六センチ動かすといった「巨大突然変異」に適用されることになるだろう。

それでは、なぜフィッシャーは顕微鏡の焦点がはじめからほとんど合っているという仮定から出発することができたのだろうか？　この仮定は、顕微鏡がアナロジーにおいて果たしている役割から生じている。任意の調整を受けた後の顕微鏡は、突然変異を起こした動物を表わしている。任意の調整を受ける前の顕微鏡は、その突然変異を起こしたとされている動物の、突然変異を起こしていない正常な親を表わしている。親であるからには、繁殖できるくらいに長生きしてきたにちがいないし、したがってうまく調整されていないわけではありえない。同じ理由で、任意の上下動を施す前の顕微鏡の焦点がまったく合っていないわけではありえないし、比喩として表現されている動物がまったく生存できなかったなどということはありえない。これは一つのアナロジーにすぎないので、「まったく合っていない」というのが、一センチなのか一〇分の一センチなのか、それとも一〇〇分の一センチなのか、などと論じてみてもはじまらない。重要なのは、われわれがたえず大きさの増す突然変異を考えているなら、突然変異が大きくなるにつれ、しだいに有利ではなくなるような点にやがて達すること、反対にたえず大きさの減少する突然変異を考えているなら、突然変異が有利であるチャンスが五〇パーセントとなる点にやがて達することである。

というわけで、たとえば触角肢のような大突然変異が有利でありうるかどうか（少なくとも有害であることを避けられるかどうか）、つまりそれらが進化的変化のもととなりうるかどうかについての議論は、いま考えている突然変異がどれくらい「大きい」のかについての議論であることがはっきりする。突然変異が「大き」ければ大きいほど、有害でありそうだし、したがってある種の進化に組み入れられる可能性は小さくなる。実際のところ、遺伝学の実験室で研究されるほとんどすべての突然変異は、なにしろそうでなければ遺伝学者が気づかないので、かなり大きいと言ってよいのだが、それを起こした動物には有害である（皮肉なことに、この事実がダーウィン主義に対する反証だと考えている人たちに私は会ったことがある！）。かくして、フィッシャーの顕微鏡の議論は、少なくとも極端なかたちでの「跳躍」進化説に対して懐疑を抱かせる一つの理由を与えている。

真の跳躍が信じられないもう一つの一般的な理由も統計的なもので、その説得力はやはり想定している大突然変異が量的にどれくらい大きいのかによっている。このばあい、それは進化的変化がもたらす複雑さとかかわっている。われわれが関心を抱いている進化的変化は、すべてではないにしても、その多くはデザインの複雑さの進展である。先の章で論じた極端な例である眼についてみると、その点がはっきりする。われわれのような眼をもつ動物は、まったく眼をもたない祖先から進化した。極端な跳躍論者なら、こうした進化が一段階の突然変異で生じたと仮定するかもしれない。親にはまったく眼がなく、眼のあるはずのところはただの皮膚があるだけだった。ところが、焦点を変えられる水晶体（レンズ）、「レンズを絞り込む」ための虹彩、何百万という三色の視細胞からなる網膜、そしてそれらをすべて正しく脳に接続して両眼視による正確で立体的でしかも色のついた視覚をもたらす神経、これらを完全にそなえた十分発達した眼をもつ奇形の子供が、この親から生まれたというのだ。

例のバイオモルフのモデルでは、このような多次元にわたる改善が起きないことを仮定した。なぜそれが合理的な仮定であったかをもう一度要約しよう。何もない状態から眼をつくりだすには、ただ一つの改善ではなく多数の改善が必要である。それらの改善の一つ一つは、かなりありそうもないことだが不可能だというほどではない。同時に起こる必要があると考えられている改善の数が多くなればなるほど、それらが同時に起こる可能性は小さくなる。バイオモルフの国でいえば、それらが同時に起こるという偶然の一致は、長い距離をひとっ跳びして、あらかじめ指定された特定の一点にたまたま着陸するのにも等しい。十分に多数の改善を考えていることにすれば、それらがいっしょに起きるのは、どの点からみても不可能と思えるほどありえなくなってくる。この議論はすでに十分すぎるほどしてきたが、二種類の仮想的な大突然変異の相違点を指摘しておくのは役に立つかもしれない。そのどちらも、いままでの複雑さについての議論によって排除されるようにみえるが、じつはそのうちの一方だけが複雑さについての議論によって排除されるのである。それらにボーイング747型[3]の大突然変異とDC8伸長型[4]の大突然変異というレッテルを貼っておこう。その理由はしだいにあきらかになるはずだ。

ボーイング747型の突然変異というのは、ちょうどいまやってきた複雑さの議論によって実際に排除されるようなものである。この名前は、天文学者のフレッド・ホイル卿による自然淘汰説についての記念すべき誤解にちなんでいる。彼は、自然淘汰を、ありそうもないものとして言い立てるために、がらくた置場にひと吹きして偶然にボーイング747を組み立てるハリケーンに喩えた。1章で見たように、これは自然淘汰に適用するにはまったく誤ったアナロジーだが、ある種の大突然変異が進化的変化のもとになるという考え方に対するアナロジーとしてはうってつけである。いかにもホイルの犯した根本的な誤りは、自然淘汰説が大突然変異にもとづいていると（そうとは自覚しないままに）実質的に考えてしまったところにあった。たった一個の突然変異によって、もともとただの皮膚しかなかったところに先に挙げたような性質をもった十分に機能する眼が生じるという考えは、なるほどハリケーンがボーイング７４７を組み立てるのとほとんど同じくらいにありえないだろう。というわけで、私はこの種の大突然変異をボーイング７４７型の大突然変異と呼ぶことにする。

ＤＣ８伸長型の大突然変異というのは、その効果の程度は大きくても、じつは複雑さに関してはあまり大きくないとわかるような突然変異である。ＤＣ８伸長型は、それより旧式の旅客機ＤＣ８を改良してつくられた旅客機である。それはＤＣ８によく似ているが、機体が長く伸びている。少なくともある観点から見ると、これは改善だった。というのは、もとのＤＣ８よりも多くの乗客を運ぶことができるからだ。この機体の延長は長さの大幅な増大であり、その意味では大突然変異にも似ている。さらに興味深いことに、長さの増大は一見したところ複雑なものに思われる。旅客機の機体を長くするには、客席室の胴体部を余分に差し挟むだけでは足りない。同時に、数えきれないほどのダクトやケーブルやら通気管やら電線も長くしなければならない。さらに、多くの座席、灰皿、読書灯、一二チャンネルの音楽切り替え装置、新鮮な空気を送るノズルなども差し込まなければならない。見たところ、ＤＣ８伸長型は通常型のＤＣ８に比べてはるかに複雑であるかのように思われるが、はたしてそれはほんとうだろうか？　伸長された飛行機において「新しい」のは単に「同じものがたくさん」あることだけだという点にかぎってみれば、少なくともその答えはノーである。３章のバイオモルフは、ＤＣ８伸長型のさまざまな大突然変異を何度も示している。

これは現実の動物の突然変異では何にあたるのだろうか？　現実の突然変異のあるものは、まさにＤＣ８からＤＣ８伸長型への変化にも似た大きな変化を引き起こしており、さらにそのいくつかは、ある意味で「大きな」突然変異だとしても、確実に進化に組み込まれてきたというのがその答えである。たとえば、ヘビはすべてその祖先よりもずっと多くの脊椎骨をもっている。たとえ化石がまったくなくても、これは確実に言えるだろう。というのは、ヘビは現在生き残っている近縁の動物よりもずっと多くの脊椎骨をもっているからだ。さらにヘビの種類によって脊椎骨の数は違っていて、これは脊椎骨数が共通の祖先からの進化の過程で変化した、それもかなり頻繁に変化したことを物語っている。

さて、ある動物の脊椎骨数を増やすためには、余分に骨を一本押し込む以上のことをする必要がある。各脊椎骨には、それに付随して、一組の神経、一組の血管、一組の筋肉などがある。ちょうど、旅客機の各列の座席に、一組のクッション、一組の背もたれ、一組のヘッドフォンのソケット、一組の読書灯とその付属ケーブルなどがあるのと同じである。ヘビの体の中央部は、旅客機の機体の中央部と同じように、いくつもの体節からなっており、たとえそれぞれはどれも複雑であったとしても、それらの多くは互いにたいへんよく似ている。したがって、新たな体節を付け加えるためにしなければならないのは、要するに、単純な複製づくりの過程である。ヘビの体節を一つつくるための遺伝的な機構はすでに存在しているのだから——といっても、きわめて複雑な遺伝的機構であり、それができあがるには一歩一歩段階を踏んだ漸進的進化によって何世代もかかっただろうが——、新たに同じような体節を付け加えるのは一段階の突然変異によって容易になされるかもしれない。遺伝子を「発生しつつある胚への指令」として考えるなら、体節を余計に挿入するための遺伝子には、単に「ここに同じものをもっと」と書いてあるだろう。(5) 最初にDC8伸長型をつくるときの指令も、まあそれに似たりよったりだったのではないだろうかと思う。

ヘビの進化のばあい、脊椎骨は分数なんかではなく整数値で変化したことはうけあいである。二六・三個の脊椎骨をもったヘビなど想像できないからだ。もつなら二六個か二七個であり、子ヘビがその両親よりも少なくともまる一個多い背骨をもっていたばあいがあったにちがいない。これはあきらかである。ということは、その子ヘビがまるまる一組余分に神経や血管や筋肉のブロックなどをもっていたということである。したがって、このヘビはある意味で大突然変異個体だったということになるが、「DC8伸長型」という弱い意味でそうだったにすぎない。両親よりも六個くらい脊椎骨が多いヘビの個体が一段階の突然変異で生まれたとしても、容易に信じられる。跳躍進化に対する反論としての、この「複雑さの議論」がDC8伸長型の大突然変異にあてはまらないのは、そこに関係している変化の性質を詳しく見るなら、じつのところ、それは真の大突然変異などではまったくないからだ。それは、最終産物である成体を単純に見ているばあいにかぎって、大突然変異に見えるにすぎない。胚発生の過程を見るならば、それは、胚に対する指令のごくわずかな変化が成体になってからの外見上の大きな効果をもたらしたという意味で、微小突然変異であることが判明するだろう。同じことはショウジョウバエの触角肢をはじめとして多くのいわゆる「ホメオティック突然変異」にもあてはまる。

これで、大突然変異と跳躍進化についての私の脱線はひとまず終わる。なぜこんな脱線が必要だったかというと、区切り平衡説がたびたび跳躍進化と混同されることがあるからである。しかし、なぜそれが脱線だったかというと、この章の主題は区切り平衡説であり、この説はじつのところ大突然変異や真の跳躍とは何ら関係がないからである。

そういうわけで、エルドリッジとグールドをはじめとする「区切り論者」が語っている「空白」は真の跳躍とは関係がなく、創造論者を興奮させる空白よりもずっとずっと小さなものである。それにエルドリッジとグールドは、もともと通常の「慣習的」なダーウィン主義に対して根本的かつ革命的に反対するものとして――後々そういうふうに売り込まれたが――自説を導入したわけではない、長いあいだ受け入れられてきた慣習的ダーウィン主義を適切に理解した結果出てきたものとして、自説を導入したのだ。この適切な理解がどんなものかを究めるには、申し訳ないけれども、もう一度脱線する必要がある。今度は、新しい種がどのようにして生まれるのかという問題、「種分化」として知られている過程についてである。

種の起源という問題に対するダーウィンの答えは、一般的な意味でいうと、種は他の種から由来するというものだった。さらに言えば、生命の系図を表わす樹は枝分かれした樹で、つまり複数の現生種が単一の祖先種に遡ることができることを意味している。たとえば、ライオンとトラはいまでこそ違った種に属しているが、どちらもおそらくそう遠くない昔に、ただ一つの祖先種から派生したのだろう。この祖先種は、現生の二種のどちらか一方と同じだったかもしれないし、第三の現生種だったかもしれないし、あるいはいまでは絶滅してしまっているかもしれない。同じように、ヒトとチンパンジーは現在ではあきらかに別種に属しているが、数百万年前の祖先は一つの同じ種に属していた。種分化とは一つの種が二つの種になる過程であり、そのうちの一方がもとの単一種と同じであってもかまわない。

種分化が難題だと思われているのは、次のような理由による。祖先が単一だと想定される種のメンバーはすべて互いに交雑することができる。なにしろ、多くの人々にとって、「単一の種」という表現が意味しているのはそういうことだからである。そこで、新たに娘種が芽生えはじめるときにはいつでも、この芽生えが交雑によって妨害されるおそれがある。ライオンの祖先と思われるものとトラの祖先と思われるものが、互いに交雑しつづけたために、よく似たままでとどまり、そのあげく分裂できないでいるところを想像することだってできる。ついでに言うと、私が「妨害される」といった言葉を使ったからといって、まるでライオンとトラの祖先がある意味で互いに分かれ「たがって」いるかのように深読みしないでほしい。実際には、種はあきらかに進化の過程において互いに分岐してきたということ、そして一見したところ、交雑という事実によってこの分岐がいかにして生じるのかを理解することがむずかしくなるというだけの話なのだ。

この問題に対する主要な正解が明白なものであることはほぼ確かのようである。ライオンの祖先とトラの祖先がたまたま別の地域にいて、互いに交雑できなければ、交雑の問題はまったくないだろう。むろん、彼らは分岐を可能にするために別の大陸に渡ったというわけではない。自分たちがライオンの祖先であるとかトラの祖先であるとか思っていたわけではないのである！　しかし、単一の祖先種がともかく、たとえばアフリカとアジアといった別々の大陸に広がってしまえば、たまたまアフリカにいるものとたまたまアジアにいるものとは、互いに会うことがないためにもはや交雑する可能性はない。自然淘汰の影響によるものであれ、偶然の影響によるものであれ、二つの大陸にいる動物が異なった方向に進化するといった傾向があるならば、交雑はもはやそれらが分化してやがて二つのはっきり違った種になることに対する障壁にはならないだろう。

私が異なる大陸について語ってきたのは話をわかりやすくさせるためだが、交雑に対する障壁となる地理的分離の原理は、砂漠や山脈、河、ときには自動車道路を隔てた両側にいる動物にも適用される。距離以外にはまったく障壁のない動物にも適用される。スペイン産のトガリネズミはモンゴル産のトガリネズミと交雑できないし、たとえ互いに交雑するトガリネズミがスペインからモンゴルまで延々と途切れないで鎖のようにつながっていたとしても、進化的には、スペイン産のトガリネズミはモンゴル産のものから分岐していると言える。とはいうものの、地理的分離が種分化の鍵だという考え方は、海だとか山脈だとかいった現実の物理的障壁について考えた場合、いっそうはっきりする。実際、鎖のように連なる島々は、新種を生み出す豊饒な揺籃の地である。

それではここで、祖先種からの分岐によってどのようにして典型的な種が「生まれる」かについての正統的なネオダーウィン主義の図式を示そう。まず祖先種を、かなり均一で相互に交雑可能な動物からなり、大きな陸塊にわたって広がった一つの大個体群としてはじめる。どんな種類の動物でもかまわないのだが、トガリネズミについての話を続けることにしよう。この陸塊は山脈によって二つに分断されている。この山脈は好ましくない土地なので、トガリネズミがそれを横断することはめったにないが、かといってまったく不可能というわけでもなく、ごくたまに一、二匹が反対側の低地にたどりつくことがある。そこでも彼らは繁栄できて、この種の主個体群から実質的に切り離された周辺個体群となる。それから二つの個体群は別個に繁殖を繰り返し、山脈を隔てたそれぞれの側では遺伝子を混ぜ合わせるが、山脈を越えて混ぜ合わすことはない。時が経つにつれ、一方の個体群の遺伝的組成に生じた変化は、繁殖によってその個体群全体のなかに広まっていくが、他方の個体群には広まらない。そうした変化のうちのあるものは、自然淘汰によってもたらされるかもしれないし、自然淘汰は山脈の両側で異なっているかもしれない。というのは、気象条件とか、捕食者や寄生者とかが両側でまったく同じとはとうてい考えられないからだ。また、変化のうちのあるものは、偶然だけによっているかもしれない。遺伝的変化が何によっているにしろ、それらは繁殖によってそれぞれの個体群の内部で広まり、二つの個体群の間では広まらない傾向にある。このようにして、二つの個体群は遺伝的に分岐していく。つまり、だんだんと互いに違ったものになっていく。

しばらくして、それらが相当違ったものになると、博物学者は異なる「品種」に属しているとみなすにいたるだろう。さらに時間が経って、すっかり分岐してしまえば、別種として分類することになる。さてここで、気候の温暖化とともに山道を通って楽に往き来ができるようになり、新しくできた種のあるものが祖先のいるふるさとへぽつぽつと戻りはじめたと想像してみよう。彼らが遠い昔に分かれたいとこたちの子孫にあいまみえるとき、その遺伝的構成がすっかり分岐してしまっていて、もはやうまく交雑できないことが判明する。かりに雑種ができるとしても、その結果生まれる子供は病弱であったり、ラバのように不妊であったりする。そこで、自然淘汰は、どちらの側の個体であろうと、相手の種あるいは品種と雑種をつくろうとする偏愛的傾向に罰を与える。それによって自然淘汰は、山脈という偶然性の介在とともにはじまった「生殖隔離」の過程にけりをつける。かくして、「種分化」は完成する。いまや、かつては一つのものだった二種が存在し、この二種は互いに交雑することなく同じ地域に共存できるのである。

現実には、この二種はおそらくそれほど長く共存できないだろう。というのは、それらが交雑するからではなくて、競争するからだ。同じような生活様式をもった二種は、競争してどちらか一方が絶滅に追い込まれるので、一つの場所で長くは共存しないだろうというのは、広く受け入れられた生態学の原理である。もちろん、トガリネズミの二つの個体群はもはや同じような生活様式をもっていないかもしれない。たとえば、新たに生まれた種が、山の反対側で進化しているうちに、違う種類の昆虫を餌とするよう特殊化してしまっていることもあろう。それでも、二種間にかなりの競争があれば、多くの生態学者は分布の重なり合う地域ではどちらかの種が絶滅にいたると考えるだろう。もし、絶滅に追いやられたのが、たまたまもとの祖先種であれば、それは新しい移住種によって置き換えられたということになる。

　種分化が初期の地理的分離に由来するという理論は、ずっと主流派の正統的ネオダーウィン主義の礎石だったし、いまでも新種が形成される主要な過程として、(他の過程もあると考える人もいるが)どんな立場からも認められている。この理論が現代のダーウィン主義に取り込まれたのは、傑出した動物学者、エルンスト・マイアーの影響によるところが大きかった。「区切り論者」が自分たちの理論をはじめて提唱したときにしたのは、こう自問することだった。大部分のネオダーウィン主義者と同様、種分化が地理的隔離とともにはじまるとする正統派の理論を受け入れるなら、化石の記録にどんなことが予想されるだろうか、と。

　さてもう一度、山脈の向こう側で新種が分岐し、やがて祖先のいるふるさとへ舞い戻り、おそらくは祖先種を絶滅に追いやってしまう、例のトガリネズミの仮想個体群を呼び出そう。これらのトガリネズミが化石を残しており、あまつさえその化石記録が完全で、鍵となる段階が不運にも欠落しているせいで生じる「空白」がまったくないとする。これらの化石がいったいどんなことを示すと予想されるだろうか？　祖先種から娘種への滑らかな移行だろうか。少なくとも、もとの祖先種であるトガリネズミが生息し、それから新種が戻ってきた本拠地の方で発掘を行なうかぎり、そうでないのは確実だ。本拠地で実際何が起きたのか、その歴史を考えてみるといい。そこには祖先であるトガリネズミがいた。彼らは幸福に暮らし、せっせと繁殖していた。とくに変化が生じる理由は何もなかった。たしかに、山の向こう側では彼らのいとこたちがめまぐるしく進化していたが、その化石はみんな山の向こう側にあるので、いま発掘している本拠地でそれがみつかることはない。さて、突然（といっても、地質学的な基準での突然だが）いとこたちが新種となって戻ってきて、本拠地の種と競争し、おそらくそれと置き換わる。われわれが本拠地の地層を下から上へ向かってずっと調べていくと、見いだす化石がそこで突然変化する。それまでの化石は、すべて祖先種のものだった。ところが急に、目に見えるような移行期もなく、新しい種の化石が現われ、古い種の化石は消えるのだ。

この「空白」は、正統派ネオダーウィン主義の種分化論を本気で受け止めるなら、じれったい不完全さや扱いにくい厄介ものなどではなく、じつはわれわれがまさにさもありなんと予想するはずのものであることがわかる。祖先種から子孫種への「移行」が急激でとびとびに見えるのは、単純に、われわれがどこか一つの場所から出た化石の系列を見ているばあい、おそらく進化上の出来事を一部始終見ているわけではないからだ。そうではなく、われわれは移動上の出来事、別の地域からの新種の到達を見ているのである。たしかに進化上の出来事はあったのだし、ほんとうに一方の種が他方からおそらく漸進的に進化しもした。しかし、進化的な移行状態が化石に記録されているのを見届けるつもりなら、別のところ、このばあいは山の反対側を発掘しなければならなかったのだ。

そういうわけで、エルドリッジとグールドの指摘は、ダーウィンとその継承者を扱いにくい難点と思われていた問題から救い出す格好の方途として、慎み深く提案されることもできたはずであった。実際、最初のうち、少なくとも部分的には、そのように提案されたのだ。ダーウィン主義者はいつも化石記録の見かけの「空白性」に悩まされていたし、不完全な証拠についての特別な言い訳に頼らざるをえなかったようだ。ダーウィン自身がこう書いている。

地質学の記録は極度に不完全であるということの一事をもってして、なぜ絶滅した生物と現存する生物とをきめ細かく移り変わっていく段階で結びつける、変種の連続が見つからないかという理由が、かなりの程度まで説明されるだろう。地質学的記録がもつ性質についてのこの見解を却下する者は、当然私の学説全体を却下するだろう。

エルドリッジとグールドは、彼らの主要なメッセージをこんなふうに仕立てることもできたはずである。ダーウィンよ、くよくよしなさんな、たとえ化石の記録が完全だったとしても、一つの場所でしか発掘していなければ、きめ細かく移り変わっていく前進などというものが見られると予想すべきじゃないのだ、なにしろ進化的変化の大部分はどこか他所で起こったという単純な理由があるのだからね！　さらに進んでこう言ってもよかった。

ダーウィンよ、あなたが化石の記録は不完全だと言ったとき、あなたはそれを理解しかけていた。化石の記録はただ不完全なばかりか、まさに興味深くなりかけるときに、つまりまさに進化的変化が起きつつあるときに、とりわけ不完全になると予想される十分な理由があるのだ。

というのは、一つには、進化はわれわれが大部分の化石を見つけるのとは違う場所で起きるのがふつうだし、また一つには、たとえわれわれが運よくほとんどの進化的変化が起きつづけた小さな周辺地域の一つで発掘しているとしても、その進化的変化（それでも漸進的なのだが）が起きるのにはごく短い時間しかかからないので、変化を追跡するためにはことのほか豊富な化石記録が必要になるからである！

しかし、そうは言わなかった。そのかわりに彼らが選んだ道は、とくに後の著作においてはジャーナリストたちに熱心に追随されるにいたって、自分たちの考えをダーウィンの考えやネオダーウィン主義の総合説と根本的に対立するものとして売り込むことだった。彼らはそれを、ダーウィン流の進化観である「漸進説」は、突然でとびとび、かつ散発的な自分たちの「区切り説」と対立していると強調することによって、やりとげた。彼らのなかでもグールドは、自分たちの説と「天変地異（激変）説」や「跳躍説」とのあいだにアナロジーさえ見いだした。跳躍説については、すでに論じた。天変地異説は、ある種の創造説と化石の記録が示す厄介な事実とを和解させようとする一八世紀および一九世紀の試みだった。天変地異論者の考えでは、前進を示すかのように見える化石の記録は、実際にはそのつど天変地異による大量絶滅で終わりを告げる個別の創造の繰り返しを反映するものだった。そうした天変地異のうちもっとも最近のものが、ノアの洪水というわけだ。

一方に現代の区切り説を、他方に天変地異説あるいは跳躍説をおいた比喩は純粋に詩的な効果を持っている。あえて矛盾した言い方をするなら、その比喩は深く表面的なのだ。そうしたアナロジーは、芸術家気取りの文学的な言いまわしのために印象的に響くが、真摯な理解には何の足しにもならないし、現代の創造論者たちがアメリカの教育と教科書出版界を破壊しようとしてさかんに行なっている騒々しい闘いに、まがいものの助け舟をさしのべ、元気づけてしまう。真相はこうだ。もっとも十分かつ重大な意味で、エルドリッジとグールドは、ダーウィンやそのいかなる信奉者とも同じく、じつは漸進論者なのである。彼らはあらゆる漸進的変化をたえず起きつづけさせるかわりに、それをひとしきりの爆発に圧縮しようとしただけなのだ。そして、漸進的変化の大部分は、ほとんどの化石が掘り出されているところから地理的に離れた場所で進行していると、強調しているのである。

このように、区切り論者が反対しているのは、実際にはダーウィンの言う漸進説ではない。漸進説が意味するところは、それぞれの世代が前世代とほんのわずかだけ違うということである。それに反対するには跳躍論者でなくてはならないし、むろんエルドリッジとグールドは跳躍論者ではない。そうではなくて、彼らやその他の区切り論者たちが異議を唱えているのは、結局、ダーウィンのものとされている進化速度一定という信念なのだ。それに異議を唱えるのは、彼らが進化（依然として、まぎれもない漸進的な進化）は比較的短い爆発的な活動期（つまり種分化という事件であり、それは進化的変化に対する平常時の抵抗と言われているようなものが崩壊する一種の危機的状況を生み出す）に急速に起きると考えるからであり、その合間に挟まれた長い停滞期には進化はごくゆっくりと起きるか、あるいはまったく起きないと考えるからである。われわれが「比較的」短いというときには、もちろん一般の地質学的タイムスケールに比べて短いという意味で使っている。区切り論者の言うとびとびの進化でさえ、地質学的な標準では瞬間と言えるかもしれないが、数万年とか数十万年とかの単位で測られる期間がかかっているのだ。

有名なアメリカの進化学者G・レッドヤード・ステビンス[6]の考えがこの点で啓発的である。彼はとりたててとびとびの進化に関心をもっているわけではなく、ふつうに使われる地質学的タイムスケールに照らし合わせてみたときに進化的変化がどのようなスピードで起きているかを劇的に表現しようとしただけである。彼はまずマウスくらいの大きさの動物の一種を想像する。それから、自然淘汰によってごくごくわずかずつではあるが、体が大きくなることが有利になるとする。おそらくは、雌をめぐる競争で大きな雄がほんのわずかに多く利益を享受するといったことがあるのだろう。とにかくいつでも、平均的な大きさの雄は、平均よりほんの少し大きい雄に比べてわずかだけ分が悪い。ステビンスはこの仮想的な例で、より大きな個体が享受する利益を数学的に正確な値で見積もっている。彼は、人間の観察者にはとうてい測れないくらい小さな値を設定した。したがって、それによってもたらされる進化的変化の速度も結果として、ふつうの人間の生涯では気づかないほどゆっくりしたものである。かくして、進化をじかに研究している科学者に言わせれば、この動物は全然進化していないということになる。それにもかかわらず、ステビンスの仮定した数字によって与えられた速度で、それらはきわめてゆっくりと進化しているのだし、そのゆっくりした速度でも、やがてはゾウくらいの大きさにも達するだろう。では、それにはどれくらいかかるのだろうか？　あきらかに人間の基準からすると長い時間だが、このさい人間の基準は関係ない。われわれは地質学的な時間について語っているのだ。ステビンスの計算では、この動物が四〇グラムの平均体重（マウス大）から六〇〇万グラムあまりの平均体重（ゾウ大）にまで進化するのに、約一万二〇〇〇世代かかるだろうとされた。マウスの世代時間より長く、ゾウのそれよりは短い五年を一世代時間とすると、一万二〇〇〇世代が経過するには六万年かかることになる。六万年は、化石記録の年代を推定する通常の地質学的方法では測れないほど短い。ステビンスが言うように、「一〇万年たらずで新しい種類の動物が起源するなら、古生物学者はこれを『突然』とか『瞬間』とみなす」のだ。

区切り論者は、進化における跳躍について語っているのではなく、比較的急速に起きる進化のエピソードについて語っているのだ。さらにこれらのエピソードでさえ、地質学的基準で瞬間的に見えるためには、べつだん人間の基準で急速である必要はない。われわれが区切り平衡説自体をどう考えるかはさておくとしても、漸進説（ある世代とその次の世代のあいだには突然の飛躍はないとする、ダーウィンのみならず、現代の区切り論者によっても抱かれている信念）は、「進化速度一定説」（区切り論者によって反対され、実際にはそうではないのに、ダーウィンの考えだと申し立てられている）とまったくあまりに安易に混同されている。それらは決して同じものではない。区切り論者の信念を的確に特徴づけると、こうなるだろう。「漸進論的ではあるが、急速な漸進的変化をもたらす短いエピソードを区切る長い『停滞』（進化的停滞）期がある」。ここで強調されるべきは、従来見過ごされていた現象としての長い停滞期であり、これこそほんとうに説明を要するものである。区切り論者による真の貢献は、この停滞に対する強調であって、彼らが主張するような漸進説への反対ではない。というのは、彼らも他の誰もと同じく漸進論者だからである。

停滞期に対する強調は、あまり誇張したかたちではないにしても、マイアーの種分化理論にさえ見受けられる。彼は、地理的に分離した二つの品種のうち、もとの大きな祖先個体群の方が新しい「娘」個体群（トガリネズミの例でいえば山の向こう側の個体群）よりも変化しにくいと考えた。というのは、娘個体群の方が新たな草地に移動した個体群で、そこでは条件が違っていて、自然淘汰圧も変化していそうだからというばかりではない。大きな繁殖個体群は進化的変化に抵抗しようとする内在的な傾向があると考える、いくつかの理論的な根拠（マイアーは強調したが、その重要性については議論もある）があるからでもある。一つの適当なアナロジーは、大きくて重い物体は位置を変えにくいという、いわゆる慣性である。小さな周辺個体群は、この理論によれば、まさに小さいがために、内在的に変化しやすく、進化しやすいだろう。したがって、私はトガリネズミの二つの個体群ないしは品種が互いに分岐したかのように語ったけれども、マイアーならば、もとの祖先個体群は比較的停滞した状態にあり、新しい個体群がそれから分岐したと考える方を好むだろう。進化の樹は、同じ大きさの小枝が二分するのではなく、むしろ太い幹があってそこから横枝が伸びるといった枝ぶりを呈する、というわけである。

区切り平衡の主唱者はマイアーのこの提案を採用し、さらにそれを誇張して、「停滞期」つまり進化的変化の空白期こそが、種にとっての規範（ノーム）だという強い信念に仕立てあげたのである。彼らは、大きな個体群には進化的変化に積極的に抵抗しようとする遺伝的な力があると信じている。彼らに言わせると、進化的変化は種分化と同時に起きるまれな出来事である。進化的変化が種分化と同時に起きるのは、その見解によれば、地理的分離によって隔離された小個体群が生じるという新種形成の条件は、ふだん進化的変化に抵抗している力がやわらいだり逆転したりする、まさにその条件にほかならないからである。種分化とは動乱の時期、あるいは革命の時期なのだ。そして、進化的変化が集中して起きるのは、この動乱期のさなかなのである。ある系統の歴史は、大部分のあいだ沈滞している、そういうわけだ。

ダーウィンが進化は一定の速度で進むと信じていたというのはほんとうではない。彼は私がイスラエル人の喩え話であてこすったような馬鹿馬鹿しくも極端な意味で進化速度の一定性を、まちがいなく信じてはいなかったし、実際にいかなる重要な意味でもそれを信じていたとは私には思えない。『種の起原』第四版（とそれ以後の版）の次のようなよく知られた一節は、ダーウィンの思想一般を代表するものではないとグールドは考えているので、その引用は彼を苛立たせるだろう。

多くの種はいったん形成されるとそれ以上には決して変化しない……。種が変化している期間は、年数で測れば長いにしても、同じかたちのままでいる期間に比べれば、おそらく短いだろう。

グールドはこの文章をはじめとしてそれに近い意味の文章を気にとめまいとして、こう述べている。

引用を取捨選択したり限定的な脚註を探したりしても、歴史をつくることはできない。全体としての主旨と歴史的な影響こそがふさわしい基準である。その同時代人やその後の人々のいったい誰が、ダーウィンを跳躍論者として読んだりしただろうか？

全体としての主旨と歴史的な影響についてはグールドはもちろん正しいが、この引用の最後の文章は、彼の誤りをみごとに表わしている。もちろん、誰もダーウィンを跳躍論者として読んだりしたためしはないし、もちろんダーウィンは一貫して跳躍説を敵視していたのだが、区切り平衡について議論しているばあいには、跳躍説など問題ではないというのが、全体の要点なのだ。私が強調してきたように、区切り平衡説はエルドリッジとグールド自身の説明によれば、跳躍説ではない。それが仮定している跳躍というのは、本当の一世代の跳躍ではない。それらは、グールド自身の推定によっても、おそらく何万年にもわたって多数の世代を経て広がっていく。区切り平衡説は、一挙に漸進的進化の起きる相対的に短い期間に挟まれた長い停滞期を強調してはいるけれども、漸進論者の理論なのである。グールドは、かたや区切り説とかたや真の跳躍説とのあいだの純粋に詩的な、もしくは文学的な類似を修辞的に強調するあまり、自ら誤解の罠にはまってしまったのだ。

このへんで進化速度についての考えられる観点をひととおりまとめておけば、問題がすっきりするだろう。真の跳躍説は、すでに議論しつくしたように、もはや末路に追い込まれている。真の跳躍論者は現代の生物学者のなかには存在しない。人は跳躍論者でないとすれば漸進論者でしかないのであり、エルドリッジとグールドが自分たちのことをどのように記述する道を選ぼうとも、彼らはそのなかに含まれる。漸進説のなかでも、（漸進的な）進化の速度についてはさまざまな信念が区別されるだろう。それらの信念のうちのあるものは、いままで見てきたように、反漸進論的な真の跳躍説と純粋に表面的な（「文学的」あるいは「詩的」な）類似性をもっており、それがために跳躍説と混同されることもある。

もう一方の極には、私がこの章のはじめに『出エジプト記』の喩え話でカリカチュアとして描いた「速度一定説」の類がある。極端な速度一定論者の信じるところでは、枝分かれというか種分化が進行していようがいまいが、進化はいつでも着実に断固としてのろのろ進んでいる。彼は、進化的変化の量が経過時間に厳密に比例すると信じてもいる。皮肉なことに、ある種の速度一定説が最近になって現代の分子遺伝学者たちにとても好まれるようになっている。一つよい例を挙げるとすれば、タンパク質の分子レベルの進化的変化は、まさにあの仮想的なイスラエル人たちのような一定速度で実際にのろのろ進んでいると信じられている。たとえ、腕とか足といった外から見える特徴がきわめて区切られた様式で進化しているとしても、そうなのだ。この話題には5章ですでに出会ったし、次の章でもふたたび述べることになるだろう。しかし、大規模な構造や行動パターンの適応的進化に関するかぎり、おおむねすべての進化学者は速度一定説を却下するだろうし、ダーウィンもたしかにそれを却下していたようだ。人は速度一定論者でないとすれば、速度可変論者でしかありえない。

速度可変説のなかには、「速度不連続可変説」と「速度連続可変説」とでもレッテルの貼られる、二種類の信念が区別されるだろう。極端な「不連続論者」は、ただ進化のスピードが変わると信じているだけではない。そのスピードは、まるで自動車のギアボックスのように、あるレベルから別のレベルへ不連続にがらりと変わると考えている。たとえば、進化には、ひじょうに速いと止まっているという二つのスピードしかないと考えてもいいわけだ（こう書くと、私ははじめて通信簿をもらったときの屈辱を思い出さないではいられない。それには、服のたたみ方や冷水浴をはじめとする寄宿学校生活の日課についての七歳のときの私の生活態度として、寮母によってこう書かれていた。「ドーキンスには三つのスピードしかない。つまり、遅い、ひじょうに遅い、止まっているである」）。「止まった」進化とは、大きな個体群を特徴づけると区切り論者たちによって考えられている「停滞期」である。ギアがトップに入ったときの進化とは、進化的に停滞している大きな個体群の周縁部にある隔離された小さな個体群が種分化を起こすさいの進化のことである。この見方にしたがえば、進化はいつでもどちらか一方のギアに入っていて、その中間はない。エルドリッジとグールドは不連続説を指向しており、この点では正真正銘の急進派である。彼らは「速度不連続可変論者」と呼ばれるだろう。ついでに言うと、速度不連続可変論者が、種分化を進化がトップギアに入っている時期であるとして強調すべきいわれはとくにない。しかし、実際には彼らの大部分がそうしている。

一方、「速度連続可変論者」は、進化がひじょうに速い状態からひじょうに遅い状態や止まっている状態まで、あらゆる中間段階にわたってたえず変動すると信じている。彼らは、あるスピードを他のスピードにもまして強調する理由はとりたててないと考えている。とりわけ停滞期は、彼らにとっては、超低速進化の極端なばあいにすぎない。区切り論者にとっては、停滞期はひじょうに特別のものである。彼らにとっての停滞期は、単に速度がゼロになるほどゆっくりした進化だというばかりではない。つまり、停滞期は、単に進化的変化の原動力がないために進化の空白期が生じるといった消極的なものではない。そうではなく、むしろ停滞期は進化的変化に対する積極的な抵抗を示しているというのだ。これはまるで、ほとんど種が、進化を導くような原動力があるにもかかわらず、進化しないために能動的な手段を講じていると考えられているかのようである。

停滞期が実在する現象であるということにならなら、その原因をめぐってよりも多くの生物学者の意見が一致するだろう。一つの極端な例として、シーラカンス（*Latimeria* ラティメリア）を挙げよう。シーラカンスは「魚」の大きな分類群の一つで（魚と呼ばれているけれども、実際にはマスやニシンよりもわれわれと近縁である）、二億五〇〇〇万年以上前に繁栄し、恐竜と同じころに死に絶えたと思われていた。死に絶えたと「思われていた」というのは、一九三八年に、動物学の世界を大いに驚かせたことに、見慣れない肢のような鰭をもった体長一ヤード半の奇妙な魚が、南アフリカ沖合で深海漁業をしている小型船の獲物として現われたからだ。このうえない貴重な価値が認められる前に、ほとんど痛んでしまっていたが、腐りかけの残骸が幸運にもたまたま適役の南アフリカのある動物学者の注意をひいた。彼は自分の目をほとんど信じることができなかったが、それを生きたシーラカンスと同定し、ラティメリアと名づけた。それ以来、少数の標本が同じ海域から釣り上げられており、この種はいまではかなりよく研究され、記載もされている。それは、化石となった祖先が生きていた数億年も昔の時代からほとんどまったく変化していないという意味で、「生きた化石」である。

このように、停滞期は存在している。では、どう考えればよいのだろうか？　どのように説明するのだろうか？　ある人たちに言わせれば、ラティメリアにつながる系統は自然淘汰がそれを変化させるようにはたらかなかったのでそのままのかたちでとどまった、ということになる。ある意味では、この魚は、ほとんど条件の変わらない深海でうまく生活する方法を見つけてしまったので、進化する「必要」などなかった。おそらく、どんな軍拡競争にも参加しなかったのだろう。陸地に上がったかれらのいとこたちが進化したのは、軍拡競争を含むさまざまな敵対的環境のもとで自然淘汰がそのいとこたちを進化せざるをえないようにしむけたからだ、というわけである。一方、区切り論者を自称する人たちを含む別の生物学者は、こう言うかもしれない。現在のラティメリアにつながる系統は、そこにどのようなものであれ自然淘汰圧があったに﹅も﹅か﹅か﹅わ﹅ら﹅ず﹅、変化することに積極的に抵抗したのだ、と。いったい、誰が正しいのだろうか？　このラティメリアという特定のばあいにそれを知ることはむずかしいけれども、原理的には答えを発見するために取りかかれる方法が一つある。

公平さを保つために、ラティメリアについてとくに考えるのはやめよう。それは印象的な例だが、きわめて極端な例でもあり、それに区切り論者が格別すがりたがっている例だというわけでもない。彼らの信念では、それほど極端ではなくもっと期間の短い停滞期の例はありふれたものであり、実際、変化を迫る自然淘汰の力があっても、種が積極的に変化に抵抗する遺伝的機構をもっている以上、それこそが規範（ノーム）なのだ。さてここに、少なくとも原理的にはこの仮説を検証することのできる、きわめて単純な実験がある。野生個体群をとってきて、それにわれわれ自身の力で淘汰をかけてやればいいのだ。種が積極的に変化に抵抗するという仮説にしたがえば、われわれがある性質を育種しようとしても、種は少なくともしばらくの間いわば自分の立場を譲ろうとせず、微動だにしないはずである。たとえば、ウシを捕えてきて、ミルクの生産量の多いものを選択的に育種しようとしても、失敗するだろう。種の遺伝的機構が反進化的な力を動員し、変化させようとする圧力を撃退するはずだから。産卵率の高いニワトリを進化させようとしても、失敗するだろう。闘牛士があの卑劣な「スポーツ」をさらに追求するために、選択的育種によって雄ウシの勇猛さを高めようとしても、失敗するだろう。もちろん、こうした失敗は一時的なものにすぎないはずである。やがては、水圧に耐えきれなくなって一挙に崩壊するダムのように、反進化的と言われているような力は克服され、その系統はそれからすばやく新たな平衡状態へ移行できるだろう。しかし、われわれが新しい選択的育種のプログラムを開始すると、はじめのうちは少なくともなにがしかの抵抗に遭うはずだ。

もちろん、事実としては、飼育下で動物や植物を選択的に育種して進化を起こそうとすれば、われわれは失敗しないし、最初の困難な時期を体験することもない。動物や植物の種は選択的育種にすぐに従うのがふつうであり、育種家は内的な反進化力を示すような証拠などまったく見つけていない。選択的育種家が困難に出あうとしても、それは何世代にもわたって選択的育種に成功した後でのことである。というのは、選択的育種を数世代つづけると、利用できる遺伝的変異が品切れになって、新たな突然変異を待つほかなくなるからだ。シーラカンスが進化するのをやめたのは、突然変異を起こすのをやめたから――海の底では宇宙線から保護されているので！――とも考えられるが、私の知るかぎり誰もこんなことを真剣に示唆したものはいないし、ともあれこれは、区切り論者が種には進化的変化に抵抗しようとする性質が元来そなわっていると語るときに、言わんとしていることではない。

彼らが言わんとしていることは、私が7章で「協同する」遺伝子について指摘した点にいくぶん似ている。つまり、遺伝子のグループは互いによく適応しているので、そのクラブの会員ではない新しい突然変異遺伝子が侵入するのに抵抗する、という考えである。それはなかなか洗練された考えであり、もっともらしく聞こえるようにもできそうだ。なるほど、それはすでに触れたマイアーの慣性という考え方の理論的支柱の一つだった。それにもかかわらず、選択的育種をしようとしても、いつもはじめからいかなる抵抗にもでくわさないという事実は、系統が野生状態で何世代にもわたって変化しないまま存続するとすれば、それは変化に抵抗しているからではなく、変化を有利にする自然淘汰圧がないからだということのように私には思える。それらが変化しないのは、そのままでいる個体が変化する個体よりもうまく生き残るからである。

そうなると、じつは区切り論者はダーウィンやその他のダーウィン主義者と何ら変わるところなく漸進論者だということになる。つまり彼らは、勢いよく進む漸進的進化のあいだに長い停滞期を挿入しているだけなのだ。前に述べたように、区切り論者が他のダーウィン主義の学派と違っているのは、ただ一つ、停滞期を何かしら積極的なものとして、単なる進化的変化の欠如ではなく進化的変化に対する能動的な抵抗として強調している点である。そしてこのことこそ、おそらく彼らがすっかり間違っている点なのだ。私がまだ解かなくてはならないのは、どうして彼らがダーウィンやネオダーウィン主義とかけ離れたところにいると考えたのかという謎である。

その答えは、「漸進的」という言葉がもっている二つの意味を混同しているところにある。さらに、その混同は、私がここで払いのけるのに苦労してきた、多くの人々の考えの背後にある区切り説と跳躍説との混同と結びついている。ダーウィンは熱烈な反跳躍論者であり、そのせいで彼は自分の提唱する進化的変化は極端に漸進的な性質をもつと繰り返し強調していた。ダーウィンにとって跳躍とは、私がボーイング747型の大突然変異と呼んだものを意味したからである。それは、遺伝学の魔法の杖をたったひと振りしただけで、まるでゼウスの頭からアテナ神が生み出されたように、真新しい複雑な器官が突然生み出されることを意味した。それは、たった一世代で何もない皮膚からうまく形成された複雑な機能をもつ眼が湧き出てくることを意味した。なぜダーウィンにとって跳躍説がそういう意味をもっていたかというと、いく人かのもっとも有力な反対者にとって跳躍説とはまさしくそういうものであったからであり、彼らはそれが進化の主要な要因だと心の底から信じていたからである。

たとえば、アーガイル公(7)は進化が起こったという証拠は受け入れたが、神による創造をこっそりと持ち込もうと考えた。彼だけではなかった。多くのヴィクトリア朝の人々は、エデンの園でただ一回きりのありとあらゆる創造がなされたと考えるかわりに、進化におけるいくつかの重大な節目で神が繰り返し進化に介入したと考えた。眼のような複雑な器官は、ダーウィンが考えたようにゆっくりと単純なものから進化してきたのではなく、一瞬のうちに出現したと考えられた。そうした人々は、かくのごとき一瞬の「進化」がかりに起こったとすれば、それは超自然的な力、すなわち彼らが信じるものの介在を意味していると、まっとうにも認識していて、それがかれらの信条であった。なぜかといえば、それは私がハリケーンとボーイング７４７を持ち出して論じた統計的な理由からである。７４７型の跳躍説は、じつは水で割って薄めた一種の創造説にすぎない。言い方を換えると、神による創造は跳躍が行きつくところまで行ったものなのだ。それは魂のない粘土から完全なかたちの人間への究極の飛躍（リープ）である。ダーウィンはそのこともよくわかっていた。彼は、当時の指導的な地質学者、チャールズ・ライエル卿[8]への手紙にこう書いている。

かりに私が自然淘汰の理論にそのようなものを付け加える必要があると確信していても、そんなことは馬鹿げた考えとして拒否するでしょう。……由来のどこか一つの段階に奇跡的なものが付け加えられる必要があるとしても、私は自然淘汰の理論に手を加えるつもりなどありません。

これは決してとるに足らぬ問題ではない。ダーウィンの見方では、自然淘汰による進化論の主眼は、複雑な適応の存在を奇跡なしで説明することにあった。ともかく、それは一応この本の主眼でもある。ダーウィンにしてみれば、神によって跳躍するのを手伝ってもらわねばならない進化など、進化でもなんでもなかった。それは進化の中心となるポイントを無意味にしてしまう。この点に照らして考えるなら、ダーウィンがどうして進化の漸進性を繰り返し主張してやまなかったかは容易に理解できる。彼がどうして4章で引用したあの文章を書いたかは容易に理解できるのだ。

もし、数多くのひきつづいて生じた軽微な修正によって形成されたとは考えられない複雑な器官が存在するということがあきらかになれば、私の理論は完全に崩壊してしまうだろう。

ダーウィンにとってなぜ漸進性が根本的に重要だったかを見るもう一つの方法がある。今日でも多くの人がそうなのだが、彼の同時代人は、人間の体をはじめとする複雑な実体が進化的な方法で存在するにいたったらしいなどと信じるのに苦労した。ごく最近になるまでそう考えるのが流行だったように、単細胞のアメーバがわれわれの遠い祖先だと考えるとしても、多くの人々の頭のなかではアメーバと人間のあいだの断絶を埋めるのはむずかしそうに思えた。そうした単純なものから出発して、これほど複雑なものが生じるなんて、とても想像できないと思えたのだ。ダーウィンはこの種の信じ難さを克服する一つの手段として、小さな段階からなる漸進的な系列という考えに訴えたのである。議論はこういうふうに展開する。アメーバが人間に変わっていくのは、ほとんど想像できないかもしれない。しかし、アメーバがほんの少し違った種類のアメーバに変わっていくのなら、想像できないこともない。それなら、ほんの少し違った種類のそのまたほんの少し違った種類のアメーバに変わり、そしてまた……と延々と変わっていくのを想像することだってむずかしくない。3章でみたように、その道すじに沿って莫大な数の段階があり、しかもそれぞれの段階はきわめて微小であるとして、はじめてこの議論はわれわれの信じ難さを克服するのである。ダーウィンはたえずこの信じ難さの源泉と闘っていたし、たえず同じ武器を使っていた。つまり、数えきれないくらい多くの世代にわたって広がっていく、ほとんど感知できない程度の漸進的な変化を強調するという武器である。

ついでながら、同じ信じ難さの源泉と闘うのにJ・B・S・ホールデン[9]が示した特有の水平思考の片鱗も、引いておく価値がある。アメーバから人間への移行にも似たことが、どの母親の子宮のなかでもたったの九カ月で進行していると、彼は指摘したのである。発生はたしかに進化とはまったく異なる過程だが、それでも単細胞から人間への移行が生じるまさにその可能性に懐疑の念を抱く人は、自らの胎児時代の出発点を熟考することによってその疑問を解消すればよいのである。ところで、アメーバを名誉祖先の称号として選んだのは単に気まぐれな伝統にならっただけだと強調しておけば、私が知ったかぶりをしていると思われなくてすむのではないかと思う。バクテリアを選べばもっとよかったのだろうが、バクテリアだってご存じのとおり近代的な生物なのだ。

さて議論を続行しよう。ダーウィンが進化の漸進性を大いに強調したのは、彼が反論しているもの、つまり一九世紀に蔓延していた間違った進化概念のためであった。「漸進的」という言葉の意味は、一九世紀の文脈では「跳躍の反対」だった。エルドリッジとグールドは二〇世紀末の文脈で「漸進的」という言葉をまったく違った意味で使っている。彼らは明白にではないけれども実質的に「一定速度で」という意味でそれを使い、「区切り」という自分たちの考えとそれを対比させた。彼らが漸進説を批判するのは、この「速度一定説」の意味においてである。そうするのが正しいことは疑いない。極端なかたちの速度一定説は、あの『出エジプト記』の喩え話と同じくらい馬鹿げ

ている からだ。

しかし、この筋のとおった批判をダーウィン批判と結びつけるのは、「漸進的」という言葉がもっている二つのまったく別な意味を混同することにほかならない。エルドリッジとグールドが漸進説に反対するというときの意味では、ダーウィンもたぶん彼らに同意することを疑う理由はとくにない。ダーウィンが熱烈な漸進論者であったというときの言葉の意味では、エルドリッジとグールドも漸進論者である。区切り平衡説はダーウィン主義に対するちょっとした註釈であり、ダーウィン自身、その時代にこの問題が議論されていれば、おそらく賛成していたようなことである。ちょっとした註釈だとすれば、それは格別派手に世間で取り沙汰されるほどのものではない。実際にかくも仰々しく取り沙汰された理由、そして私が本書の一章をまるごとそれに費やさざるをえないと感じた理由は、この理論がまるでダーウィンとその継承者の見解に根本的に対立するものであるかのように、もてはやされてきた、それもいく人かのジャーナリストによってあまりにもてはやされすぎたということである。どうしてこんなことになったのだろうか？

世の中には、ダーウィン主義など信じなくともよいと、なんとしても思いたい人々がいる。彼らは大別すると三つの種類に分けられるようだ。一つは宗教的な理由から、進化そのものを真実ではないと思いたい人たち。二つめは、進化が起きたことを否定する理由はもたないものの、しばしば政治的あるいはイデオロギー上の理由から、ダーウィン説をその**メカニズム**ゆえに気にくわないと感じる人たち。そのなかには自然淘汰という考え方に受け入れがたい冷酷非情さを見いだす人もいれば、自然淘汰をランダム性と取り違え、それゆえ尊厳をそこなう「無意味なもの」と思っている人もいる。さらに、ダーウィン主義を人種差別主義をはじめとする同意しがたい含みをもった社会ダーウィン主義とごちゃまぜにしている人もいる。三つめは、「マスメディア」と（しばしば単数名詞のように）自ら呼ぶもののなかで仕事をしている大勢の人々など。彼らは、おそらく新聞雑誌のいいネタになるというだけで、リンゴの荷車がひっくりかえるのを見るのが大好きな連中なのだ。そして、ダーウィン主義はつい手を出したくなるリンゴの荷車のように思われるほどに、すでに十分確立され、体裁が整うにいたっているのだろう。

動機が何であれ、評判の高い学者が現在のダーウィン説の重箱の隅をつつくような批判をほのめかしでもしたら、その事実は熱心にとびつかれ、まったく釣り合いを失ってふくらまされる結果になる。その熱心さたるやたいへんなもので、あたかも、ダーウィン主義に対する異論ならどんなに小さな音でも選択的に拾いあげる、微調整ずみのマイクをそなえつけた強力な増幅器（アンプ）のようだ。まじめな議論と批判はどんな科学でもかけがえのない重要な側面なので、これははなはだ不幸なことだし、学者たちがこのマイクのせいで自らの口を閉ざす必要を感じているとなると、もう悲劇である。言うまでもないが、このアンプは強力ではあるにしても、ハイファイではない。途方もなく音が歪んでいる！　科学者が、現在のダーウィン主義の微妙な意味あいについてほんのわずかな疑念を注意深くささやけば、ねじまげられてほとんど自分のものとはわからなくなった言葉が、熱心に待ち構えている拡声器からとどろき、こだまするのを聞くことになるのは避けがたいだろう。

エルドリッジとグールドはささやかずに、雄弁にそして力強く述べたのである！　彼らが主張することはしばしばかなり微妙だが、伝わるメッセージはダーウィン主義はどこか間違っているという点である。ハレルヤ、「科学者」が自分でそう言ったぞ！　『聖書による創造』の編者は書いている。

われわれの宗教的、科学的な立場の信頼性が、最近になってネオダーウィン主義者の士気が低下したことで大いに強化されていることは否定できない。そしてこれは、われわれが存分に活用すべきことである。

エルドリッジとグールドはどちらも、アメリカ南部の無教育な創造論者と闘う勇猛な闘士だった。彼らは自分たちの言葉が誤用されることに苦情を訴えていたのだが、彼らのメッセージのその部分になると、例のマイクが突然ぴたりととまってしまうのを見るしかなかった。私もまた別のマイクの一群で似たような経験をしたことがあるので、彼らに同情できる。私のばあいには宗教的ではなくむしろ政治的な色合いのものだったが。

いま、大声ではっきりと言う必要があるのは、区切り平衡説はネオダーウィン主義の枠組みのなかにしっかり収まるという真実である。それはいつでもそうだった。ふくれあがったレトリックによってもたらされた被害を回復するには時間がかかるだろうが、それはもとどおりに回復されるだろう。区切り平衡説はやがて、ネオダーウィン説の表面に浮き上がった興味深いけれども小さなしわの一つとして、釣り合いのとれた見方をされるだろう。それが「ネオダーウィン主義者の士気の低下」をもたらす根拠にはならないのは確かだし、グールドが総合説（ネオダーウィン主義の別称）は「実質的に死んでいる」と主張する根拠は何もないのだ。それはまるで、地球が完全な球形ではなく、わずかに平たい球状をしているという発見が、次のような大見出しで一面トップぶちぬきの扱いを受けるようなものである。

コペルニクスは間違っていた
地球平坦説、立証される

しかし、公平のために言うと、グールドの批判はダーウィン総合説にみられる「漸進説」に向けられているというよりも、むしろその主張の別のところに向けられていた。エルドリッジとグールドが異議を唱えている主張とは、あらゆる進化は、たとえもっとも長い地質学的タイムスケールでの進化さえ、個体群ないしは種の内部で起きる出来事の外挿なのだという主張である。彼らは、「種淘汰」と呼ぶ、より高次の淘汰があると信じている。この話題については次の章に譲ろう。次の章は、やはり薄弱な根拠に基づいて反ダーウィン主義者であるとされることのある、もう一派の生物学者、いわゆる「変形分岐論者」を扱うための場でもある。これらの一派は、分類の科学である分類学という一般分野に属している。

10章　真実の生命の樹はひとつ

本書は、複雑な「デザイン」がどのようにして生じたかという問題に対する解答としての進化、言い換えれば、ペイリーが神なる時計職人の存在を証明するものと考えた現象に対する真の説明としての進化をおもに扱っている。だからこそ、私は眼やエコーロケーションについて延々と論じてもいるのである。しかし、進化論というものが説明することがらには、もう一つの広大な領域がある。それは、多様性という現象、つまり世界中に分布するさまざまなタイプの動物や植物の型とかそれらの動植物のあいだでの諸形質の分布といった現象である。私はもっぱら眼やその他の複雑なしくみをもった部分にかかわってきたけれども、こうした進化のもう一つの側面がわれわれの自然理解を促すうえで果たす役割を、私とて無視するわけにはいかない。そこで、この章は分類学についてである。

分類学(タクソノミー)は分類の科学である。ある人々にとっては、分類学はどうにもならぬくらい退屈だという評判であったり、ほこりっぽい博物館や保存液の匂いを思わず連想させたりするものであり、ほとんど剥製術（タクシダーミー）と混同されているかのようだ。だが、実際には、決して退屈どころではない。なにしろ、それは、私にはなぜだかよくわからないのだが、生物学のあらゆる分野の中でももっとも辛辣な論争にみちた分野の一つなのだ。分類学は哲学者と歴史家の関心をさそっている。分類学は進化をめぐるどんな議論においても果たすべき重要な役割をもっている。そして、この分類学者の隊列のなかから、反ダーウィン主義者を装っている現代生物学者のうちでももっともずけずけとものを言う人たちが登場してきたのである。

分類学者はたいてい動物とか植物を研究しているけれども、岩石、軍艦、図書館の本、星、言語、その他なんであろうと、あらゆる種類のものが分類できる。秩序立った分類は、しばしば便宜上の処置だとか、実際上の要請だとか言われるが、これもまあある面ではほんとうである。大きな図書館の蔵書は、特定の主題に関する本がほしいときに見つけられるように、何らかのランダムでないやり方で整理されていないかぎり、ほとんど役に立たない。図書館学という学問は、というか技術はと言ってもよいかもしれないが、応用分類学の一課題である。同じような理由から、生物学者たちは、動物や植物を名前のついた所定の範疇（カテゴリー）に整理整頓すれば、仕事がやりやすくなることを知っている。しかし、動物および植物分類学をやる理由はこれしかないなどと言ったとすると、問題点の多くを見逃してしまうことになる。進化生物学者にとっては、生物の分類には何かきわめて特別なところがあって、しかも、それは他の種類の分類学にはあてはまらないような何かなのである。進化という考え方からすれば、あらゆる生物を結びつける、正しく枝分かれした系統樹はただ一つしかないというのは当然のことであり、われわれはその系統樹を分類学の基礎とすることができる。さらに、その固有性に加えて、この分類学は、私が完全な入れ子と呼ぶ、特異な性質をもっている。

その意味するところは何か、またなぜそれがそれほど重要なのかが、この章の主要なテーマである。

生物学とは関係のない分類学の例として図書館の蔵書を使おう。図書館の本あるいは本屋の本がいかに分類されるべきかという問題には、これしかないという一つの固有で正しい解などありはしない。ある図書館員は自分の収集した本を次のような主要なカテゴリーに分けるかもしれない。科学、歴史、文学、その他の芸術、外国語作品、などなど。こうした図書館の主要部門のそれぞれはさらに細かく分けられる。この図書館の科学部門(ウィング)は、生物学、地質学、化学、物理学などにさらに分割される。科学部門の生物学セクションの本は、生理学、解剖学、生化学、昆虫学などにあてられた棚にさらに分割される。最後に、本は各棚の上でアルファベット順に場所をあてがわれる、といったぐあいだ。この図書館の別の主要部門、歴史部門とか文学部門、外国語部門などでも同じようにして細かく分けられるだろう。つまり、図書館の蔵書は、読者が自分の求めている本に向かってたどりつけるよう、階層的に分割されているのである。階層分類が都合がよいのは、借用者が蔵書の山のなかからすばやく必要な本のありかにたどりつく方途を見いだせるようにするからだ。辞書の単語がアルファベット順に配列されているのも、同じような理由からである。

しかし、図書館の本には、こう並べるしかないという固有の階層性があるわけではない。図書館員によっては、同じ蔵書の山を整理するのに、やはり階層的ではあっても、違ったやり方を選ぶかもしれない。たとえば、ある図書館員は、独立した外国語部門を設けず、ドイツ語の生物学の本は生物学のセクションに、ドイツ語の歴史の本は歴史のセクションにというふうに、その本が何語で書かれていようと、それにふさわしい主題の場所に収容することを好むかもしれない。第三の図書館員は、あらゆる本を、たとえ主題が何だろうと出版年代順に収容していくという過激な方針を採用し、必要な論題の本を見つけるさいに検索カード（あるいは検索用コンピューター）に頼るかもしれない。

これらの三つの図書整理プランはそれぞれまったく異なっているものの、おそらくいずれも十分うまく機能するだろうし、多くの読者から受け入れられると思われる。もっとも、ついでにいえば、あるロンドン在住のおこりっぽい年輩のクラブ会員なんかには、そう思われないかもしれない。私はその男がクラブの委員会を司書雇用に関してどなりとばしているのをいつかラジオで聴いたことがある。そのクラブの図書は一〇〇年間ずっと整理されてこなかったが、それでも何とかなっていたので、いまさらどうして整理する必要があるのかわからないというのだ。インタヴュアーは、ではどのように本を並べればいいと考えているのかと、穏やかに尋ねた。「いちばん背の高い本を左側に、いちばん背の低い本を右側に！」男はためらわずに、そうがなりたてた。一般向けの本屋は、商品の本を一般的な需要を反映するような主要セクションに分類している。科学、歴史、文学、地理などのかわりに、本屋の主要売場は、園芸、料理、「テレビ番組」の本、オカルトといった調子であり、私は何と「宗教とＵＦＯ」と銘打たれた傑作な棚さえ見たことがある。

というわけで、どのように本を分類するかという問題には正しい解などない。図書館員たちのあいだには分類方針をめぐって互いにかなり意見の不一致があるかもしれないが、その議論の勝ち負けを決める基準は、ある分類システムが他のシステムに比べて「真実」であるとか「正しい」とかいったものではない。そうではなく、議論のなかでよく引き合いに出される基準は、「図書館利用者にとっての便利さ」とか「本を見つける速さ」などだろう。この意味では図書館の本の分類学は任意であると言ってもよい。そう言ったからといって、良い分類システムを考案することが重要ではないなどというのではない。そんなことではまったくない。要するに、完全な情報が与えられれば唯一の正しい分類として普遍的に承認される、そのようなただ一つの分類システムなどというものはないということなのだ。一方、生きものの分類学は、あとで見るように、本の分類学には欠けている、この強固な性質を有している。少なくとも、われわれが進化的な観点に立つかぎりはそうなのである。

もちろん、生きものを分類するばあいでも、いくつものシステムを考案することはできるのだが、あとで示すように、そうしたシステムはただ一つを除いてすべて図書館員の分類学と同じく任意である。かりに、要求されているのが単純に便利さだけであれば、博物館の標本管理者は自分の標本を大きさや保存状態にしたがって分類してもかまわないだろう。綿の詰まった大きな剝製標本、標本箱のコルク板にピンでとめられた小さな乾燥標本、瓶のなかの液浸標本、顕微鏡用のスライド標本、などなど。そういった便宜的なグループ分けは動物園ではふつうのことだ。ロンドン動物園ではサイは「ゾウ舎」に入れられているが、それはサイにはゾウと同じく頑丈につくられた檻（おり）が必要だという以外に、これといった理由はない。応用生物学者は動物を、有害なもの（衛生有害動物、農業有害動物、咬んだり刺したりする直接に危険な動物などに細分される）、有益なもの（同じように細分される）、そのどちらでもないものに分類するかもしれない。栄養学者は動物を、それらの食用部分が人間にとってどれくらい栄養価を含んでいるかによって分類し、やはりカテゴリーを念入りに細分するだろう。私の祖母は子供向けの動物についての布装幀の本に刺繡を入れてくれたことがあるが、その本は動物を足で分類していた。人類学者は、世界各地の部族が使っている手の込んだ動物の分類システムの例を数多く報告している。

しかし、思いつけるあらゆる分類システムのうち、ただ一つ固有のシステムがある。固有のというのは、完全な情報が与えられれば意見の完全な一致をもって、「正しい」とか「正しくない」、「真の」とか「誤った」といった言葉がそのシステムにあてはめられる、という意味においてである。その固有のシステムとは、進化的関係にもとづいたシステムである。混乱を避けるために、生物学者がそのもっとも厳密なかたちに対して与えている名前を、このシステムに使うことにしよう。それは分岐分類学（cladistic taxonomy）という名前である。

分岐分類学では、生物体をグループ分けするための究極の基準は類縁関係の近さ、別の言葉で言えば、共通祖先の相対的な新しさである。たとえば、鳥類は、鳥類に属するすべてが一つの共通祖先に由来し、しかもその共通祖先はいかなる非鳥類の祖先でもないという事実によって、非鳥類と区別される。哺乳類はすべて一つの共通祖先に由来し、しかもその共通祖先はいかなる非哺乳類の祖先でもない。鳥類と哺乳類はさらに遠く離れた共通祖先をもっていて、ヘビ、トカゲ、それにムカシトカゲのようなその他多くの動物とその祖先を共有している。この共通祖先に由来する動物は、ひっくるめて有羊膜類と呼ばれる。だから、鳥類も哺乳類も有羊膜類である。「爬虫類」というのは分岐論者によれば真の分類学用語ではない。なぜなら、それは鳥類と哺乳類を除くすべての有羊膜類という、例外によって定義されているからである。言い換えると、すべての「爬虫類」（ヘビやウミガメなど）のもっとも新しい共通祖先は、いくつかの非「爬虫類」、すなわち鳥類や哺乳類の祖先でもあるからだ。

哺乳類のなかでは、ラットとマウスは新しい共通祖先を分かちあっているし、ヒョウとライオンも新しい共通祖先を分かちあっている。それに、チンパンジーとヒトもそうだ。類縁の近い動物とは新しい共通祖先を分かちあっている動物のことである。より類縁の遠い動物は、より古い共通祖先を分かちあっている。人間とナメクジのような、ひじょうに類縁の遠い動物はひじょうに古い共通祖先を分かちあっている。生物体が互いにまったく無縁だということは決してありえない。なにしろ、周知のとおり、生命が地球上でたった一回だけ誕生したというのは、ほとんど確実だからである。

真の分岐分類学は厳密に階層的であり、私がこの表現を使うのは、生物の分類システムはつねに分岐し決して二度と収束しない枝をもった樹として表わされるという意味からである。私の見解では（のちに論じるように、いくつかの分類学派は同意しないだろうが）、それが厳密に階層的なのは、階層分類が図書館員の分類のように便利だからでも、世界のあらゆるものが本来的に階層的なパターンにはまるからでもなく、ただ進化の系図のパターンが階層的だからである。生命の樹がひとたびある最小距離（基本的には種の境界）を超えて分かれてしまえば、その枝はもう二度といっしょになることはない（ただし、7章で触れた真核細胞の起源のように、ごくまれな例外はあるかもしれない）。鳥類と哺乳類とは共通祖先に由来してはいるが、いまでは進化の別々の枝であり、今後も二度といっしょになることはないだろう。鳥類と哺乳類の雑種はけっして生じないのである。あるグループでそのすべてが一つの共通祖先に由来し、しかもその共通祖先はそのグループを構成しないものの祖先ではないという、この性質をもった生物体のグループは、ギリシャ語で木の枝を意味するクレード（clade）と呼ばれている。

この厳密な階層性という考え方を表わすもう一つの方法は、「完全な入れ子」によって説明することである。大きな紙の上にいくつかの動物の集合の名前を書き、類縁のある集合のまわりを輪で囲んでみよう。たとえば、ラットとマウスは、新しい共通祖先をもった類縁の近いものどうしであることを示す小さな輪のなかにひとまとめにされるだろう。テンジクネズミ（モルモット）とカピバラも、もう一つの小さな輪にいっしょにまとめられる。ラットとマウスの輪とテンジクネズミとカピバラの輪は、次にもう少し大きな輪で（ビーバー、ヤマアラシ、リスなどその他多くの動物とともに）いっしょにまとめられ、齧歯類という名前をつけられる。内側の輪は、それよりも大きな外側の輪の「入れ子になって」いると言われる。この紙の別のところに、ライオンとかトラが小さな輪でひとまとめにされるだろう。この輪は、他のものといっしょにネコ類という名前のついた輪に含められる。ネコ、イヌ、イタチ、クマなどは、何重もの輪を通じて食肉類という名前のついた一つの大きな輪にすべてまとめられる。齧歯類の輪と食肉類の輪は、ついで他の何重にもなった大きな輪とともに、哺乳類と名前のついた特大の輪に収まることになる。

輪のなかにも輪があるという、このシステムで大事なのは、それが完全に入れ子になっているということである。ただ一つの例外もなく、われわれの描く輪は決して互いに交差しない。どれでもいい、二重になった輪を取り上げてみよう。一方の輪がすっぽりと他方の輪のなかにあるというのは、つねにあてはまるはずだ。内側の輪に囲まれた範囲は外側の輪によっていつもすっかり囲まれており、部分的な重複はまったくないだろう。この完全な入れ子になった分類という性質は、本や言語、土壌型、哲学の思想学派などには表われることはない。図書館員が生物学の本のまわりに一つの輪を書き、神学の本のまわりにもう一つの輪を書いたとすると、この二つの輪が重複するのがわかるはずだ。そうした重複地帯にくるのは、「生物学とキリスト教信仰」といったタイトルの本である。

一見したところでは、言語の分類も完全な入れ子の性質を示すように思えるかもしれない。言語は8章で見たとおり、まるで動物のような方法で進化するからだ。共通の祖先から最近になって分岐した言語、たとえばスウェーデン語、ノルウェー語、デンマーク語は、ずっと昔に分岐したアイスランド語のような言語と比べると、互いにたいへんよく似ている。しかし、言語は分岐するだけではなく、混じり合ってしまうこともある。英語は、はるか以前に分岐したゲルマン語とロマンス語の雑種であり、したがってどのような階層的な入れ子の図式にもきっちり収まってくれない。英語を囲む輪はどこかで交差したり、部分的に重複したりすることがわかるだろう。生物学的分類の輪の方は、絶対にそのように交差したりしない。種のレベル以上の生物進化はつねに分岐する一方だからである。

図書館の例に戻ると、いかなる図書館員でも、中間物だとか重複といった問題を完全に回避することはできない。生物学と神学のセクションを隣り合った部屋に配置して、中間領域にある本を二つの部屋を結ぶ廊下に並べればどうにかなるというものでもない。生物学と化学、物理学と神学、歴史と神学、歴史と生物学などのあいだで中間領域にある本がでてきたら、いったいどうすればいいのだろう？　この中間物という問題は、進化生物学から生じる分類システムを除けば、ありとあらゆる分類システムにつきものの不可避的な問題だと言ってもいいように私には思える。個人的な話になるが、私の研究生活に生じるささやかな書類整理の仕事、たとえば、自分の本や研究仲間が（まことに親切にも）私に送ってくれた科学論文の別刷りを棚に置いたり、事務的書類や古い手紙をファイルしたり、その他もろもろの仕事をしようと思うと、それはもうほとんど肉体的な不快感をもたらす問題なのだ。ある書類整理システムにおいてどんなカテゴリーを採用しようと、結局いつでもそれらのカテゴリーに収まりきらない扱いにくい項目がでてきて、思案に余っていらいらしてしまう。それで、こう言うのも申しわけないのだが、私ははみだしものの論文や書類を机の上に放り出し、ときには捨ててもかまわなくなるまで何年間もそのままにしていることがある。人はしばしば「雑」というカテゴリーにしかたなく頼るけれども、このカテゴリーは、いったん使いだすとどんどんふくれ上がるという、恐ろしい傾向をもっている。ときどき思うのだが、図書館員や、生物学関係を除くあらゆる博物館の管理者はとくに潰瘍になりやすいといったことがあるのではないだろうか。

生きものの分類学ではこうした書類整理にまつわる問題は生じない。「雑」動物なんていないからだ。われわれが種のレベルより上にとどまっているかぎり、またわれわれが現生の動物（あるいは、ある時間断面にいる動物。以下参照）だけを研究しているかぎり、扱いにくい中間型などというものはでてこない。もしある動物が扱いにくい中間型であると思えても、たとえばそれがちょうど哺乳類と鳥類の中間型に見えたとしても、進化学者は、それが明確にそのどちらかにちがいないと確信することができる。中間であると思わせるような外観は錯覚にちがいないのだ。不幸にして図書館員は、そうした安心感を抱くことができない。本ならば歴史部門と生物学部門の両方に同時に所属することも十分可能だ。分岐論を志向する生物学者は、クジラを哺乳類と魚類のどちらとして分類した方が「便利」なのか、あるいは哺乳類と魚類の中間型として分類した方が「便利」なのか、といった図書館員のするような議論に陥ることはない。われわれの論じるのは、ただ事実に関することだ。このばあいであれば、たまたま事実は現代のすべての生物学者を同じ結論に向かわせている。クジラは哺乳類であって魚類ではない。それは微塵たりとも中間型などではない。クジラは、ヒトやカモノハシよりも、またその他のどんな哺乳類と比べても、より魚類に近いなどということは決してない。

実際、ヒト、クジラ、カモノハシ、その他なんであれ、すべての哺乳類は、同じ共通祖先を介して魚類とつながっているので、魚類に対して正確に同じだけ近いと理解しておくのは、大事なことである。たとえば、哺乳類が一つの梯子だとか「階級」をかたちづくっており、「下等」な哺乳類は「高等」な哺乳類よりも魚類に近いといった神話は、進化とは無縁の一片の俗説的妄言にすぎない。それは、ときに「存在の大いなる連鎖[1]」と呼ばれる、進化論以前の古めかしい観念であり、進化論によって解体されるはずのものだった。ところが、奇妙なことに、それは多くの人々の進化についての思考方法に吸収されたのである。

この点で、私はどうしても、創造論者が進化学者に好んで投げつける挑戦状のなかにあるアイロニーに注意を引かないわけにはいかない。「自分で中間型をつくってごらんなさい。もし進化が真実ならば、ネコとイヌの中間やカエルとゾウの中間の動物がいるはずです。しかし、誰かカエルゾウというようなものを見たことがありますか？」。私のところに、進化を笑いものにしようとした、創造論者のパンフレットが送りつけられてきたことがあるが、それにはグロテスクなキメラの絵が添えられていた。それは、ウマの後半身がイヌの前半身に接木（つぎき）された、そんな類のものだった。進化論者ならそういった動物が存在すると期待しているはずだと、その著者たちは思い描いているらしい。これは問題の要点を理解しそこなっているどころではなく、まさしく正反対に理解している。進化論がわれわれに抱かせるもっとも強固な期待の一つは、この種の中間型が存在しないということにほかならない。これこそ、私が動物と図書館の本とを比較してきた趣旨なのだ。

そういうわけで、進化してきた生きものの分類学には、完全な情報が与えられれば、完璧に意見が一致するという特有の性質がある。「真の」とか「誤った」とかいった言葉は、図書館員の分類学上の主張にはあてはまらないけれども、分岐分類学の主張にはあてはまると言っているのは、そういうことなのだ。われわれは二つの限定条件をつけなければならない。まず、現実の世界では完全な情報をもちあわせていないということ。生物学者たちは祖先についての事実をめぐって互いに意見を異にするかもしれないし、その論争は、たとえば化石が十分にないといった不完全な情報のせいでなかなか収拾がつかないかもしれない。この点についてはあとでまた戻ろう。次に、あまりにたくさんの化石があっても、別種の問題が生じるということ。分類の明快な不連続性は、われわれが現在の動物だけでなく、かつて生存したことのあるすべての動物を含めて分類しようとすると、雲散霧消してしまいそうである。というのは、二つの現生の動物——たとえば鳥類と哺乳類——は、たとえ互いに類縁が遠かろうと、昔々は共通祖先をもっていたはずだからだ。その祖先をいまの分類にまともにあてはめようとすると、問題が出てくるだろう。

絶滅した動物を考慮に入れだしたとたん、いかなる中間型もないというのはもはや真実ではなくなる。それどころか、そうなると、連続しているとみなしうる一連の中間型を相手にしなければならなくなる。現生の鳥類と、哺乳類のような現生の非鳥類との区別は、遡れば共通祖先にまで収斂する中間型たちがすべて死んでいるからこそ、明快なものなのである。この論点にもっとも説得力をもたせるために、もう一度、われわれは完全な化石の記録を与えてくれる「親切な」仮想的自然について考えてみよう。つまり、かつて生存したあらゆる動物の化石が残っているとしてみる。前の章でこの空想を採り入れたとき、ある観点からすれば自然は実際には不親切な存在のようだと私は述べた。そのときは化石を残らず研究し記載するという苦役について考えていたのだが、ここではその逆説的な不親切さのもう一つの側面にぶつかることになる。完全な化石記録などというものがあると、動物を不連続で命名可能な個別のグループに分類することはきわめて困難になるだろう。かりに完全な化石記録を手にしたとすると、われわれは個別に分かれた名前を諦め、スライディング・スケール（変動尺度）を数学的手法あるいは図形的手法で表記することに頼らねばならなくなるはずだ。人間の精神は個別に分かれた名前を大いに好むものなので、化石の記録が乏しいのはある意味でしごく結構なことなのである。

現生の動物だけでなくいままでに生存したすべての動物について考えると、「人間」とか「鳥」といった言葉は、ちょうど「背が高い」とか「太った」とかの言葉と同じように、その境界のところではぼんやり不明瞭になってしまう。動物学者はある特定の化石が鳥であるかないかについて、決断を下せないながらも論じることはできる。実際、彼らはしばしば有名な始祖鳥（*Archaeopteryx*）の化石をめぐってまさにこうした問題を論じてもいる。もし「鳥類か、非鳥類か」が「背が高いか、低いか」よりもはっきりした違いだとすれば、それはひとえに「鳥類か、非鳥類か」のばあいには扱いにくい中間型がすべて死に絶えているからなのである。奇妙な選択性をもった疫病が襲ってきて、中くらいの背の高さの人を全部殺してしまえば、「背が高い」とか「低い」というのは、「鳥類」とか「哺乳類」と同じ程度に正確な意味をもつようになるだろう。

ほとんどの中間型がいまでは絶滅しているという好都合な事実によって、はじめて扱いにくい曖昧さから救われるのは、何も動物学上の分類にかぎった話ではない。人間の倫理や法だって同じだ。われわれの法体系とか道徳体系は強く種に縛られている。動物園の園長は必要以上に増えたチンパンジーを「処分」する資格を法的に与えられているが、彼が余剰人員となった飼育係や切符売りを「処分」しようなどと言いだしたら、信じられない非道行為だと怒号を浴びせかけられるのがおちである。チンパンジーは動物園の財産だ。今日、人間が誰かの財産だとされることはないだろうが、それでもチンパンジーに対するこのような差別の合理的根拠がはっきり説明されることはめったにないし、そこに擁護できるような根拠がほんとうにあるのかどうか、私には疑わしい。キリスト教思想を吹き込まれたわれわれの態度のなかにある、はらはらするようなヒトの種中心主義はかくのごとしなので、人間の一個の接合子の中絶（接合子の大半はいずれにせよ自発的に流産される運命にある）が、知性をもったチンパンジーの成体がいくらでも生体解剖されているということよりも、ずっと道徳上の憂慮や義憤を喚起させうるのだ！　私はかつて、なかなか立派で自由な気風をもった科学者たちが、実際には生きたチンパンジーを切りきざむつもりなど少しもないのに、その気になれば法による干渉なしにそうする権利があると、激しく擁護するのを聞いたことがある。そうした人々は、往々にしてごくわずかな人権侵害にもまっさきに憤慨する人たちである。われわれがこのような二重規準（ダブル・スタンダード）の上に安住していられる唯一の理由は、ヒトとチンパンジーの中間型がすべて死に絶えていることでしかない。

　ヒトとチンパンジーのいちばん新しい共通祖先は、おそらく五〇〇万年ほど前という最近の時代に生きていた。それは、チンパンジーとオランウータンの共通祖先が生きていたのよりたしかに新しいし、チンパンジーとサルの共通の祖先が生きていたのよりもたぶん三〇〇〇万年は新しい。チンパンジーとわれわれは、その遺伝子の九九パーセント以上を共有しているのである。かりに、世界中のあちこちにある忘れられている島々で、チンパンジーとヒトの共通祖先に遡るまでのあらゆる中間型の生残者が発見されたとしよう。そこでは、その推移系列に沿って何がしかの交雑が起きていたりするだろう。その場合、われわれの法や道徳上の習慣が大いに影響を被ることを誰が疑いうるだろうか？ こうなったら、この推移系列全体に完全な人権を認めなくてはならない（チンパンジーに選挙権を！）か、念の入ったアパルトヘイト式の差別法体系と特定の個人が法的に「チンパンジー」なのか法的に「ヒト」なのかに判決を下す法廷を設けなくてはならないか、どちらかだ。人々は「彼ら」の一人と結婚したいなどと言いだす娘を抱えて悩むはめになろう。まあ、世界はすでに十分探検しつくされているので、こんな空想的な懲らしめに満ちた世界がいつかほんとうにやってくる望みはないだろうとは思う。だが、人「権」についてはわかりきった自明のところがあるとお考えの方は、こうした厄介な中間型が生き残っていなかったのがまったくの幸運にすぎないということを、よくよく考えてしかるべきである。ひょっとしてチンパンジーが今日にいたってようやく発見されたとしたら、連中はいまごろ厄介な中間型とみなされているかもしれないのだ。

前章を読まれた方はお気づきになるかもしれないが、この議論、つまり同時代の動物にこだわらないかぎり、カテゴリーがぼんやりかすんでしまうという議論の全体には、進化が区切られたかたちではなく一定の速度で進むという仮定がある。われわれの進化観が、進化は滑らかに連続的に進むという極論に走れば走るほど、鳥類か非鳥類かとか、人間か非人間かといった言葉をかつて生存したすべての動物に適用できる可能性について、われわれは悲観的になるだろう。極端な跳躍論者であれば、突然変異によって父親の脳やチンパンジーに似た兄弟の脳の大きさの二倍もある脳をもった最初の人間がほんとうに生じたと信じることもできるのだが。

区切り平衡説の提唱者は、すでに見たとおり、たいていは真の跳躍論者ではない。にもかかわらず、彼らにとって名前の曖昧さという問題は、より連続的な見解に立ったときに比べて、たしかにそれほど深刻ではなさそうに思える。命名の問題が区切り論者にも生じるとすれば、それはいままでに生存した文字どおりあらゆる動物が化石として保存されていたばあいである。というのも、細部に立ち入って検討するなら、区切り論者は実際には漸進論者だからだ。しかし、区切り論者の考えでは、短期間の急速な移行期を記録する化石はあまり見つかりそうになく、一方長い停滞期を記録する化石はとくに見つかりやすいので、この「命名問題」は非区切り論者の進化観に比べて区切り論者の進化観にはさほど深刻ではないだろう。

区切り論者、とりわけナイルズ・エルドリッジが「種」を真の「実体」として扱うと強く主張するのは、この理由からである。非区切り論者にしてみれば、「種」が定義できるのは扱いにくい中間型が死んでいるからにすぎない。進化史の全体を長い目で見る極端な反区切り論者となると、「種」を不連続な実体と見ることはまったくできない。一つのべったりした連続体を見ることができるだけである。彼の見方に立てば、種というものは決してはっきりと定められる始まりをもっておらず、はっきりと定められる終わり（絶滅）をほんのときどきもっているにすぎない。というのは、しばしば種は決定的に終わりを遂げず、緩やかに新しい種に変化するからである。区切り論者の方は、それに対して種をある特定の時点で成立するものと考える（厳密には数万年ほどの移行期間があるが、この期間は地質学的標準からすれば短い）。さらに区切り論者は、種は明確な終わりをもつ、あるいは少なくとも急速に終わりに到達するものとみなし、緩やかに新種へと移り変わって消えるものとはみなさない。区切り論者の見解によれば、種はその一生の大半を変化のない停滞期として過ごし、さらに不連続な始まりと終わりをもっているので、区切り論者にとっての種は明確に測定できる「寿命」をもつと言えることになる。非区切り論者の方は、種が生物個体のような「寿命」をもっているとは考えないだろう。極端な区切り論者が考える「種」は、実際にその名を受けるに値する不連続な実体なのだ。極端な反区切り論者が考える「種」は、絶えまなく流れる川を任意に一区切りしたようなものであり、その始まりと終わりの境界を区切る線を引く理由などとりたててない。

区切り論者によるある動物群の歴史、たとえば過去三〇〇〇万年にわたるウマの歴史を扱った本があれば、そのドラマの登場者はすべて生物個体ではなく種であろう。区切り論者であるその著者が、種を実在の「もの」と考え、それ自体の明確なアイデンティティーをもっていると考えているからである。種は突然舞台に登場し、そして忽然と消えて後継種に置き換わる。ある種が別の種に道をゆずる、そういう遷移の歴史となる。しかし、反区切り論者が同じ歴史を書くと、種の名前は漠然とした便宜のためにだけ使われるだろう。時間軸に沿って眺めるばあいには、反区切り論者は種が不連続な実体だとはみなさなくなる。彼のドラマのほんとうの役者は、移り変わる個体群の生物個体なのである。その本では、子孫に道をゆずるのは動物個体であり、種が種に道をゆずるなどということはない。さてそういうわけで、区切り論者が、通常の個体レベルではたらくダーウィン淘汰に喩えられる種のレベルでの一種の自然淘汰を信じる傾向にあるとしても、驚くにあたらない。他方、非区切り論者は自然淘汰が生物個体よりも高次のレベルでは決してはたらかないと考えるだろう。「種淘汰」という考え方が非区切り論者にあまりアピールしないのは、彼らが種を地質学的時間を通じて不連続に存在する実体とは考えないからである。

このへんで、ある意味で前章から持ち越しになっていた種淘汰仮説を扱うのがよさそうだ。私は

『延長された表現型』のなかで、この説が申し立てられているほど進化において重要なのかどうか疑問であることを詳細に論じておいたので、ここではあまり時間をかけないでおこう。かつて生存した種のほとんど大部分が絶滅してしまっているというのはそのとおりである。新種が少なくとも絶滅率と釣り合うほどの率で成立し、その結果、構成がたえず変化している一種の「種プール」がある、というのもそのとおりだ。種プールへ種が補充されたり、除去されたりするのがランダムでなければ、なるほど理論的には一種の高次レベルの自然淘汰の条件が成立しうる。種のもつある特徴が、絶滅したり、新種を生み出したりする確率に偏りを生じさせる可能性はある。われわれが現に世界で見ている種は、その種がそもそもこの世に現われる――「種分化する」――のに必要なもの、また絶滅しないのに必要なものをなんであれもつ傾向にあるだろう。そう呼びたいのなら、それを自然淘汰の一形態と呼んでもかまわないのだが、それは累積淘汰よりもむしろ一段階淘汰に近いのではないだろうか。私が懐疑的なのは、この種の淘汰が進化を説明するうえで相当な重要性をもつとする、その言い方なのだ。

このことは、何が重要かについての私の偏見を表わしているだけかもしれない。本章の冒頭で述べたように、私が進化論におもに望んでいるのは、心臓、手、眼、それにエコーロケーションといった複雑でうまくデザインされたしくみを説明することである。もっとも熱烈な種淘汰論者も含めて、誰も種淘汰でそんな説明ができるとは考えていない。ある人々は、種淘汰によって化石の記録に見られるある長期的な傾向、たとえば時代が経つにつれて体が大きくなるといったかなり一般的に観察される傾向を説明できると考えている。現生のウマは、すでに見てきたとおり、三〇〇〇万年前の祖先よりも大きい。種淘汰論者は、一貫して個体の利益があったためにそうなったという考えに反対している。つまり、この化石の傾向を見ても、大きなウマ個体が小さなウマ個体よりも種内で一貫して成功をおさめてきたとは考えない。彼らが起こったと考えるのはこんなふうなことだ。多くの種がいた。これが種プールである。これらの種のなかには、体の平均的な大きさが大きい種もあれば、小さい種もあった（おそらく、大きな個体がもっともうまく立ちまわる種もあれば、小さな個体がもっとうまく立ちまわれる種もあったからである）。体の大きな種は体の小さな種よりも絶滅しにくかった（あるいはその種と似た新種を生み出しやすかった）。種内でどのようなことが進行するかにかかわりなく、体の大型化に向かう化石の傾向は、体の平均的な大きさが大型化する方向へ進んでいく、種の遷移によっていた。大部分の種では小さな個体が有利であっても、なおかつ化石は体が大型化へ向かう傾向を示すということだってありうる。言い換えると、種の淘汰によって、大型個体の有利な少数の種が有利になるというわけだ。まさしくそんなふうな主張は、偉大なネオダーウィン主義の理論家ジョージ・C・ウィリアムズ[2]によって、じつは昨今の種淘汰論が登場するよりもずっと前に、あきらかに議論のためにことさら異をとなえようとしてなされていたのだった。

　この例でも、また種淘汰の例だと申し立てられている他のおそらくすべての例でも、これは進化的傾向よりも、むしろ遷移的な傾向と呼んだほうがいい。遷移的傾向というのは、荒地の一角がまず小さな雑草、それから大型草本、灌木、そしてついには成熟した「極相」林の樹木のコロニーが引き続いてできていくといったふうに、植物がしだいに大きくなるのに似ている。ともあれ、それを遷移的傾向と呼ぼうが、進化的傾向と呼ぼうが、種淘汰論者たちが、自分たちが古生物学者としてひとつづきの地層の化石記録のなかでしばしば扱っているのはこのような傾向である、と信じているのも無理からぬことかもしれない。しかし、すでに述べたように、種淘汰が複雑な適応の進化を説明するうえで重要だとは誰も言うまい。さてその理由である。

複雑な適応は、ほとんどのばあい種の性質ではなくて、個体の性質である。種は眼や心臓をもっていない。種のなかの個体がもっているのだ。ある種が貧弱な視力のせいで絶滅にいたるとしても、それはおそらく貧弱な視力のせいでその種の全個体が死んでしまったということになるだろう。視力の質は個々の個体の性質なのである。では、どのような種類の特性であれば種がもっていると言えるのだろうか？　その答えは、個体の生存と繁殖への効果を合計したものには還元できないようなあり方で、種の生存と繁殖に影響を与えるような特性でなければならない。先のウマの仮想例では、大型個体が有利になる少数の種は、小型個体が有利になる大多数の種よりも絶滅しにくいと考えてみた。しかし、これはちょっと説得力がない。種の生存能力がその種を構成する個体の生存能力の合計に結びついていないとする理由はほとんど考えられないからである。

種レベルの特性としてもう少しうまい例は、次のような仮想的なものである。ある種ではすべての個体が同じやり方で暮らしを立てているとしよう。たとえば、すべてのコアラはユーカリの樹で生活していて、ユーカリの葉だけを食べている。このような種を均一種と呼んでおこう。それに対して、いろいろなやり方で暮らしを立てている多様な個体を含む種もあるだろう。各個体はコアラと同じくらい特殊化しているのだが、その種全体としてはバラエティーに富んだ食性をもっている。その種のなかには、ユーカリの葉だけを食べるもの、小麦だけを食べるもの、ヤムイモだけを食べるもの、ライムの皮だけを食べるものなどがいる、というぐあいである。この第二の種を多彩種と呼ぶことにしよう。さて、私の考えるところ、均一種が多彩種よりも絶滅しやすい状況を想像するのは簡単である。コアラは完全にユーカリの供給に依存しきっており、オランダニレノキの病気にも似たユーカリの疫病が大発生すればコアラは一巻の終わりとなる。一方、多彩種ではどれかの食草が疫病になっても、その種のあるメンバーが生き残り、したがって種は存続できるだろう。また、多彩種の方が均一種よりも新しい娘種を生み出しやすいことも容易に納得できる。ここには、おそらく真の種レベルの淘汰の例があるだろう。近視眼性とか長脚性と違って、「均一性」と「多彩性」は真の種レベルの特性だからである。問題はそうした種レベルの特性の例がごく少ないことにある。

本物の種レベルの淘汰の候補となりそうな例として解釈できる興味深い説が、アメリカの進化学者エグバート・リーによって出されている。ただしそれは「種淘汰」という言葉が流行しだす以前に示唆されたものだ。リーはあの積年の問題である個体の「利他的」行動の進化に興味を抱いた。彼は、個体の利益が種の利益と対立するとき、個体の利益――短期的利益――が優先するにちがいないと正しく認識していた。利己的遺伝子の行進を妨げるものは何もない、ように思われる。しかし、リーは次のようなおもしろい提案をした。個体にとって最善であることが種にとって最善であることとたまたまかなりうまく一致するようなグループないしは種が、なかにはあるにちがいない。そして、個体の利益が種の利益とたまたまとくに大きくはずれている種も、他方ではあるにちがいない。他の条件が等しければ、第二のタイプの種のほうがずっと絶滅しやすいだろう。そうなると一種の種淘汰によって、個体の自己犠牲そのものではなく、個体が自分の福利を犠牲にすることを要求されない種が有利になるだろう。そこで、個体の私欲が、自らの見かけ上の利他行動によってもっともうまくかなえられるような種が種淘汰で有利になるため、見かけ上利己的でない個体の行動が進化するのを見ることができるだろう、というわけである。

　おそらく、真の種レベルの特性としてもっとも劇的な例は、有性対無性という繁殖の様式に関するものだろう。理由については立ち入る余裕がないけれども、有性生殖の存在はダーウィン主義者に大きな理論的難題を投げかけている。もう何十年も前に、生物個体より高次レベルの淘汰に対してはどんな考えであれ反対するのがふつうだったR・A・フィッシャーは、有性性（sexuality）という特別な事例は例外として認める気になっていた。やはりその理由には立ち入らないが（これはそれほど明白ではない）、彼の論じるところでは、有性的に繁殖する種は無性的に繁殖する種よりも速く進化することができる。進化することは、種がすることがらであって、生物個体がすることがらではない。つまり、ある生物個体が進化中であるとは言えないのである。したがって、有性生殖が現在の動物にごくふつうに見られるという事実は、部分的には種レベルの淘汰のせいだと、フィッシャーはほのめかした。しかし、もしそうだとしても、われわれが扱っているのは一段階淘汰の例であって、累積淘汰の例ではない。

　この議論に沿って言えば、無性的な種が出現しても絶滅する傾向にあるのは、変わりゆく環境に遅れないでついていけるほど速く進化しないからである。有性的な種が絶滅しない傾向にあるのは、十分遅れずについていけるくらい速く進化できるからである。そこで、われわれがいま身のまわりに見ているのは、大部分が有性的な種ということになる。しかし、有性・無性という二つのシステムのあいだでその速度が異なっている「進化」というのは、もちろん個体レベルでの累積淘汰による通常のダーウィン進化にほかならない。種淘汰はたかだか、ただ二つの特性、つまり無性生殖と有性生殖、ゆっくりした進化と速い進化のどちらを選ぶかの、単純な一段階淘汰である。有性生殖の道具立てである生殖器官、生殖行動、それに生殖細胞の分裂のための細胞内機構、これらはすべて種淘汰ではなく標準的な低次レベルの累積的ダーウィン淘汰によって組み立てられてきたにちがいない。いずれにせよ、有性性がある種のグループ・レベルとか種レベルによって維持されているという昔ながらの説が退けられることについては、おりよく現在では合意が得られている。

種淘汰をめぐる議論に結論を下そう。種淘汰はある特定の時間に世界に存在する種のパターンを説明できるだろう。それはまた地質学的年代が後の年代に道をゆずるにつれて変わりゆく種のパターン、すなわち化石記録の変化パターンも説明できるということになろう。しかし、種淘汰は生命のもつ複雑なしくみには重要な力とはならない。せいぜいできることと言えば、すでにさまざまな複雑なしくみが真のダーウィン淘汰によって組み立てられていれば、その選択肢のなかからどれかを選ぶことである。前に指摘したとおり、種淘汰は起きるかもしれないが、多くのことをできるとは思えない！　さて、分類学とその手法の問題に戻ろう。

私は分岐分類学が図書館員型の分類学よりも有利な点をもっていると言った。つまり、自然界には発見されるのを待っている、ただ一つしかない真の階層的な入れ子パターンがあるという点である。われわれがしなければならないのは、要するにそれを発見するための手法の開発だ。あいにく、そこには実際上の難点がある。分類学者の悩みのたねでいちばん興味深いのは進化的収斂である。これはたいへん重要な現象なので、それについてすでに一章の半分を費やしてもいる。4章で、よく似た生活様式をもっているために、世界の別の場所に住んでいる類縁関係のない二つの動物がよく類似しているのが何度も繰り返し見つかってきたことについて学んだ。新世界のグンタイアリは旧世界のサスライアリと類似している。薄気味悪いほどの類似が、アフリカと南アメリカのまったく関係のないデンキウオのあいだに進化している。また本物のオオカミとタスマニア産有袋類の「オオカミ」であるフクロオオカミのあいだでもそうだ。こうした例ではすべて、私はこれらの類似が収斂であると、つまり関係のない動物で独立に進化したと、論拠なしにただ断言しただけである。しかし、われわれはそれらの動物が関係ないとどうして知っているのだろうか？　分類学者が類似によって類縁関係の近さを測っているなら、こうした動物たちが薄気味悪いくらい酷似していて一見すると同じ仲間のように見えるのに、なぜ分類学者はそれにだまされないのだろうか？　あるいは、問題をもう少し厄介なかたちにひねって言えば、たとえばアナウサギとノウサギのように二つの動物がほんとうに近縁だと分類学者たちが述べたとき、彼らが大規模な収斂によってだまされていないと、どうしてわれわれにわかるのだろうか？

この問題はまったく厄介なものである。というのも、分類学の歴史は、後の分類学者によって彼らの先行者がまさしくこの理由によって間違っていたと明言されている例に充ち溢れているからだ。4章で見たように、アルゼンチンのある分類学者は、滑距類が真のウマの祖先だと断言した。けれどもいまでは滑距類は真のウマに収斂したものだと考えられている。アフリカのヤマアラシは長いあいだアメリカのヤマアラシと近縁だとされていたが、この二つのグループは独立に刺の生えた毛皮を進化させたと現在では考えられている。たぶん刺は、二つの大陸で同じような理由からどちらの動物にも有益だったのだろう。これからの世代の分類学者はもう二度と心変わりなんかしない、といったい誰が言えるだろうか？　もし収斂進化がそれほどまでにまぎらわしい類似をもたらすあざやかなぺてん師だとしたら、分類学にいったいどんな信頼がおけるというのか？　私が個人的には楽観していられるのは、おもに分子生物学にもとづいた強力な新技術が登場したからである。

前章までの要点を繰り返そう。動物と植物とバクテリアは、たとえ互いにどれほど違って見えようとも、分子的な基盤にまで下降してみれば驚くほど均一である。このことは遺伝暗号そのものにもっとも劇的に示されている。遺伝的辞書は、それぞれ三つの文字からなる六四のDNA単語によって構成されている。これらの単語にはいずれもタンパク質言語の正確な訳語が対応する（特定のアミノ酸か句読点のどちらか）。この言語は、人間の言語が任意であるというのと同じ意味で任意であるように思われる（たとえば、「家〔house〕」という単語の音には、居住するところといった属性を聞く者の心に思い起こさせるものは本来何一つない）。このことを考えてみれば、全生物が、外観はいかに違って見えようとも、遺伝子のレベルではまったく同じ言語を「喋って」いるというのは、きわめて重要な事実だ。遺伝暗号は普遍的である。私はこの事実を、あらゆる生物体がただ一つの共通祖先から由来していることの、かなり決定的な証拠だとみなしている。二つの、それぞれに「意味づけ」は任意である辞書が、まったく同じになる見込みは、ほとんど想像できないくらいに小さい。6章でみたとおり、かつて異なった遺伝的言語を用いていた他の生物体がいた可能性はあるが、それらはもはやこの世にはいない。いま生き残っている生物体はすべて、ただ一つの祖先に由来しており、意味は任意でありながら、六四通りのDNA単語のどれをとってもそっくりそのままの同一の遺伝的辞書をその祖先から受け継いできたのである。

この事実が分類学にどんなインパクトを与えているか、ちょっと考えてみよう。分子生物学の時代が来る前、動物学者が類縁に確信をもつことができたのは、莫大な数の解剖学的特徴を共有している動物にかぎられていた。分子生物学は突如として類似のつまった新しい宝庫を開き、解剖学と発生学が提供する痩せこけたリストにそれを付け加えた。この共通の遺伝的辞書にみられる六四個の同一性（類似性と言ったのでは弱すぎる）は発端にすぎない。分類学はすっかり変わってきている。かつて類縁関係についての曖昧な推論だったものは、統計的にかなり確実なものとなってきている。

遺伝的辞書にみられる完全な逐語的普遍性は、分類学者にとっては、いきすぎである。それによって、あらゆる生物の類縁があるとわかるだけで、それ以上の、どの生物とどの生物が他の組合せより近縁かを教えられはしない。しかし、他の分子の情報を使えばそれができる。そこには完全な同一性ではなく、さまざまな程度の類似性があるからである。遺伝的翻訳機構のつくりだす産物がタンパク質分子であることを思い出してほしい。それぞれのタンパク質分子は一つの文章、つまり辞書に載っているアミノ酸単語の鎖である。われわれはこうした文章を、翻訳されたタンパク質か、もとのＤＮＡか、どちらかのかたちで読むことができる。あらゆる生物は同じ辞書を共有しているけれども、それらがその共通辞書を使って同じ文章をつくっているわけではない。このことがさまざまな程度の類縁関係を解きほぐす機会を与えてくれる。タンパク質の文章は、細部は違っていても、全体のパターンとしてはよく似ていることがしばしばである。ある二つの生物体をとりだせば、同じ祖先の文章を少々「改変した」修正版であることがすぐわかるくらいよく似た文章がいつでもそこに見られる。こうしたことがらは、ウシとマメのあいだでヒストンのアミノ酸配列にわずかな違いしかないという例ですでに見たとおりである。

分類学者はいまでは頭骨や足の骨を比較するのと同じくらい正確に分子の文章を比較できる。タンパク質やＤＮＡの文章がよく似ていれば類縁が近く、違っているほど類縁がより遠いと考えてよい。これらの文章はすべて、たった六四語しかない普遍的辞書から構成されている。現代の分子生物学のすぐれた点は、二つの動物が正確にどれだけ違っているかを、それらの動物がもっているある特定の文章のそれぞれの修正版のあいだで単語がいくつ異なっているかによって、測れることにある。3章で出てきた遺伝的空間で言えば、少なくとも特定のタンパク質分子に関しては、ある動物が別の動物と何段階離れているかをきっちり測ることができるのである。

分類学に分子の配列を使う利点として付け加えられるのは、影響力のある遺伝学の一学派である「中立論者」(次章でもう一度彼らに出会うだろう)によれば、分子レベルで進行する進化的変化の大部分は中立だということである。つまり、その変化は自然淘汰によっているのではなく、事実上ランダムであり、したがって偶然の不幸を通じてもたらされるばあいを除いて、分類学者を誤らせる厄介な収斂はないということになる。それと関連して、すでにみてきたとおり、ある種の分子は広範な動物群においておよそ一定の速度で進化するらしいという事実がある。ここから、二つの動物のあいだで比較可能な分子、たとえばヒトのヘモグロビンとイボイノシシのヘモグロビンのあいだで違っている数が、共通の祖先が生きていたとき以来どれだけ時間が経過したかのよい指標になると言える。われわれはかなり正確な「分子時計」を手にしているのだ。この分子時計によって、われわれはどの動物とどの動物がいちばん新しい共通祖先をもっているかだけでなく、いつごろその共通祖先が生きていたかについてもおおよそ推定することができる。

読者はこのあたりで、どうもちぐはぐに思えて当惑するかもしれない。本書は全体として自然淘汰が何にもまして重要だと強調している。それなら、どうしてここで分子レベルの進化的変化のランダム性を強調したりできるのだろうか? 11章を見越して言えば、本書の主題である適応の進化に関しては、実際異論など少しもないからなのだ。もっとも熱烈な中立論者でさえ、眼とか手とかの複雑なはたらきをする器官が機会的浮動（ランダム・ドリフト）によって進化したとは思うまい。正気の生物学者なら誰でも、それらが自然淘汰でしか進化できないことに同意している。中立論者たちはそうした適応は氷山の先端のごくわずかであり、おそらくほとんどの進化的変化は分子レベルで見れば非機能的なものだと——私の意見では、正当にも——考えているだけである。

分子時計が事実であるかぎり——各種の分子が一〇〇万年あたりにおおむねそれぞれ固有の速度で変化しているのは確かにほんとうのようである——、分子時計を使って進化の樹の枝分かれ点の年代を決めることができる。そして、ほとんどの進化的変化が分子レベルでは中立だというのがほんとうに真実ならば、これは分類学者には願ってもない贈り物なのだ。それというのも、収斂の問題が統計学という武器によって一掃されてしまいそうだからである。あらゆる動物はその細胞のなかに書かれた大量の遺伝的テクストをもっており、そのテクストの大部分は、中立説によれば、動物をその特有の生活様式に適合させるのに何も関与していない。つまり、そうしたテクストにはほとんど淘汰の息がかかっておらず、まったくの偶然の結果を除いて収斂進化もほとんど被っていないというわけだ。淘汰に中立な二つのテクストの大きな断片がたまたまよく似ている偶然（チャンス）を計算することができるが、それはたしかにとても小さい。さらにありがたいことに、分子進化の速度が一定であるおかげで、進化史の枝分かれ点の年代を具体的に決められるのである。

新しい分子配列の解読技術が分類学者の武器庫をどれだけ補強したかは、誇張してもしすぎることはない。もちろん、まだすべての動物のすべての分子配列が解読されているわけではないが、いまでも図書館に足を運べば、たとえばイヌ、カンガルー、ハリモグラ、ニワトリ、クサリヘビ、イモリ、コイ、ヒトのアルファ・ヘモグロビンの配列について一字一句残らずその文章表記を調べることができる。ヘモグロビンはすべての動物がもっているとはかぎらないが、たとえばヒストンのように全動植物にその修正版が存在するタンパク質も他にあり、やはりそれらの多くはすでに図書館で調べることができる。これらは、足の長さとか頭骨の幅のように標本の年齢や健康状態によって変わったり、あるいは測定者の視力によっても変わったりする類の曖昧な測度ではない。なにしろ、まさしく同じ言語で書き表わされた同じ文章の、単語だけ入れ替わった修正版であり、気むずかしいギリシャ古典学者が羊皮紙でできた同じ福音書の二冊の写本を比較するときのように、横に並べて仔細に比べることができるのだ。DNAの配列は全生命の福音の記録であり、われわれはそれらを解読することを学んだのである。

分類学者の基本的仮定によれば、特定の分子を比べたとき、類縁の近いものどうしは類縁のかけ離れたものどうしよりもよく似た文章をもっている。これは「節約の原理」と呼ばれている。節約とはけちんぼのまたの名である。分子の文章がわかっている一群の動物、たとえば前の段落で挙げた八種類の動物が与えられれば、八種類の動物を結びつけるすべての樹形図のうち、どれがもっとも節約的であるかを発見するのがわれわれの仕事になる。もっとも節約的な樹とは「もっともけちんぼな」仮定をする樹、すなわち進化にあたって最少数の単語の変化と最少量の収斂があったと仮定するという意味である。収斂が起こる可能性はきわめて小さいので、仮定する収斂は最少量でかまわない。とくに分子進化の大半が中立であるとすれば、二つの関係のない動物がたまたま一字一句そっくり同じ配列に行き当たるなどということはありそうもない話だ。

可能性のある樹をしらみつぶしにするには、計算上の難点がある。分類される動物が三種類しかないばあい、考えられる樹は、Cを除いてAとBを結びつける、Bを除いてAとCを結びつける、

Aを除いてBとCを結びつける、の三つしかない。分類される動物の数がもっと多くなっても同じような計算をすることができるが、そうなると可能な樹の数は急激に増える。四種類の動物しか考慮しないばあいなら、類縁関係を示す可能な樹の総数は一五通りだけで、まだなんとかなる。その一五通りのうちどれがもっとも節約的であるかを調べるには、コンピューターはそう長くはかからない。しかし、考慮する動物が二〇種類になると、私の勘定では考えられる樹の数は、八二垓七九京四五三二兆六三七八億九一五五万九三七五通りにもなる（図9参照）。わずか二〇種類の動物でさえ、もっとも節約的な樹を発見するには、今日の演算速度のいちばん速いコンピューターで一〇〇億年、つまりおよそ宇宙の年齢くらいかかるという計算になるのだ。そして分類学者は、往々にして二〇種類以上の動物からなる樹をつくりあげたいと願っているのである。

種類数とともに可能な樹の数が爆発的に増えるというこの問題の重大性をはじめて理解したのは分子分類学者だったけれども、じつは同じ問題は分子によらない分類学にも潜んでいたのだった。分子によらない分類学者は、直観的な推論にもとづいてこの問題をかわしてきたにすぎないのだ。試すことのできるあらゆる系統樹のうち、莫大な数の樹は直ちに排除できる。たとえば、ヒトをチンパンジーよりミミズのそばに置く何百万という仮想の系統樹は、すべて直ちに排除される。分類学者はそうしたあきらかに馬鹿げた類縁関係を示す樹を考慮するのに頭を悩ましたりなどせず、そのかわりそれほど激烈に彼らの先入観を揺るがすことのない比較的少数の樹に目標を向けている。これは、ほんとうにもっとも節約的な樹が、考慮もされずに放り出されているもののなかにあるという危険性をつねに伴うにしても、たぶん妥当なことだろう。コンピューターでも近道をとるようにプログラムできるので、この爆発的に数が増えるという問題は幸いにしてずいぶん軽減できる。

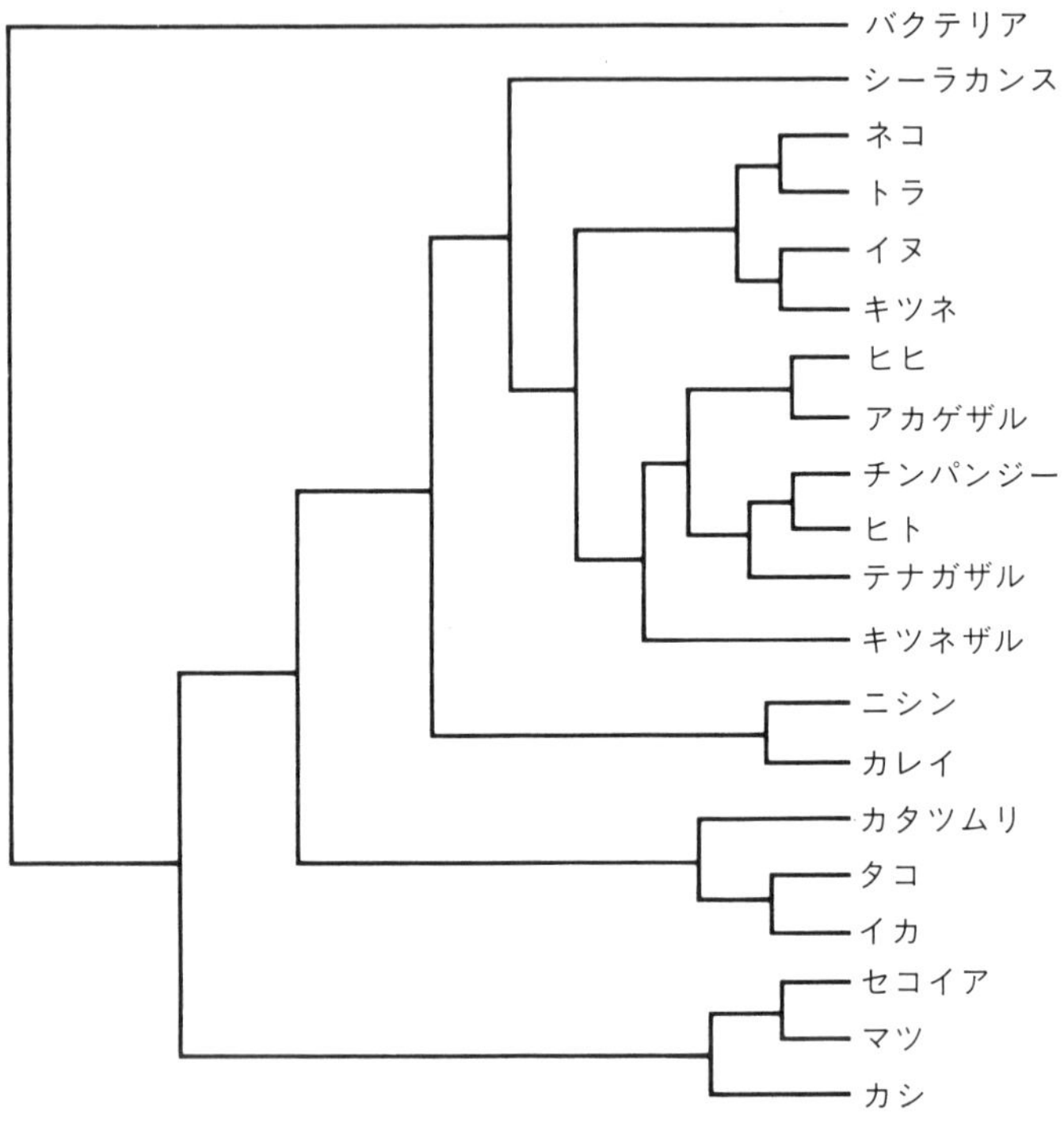

図9／この系統樹は正しい。これら20種類の生物を分類する方法は、このほかに8,200,794,532,637,891,559,374通りあるが、それらはすべて間違っている。

分子の情報はたいへん豊かなので、いろいろなタンパク質を使って分類を繰り返し別個に行なうことができる。そうすると、一つの分子の研究から引き出された結論を利用して、別の分子の研究にもとづいた結論をチェックすることもできる。あるタンパク質分子によって語られた物語がほんとうに収斂のせいで混乱をきたしていないかどうか心配な場合は、すぐに別のタンパク質を調べることでチェックできる。収斂進化はまったく並はずれた偶然の一致なのだ。この偶然の一致で重要なのは、たとえたまたま一度起きても、二度起きることはまずめったにありそうにないということである。まして三度となると、さらに起きそうにもない。とりあげる別のタンパク質分子の数を増やせば増やすほど、偶然の一致はほとんど排除できるようになる。

一例を挙げると、ニュージーランドの生物学者グループによってなされた研究では、五つの異なるタンパク質分子を使って、一一種類の動物を一回ではなく独立に五回分類した。この一一種類の動物は、ヒツジ、アカゲザル、ウマ、カンガルー、ラット、アナウサギ、イヌ、ブタ、ヒト、ウシ、チンパンジーだった。研究の趣向はまず一つのタンパク質を使って、一一種類の動物の関係を示す樹を解明すること。ついで、違ったタンパク質を使っても、同じ関係を示す樹が得られるかどうか確かめること。さらに、第三、第四、第五のタンパク質を使って同じになるかどうかをみること、であった。理屈の上では、たとえばもし進化がほんとうでなければ、五つのタンパク質はそれぞれまったく違った「関係」を示す樹を与えることになるはずである。

この五つのタンパク質の配列は、図書館に行けば一一種類の動物全部について調べあげられる。一一種類の動物では、考慮されるべき可能な系統樹の数は、六億五四七二万九〇七五通りにのぼるので、いつものように近道法を採用する必要があった。五つのタンパク質分子のそれぞれについて、コンピューターがもっとも節約的な関係を示す樹を打ち出した。こうして、これら一一種類の動物の真の関係を示す樹に関して、独立になされた五つの最良の推定ができあがる。願わくば、いちばんすっきりした結果として、推定された五通りの樹がみんな同一であってほしいところだ。そうした結果がまったくの偶然によって得られる確率は、実際とてつもなく小さく、その数は小数点以下に三一個のゼロがつくくらいである。それほどまで完全に一致しなかったとしても、まあ驚くことはない。収斂進化や偶然の一致がある程度生じるのはやむをえないからだ。しかし、異なる樹のあいだに相当な量の一致がないとすれば、頭をひねらなくてはならない。実際には、五本の木はまったく同じではなかったものの、たいへんよく似ているとわかった。五つの分子はいずれもヒトとチンパンジーとサルを近くに置く点で一致しているが、このまとまり（クラスター）の隣にどの動物をもってくるかで、若干の不一致がある。ヘモグロビンBによればイヌ、フィブリノペプチドBによればラット、フィブリノペプチドAによればラットとアナウサギからなる一つのまとまり、ヘモグロビンAによればラットとアナウサギとイヌからなる一つのまとまり、といったぐあいである。

われわれはイヌともはっきり決まった共通祖先をもっているし、ラットとも別のはっきり決まった共通祖先をもっている。これら二つの祖先は歴史のある時点で実在していた。それらの一方は他方よりも新しかったはずであり、したがってヘモグロビンBかフィブリノペプチドBのどちらかが間違った進化的関係の推定をもたらしたにちがいない。そうした小さな食い違いには、すでに述べたように、悩む必要はない。ある程度の収斂や偶然の一致があってもおかしくないのだ。われわれがほんとうにイヌの方に近いのなら、われわれとラットはフィブリノペプチドBに関して収斂しているということになる。逆にわれわれがほんとうにラットの方に近いのなら、われわれとイヌはヘモグロビンBに関して収斂しているということになる。この二つのどちらが正しいのかは、さらに他の分子を調べれば、見当をつけることができる。けれども、その問題を追及するのはやめにしよう。要点はもうはっきりしているからである。

分類学は生物学のなかでも、もっとも恨みのこもった気むずかしい分野の一つだと私は言った。スティーヴン・グールドはそれを「名前と意地の悪さ」という言葉でうまく言い表わしている。分類学者はどうやら自分たちの思想学派について情熱的な共感を抱いているらしいが、それはわれわれがふつう純理的な科学ではなく、政治学や経済学に見いだすようなやり方でなのである。あきらかに、特定の分類学派に属するメンバーたちは自分たちのことを、まるで初期キリスト教徒のように包囲された同志たちの一団だと思い込んでいる。私は、ある知り合いの分類学者がうろたえて顔面を蒼白にしながら、誰それ（その名前は問題ではない）が「分岐論者（クラディスト）に転向した」という「ニュース」を語ってくれたときに、はじめてそれがわかった。

分類学の各学派についての以下の短い説明は、たぶんそうした学派の何がしかのメンバーたちの不興を買うだろうが、ただ彼らは習慣的にお互いに激怒しあっているだけなので、不当な危害が加えられるわけではあるまい。分類学者はその根本哲学によって二つの主要陣営に分けられる。一方の陣営には、自分たちの目的が公然と進化的関係を発見することにあると認めてはばからない人たちがいる。彼らにとって（そして私にとっても）すぐれた分類学上の樹とは、進化的関係を表わす系統樹である。分類学では、動物の類縁関係の近さについて可能なかぎり最良の推論をするためには、どんな方法でも自由に利用することができる。「進化分類学者」というはっきりした名称は、ある特定の分派に乗っ取られてしまっているので、こうした分類学者に名称をつけるのはむずかしい。彼らはときおり「系統分類学者（phyleticist）」と呼ばれている。私はいままで系統分類学者の観点からこの章を書いてきた。

しかし、違ったやり方でことにあたっている分類学者も大勢いて、それにはそれなりの理由がある。彼らは、分類学を行なう究極の目的が進化的関係を発見することにあるという点では意見が一致しそうだが、分類学の実践と何が類似パターンをもたらしたかについての理論——おそらく進化論ということだろう——とを切り離して考えるべきだと主張している。こうした分類学者は類似のパターン自体を研究している。彼らは、類似のパターンが進化の歴史によって引き起こされているのかどうかとか、著しい類似が類縁関係の近さによっているのかといった問題には、前もって判断を下さない。ともあれ、類似のパターンだけを用いて分類体系を構成することを好むのである。

そんなふうにする一つの利点は、進化が真実かどうか多少なりとも疑問を抱いたなら、類似のパターンを使ってそれを検証できる、ということにある。もし進化が真実であれば、動物のあいだの類似は、ある予想可能なパターン、つまり階層的入れ子パターンに従うはずだ。もし進化が誤りであれば、神様ならわれわれがどんなパターンを予想すべきかご存じだろうが、入れ子になった階層的パターンを期待するあきらかな理由はない。分類学を行なうにあたって進化を仮定しているのであれば、自分の分類学上の研究成果をもちだして、進化が真実だと主張することはできないと、その学派の人々は主張する。それでは議論が循環してしまう、というわけである。進化が真実であるかどうか真剣に疑問に思っている人がいれば、この議論は説得力をもちそうである。ここでもやはり、分類学者のあいだにみられるこの第二の学派に適当な名称をつけるのはむずかしい。「純粋類似測定学派」とでも呼んでおこう。

系統分類学者たち、つまり公然と進化的関係を発見しようと努めている分類学者たちはさらに二つの学派に分かれる。その二つとは、ヴィリー・ヘニッヒ[3]の有名な本『系統分類学』のなかで主張されている原理に従う分岐論者と「伝統的」進化分類学者とである。分岐論者は枝にとりつかれている。彼らにとって分類学の目標は、系統が進化的時間のうちに互いに分かれていく順序を発見することである。彼らはその系統が枝分かれして以来どれくらい大きく変化したか、あるいはどのくらい少ししか変化しなかったかには、頓着しない。「伝統的」（蔑称だとは思わないでほしい）進化分類学者は、枝分かれ式の進化だけを考えているのではないというところで分岐論者とのおもな違いがある。彼らは、枝分かれだけでなく、進化のあいだに起きる変化の総量も考慮に入れているのだ。

分岐論者は、研究を開始したときからずっと枝分かれする樹でものごとを考えている。理想から言えば、彼らは自分たちの扱っている動物について考えられるすべての枝分かれする樹を書き下すことから始める（それも、必ず二方向に枝分かれする樹だけだ。なにしろ、誰だって根気の限界というものがある！）。分子分類学を論じたときにわかったように、多くの動物を分類しようとすると、考えられる樹の数は天文学的に大きくなるので、これはむずかしい仕事になる。しかし、これも述べたとおり、幸いにも近道と実用的な近似法があって、そのおかげでこの種の分類学が実際には運用可能になっている。

議論のために、イカとニシンとヒトの三種類の動物だけを分類しようとしているとする。二方向に枝分かれする樹として考えられるのは以下の三つしかない。

1　イカとニシンが近く、ヒトは「仲間はずれ〈外群（アウトグループ）〉」である。

2　ヒトとニシンが近く、イカは「仲間はずれ〈外群〉」である。

3　イカとヒトが近く、ニシンは「仲間はずれ〈外群〉」である。

1

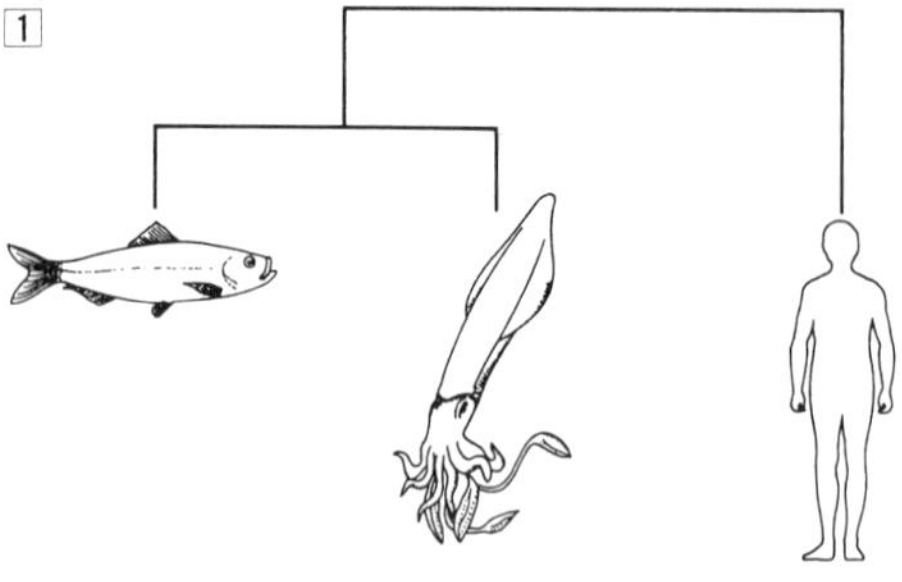

2

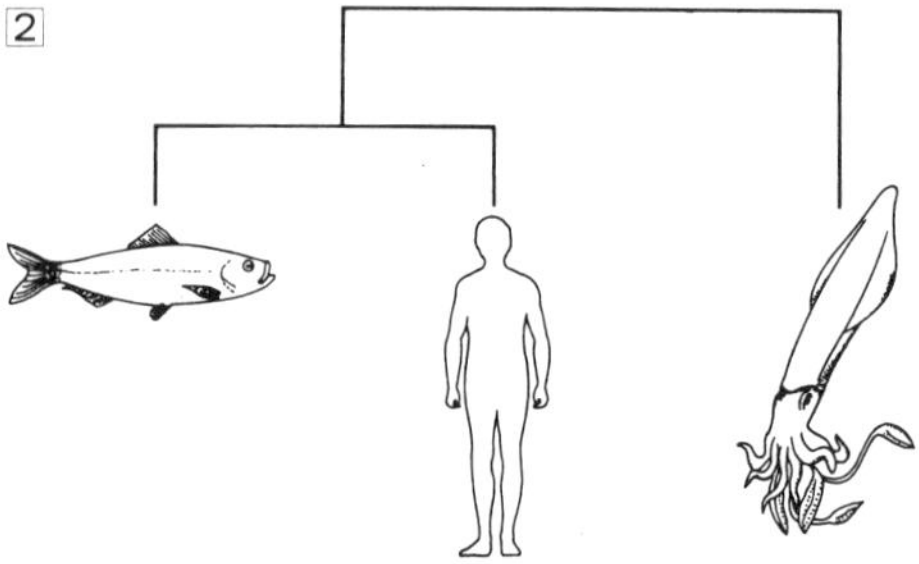

3

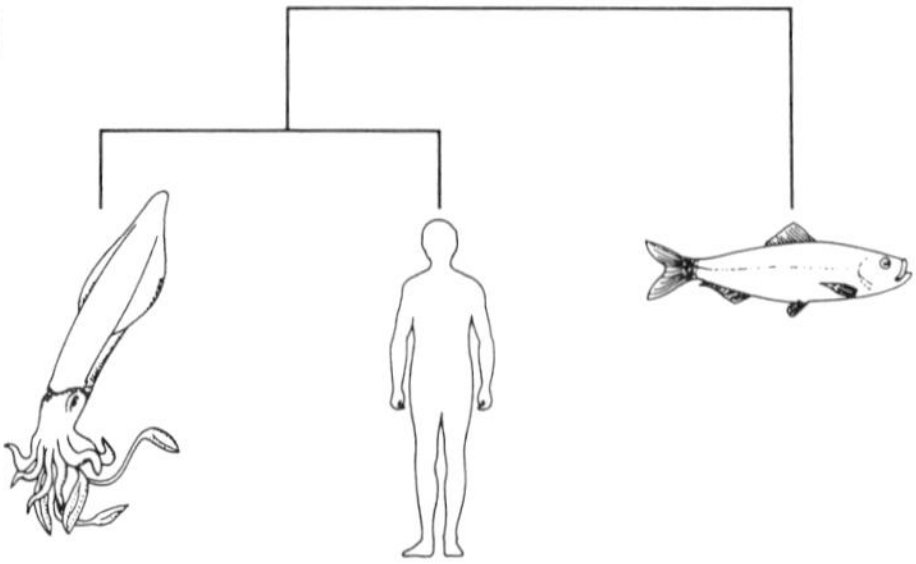

分岐論者はこの三つの考えられる樹を順番に一つ一つ調べていき、最良の樹を選ぶだろう。最良の樹は、どうやってそれとわかるのだろうか？　基本的には、もっとも多くの特徴を共有している動物を結びつける樹が、それである。他の二つと共通の特徴がいちばん少ない動物に「仲間はずれ〔外群〕」というレッテルが貼られる。ここに挙げた樹のなかでは、ヒトとニシンが、イカとニシンあるいはイカとヒトよりも、よりたくさん共通の特徴をもっているので、第二の樹が好ましいことになるだろう。イカは、ヒトともニシンとも共通の特徴は多くはもっていないので、仲間はずれである。

現実には、共通の特徴を数えあげればすむというほど単純な話ではない。というのは、ある種の特徴は意図的に無視されるからである。分岐論者は最近になって進化した特徴に特別な重みづけをしたがっている。たとえば、あらゆる哺乳類が最初の哺乳類から受け継いでいる古めかしい特徴は、哺乳類のなかでの分類をするばあいには役に立たない。どの特徴が古いのか決めるさいに彼らが用いている方法はなかなか興味深いのだが、それを述べていると本書の範囲から逸脱してしまう。この段階で思い出していただきたい主要事項は、少なくとも原理的には、分岐論者は自分の扱っている動物群を結びつける可能性のあるあらゆる二分岐の樹について考えていて、そのなかから一つの正しい樹を選び出そうとしている、ということなのだ。そして、真の分岐論者は、自分が系統樹つまり進化的類縁関係の近さを表わす樹として、枝分かれする樹あるいは「分岐図（クラドグラム）」を頭に描いていることをあえて隠そうとはしていない。

極端な方向に押し進めると、枝分かれだけに固執するのは奇妙な結果を招きかねない。理論的には、ある種が類縁の遠いものと何から何まで同じで、類縁の近いものとひどく違っていることだってありうるのだ。たとえば、三億年前に生きていたひじょうによく似た二種の魚を想像してみよう。それをヤコブとエサウと呼んでもいいだろう。どちらの種も、子孫が王朝を築いて、今日にいたっている。エサウの子孫は停滞した。彼らは深海に住みつづけ、進化しなかった。その結果、現在のエサウの子孫はエサウと本質的には同じであり、したがってヤコブとも似ている。ヤコブの子孫は進化し、繁栄した。彼らはついにすべての現生哺乳類のもととなった。しかし、ヤコブの子孫のうち、一つの系統は深海で停滞し、現在も子孫を残している。この現在の子孫は、エサウの現在の子孫とたいへんよく似ており、ほとんど見分けがつかないような魚である。

　さて、これらの動物をどうやって分類すればいいのだろう？　伝統的進化分類学者なら、ヤコブとエサウの深海に住む原始的な子孫が著しく類似していることを認め、この二つをまとめて分類するだろう。厳密な分岐論者であれば、そんなことはできない。深海に住むヤコブの子孫は、深海に住むエサウの子孫とまったくそっくりではあるけれども、にもかかわらず哺乳類との類縁が近い。ヤコブの子孫と哺乳類との共通の祖先は、彼らとエサウの子孫の共通の祖先に比べれば、たとえわずかであるにせよ、より最近の時代に生きていた。したがって、ヤコブの子孫は哺乳類とまとめて分類されなくてはならない。これは奇妙に思えるかもしれないが、私個人としては平静に取り扱える。少なくともまったく論理的であり、すっきりしている。じつのところ、分岐論と伝統的進化分類学にはどちらにも長所があり、分類学者がどうやって分類しているのかをはっきり教えてくれさえすれば、私はべつだん彼らが動物をどのように分類しようがかまわないのだ。

　では、もう一つの大きな学派である純粋類似測定派に話を転じよう。彼らもやはり二つの分派に分けられる。この二つの分派はどちらも、分類学にあたって、日々の思考から進化を追放しようという点で意見を同じくしている。彼らが意見を異にしているのは、日々の分類学の進め方についてである。これらの分類学者のうち一方の分派は、「表型学者」とか「数量分類学者」と呼ばれることがある。ここでは彼らを「平均距離測定派」と呼んでおこう。もう一方の類似測定派は自ら「変形分岐論者（トランスフォームド・クラディスト）」と名乗っている。この名称はいただけない。というのは、これらの人々が属していない方の考え方が分岐論者だからだ！　ジュリアン・ハクスリーはクレードという用語を創案したとき、進化的枝分かれと進化的祖先性によって、それを明確に一義的に定義した。クレードとは特定の祖先に由来するあらゆる生物体を含む集合である。「変形分岐論者」の主眼は進化および祖先という観念を完全に回避することにあるので、本来は分岐論者とは名乗れない。彼らがそう名乗っているのは、歴史的な理由からである。つまり、出発点では真の分岐論者であり、分岐論者の使う手法のいくつかに従っていたのだが、一方でその根本哲学と理論的根拠を放棄してしまったのだ。私としてはしぶしぶ彼らを変形分岐論者と呼んでいるのだが、まあそうするしかないのだろう。

　平均距離測定派は分類学に進化をもちこむのを拒否するばかりではない（ただし彼らはみんな進化を信じている）。彼らは、類似のパターンが必ず単純に枝分かれする階層構造になるとすら仮定しない点で一貫性がある。彼らが採用しようとしている方法は、もし階層パターンが実際に存在すればそれを暴きだし、それがなければ暴きださない、そういう方法である。彼らは自然がほんとうに階層的に組織されているのかどうか、自然に尋ねかけようとする。これは簡単な仕事ではないし、それにそんな目的を達成するのに使える方法などじつはないと、言っておくのがたぶん公正だろう。

それでもこの目的は、先入観を避けるというあっぱれな目的とまったく一致しているように私には思える。彼らの方法はしばしばかなり洗練されていて数学的であり、生物を分類するだけでなく、たとえば岩とか考古学上の遺物など、非生物を分類するのに適している。

思える。

ふつう、彼らは動物の測れるところはどこでも測ることから始める。こうして測ったものをどう解釈するかについては、少しは頭がいる。それには立ち入らない。ともあれ最終結果では、測定値が全部まとめられ、それぞれの動物についてそれ以外の各動物との類似を表わす一つの指数（あるいは、その反対に相違を表わす指数）がはじきだされる。お望みとあらば、空間のなかで点の集まった雲として、その動物たちを現実に視覚化することもできる。ラット、マウス、ハムスターなどが、そうやって空間の一角にすっかり見いだせるだろう。その空間のはるか離れた別の一角には、ライオン、トラ、ヒョウ、チーターなどからなる別の雲があるだろう。空間における二点間の距離は、多数の属性をひとまとめにしたときに、その二つの動物がどれくらい類似しているかについての一つの物差しになる。ライオンとトラの距離は短い。ラットとマウスの距離もそうだ。しかし、ラットとトラの距離、あるいはマウスとライオンの距離は離れている。属性をひとまとめにするのは、たいていコンピューターの助けを借りてなされる。これらの動物が位置している空間は、表面的にはちょっとバイオモルフの国に似ているが、この空間での「距離」は遺伝的な類似ではなく体の形態の類似を反映している。

それぞれの動物について他の各動物との平均類似度指数（あるいは距離）をはじきだしてしまうと、次にこの一組の距離ないし類似度を順繰りに調べて、それらを一つの階層的なまとまり（クラスター）をもったパターンに適合させるよう、コンピューターはプログラムされている。残念ながら、正確にはどの計算法を使ってまとまりを探せばよいかについては、おびただしい論争がある。あきらかにこれが正しいという方法はないし、どの方法でも同じ答えになるとはかぎらない。なお悪いことには、こうしたコンピューター手法のあるものには、実際にはないときでも、まとまりのなかに階層的に配置されたまとまりを過剰に「見つけだしたがる」傾向がある。距離測定学派あるいは「数量分類学者」は、最近ではやや流行らなくなっている。私の見るところ、現在すたれているのは、流行というものが往々にしてそうであるように、一時的な位相であり、こうした「数量分類学」は決して簡単には見限られないだろう。私は復活を期待している。

純粋類似測定派のもう一つの学派は、すでに述べたとおり歴史的な理由から、変形分岐論者を自称している一派である。例の「意地悪さ」が発散しているのは、もっぱらこのグループのなかからだ。私は、彼らが真の分岐論者の隊列のなかからどのような歴史的起源をもって出てきたかを追跡するという通常の手順を踏むつもりはない。彼らの根底にある哲学では、いわゆる変形分岐論者は、先に平均距離測定派という肩書きのもとで論じた、しばしば「表型学者」とか「数量分類学者」と呼ばれるもう一方の純粋類似測定派と多くの共通点をもっている。両分派が共有しているのは、進化を分類学の実践のなかに引きずり込むことへの反感である。ただし、このことは必ずしも進化という概念そのものに対する敵愾心を示しているわけではない。

変形分岐論者が真の分岐論者と共有しているのは、実践上の方法の多くである。両派とも、出発点からずっと二分岐型の樹でものごとを考えている。また両派とも、特徴に応じて分類学的に重要なものと価値のないものを取捨選択している。彼らが違っているのは、この選別に対して与えている理論的根拠なのだ。平均距離測定派と同様、変形分岐論者は系統樹を発見しようとしているわけではない。彼らは純粋な類似の樹を探し求めているのである。類似のパターンが進化の歴史を反映しているかどうかという問題を未決定のままにしている点でも、平均距離測定派と意見を同じくしている。ところが、少なくとも理論的には、自然が現実に階層的に組織されているかどうか、自然をして語らしめる心構えのある距離測定派と違って、変形分岐論者は自然がそうなっていると想定している。ものごとが枝分かれ式の階層構造に（あるいは、何重もの入れ子に、と言ってもいい）分類されるというのは、公理であり、彼らとともにある信条なのだ。枝分かれする樹はべつだん進化とは何の関係もないので、必ずしも生物に適用しなくてもかまわない。変形分岐論者の方法は、その主唱者の言によれば、動物と植物の分類のみならず、石、惑星、図書館の本、青銅器時代の壺の分類にも利用できる。別の言葉でいえば、私が図書館の蔵書との比較であきらかにした、進化こそが独特の階層分類の唯一の堅固な基盤であるとの主張に、彼らは賛成しないだろう。

　平均距離測定派は、先にみたとおり、それぞれの動物が他の各動物とどれくらい離れているかを測っている。ここで、「遠い」とは「似ていない」ということであり、「近い」とは「似ている」ということである。彼らは、平均総類似度指数のようなものを計算したあとで、何重ものまとまり（クラスター）をもった枝分かれ式の階層構造ないしは「樹」形図によってその結果を解釈しようとしはじめる。しかし、変形分岐論者は、彼らがかつてそうだった真の分岐論者と同じように、まとまり（クラスター）と枝との思考方法をはじめからずっと採用している。真の分岐論者と同様、やはり彼らも、少なくとも原理的には、考えられるすべての二分岐型の樹を書き下ろすことからはじめて、そのなかから最良のものを選ぶだろう。

　しかし、それぞれの可能な「樹」について考えているとき、彼らは現実には何について語っているのだろうか？　また、最良のものというのはいったいどういうことなのだろうか？　それぞれの樹は、世界のどんな仮想状態に対応しているのだろうか？　W・ヘニッヒの後継者である真の分岐論者にとって、その答えははっきりしている。四種類の動物を結びつける可能性のある一五通りの樹の一つ一つは、ありうる系統樹を表わしている。四種類の動物を結びつける一五通りの考えられるすべての系統樹のうち一つ、それもただ一つだけが正しいものにちがいない。動物の祖先の歴史は、実際にこの世で起こったのだ。すべての枝分かれが二方向に生じると仮定を立てるなら、一五通りの歴史が考えられる。そのうち一四通りの歴史は誤りにちがいない。ただ一つだけが正しいはずであり、現実に起きた歴史の道すじに対応するはずである。八種類の動物では全部で一三万五一三五通りにのぼる系統樹が想定できて、そのうち一三万五一三四通りは誤りにちがいない。ただ一通りが歴史的真実を表わしている。どれが正しいのかを確信するのは簡単ではなかろうが、しかし真の分岐論者は、正しいのは一つしかないことを少なくとも確信はできる。

しかし、この一五通り（であれ一三万五一三五通りであれ）の想定上の樹とか、一つの正しい樹とかは、変形分岐論者の非進化的な世界ではいったい何に対応するのだろうか？　その答えは、私の同僚であり以前には学生でもあったマーク・リドレー[4]が『進化と分類』という本のなかで指摘しているように、全然何にも対応しないというものだ。変形分岐論者は考察のなかに祖先という概念が入るのを断固として認めない。彼にとって「祖先」というのは汚らわしい言葉なのだ。しかし、その一方で彼は分類は枝分かれ式の階層構造をとらなければならないと主張する。それなら、階層構造をもった一五通り（あるいは一三万五一三五通り）の想定上の樹が祖先の歴史を示す樹でなければ、いったいぜんたい何だというのか？　こうなったらもう古代の哲学にでも訴えるより仕方があるまい。世界はきっちり階層的に組織されているという何だかわけのわからない観念論、森羅万象はその「反対物」をもっているという神秘的な陰と陽の観念、そんな類のものだ。それ以上に具体的には決してならない。変形分岐論者の非進化的世界では、「六種類の動物を結びつける可能性のある九四五通りの樹のうち、ただ一つだけが正しく、残りは全部間違っているはずだ」などといった、明確で強い言いまわしをすることができないのははっきりしている。

なぜ分岐論者にとって祖先が汚らわしい言葉なのだろうか？　彼らが祖先なんていなかったのだと考えているわけではない（と私は思う）。そうではなく、分類学には祖先のおさまる場所がないと判定を下してしまったからだ。分類学の日々の実践に関するかぎり、これは擁護できる立場だ。伝統的進化分類学者はときおり実際に存在した生身の祖先を系統樹に描くことがあるけれども、分岐論者は決してそういうことはしない。どんな種類の分岐論者でも、現実に観察される動物のすべての関係を形式上の類縁関係として扱っている。これはまったく道理にかなっている。道理にかなっていないのは、これを祖先という概念そのものをタブーとするまでにまつりあげていること、つまり分類学の基礎として階層的に枝分かれする樹を採用することを基本的に正当化するために、祖先という言葉の使用をタブーにしていることである。

私は、変形分岐論という分類学派のもっとも奇妙な側面を最後まで残しておいた。分類学の実践から進化と祖先という仮定を締め出すことには語られるべきところがあるという、申し分なく道理にかなった信念、つまり表型学者、「距離測定派」とも共有している信念とはうらはらに、何人かの変形分岐論者は強硬手段に打って出た。進化そのものにどこか間違ったところがあるにちがいないと結論したのだ！　この事実はほとんど奇怪すぎて信じられないくらいだが、数名の指導的「変形分岐論者」は進化概念それ自体、とりわけダーウィン進化論に対して現実に敵意をむきだしにしている。そのうちの二人、ニューヨークにあるアメリカ自然史博物館のG・ネルソンとN・I・プラトニックは、「つきつめて言えばダーウィン主義は……検証に委ねられ、そして誤りだと判明した理論である」と書くまでにいたっている。この「検証」とやらがどんなものなのか、私は心から知りたいと思うし、それ以上に、ネルソンとプラトニックがどんな代替理論によってダーウィン主義の説明する現象、わけても適応的な複雑さを説明しようというのか、心から知りたい思いさえする。

変形分岐論者自身が根本主義的創造論者だ[5]というのでは決してない。私の解釈では、彼らは生物学における分類学の重要性を誇張して楽しんでいるのだ。進化なんか忘れた方が、とくに分類学を考えるときに祖先という概念なんか使わない方がうまく分類できると、おそらくは正当にも、判断を下してしまったのだ。同じように、たとえば神経細胞の研究者は進化について考えをめぐらしても足しにはならないと判定を下すかもしれない。神経の専門家は、自分の研究している神経細胞が進化の産物であることに同意する。ところが、彼の研究にはこの事実を利用する必要はない。彼は物理学と化学について大いに精通する必要はあるが、ダーウィン主義など神経インパルスについての日々の研究には無関係だと信じている。これは擁護できる立場ではある。けれども、科学のある特定の一分科における日々の実践に、ある特定の理論を使う必要がないからといって、その理論が誤っていると言うのは、合理的ではない。その分科の、科学のなかでの重要性について著しく大げさな推定をしているばあいにだけ、そういうことを口にするだろう。

それでもなお、論理的ではない。物理学者が物理学を研究するのに、たしかにダーウィン主義はいらない。生物学など物理学に比べればささいな科目だと、彼は考えるかもしれない。そうすれば、彼の意見ではダーウィン主義は科学にとってたいして重要ではないということになるだろう。しかし、いくらそうだからといって、それが誤っているとは彼だって結論できる道理はない！　それなのに、本質的にはこれこそ、変形分岐論学派の指導者たち数人がやっていると思われることなのだ。「誤っている」とは、よくぞ言ってくれたものだが、これはまさしくネルソンとプラトニックの用いた言葉である。言うまでもないが、彼らの言葉は、前章で述べた感度のいいマイクによって傍受されており、その結果はかなり知れわたった。彼らは根本主義者や創造論者の文献で名誉ある地位を博している。ある指導的変形分岐論者が最近私のいる大学に招かれて特別講演を行なったが、彼はその年の他のどんな特別講演の演者よりも多くの聴衆を集めた！　そのわけを理解するのはむずかしくない。

「ダーウィン主義は……検証に委ねられ、そして誤りだと判明した理論である」などという意見が、立派な国立博物館のスタッフという地位にある生物学者から発せられれば、創造論者をはじめとして積極的に虚言を弄することに関心を抱いている輩にとって願ってもない喜びになるのは、まったく疑いがない。だからこそ、私は読者に変形分岐論などという話題で煩わしい思いをさせたのだ。ネルソンとプラトニックがダーウィン主義は誤っているという意見を述べた本の書評のなかで、マーク・リドレーがもう少し穏やかに言っていることだが、いったい誰が、彼らがほんとうに言わんとしたことは、結局、分岐分類のなかで祖先種を表現するのはなかなか厄介であるということだ、などと考えるだろうか？　もちろん、祖先の正確なアイデンティティーをつきとめるのは困難だし、そんなことはしようとさえしない方がいいばあいもある。しかし、祖先なんかいなかったと他人が結論するのを奨励するような言いまわしをするのは、言葉の堕落であり、真実に対する背信行為である。

さて、表へ出て、庭で穴掘りか何かしている方が、私にはまだましというものだ。

11章　ライバルたちの末路

まじめな生物学者なら、進化が起こったという事実や、すべての生物が互いに類縁関係にあるという事実を疑ったりはしない。しかし、一部の生物学者は、進化がどのように起こったのかを説明するダーウィン説という特定の理論を疑問視してきた。ばあいによっては、これは言葉のうえの議論にすぎないことがはっきりしている。たとえば、区切り進化説は反ダーウィン主義とみなされることがあるが、9章で論じたように、実際にはダーウィン主義のちょっとした変種にすぎず、ライバル理論を扱う章にはまったくふさわしくない。ところが、断じてダーウィン主義の変形版などではなく、きっぱりとダーウィン主義の真髄に反した理論もある。こうしたライバル理論が本章の主題である。そのなかには、ラマルク主義と呼ばれるもののさまざまな変形版があるし、その他にも「中立説」や「突然変異説」、「創造説」などの観点があり、これらはときに応じてダーウィン淘汰にとってかわるものとして取り上げられてきた。

ライバル理論のうちどれが正しいかを決める明白な方法は、証拠を吟味することである。たとえば、ラマルク主義のような理論が伝統的に、そして正当にも棄却されているのは、その理論にかなった証拠がずっと見つかっていないからである（証拠を見つけようとする精力的な試みが欠けていたためではない。熱狂的ぺてん師によって証拠が偽造されているくらいだ）。本章では私はちょっと違った方針を採用しよう。なにしろ、他にも多くの本が証拠を吟味し、ダーウィン主義有利との結論を下している。ライバル理論に沿った証拠であれ、背く証拠であれ、そうした証拠を吟味するかわりに、私はもう少し理詰めのアプローチを採用してみたい。私の議論は、ダーウィン主義が生命のもつある側面を原理的に説明できる、知られている唯一の理論だということになるだろう。もし私が正しければ、つまりこういうことになる。たとえダーウィン主義に有利な証拠が現実になくとも（もちろん、それはあるけれど）、それでもわれわれはどんなライバル理論にもましてダーウィン主義を選ぶ正当な理由をもつはずだ、と。

この論点を劇的に表現するには、一つ予言をしてみることだ。いつか宇宙のどこか別のところで生命体が発見されれば、たとえその生命体の細部が風変わりで異様に見えるとしても、それは一つの決定的な点で地球上の生命と似ていることがわかるだろう。すなわち、それはある種のダーウィン流自然淘汰によって進化してきたはずだ。私はこう予言する。残念ながら、これはどうみてもわれわれの生きているうちには検証できそうもない予言だけれども、われわれ自身の惑星上の生命についての重要な真実を劇的に表現する方法であることにはかわりがない。ダーウィン理論は原理的に生命を説明できる。かつて提唱されてきた他のどんな理論も、原理的に生命を説明できない。私はこのことを、いままでに知られているすべてのライバル理論を論じることによって論証してみよう。それも、それらの理論に沿った証拠や背く証拠によってではなく、原則として、生命の説明としての妥当性によって論証しよう。

まず、生命を「説明する」というのはどういうことなのか、はっきりさせておかなくてはならない。むろん、生物には数え上げればたくさんの性質があり、そのなかにはライバル理論によって説明できそうなものもある。タンパク質分子の分布に関する多くの事実は、すでに見たとおり、ダーウィン淘汰ではなく中立的な遺伝子突然変異によっているようである。しかし、生物のもつ性質には、ダーウィン淘汰によってしか説明できないものとして私が選びたい、一つの特定の性質がある。この性質は、本書の話題として繰り返し登場してきたもの、すなわち適応的複雑さだ。生物体はその環境のなかで生存し繁殖するのにうまく適合しているが、その適合のあり方はとてつもなく、ただ偶然の一撃で生じるなんてことは統計的にありそうもない。ペイリーにならって私は眼の例を使った。眼のよく「デザイン」された特徴のうちでも、二つか三つくらいなら、ひょっとすると一回の幸運な出来事で生じるかもしれない。単なる偶然を超えて特殊な説明が必要となるのは、どれも見ることによく適応し、かつ互いに適応しあっている、まったくおびただしい数の相互に結合した部品である。もちろん、ダーウィン主義の説明には、突然変異というかたちで偶然も関係している。しかし、この偶然は、何世代にもわたる淘汰によって一歩一歩段階を踏んで累積的に濾過されている。この理論が適応的複雑さに満足のいく説明を与えることについてはすでに他の章でみてきた。本章では、その他に知られているどのような理論でもそれができないと論じるつもりである。

最初に、歴史上ダーウィン主義のもっとも著名なライバルであるラマルク主義について考えよう。一九世紀初頭にラマルク主義がはじめて提案されたときには、それはダーウィン主義のライバル(1)としてではなかった。ダーウィン主義はまだ考えだされていなかったからである。騎士(シュヴァリエ)ラマルクはその時代の最先端を行っていた。彼は進化を擁護した一八世紀知識人の一人だった。この点で彼は正しかったし、それだけでもチャールズ・ダーウィンの祖父エラズマスやその他の人たちとともに名誉を受けるにふさわしいだろう。ラマルクはまた当時見いだすことができる進化のメカニズムとしては最良の理論を提出したが、もしそのメカニズムとしてダーウィン説がすでに出まわっていれば、彼がそれに反対していただろうと想像する理由はどこにもない。ダーウィン主義は出まわっていなかった。そして少なくとも英語圏で、彼の名前が、進化が起きたという事実に対する彼の正しい信念のではなく、ある誤り――進化のメカニズムについての彼の理論――の代名詞になったのは、ラマルクの不幸である。本書は歴史書ではないので、ラマルク自身がいったい何を言ったか、学術的に解剖するのはよそう。ラマルクが実際に語った言葉にはいくらか神秘主義がもりこまれていた。たとえば彼は、今日でさえ多くの人たちが生命の梯子として思いうかべるものを昇ってゆくという強い信念を抱いていた。また彼は、あたかも動物たちがある意味で意識的に進化することを欲しているかのように、動物の努力について語った。ここではラマルク主義から神秘的でない要素をとりだそう。その方が少なくとも一見したところではダーウィン主義に真にとってかわる理論を提供する見込みがありそうだからだ。これらの要素、つまり現代の「ネオラマルク主義者」によって援用されている要素には、基本的には二つのものしかない。獲得形質の遺伝と用不用の原理である。

用不用の原理が述べているのは、生物体の体は使われている部分が大きくなる、ということである。使われていない部分は衰える傾向にある。どこかの筋肉を特訓すれば大きくなり、使わない筋肉は縮んでしまうというのは観察事実である。人の体を調べてみれば、その人がどこの筋肉を使い、どこを使っていないかがわかる。その人の職業や趣味すら推測できるかもしれない。「ボディビル」に熱中している者は、用不用の原理を利用して、肉体を、この特殊なマイナー文化の流行にしたがってほとんど一体の彫刻のごとくいかにも不自然なかたちにまでつくりあげている。このようにして用に応じる肉体の部分は、筋肉だけとはかぎらない。裸足で歩いてみれば、あなたの足の裏の皮膚は厚くなるはずだ。手を見るだけで、すぐに農夫と銀行員を区別することもできる。農夫の手は長年の激しい仕事にさらされて角質化し、厚くなっている。銀行員の手が少しでも角質化しているとすれば、字を書くために指にできた小さなペンだこくらいなものだろう。

用不用の原理のおかげで、動物はその世界で生き延びるための仕事を上手にこなすようになり、その世界で生きている結果として生涯のあいだにしだいに向上することが可能になる。人間は直接日光に曝されると、あるいは曝されないと、ある肌の色を発達させ、それによって特定の局地的条件でより生存しやすくなる。日光に当たりすぎるのは危険である。色白の肌をしているのに日光浴に夢中になったりすると、皮膚ガンにかかりやすい。一方、あまり日光に当たらないと、ビタミンD不足になって、くる病になりやすい。スカンディナヴィア地方で生活している遺伝的に肌の黒い子供たちに、そうした例がときおり見られる。褐色の色素であるメラニンは、日光の影響下で合成され、強い日光による有害効果から下部組織を保護するための遮断層の役割を果たしている。日焼けした人が日光の少ない土地へ引っ越しすればメラニンは消え、その体はわずかな太陽の光から利益を得ることができる。これは典型的に用不用の原理を表わす事例だろう。皮膚は「用い」られると黒くなり、「用い」られないと褪せて白くなるのだから。熱帯の人種のなかには、もちろん、個体として日光に曝されようと曝されまいと、遺伝的に厚いメラニンの遮断層をもつ人々がいる。

さて、もう一つのラマルク主義の主要原理に話を移そう。そうして獲得された形質が将来の世代に伝わるという考えである。あらゆる証拠はこの考えがきっぱり間違っていることを示しているのだが、歴史の大部分を通じてそれはほんとうだと信じられてきた。ラマルクは自分でこの考えを発明したわけではなく、単に当時の世間智を自分の考えに組み入れたにすぎない。なかには、いまでもそれを信じている人々がいる。私の母が飼っていた犬は、ときおり足が不自由になったふりをして、後足を一本上げて残りの三本足でよろよろ歩くことがあった。隣家には不幸にも自動車事故で後足を一本失った老犬がいて、この隣家の婦人は自分のところの犬が、私の母の犬の父親にちがいないと確信していた。それが証拠に、お宅の犬はあきらかに不自由な足を受け継いでいるではないか、と。世間智やおとぎ話には、これに似た言い伝えが充ち溢れている。多くの人々が獲得形質の遺伝を信じているか、信じたがっているか、どちらかのようだ。今世紀に入るまでは、まじめな生物学者のあいだでも、それは支配的な遺伝理論だった。ダーウィン自身この考えを信じていたが、彼の進化論の一部ではなかったので、われわれの頭のなかでダーウィンの名がこの理論と結びついていないだけの話である。

獲得形質の遺伝と用不用の原理とを合体させれば、進化的改善のためのすぐれた秘訣（レシピ）のようなものが出来上がる。通常ラマルク流の進化論とレッテルを貼られているのは、この秘訣である。何世代にもわたってでこぼこの地面を裸足で歩いて足を鍛えれば、各世代は、この理論のみちびくところによると、前の世代よりもわずかに厚い皮膚をもつだろう。それによって、各世代は先代よりも有利になる。ついに赤ん坊は生まれつき強い足をもつにいたるだろう（実際にそうなるが、ただし後にみるように理由が違っている）。何世代にもわたって熱帯の太陽を浴びていればしだいに肌が褐色になり、ラマルク説にしたがって、各世代は前世代の日焼けした肌を何がしか受け継ぐだろう。

い）。

やがては生まれつき黒くなるはずだ（やはり、実際にそうなるが、ラマルク流の理由からではな

もはや伝説のようになっている例は、鍛冶屋の腕とキリンの首である。鍛冶屋が自分の仕事を曾祖父から祖父へ、祖父から父へと代々世襲しているような村では、彼は祖先からよく鍛えられた筋肉をも受け継いでいると考えられた。それもただ受け継いでいるだけでなく、彼自身の鍛錬によって筋肉をさらに強化し、そのようにして改善されたものを息子へ伝えているのだ、と。首の短かったキリンの祖先は、なんとかして樹木の高いところに届く必要があった。連中は一生懸命努力し、それによって首の筋肉と骨を長くした。各世代は最終的にその先代よりも首がわずかに長くなり、頭一つとびだした有利なスタートを次世代に伝えた。純粋なラマルク説にしたがえば、あらゆる進化的進歩は、こんなふうなパターンをたどるだろう。動物は必要なものを求めて努力する。その結果、努力するさいに用いられた体の部分が大きくなるか、あるいはふさわしい方向に変化する。その変化は次世代に伝えられる。こうしてこの過程は進行するのだ。この理論が強みをもっているとすれば、それは累積的だということである。どのような進化理論であれ、この累積的ということが本質的な構成要素であり、そうでなければわれわれの世界観において進化理論としての役割を果たさないことはすでに述べたとおりである。

ラマルク説は、素人にだけでなくあるタイプの知識人にも強く感情に訴えるものがあるらしい。かつて、ある著名なマルクス主義歴史学者で、教養も知識もかねそなえた同僚が私のところにやってきたことがある。彼は、あらゆる事実がラマルク説に反しているようにみえることは理解しているのだが、それでもラマルク説が真実である望みはまったくないのかどうかと尋ねた。私の意見で

はそれはまったくないと答えると、彼はしぶしぶそれを聞き入れ、イデオロギー上の理由で自分はラマルク主義が真実であってほしいのだと言った。どうやらラマルク主義は人間性の改良にそうした肯定的な願望を提供するらしい。ジョージ・バーナード・ショー[3]は長大で名高い彼の序文の一つ（『メトセラへ還れ』）を獲得形質の遺伝に対する情熱的な弁護に費やしている。彼の弁論は生物学の知識に立脚しているのではない。そんなものはこれっぽっちもないことを彼は陽気に認めるだろう。立脚したのは、ダーウィン主義が暗黙のうちに意味するもの、つまりあの「連続的な偶然」に対する感情的な嫌悪だったのだ。

それが単純そうにみえるのは、はじめそれが何に関係しているのか、あなたにさっぱりわからないからである。しかし、それがもつ意味全体がわかりはじめると、あなたの心臓はあなた自身のなかの砂の山に沈み込む。そこには、見るも恐ろしい運命論がある。そこには、美と知の、強靭さと目的の、名誉と大志の、身の毛もよだつようないまいましい降伏がある。

アーサー・ケストラーは、ダーウィン主義が暗黙のうちに意味していると彼が考えたものに我慢できない、もう一人の著名な作家であった。スティーヴン・グールドが皮肉っぽく、しかし正しく指摘しているように、ケストラーは最後の六冊の本を通して「彼自身が誤解したダーウィン主義に対する反対キャンペーン」を行なった。彼は私にはまるではっきりしない代替理論に逃げ場を求めたが、どうやらそれは曖昧なかたちのラマルク主義らしい。

ケストラーとショーは自らのために思索を深める個人主義者だった。彼らの常軌を逸した進化観は、おそらくそれほど影響力をもたなかったけれども、それでも私は恥ずかしながら、私自身の一〇代のころのダーウィン主義への評価が、ショーが『メトセラへ還れ』で見せたうっとりするようなレトリックによって少なくとも一年間くらいは抑制されていたことを覚えている。ラマルク主義がもつ感情へ訴える力、そしてそれにともなうダーウィン主義への感情的な敵意は、思想の代用品として用いられた強力なイデオロギーを通じて、いっそう悪意にみちた影響力をもつことがあった。T・D・ルイセンコ(4)は、政治の分野以外にはとりたててきわだったところもない二流の作物育種家だった。彼の狂信的な反メンデル主義と獲得形質の遺伝に対する熱心な教条的信仰は、大部分の文明国では無視されたので無害だったようだ。しかし、不幸なことに彼は、たまたまイデオロギーが科学的真実よりもたいせつにされる国に生きていた。一九四〇年、彼はソビエト連邦遺伝学研究所の所長に任命され、多大な影響力をもつにいたり、その無知な遺伝観が、ほぼ一世代にわたって、ソビエトの学校で教えることを認められた唯一のものとなった。ソビエトの農業がそれによって被った損害は測りしれない。多くの著名な遺伝学者が追放の憂き目にあったり、亡命したり、投獄されたりした。たとえば、N・I・ヴァヴィロフ(5)は世界的に名の知られた遺伝学者だったが、「イギリスのためにスパイ活動を行なった」といった馬鹿げたでっちあげの罪を問われて長い裁判にかけられたあげく、明かり窓すらない獄房で栄養失調のため死んだのである。

獲得形質が決して遺伝しないと証明することはできない。同じ理由で、われわれは妖精が存在しないとは決して証明できない。われわれが言えるのは、いままで妖精を見たという例は確認されていないし、いままでに公開された妖精の写真といわれているものは見え透いたいんちきだ、ということだけである。同じことは、テキサス州の恐竜化石の出る地層にあるという人間の足跡にもあてはまる。妖精は存在しないとどう断定的に言ってみたところで、いつか私が庭の奥隅で薄絹のような翼のはえた小人を見るかもしれないという可能性を否定することはできない。獲得形質の遺伝という理論の地位もこれと似ている。その効果を論証しようとしたほとんどの試みは、ひたすら失敗を繰り返してきた。見かけは成功したかのように思われた試みで、後にいんちきであることが判明したものもある。たとえば、サンバガエルの皮膚の下に墨汁を注入した悪名高い例がそうだ。これはアーサー・ケストラーが自著〔邦訳『サンバガエルの謎』〕[6]のなかで語っている。それ以外は、他の研究者が追試に失敗している。にもかかわらず、誰かがある日、しらふでカメラをもっているときに、庭の奥隅で妖精に出会うかもしれないように、誰かがある日、獲得形質の遺伝を証明するかもしれない。

しかし、もう少し言えることがある。いままで確実に目撃されてはいないことの中にも、われわれが知っている他のあらゆることがらに疑問を投げかけないのであれば、信じてもいいことがある。私はネス湖にいまもプレシオサウルス〔長頸竜〕が生きているという説を支持する十分な証拠にお目にかかったことがないが、それが発見されたからといって、私の世界観は微塵も揺るがない。私は大いに驚くだろう（そして大いに喜ぶだろう）。なにしろ、この六〇〇〇万年というものプレシオサウルスの化石はまったく知られていないのだし、小さな遺存個体群が生き延びるにはそれは長すぎる時間のように思えるからだ。けれども、どんな科学上の大原理もおびやかされはしない。それは単純に事実の問題である。一方で科学では、宇宙がどのように時を刻んでいるかについて、広範な現象とうまくかみあった形での理解を築き上げてきている。そしてある種の異議申し立ては、この理解と相容れないか、あるいは少なくとも折り合いをつけることがきわめてむずかしい。たとえば、ときどきいい加減な聖書解釈にのっとって主張される、宇宙はわずか六〇〇〇年ばかり前に創造されたなどとする申し立てにも、このことはあてはまる。この説は単に真偽のほどの鑑定を受けていないだけではない。生物学と地質学の通説と相容れないばかりか、放射性元素に関する物理理論とも、宇宙論とも相容れない（もし六〇〇〇年より昔に何も存在していなかったなら、六〇〇〇光年より遠く離れた天体は見えないはずである。天の川だって見つからないはずだし、現代の宇宙論によって存在が認められている一〇〇〇億もの他の銀河も、どれ一つとして見つからないはずだ）。

科学の歴史上、たった一個の厄介な事実のせいで、通説となっていた科学が正当にもまるごと見捨てられたことが何度かあった。そうした転覆が決して二度と起こらぬだろうなどと言ってのけるのは、傲慢というものだろう。だが、主流となっている、成功をおさめた科学体系をひっくり返すような事実を受け入れるばあいには、たとえ驚きではあっても既存の科学に容易に回収できるような事実を受け入れるばあいよりも、さらに高次の真偽鑑定のための基準が必要であるのは、当然であり正当でもある。ネス湖のプレシオサウルスなら、私は自分の目で確かめれば受け入れもしよう。もし私が超能力で空中に浮揚する人を見れば、物理学をまるごと否定する前に、私は幻覚やら手品のトリックにひっかかっていないかどうか疑うだろう。真実でないかもしれないものの容易にそうなりうるような理論から、成功をおさめ通説ともなった偉大な科学の体系を転覆させるという犠牲を払わない限り真実たりえない理論にいたる、一つの連続体があるのだ。

では、ラマルク主義はこの連続体のどのへんに位置しているのだろうか？　通常言われているところによれば、それは、連続体の「おそらく真実でないものの容易にそうなりうる」側の端に位置しているらしい。私の主張したいのは、祈禱の力による空中浮揚ほどではないにしても、ラマルク主義、あるいはもっとはっきり言えば、獲得形質の遺伝は、連続体の「ネス湖の怪物」側の端よりも、「空中浮揚」側の端の方に近いということである。獲得形質の遺伝は、容易に真実となりうるがたぶんそうではないといったものの一つではない。われわれに最もなじみがあり、しかも成功をおさめている発生学の諸原理の一つを転覆させることができて、はじめてそれは真実たりうるのだということを、私は論じよう。したがって、ラマルク主義は通常の「ネス湖の怪物」のレベルを上まわる懐疑を受ける必要がある。それでは、この広く受け入れられ、かつ成功をおさめた発生学の原理、ラマルク主義を受け入れるためには転覆されねばならない原理とは、いったいどんなものだろうか？　それには少し説明がいるだろう。その説明はちょっと脱線のように思えるかもしれないが、どこで関連してくるかはやがてはっきりしてくるはずだ。そしてこれをすっかり片づけてしまってから、ラマルク主義は、たとえそれが真実だったとしても、それでも適応的複雑さの進化を説明できないという議論をはじめることにすると覚えておいてほしい。

　というわけで、発生学が議論の分野である。一個の細胞がどのようにして親生物になるかをめぐっては、伝統的に二つの立場のあいだに深い溝があった。その二つの立場の公式名は前成説と後成説と言うが、それらの現代版について、私は設計図説と料理法説と呼ぶことにしたい。初期の前成論者たちは、成体は一個の細胞のなかで予めつくられていて、そこから発生してゆくと信じていた。彼らのある者は小さなミニチュア人間、「ホムンクルス」が精子（卵ではなく！）のなかにちぢこまっているのが顕微鏡を通して見えたとさえ思っていた。その人にとっては、胚発生は単純に成長の過程（プロセス）にすぎなかったのだ。成体は残らずすでにそこにある、前成されているというわけである。

おそらく、雄の各ホムンクルスは自分の超ミニチュア精子をもっており、そのなかには自分の子供がちぢこまっていて、さらにその子供の一人一人はちぢこまった孫をもっており……というふうになっているのだ。この無限遡及の問題はまあ別にしても、素朴な前成論者は、すでに一七世紀にはいまとほとんど同じくらい明らかだったはずの、子供が父親だけでなく母親からも特徴を受け継いでいるという事実を無視している。公平のために言っておけば、卵子論者と呼ばれる前成論者も、「精子論者」よりむしろたくさんいて、精子のなかではなく卵のなかに成体が前成されていると信じていた。けれどもこの二つの問題を被る点では卵子論者も精子論者と同様である。

現代の前成説はこれらのどちらの問題にも悩まされることはないが、それでも間違っている。現代の前成説、つまり設計図説の考えでは、受精卵に含まれるＤＮＡは成体の設計図に等しいとみなしている。設計図というものは実物を縮小したミニチュアである。家にしても自動車にしてもともかく何にしても、実物は三次元の物体だが、設計図は二次元である。ビルのような三次元の物体でも、各階の平面図やさまざまな立面図などのように、二次元の輪切りにしたものを積み重ねて表現することができる。三次元から二次元に次元を一つ減らすのは便宜上の問題である。建築家はマッチ棒細工やバルサ材でできたビルの三次元縮尺模型を建設業者に提示することもできるが、紙の面に描いた一揃いの二次元モデル、つまり設計図の方が、書類鞄に入れて持ち運びやすいし、修正するのも簡単だし、それを使って作業するのにも便利だからである。

さらに一次元に次元を減らすことだって、設計図をコンピューターのパルス符号に記憶させて、たとえばその国の別の場所に電話回線で送信するばあいには、必要である。これは、一つ一つの二次元の設計図を一本の一次元の「走査線」として符号化しなおすことで簡単にできる。テレビ画像は放送電波によって送信するためにそのようなやり方で符号化されている。ここでも、次元を減らすのは符号化のための工夫であって、本質的にたいした問題ではない。重要な点は、設計図とビルのあいだにはなおかつ一対一の対応があるということだ。設計図の各箇所はビルのそれにぴったり一致した箇所に対応する。つまり、設計図がミニチュア版の「前成された」ビルだと言うのは、理にかなっている。たとえそのミニチュアが、ビルそのもののもつ次元よりも少ない次元数で符号化しなおされているとしても、である。

設計図が一次元に還元されることについて触れたのは、もちろんDNAが一次元の符号だからである。ちょうどビルの縮尺模型をデジタル化された一組の設計図として一次元の電話回線で送信することが理論的に可能なように、縮小した体を一次元のデジタルなDNA暗号で伝えることも理論的には可能である。じつはそうでないのだが、もしそうなっていたのであれば、現代の分子生物学が古くからの前成説の正当性を立証したと言えるだろう。さて次に、もう一つの偉大な発生学理論である後成説、言い換えれば料理法説あるいは「料理の本」説について考えよう。

料理の本に載っている料理法というものは、どんな意味でも、オーブンから出来上がってくるケーキの設計図ではない。というのは、料理法が一次元の言葉の連なりで、ケーキが三次元の物体だからというわけではない。もうおわかりのように、走査線の手法を使えば、縮尺模型を一次元の符号として表現するのは完璧に可能なのだ。しかし、料理法というものは縮尺模型ではないし、出来上がったケーキの記載でもないし、どんな意味でも一対一対応を表わしていない。それは、正しい順序で従えば、結果としてケーキが出来上がるような一組の指令なのだ。ケーキを一次元の符号によって表わした真の設計図というものがあるとすれば、それはあたかも串を縦に横に順序よく繰り返し突き刺すようにしてケーキを調べつくした、一連の走査線でできているだろう。まあいえば、一ミリ間隔で串刺しされた点のまわりが符号として記録され、干しぶどうやら生地やらのすべての正確な座標が直列データから検索できるといったぐあいである。ケーキのかけらの一つ一つと設計図のそれにみあった箇所とのあいだには厳密な一対一の対応があるはずである。実際の料理法は、あきらかにそれとは似ても似つかない。ケーキの「かけら」と料理法の言葉ないし文字とのあいだには一対一の対応など全然ない。料理法の言葉が何かに対応しているとすれば、それは出来上がったケーキのひとかけらなんぞではなく、ケーキづくりの一作業段階である。

ところで、われわれは動物が受精卵からどのようにして発生してくるか、まだなにもかも理解しているわけではない。というか、大部分のことを理解していない。それでも、遺伝子が設計図よりも料理法にはるかに似ているという示唆は、きわめて強固である。実際、この料理法のアナロジーはかなりすぐれている。それに対して、設計図のアナロジーの方は、軽率にもしばしば初歩的な教科書のなかで、それも最近の教科書で使われているが、ほとんどどこから見ても間違っている。胚発生は一つの過程なのだ。それは秩序正しい順序で起こる出来事であり、その過程に何百万もの段階があること、「料理」のあちこちの部分で異なった段階が同時進行していくことを除けば、ケーキづくりの手順に似ている。この段階のほとんどは細胞の増殖に関連していて、莫大な数の細胞をつくりだし、それらのあるものは死んだり、またあるものはくっつきあって器官や組織、その他の多細胞構造をかたちづくったりしている。これまでの章で述べたとおり、特定の細胞がどのようにふるまうかは、その細胞のなかにある遺伝子によっているのではなく――というのは、体の細胞はすべて同じ遺伝子セットをもっているのだから――その細胞で遺伝子のどのサブセットにスイッチが入っているかによっている。発生中のどの時点をとってみても、発生しつつある体のどの場所においても、ごく少数の遺伝子のスイッチしか入っていないだろう。胚の場所が違えば、また発生中の時期が違えば、スイッチの入っている遺伝子サブセットも違うだろう。ある時にある細胞でいったいどの遺伝子のスイッチが入るかは、その細胞の化学的条件による。その化学的条件は、遡れば胚のその部分の過去の条件によっている。

さらに、遺伝子のスイッチが入っているときに、その遺伝子がどのような効果をもつかは、胚のまさにその場所に、効果を及ぼすべきものとして何があるかに依存している。発生開始後第三週に脊髄基部の細胞でスイッチの入った遺伝子は、同じ遺伝子でも、発生開始後第一六週に肩の細胞でスイッチが入ったときとは、まるで違った効果をもつだろう。このように、ある遺伝子のもつ効果というものは、それがあるとすれば、単にその遺伝子自体の性質ではなく、胚のなかでその遺伝子をとりまく局所が経験した最近の歴史との相互作用によって決まる遺伝子の性質なのだ。こう考えてみると、遺伝子が何か体のための設計図のようなものだという考えは無意味になる。思い出していただきたいのだが、そっくり同じことはコンピューター・バイオモルフにもあてはまったのだった。

したがって、遺伝子と体の一部とのあいだには単純な一対一対応などというものはない。それは料理法の言葉とケーキのかけらとのあいだに対応がないのと同じである。ちょうど料理法のなかの言葉が、寄り合わさって一つの過程を遂行するための一組の指令となるのと同じように、遺伝子は寄り合わさって一つの過程を遂行するための一組の指令とみなしうる。そうなると、遺伝学者がどうやって生計を立てることができるのかという疑問を抱えたままとり残されてしまう読者もいるかもしれない。いったい、どうして青い目の「ための」遺伝子やら色盲の「ための」遺伝子やらについて、研究することはもちろん、語ることが可能なのだろうか？　遺伝学者がそうした単一遺伝子の効果を研究できるというまさにその事実は、一遺伝子対体の一部の対応のようなものが実際にあるということを示しているのではないか？　これは、遺伝子セットはからだを形作るための料理法であると言ってきた私の主張がすべて誤りだと証明しているのではないか？　いやそうではない、たしかにそうではないのだ。なぜそうではないのかを理解するのはだいじなことである。

たぶん、このことを理解するのにうってつけの方法は、料理法アナロジーに戻って考えなおすことである。あなたがケーキを切ってそれを構成要素のかけらに分け、「こちらのかけらは料理法の最初の言葉にあたり、こちらのかけらは料理法の二番目の言葉にあたる」などと言うのは無理だということ、これについては同意していただけるだろう。その意味で、料理法は全体としてケーキの全体に対応するということについても、同意していただけよう。しかし、いま料理法のなかの一つの言葉を変えたと考えてみてほしい。たとえば、「ベーキングパウダー」という言葉を抹消したり、かわりに「イースト」という言葉に置き換えたりしたとしてみよう。この新版の料理法にしたがって一〇〇個のケーキを焼き、そして旧版の料理法にしたがって一〇〇個のケーキを焼く。この一〇〇個ずつのケーキからなる二組のあいだには決定的な違いがあるはずであり、その違いは料理法のなかの言葉一語の違いによっている。言葉からケーキのかけらへの一対一の対応はないけれども、言葉の違いからケーキ全体の違いへの一対一の対応はあるのである。「ベーキングパウダー」そのものはケーキのどのような特定の部分にも対応していない。その影響はケーキ全体のふくらみ方に表われており、したがって出来上がったときの形に表われている。かりに「ベーキングパウダー」が抹消されたり、かわりに「小麦粉」に置き換えられたりしたならば、そのケーキはふくらんでいないだろう。それが「イースト」に置き換えられたのであれば、ケーキは多少はふくらむだろうが、いくぶんパンみたいな風味になっているはずだ。料理法のオリジナル版にしたがって焼いたケーキと「突然変異」版にしたがって焼いたケーキとでは、たとえどのケーキのなかにも当の言葉に対応するような特定の「部分」はこれっぽっちもないとしても、どちらの方法で焼いたかを見定めることのできる信頼すべき違いがあるだろう。これは、遺伝子が突然変異したときに何が起こるかを示す、すぐれたアナロジーである。

それよりいっそうよいアナロジーは、ケーキを焼く温度を「一八〇度」から「二三〇度」に変えるといったようなものだろう。遺伝子は量的効果を発揮し、突然変異はその量的効果の大きさを変えるからである。「突然変異」版の高温料理法にしたがって焼いたケーキは、単に一部だけでなく中身全体がオリジナル版の低温料理法にしたがって焼いたケーキとは違った出来ばえになるだろう。しかし、このアナロジーはそれでも単純すぎる。赤ん坊の「焼き方」を忠実になぞらえるには、一個のオーブンでの単一の過程を想定するのでは間に合わない。直列にも並列にもつながったもつれたベルトコンベアーの上で、料理の異なった部分が一〇〇〇万もの異なった小型のオーブンを通過し、各オーブンが一万種類の基本材料からいろいろな組合せで香料を添加する、そのようなものを想定しなければならない。遺伝子がある過程の設計図ではなく料理法だという、料理のアナロジーの要点は、そのアナロジーを単純によりも複雑に見立てたものによっていっそうはっきりしてくる。

さあいよいよ、以上の手ほどきを、獲得形質の遺伝問題にあてはめよう。設計図から何かをつくりあげることで重要なのは、料理法のばあいと違って、その過程が可逆的だということである。家が手に入れば、その設計図を再構成するのは簡単である。ただその家のあらゆる寸法を測って、それを縮小すればよいのだ。その家が何らかの形質を「獲得」することになった、たとえば内壁が取り払われて間仕切りなしの一階のみになったとしても、「逆設計図」が忠実にその変更の様子を記録することができるのはあきらかだろう。もし遺伝子が成体の記載であれば、まったくそのとおりのはずだ。遺伝子が設計図だとすれば、体が生涯のあいだに獲得したどんな形質でも遺伝暗号に忠実に転写しなおされ、それから次世代に伝えられるだろうということは容易に想像される。鍛冶屋の息子が自分の父親の鍛錬の結果、獲得したものを受け継ぐこともほんとうにできるはずだ。それが不可能なのは、遺伝子が設計図ではなく料理法だからである。獲得形質が遺伝するのを想像できないのは、次のようなことを想像できないのと等しい。ケーキからひときれ切り取るとしよう。それからケーキに起こった変化が料理法にフィードバックして記述される。しかも、その記述は、その変更を受けた料理法にしたがってケーキを焼くと、はじめからちょうどひときれ分を欠いた状態でオーブンから現われるように変えられなくてはならないのだ。

ラマルク主義者は伝統的にたこがお気に入りなので、その例を使うことにしよう。われわれが仮想した例の銀行員は、右手の中指、つまり物を書くのに使う指に固いたこがある点を除けば、柔らかく甘やかされた手をしていた。彼の子孫が何世代にもわたってみな大量に物を書けば、ラマルク主義者の期待するところでは、その部位の皮膚の発生を調節する遺伝子は、赤ん坊のときから生まれつき書くのにふさわしい固い指をもつように変わるはずである。遺伝子が設計図ならそれもたやすいだろう。皮膚の一ミリ四方（あるいはそれよりもふさわしい小さな単位）の一つ一つの「ための」遺伝子があるはずなのだ。大人になった銀行員の皮膚が全面にわたって「走査」され、各一ミリ四方についての固さが注意深く記録されたうえで、そのデータがその特定の一ミリ四方の「ための」遺伝子、それもとりわけ彼の精子の中の適当な遺伝子にフィードバックされていく、というわけである。

しかし、遺伝子は設計図ではない。一ミリ四方の一つ一つの「ための」遺伝子があるなどということは決してない。成体が走査され、その走査結果の記録が遺伝子にフィードバックされるというようなことは決してないのだ。たこの「座標」が遺伝的記録に遡って「参照」されるはずもないし、それに「対応する」遺伝子が変えられるはずもない。胚発生は一つの過程であり、機能している遺伝子はすべてそれにかかわっている。それは正しく前向きにたどられれば、結果として成体を生み出すような過程である。しかし、まさにその性質によって本質的に非可逆的な過程なのである。獲得形質の遺伝は生じていないだけではない。胚発生が前成的でなく後成的であるかぎり、どのような生命形態であれ、それは生じえないのだ。ラマルク主義を擁護する生物学者がこれを聞くとショックを受けるかもしれないが、彼は暗黙のうちに原子論的で決定論的で還元論的な発生学を擁護していることになる。私はこうしたもったいぶった専門用語を連発して、一般読者に負担をかけたりしたくはなかった。ただちょっとこのアイロニーに触れないでおくわけにはいかなかったのだ。それというのも、今日ラマルク主義に大いなる共感を抱いている生物学者たちは、偶然にも他人を批判するさいにこうした標語めいた言葉を使うのがとりわけお好きなようだからである。

だからといって、宇宙のどこにも胚発生が前成的であるような異質の生命システム、すなわちほんとうに「設計図としての遺伝的性質」をもち、したがってほんとうに獲得形質を伝えることのできる生命形態はないだろうと言っているのではない。要するに私がいままでのところで示してきたのは、ラマルク主義はわれわれの知っている発生学と相容れないということなのだ。本章のはじまりでした私の主張はもっと強いものだった。つまり、たとえ獲得形質が伝えられるとしても、ラマルク説はそれでも適応的進化を説明できないだろうと言ったのだった。この主張は、宇宙のあらゆるところであらゆる生命形態にあてはめられることをめざすほど、強いものである。それは二通りの根拠にもとづいている。一つは用不用の原理をめぐる難点にかかわっており、もう一つは獲得形質の遺伝にまつわるそれ以上の難題にかかわっている。後の方から説明していこう。

獲得形質にまつわる問題は基本的にこうである。獲得形質を遺伝するのはまことに結構なことなのだが、すべての獲得形質が改善とはかぎらない。実際、獲得形質のほとんど大部分は損傷である。獲得形質が無差別に遺伝されるのであれば、あきらかに進化は一般的な適応的改善の方向には進まない。折れた足や疱瘡の跡も、固くなった足の皮膚や日焼けした肌と同じように次の世代に伝えられてしまう。どんな機械でも、古くなってから獲得した特徴の大部分は、時間の経過により積もり積もった破損によるものであろう。つまり、それはくたびれていく傾向にあるのだ。かりにそうした特徴がある種の走査過程によって寄せ集められ、次世代の設計図に織り込まれれば、あとに続く世代はしだいにがたがたになっていくはずである。新たな設計図を携えて新規まきなおしをはかるのではなく、各世代は前世代に累積した衰えや損傷でじゃまされ、その傷跡を背負って新生活をはじめることになるのだ。

この問題は必ずしも克服できないわけではない。いくつかの獲得形質が改善であること、これは否定できないし、その遺伝メカニズムがなんとかして改善と損傷を識別することも理屈のうえでは考えられるからだ。しかし、この識別がどのようになされるかに頭を悩ませれば、今度は獲得形質がなぜときには改善となるのかと問うことになろう。たとえば、裸足のランナーの足の裏のように、皮膚のある部分が使われると、なぜ厚く丈夫になるのだろうか？　ちょっと考えたところでは、皮膚がだんだん薄くなるほうが、ずっとあたりまえのように思える。なにしろ、たいていの機械では、磨滅によって粒子が付け加わるのではなく、あきらかに取り除かれるので、摩擦を受ける部品はしだいに薄くなっていくではないか。

ダーウィン主義者はもちろんすでに解答をもちあわせている。摩擦を受ける皮膚が厚くなるのは、祖先が過去に受けた自然淘汰で、たまたま摩耗に対してこうしたやり方で都合よく反応した皮膚をもった個体が有利になったからである。同様に、自然淘汰は、祖先世代のうちたまたま日光を浴びると褐色になるように反応した個体を有利にしたのだ。たとえごく少数の獲得形質でもそれが改善であるのは、基盤に過去のダーウィン淘汰があるからにほかならないと、ダーウィン主義者は主張する。言い換えれば、あたかもダーウィン説の背中におんぶしてもらうかのようにして、はじめてラマルク説は進化における適応的改善を説明できるのである。いくつかの獲得形質が有利であることを保証し、そして有利な獲得物と不利な獲得物を識別するメカニズムを提供するために、背後にダーウィン淘汰があるという条件つきで、獲得形質の遺伝はおそらく何がしかの進化的改善をもたらしはしよう。しかし、その改善は、たかがしれているとはいえ、まったくダーウィン主義の基盤によっている。進化の適応的側面を説明しようとすると、結局ふりだしに戻ってダーウィン主義に行きつかざるをえないのである。

同じことは、獲得された改善のなかでもむしろもっと重要な種類のもの、われわれが学習という項目にひとまとめにしているようなものにもあてはまる。生きていくあいだに、動物は自分の生計を立てる仕事にしだいに器用になっていくものである。動物は何が有益で何がそうでないかを学習する。あるいはまた、その脳は自分の世界についての、いずれの行為が望ましい結果をもたらし、いずれの行為が望ましくない結果をもたらす傾向にあるかについての、巨大な記憶ライブラリーを貯えている。したがって、動物の行動の大半は獲得形質という項目のもとに入り、このタイプの獲得、すなわち「学習」の大半は実際に改善と呼ぶに値する。もし親がどうにかして生涯の経験をかけて得たこの知恵を自分の遺伝子に転写でき、結果としてその子供が生まれつき身代り経験のライブラリーをそなえていて、すぐさまそれに頼れるようになっていれば、そうした子供は一歩先まわりして生活をはじめることができるだろう。そうなれば学習によって得た技術や知恵は自動的に遺伝子に組み込まれていくので、進化的前進はずいぶんスピードアップするにちがいない。

ところがこの議論は、われわれが学習と呼ぶような行動の変化が改善であるということをすっかり当然の前提にしている。なぜ、学習による行動の変化が必ず改善になるのだろうか？　動物は実際、自分に都合の悪いことではなく、よいことをするように学習しているが、それはいったいなぜなのか？　動物は過去に痛みをもたらした行為を避ける傾向にある。しかし痛みは物質ではない。痛みは脳が痛みとして扱うものにすぎない。苦痛として扱われる出来事、たとえば体の表面に激しく穴があくといったことが、たまたまその動物の生存を危うくする傾向にある出来事でもあるのは、幸運な事実である。だが、けがやその他の生存を危うくする出来事を楽しむような動物の一族を想像することも容易である。それは、傷つくことを喜びとし、栄養に富んだ食物の味といった生存にとって縁起の良い刺激を苦痛と感じるようにつくられた脳をもった動物の一族だ。われわれが実際にはこの世の中にそうしたマゾヒスティックな動物を見ないわけは、マゾヒスティックな祖先は明白な理由からそのマゾヒズムを伝える子孫を残すまで生存するにいたらないというダーウィン主義的根拠によっている。壁にクッションをとりつけた飼育ケージや獣医と世話人チームによって生存を保証する、いたれりつくせりの条件下の人為淘汰でなら、おそらく遺伝的なマゾヒストの品種をつくりだすことも可能だろう。しかし、自然界ではそうしたマゾヒストは生き残れっこないし、そしてこれこそ、われわれが学習と呼んでいる変化が改善であって、その逆ではない基本的理由なのだ。こうして、われわれはふたたび、獲得形質が有利であることを保証するにはダーウィン主義的基盤がなければならないという結論にたどりついてしまう。

さて次に、用不用の原理をとりあげるとしよう。この原理は獲得された改善のいくつかの側面になかなかうまくあてはまるように思える。それは、具体的な細部に依存しない一般則である。この規則は単に、「体のなかで頻繁に用いられる部分はどんなところであれ、しだいに大きくなるはずである。また、用いられない部分はどんなところであれ、小さくなる、あるいはまったく衰えるはずである」ということを述べている。体のなかで有用な（それゆえおそらく用いられた）部分は一般に大きくなることで利益を得る、一方、不用な（それゆえおそらく用いられていない）部分はまったくなくなってもかまわないと考えられるので、この規則は何らかの長所をもっているようである。にもかかわらず、用不用の原理には大きな問題がある。つまりこういうことだ。他に何ら障害がないとしても、われわれが実際に動物や植物に見てとるようなこのうえなく精妙な適応をかたちづくるには、この原理は道具立てとしてはあまりに粗雑すぎるのである。

以前の議論では、眼は有用な例だった。それなら、ここでも有用でないわけはあるまい。このまったく複雑な協同作業をなす部分について考えよう。透明度の高い澄みきったレンズ、その色補正や球面歪曲の補正。数インチの距離にある標的にでも、無限遠の彼方にある標的にでもレンズの焦点を瞬間的に合わすことのできる筋肉。虹彩、あるいは測光装置と専用の高速コンピューターを内蔵したカメラのように眼の口径を連続的に微調整する「レンズの絞り」機構。色コードをもった一億二五〇〇万の視細胞からなる網膜。機械にくまなく栄養を補給するきめ細かな血管のネットワーク。接続線と電子チップにも等しいさらにきめ細かな神経のネットワーク。このきわめて巧みにあつらえられた複雑さに心をとめたうえで、さてそれが用不用の原理によって組み立てられるかどうか、問うてみるがいい。その答えはあきらかに「ノー」だと、私には思える。

レンズは透明で、球面歪曲や色収差に対して補正されている。こんなものが薄ぺらな用だけで生じてくるなどということがあるだろうか？　レンズというのは、それに注がれる大量の光子（フォトン）によって洗われ、透きとおってくるようなものだろうか？　使われたり、光が透過したりしたからといって、よりすぐれたレンズになるようなものだろうか？　もちろんそんなことはない。いったい、どうしてそんなはずがあるだろう。単に違った色を浴びたからといって、網膜の細胞が色を感じる三種類の違った視細胞に分かれたりするだろうか？　もう一度繰り返そう。いったい、どうしてそんなはずがあるだろう。焦点を合わすための筋肉が存在すれば、なるほどそれらを動かすことによって筋肉は大きくなったり強くなったりするだろうが、そんなことでは視覚像をより焦点の合ったものにはできない。用不用の原理ではもっとも未完成で気にもとまらない適応の他には何もかたちづくれない、というのがほんとうのところである。

それに対してダーウィン淘汰は、どんなことでもすみずみにいたるまで造作もなく説明できる。視力の良さ、こと細かな点にいたるまでの正確さや忠実さは、動物にとって生死にかかわる問題である。アマツバメのようにひじょうに速く飛ぶ鳥にとっては、レンズの焦点が適切に合い、収差が補正されているかどうかで、虫を捕えるか、崖に激突するかの大ちがいになるはずだ。太陽が出てくるとすぐに絞り込むように虹彩がうまく調整されているかどうかで、捕食者を見つけて余裕をもって逃げられるか、それとも目がくらんで最後の瞬間を迎えるかの大ちがいになるはずだ。たとえどんなに微妙であろうと、また内部組織に深く埋め込まれていようと、眼の有効性を増すどのような改善も、動物の生存と繁殖成功に貢献し、したがってその改善を生み出す遺伝子の増殖に貢献するだろう。というわけで、ダーウィン淘汰は改善をもたらす進化を説明することができる。ダーウィン説は、生存のために成功をおさめた装置の進化をまさにその成功の直接の帰結として説明している。説明するものと説明されるものとの結びつきは、直接的でしかも細部にゆきわたっている。

一方、ラマルク説は不正確で粗っぽい結びつき、すなわちよく用いられる何かはもっと大きければさらに都合が良いだろうという規則に頼っている。これは、ある器官の大きさとその有効性の相関に頼っているというに等しい。そうした相関があるとしても、それはきわめて弱いものにちがいない。ダーウィン説が事実上頼っているのは、ある器官の有効性とその有効性の相関であり、必然的にその相関は完全なのだ！　ラマルク説がもつこの弱点は、この惑星上で見られる特定の生命形態についての仔細な事実には依拠していない。それは、どのような種類の適応的複雑さにもあてはまる一般的弱点であり、この宇宙のどこの生命でも、そしてたとえその生命が細部についてみればどんなに異様で奇妙でも、あてはまるにちがいないと、私は思う。

かくして、ラマルク主義に対するわれわれの論駁はかなり痛烈である。第一に、その鍵となる仮定、獲得形質の遺伝という仮定は、われわれの調べてきたあらゆる生命形態について誤りのように思える。第二に、前成的な（「設計図」）胚発生ではなく、後成的な（「料理法」）胚発生にのっとっている生命形態であれば、それはたまたま誤っているだけでなく、誤りでなくてはならない。そしてわれわれの調べてきた生命形態は、すべて後成的な胚発生をする種類に属している。第三に、たとえラマルク説の仮定が正しかったとしても、この説は地球上だけでなく宇宙のどこででも、重大な適応的複雑さの進化を二つのまったく別個の理由から原理的に説明できない。というわけで、ラマルク主義は、はなからダーウィン説のライバルでしかもたまたま間違っていたというのではない。ラマルク主義は、ダーウィン主義のライバルなんぞではないのだ。それは適応的複雑さの進化を説明するものとしての油断ならざる候補でさえない。ダーウィン主義に対する潜在的ライバルとして出発したときから、末路をたどるべく運命づけられているのである。

その他に、ダーウィン淘汰にかわりうるものとして提出されてきた、そしていまでもときおり提出されることのあるいくつかの説がある。これまた実際には油断できない代替理論ではないことを示そう。これらの「代替理論」、すなわち「中立説」や「突然変異説」などが、観察される進化的変化の何がしかの部分の原因であるにせよ、ないにせよ、適応的な進化的変化、つまり眼、耳、肘の関節、反響射程装置といった生存のために改善された装置をつくりあげる方向への変化の原因ではありえない（それはまったくあきらかだ）ということを示そう。むろん、進化的変化の大部分が非適応的であるかもしれず、そのばあい進化の一部分についてはこれらの代替理論が重要でもありそうだが、それは進化のうちの退屈な部分にすぎないし、生命が非生命とは対照的にもっている特別な部分にはかかわらない。このことは中立進化説のばあいにとりわけあきらかである。この理論は長い歴史をもっているが、分子レベルの装いを施した現代版についてはとくに容易に理解できる。

それは偉大な日本の遺伝学者、木村資生によって長足の進歩を遂げてきた。ついでに言っておけば、彼の英語の散文体は、英語を母国語とする多くの人々の顔色をなからしめるだろう。

　中立説についてはすでに簡単に触れている。思い出していただけると思うが、その考え方によると、同じ分子の変異体、たとえばアミノ酸配列がほんの少し異なっているヘモグロビン分子のいくつかの変異体も、互いにまったく同程度にうまく機能している。ということは、あるヘモグロビンの変異体から別の代替的な変異体への突然変異は、自然淘汰に関するかぎり中立だということである。中立論者は、分子遺伝学のレベルでは大部分の進化的変化が中立だと、つまり自然淘汰に関してはランダムだと考えている。それと対立する、淘汰論者と呼ばれるもう一つの遺伝学派は、分子の鎖上のあらゆる点といった細部のレベルでさえ自然淘汰が有効な力をもっていると考えている。

　二つの別個の問いを区別することがたいせつである。一つは本章に関連した問いで、中立説が適応的進化の説明として自然淘汰にかかわりうるものであるかどうか、ということ。もう一つはまったく別の問いで、現実に見られる進化的変化のほとんどが適応的であるかどうか、という問いだ。われわれがある形から別の形への分子の進化的変化について語っているとすれば、その変化が自然淘汰を通じてもたらされるのはどれほどありそうなことで、そしてそれが機会的浮動（ランダム・ドリフト）を通じてもたらされた中立的変化だというのはどれほどありそうなことだろうか？　この第二の問いをめぐっては、追いつ追われつの大論戦が分子遺伝学者のあいだで激しく繰り広げられ、まずは一方の側が優位に立ち、ついで他方の側が優位を奪い取るといったぐあいだった。しかし、われわれの興味を適応、つまり第一の問いに絞るというのであれば、それは空騒ぎにすぎない。われわれが適応にかかわっているかぎり、中立突然変異など存在しないも同然なのだ。なにしろ、われわれも自然淘汰もそんなものを見ることはできないのだから。われわれが足や手や翼や眼や行動について考えているさいには、中立突然変異などというものはまったく突然変異ではないのだ！　ふたたび料理法のアナロジーを使えば、たとえ料理法のいくつかの言葉の活字の型が「突然変異」しても、料理の味は同じということになろう。最後に盛りつけられた料理に関心を抱くわれわれのような人間にとって、それはこのように印刷されていても、**このように**印刷されていても、**このように**印刷されていても、同じ料理法なのだ。分子遺伝学者は細部にこだわる活版職工のようなものである。彼らは料理法が書きつけられている言葉の実際の形を気にしている。自然淘汰はそんなことを気にしていないし、われわれが適応の進化について語っているさいには、われわれもまた然りである。進化の他の側面、たとえば異なった系統の進化速度についてかかわっているのなら、中立突然変異はきわめて興味をひく対象になるだろう。

もっとも熱心な中立論者でさえ、自然淘汰があらゆる適応の原因であることについてはまったく喜んで同意してくれるだろう。彼が言っているのは、結局大部分の進化的変化は適応ではないということなのだ。たぶん彼は正しいだろうが、ただしもう一つの遺伝学派である淘汰論者は同意しそうにない。傍観者の立場から言えば、私自身は中立論者が勝利をおさめることを望んでいる。というのは、中立説の方がはるかに進化的関係や進化的速度の問題を解決しやすくしてくれるからだ。いずれにしても、中立進化は適応的改善をもたらしえないという点では、すべての人が一致している。理由は単純で、中立進化は定義によってランダムであり、適応的改善は定義によってランダムではないからである。ここでもまたわれわれは、生命を非生命から区別する特徴、すなわち適応的複雑さを説明するものとして、ダーウィン淘汰にとってかわる説を見いだすことはできなかった。

　さて、ダーウィン主義に対するもう一つの歴史的なライバル、「突然変異説」はどうだろうか。いまとなっては理解しがたいけれども、突然変異という現象がはじめて名づけられた今世紀初頭では、突然変異はダーウィン説の必須の部分としてではなく、代替的な進化論とみなされていた！突然変異論者と呼ばれる遺伝学派があり、そのなかにはメンデル遺伝の原理の初期の再発見者であるヒューゴー・ド・フリース[7]やウィリアム・ベイトソン[8]、遺伝子という言葉の発明者であるウィルヘルム・ヨハンセン[9]、遺伝の染色体説の父トーマス・ハント・モーガン[10]といった有名人が名をつらねていた。とりわけド・フリースは突然変異がもたらすことのできる変化の大きさに強く印象づけられ、新種はつねに単一の大きな突然変異によって生じると考えた。彼とヨハンセンは、種内の大部分の変異が非遺伝的なものだと考えていた。突然変異論者たちの信じるところによれば、淘汰は進化においてせいぜい有害なものを取り除く役割くらいしか果たしていなかった。真に創造的な力は突然変異自体だったのだ。メンデル遺伝学は、今日あるようなダーウィン主義の中心綱領としてではなく、ダーウィン主義と正反対のものと考えられた。

　現代人の意識ではこの考え方に吹き出さずに反応するのはたいへんむずかしいが、ベイトソン自身の恩着せがましい調子をそっくり引用するにあたっては用心しなければならない。「われわれは、比類のない事実の収集についてはダーウィンを大いに頼りにしている（が、しかし……）彼の語るところはわれわれにとってもはや哲学的権威以上のものではない。われわれは彼の進化の体系を、あたかもルクレティウス[11]やラマルクのそれを読むかのようにして読む」。さらにこう述べた。「個体群の大多数が淘汰にみちびかれて目に見えないほどわずかな段階ずつ変形していくというのは、われわれの多くがいま見るように、事実には適用できないので、そうした命題の弁護人によって開陳された洞察力の欠如と、ほんのしばらくでさえそれを受け入れられるように思わせた弁論技術には、ただただ驚くほかない」。形勢を逆転させ、ダーウィン主義に正反対であるどころか、メンデル派の粒子遺伝こそダーウィン主義に本質的なものであることを示したのは、結局のところR・A・フィッシャーだった。

突然変異は進化に欠かせないが、どうしたらそれで十分だなどと考えられるだろう。進化的変化は、偶然だけで期待しようにもとうてい無理なくらいに、改善なのだ。突然変異を唯一の進化の力とする考えにつきまとう難点は単純に言えばこうなる。いったいどうして突然変異は動物にとって何が良くて何が良くないかを「知っている」と想定されるのか？　体の器官のような既存の複雑なメカニズムに起きる可能性のある、あらゆる変化のうち、ほとんど大部分はそのメカニズムを悪化させるだろう。ほんのごくわずかの変化だけがそれをよりよいものにするのだ。突然変異が淘汰なしに進化の原動力となると論じたいのなら、どうして突然変異がよりよいものとなるような傾向が生まれるのかを説明しなくてはならない。いったいどんな神秘的な知恵が内在して、体がより悪化するのではなく、よくなる方向で突然変異することを選ぶのだろうか？　これはラマルク主義に対して投げかけたのと、見かけは違っていても、本質的に同じ問題であることがみてとれよう。突然変異論者は言うまでもなくそれに答えていない。奇妙なのは、この問題が彼らの心にほとんど浮かんでいなかったように思えることである。

不公平なことではあるが、今から見ればこの話はますます馬鹿げているようにみえる。というのは、突然変異は「ランダム」だと信じるように、われわれは育てられているからである。突然変異がランダムなら、定義によって、それは改善に向かう偏りを生み出すことはできない。けれども突然変異論者たちはもちろん突然変異をランダムとはみなしていなかった。彼らの考えでは、体は他の方向ではなく、とくにある方向に変化する内在的な傾向をもっていたのである。ただし、どんな変化が将来体にとって有利になるのかを体はどうやって「知って」いたのかという問いには、答えられないままだった。こんな考えは神秘主義的で無意味だと決めつける一方で、突然変異がランダムだと言うときにそれが正確に何を意味しているのかをあきらかにするのは、われわれにとっても重要なことである。ランダム性とひとことで言ってもいろいろあり、多くの人々がこの言葉のいろいろな意味を混同している。ほんとうは多くの点で突然変異はランダムではない。要するに私が言いたいのは、これら多くのランダムでなく起こる突然変異においては、なにやら動物の生活を向上させると予想されるようなものは何も含まれていない、ということでしかない。そして、それを予想させるようなものこそ、もし淘汰なしで突然変異だけで進化を説明しようとするなら、必要となるはずのものなのだ。なかなか教訓的なので、突然変異がランダムであるとかないとかという意味について、もう少し詳しくみてみよう。

突然変異がランダムでないという第一の点はこうである。突然変異は明確に物理的な出来事によってひき起こされている。自発的に偶然起きたりするわけではない。それらはいわゆる「突然変異原」（往々にして癌の原因になるので危険である）によって誘発される。たとえば、X線や宇宙線、放射性物質、さまざまな化学物質、さらに「突然変異遺伝子（ミューテーター）」と呼ばれる他の遺伝子などが突然変異原となる。第二に、どの生物でもすべての遺伝子が同じように突然変異を起こすわけではない。染色体上のどの遺伝子座も、その座に特徴的な突然変異率をもっている。例を挙げれば、中年初期の人を死に追いやるハンチントン舞踏症[12]（リウマチ性舞踏病に似ている）の遺伝子をつくりだす突然変異率はおよそ二〇万分の一である。軟骨発育不全症（よく知られた小人症候群で、手足が体のわりに短いビーグル犬やダックスフントのような特徴をもつ）でみられる率は、それより約一〇倍高い。これらの率は通常の条件下で測定されるものである。X線のような突然変異原が存在すれば、通常の突然変異率はたちまち増加する。染色体のある部分は、高い遺伝子転換率をともなういわゆる「ホットスポット」で、局所的にきわめて高い突然変異率をもっている。

第三に、染色体の一つ一つの遺伝子座では、それがホットスポットであろうとなかろうと、ある方向の突然変異がその逆方向の突然変異よりも起きやすいということがある。これは「突然変異圧」として知られた現象を起こすことであり、進化的帰結をもたらしうる。たとえば、ヘモグロビン分子の二つの変異体、1型と2型が、どちらも血液中の酸素を運搬する能力については同程度にすぐれているという意味で淘汰上中立だとしても、それでも1型から2型への突然変異が2型から1型への突然変異よりも多いということがありうる。このばあいには、突然変異圧は1型よりも2型を多くさせる傾向にあるだろう。ある染色体の遺伝子座での前進突然変異率が正確に復帰突然変異率と釣り合っているとき、その遺伝子座での突然変異圧はゼロだといえる。

さて、いまや突然変異がほんとうにランダムかどうかという問いがつまらない問いではないわけがわかるはずだ。その答えは、われわれがランダムの意味するところをどう理解しているかにかかっている。もし「ランダムな突然変異」を、突然変異が外的な出来事に影響されないという意味で理解しているなら、突然変異がランダムだという主張はX線によって反証されている。もし「ランダムな突然変異」を、どの遺伝子も突然変異を起こす率は等しいという意味だと考えるなら、ホットスポットが突然変異はランダムでないことを示している。もし「ランダムな突然変異」を、どの染色体の遺伝子座でも突然変異圧はゼロであるという意味で解釈しているなら、やはり突然変異はランダムではない。突然変異が真にランダムであるのは、「ランダム」という言葉を「体の改善に向かうような偏りは一般に存在しない」という意味において定義するときだけにかぎられている。先に考察した三種類の真の非ランダム性はいずれも、進化をどのようなものであれ（機能的に）「ランダム」な方向に逆らって適応的改善の方向に動かすには無力である。第四の種類の非ランダム性がある。同じことはそれにもあてはまるのだが、それほどあきらかではない。現代の生物学者でさえなお混乱しているので、この問題についてはもう少し時間をかける必要があるだろう。

ある人々にとって「ランダム」という言葉は、次のような意味、私の意見ではかなり奇怪な意味をもっているようだ。ダーウィン主義に対する二人の反対者（P・ソーンダースとM＝W・ホー）から、ダーウィン主義者が「ランダムな突然変異」をどう考えているかについての彼らの考えを引用しよう。「ネオダーウィン主義のランダムな変異という概念は、考えられるありとあらゆるものが可能であるという大きな誤謬をともなっている」「あらゆる変化が可能であり、しかも同程度に起こりそうだと考えられている」（傍点は私の強調）。こういった信念を抱いているどころか、どうすればそんな信念を意味ありげにすることができるのかすら、私にはわからない！　「あらゆる」変化が同程度に起こりそうだというのは、いったいどういう意味がありうるのだろうか？「あらゆる」変化だって？　二つ以上のことがらが「同程度に起こりそう」であるためには、それらのことがらが独立な事象として定義される必要がある。たとえば「表と裏が同程度に起こりそうだ」と言えるとすれば、それは表と裏が二つの独立な事象だからである。だが、動物の体に起こる「可能性のあるあらゆる」変化はこの種の独立な事象ではない。二つの可能な事象をとりあげよう。

「ウシの尻尾が一センチだけ長くなる」という事象と「ウシの尻尾が二センチだけ長くなる」という事象があるとする。これらは二つの別々の事象であり、したがって「同程度に起こりそう」だろうか？　それとも、それらは同じ事象の単に量的な違いなのだろうか？

一種のダーウィン主義者のカリカチュアが仕立て上げられているのはあきらかだ。そのランダム性についての観念は、かりに現実に無意味ではないとしても、馬鹿馬鹿しく極端である。私にはこのカリカチュアを理解するのに少し時間がかかった。なにしろ、それは私の知っているダーウィン主義者の思考方法とはあまりに異質だったからである。しかし私はいまではこのカリカチュアを理解していると思うし、ダーウィン主義者に対するおびただしい異議申し立ての背後に何があるのかを理解するのに役立つと思うので、それを説明しておきたい。

変異と淘汰はいっしょにはたらいて進化を生み出す。ダーウィン主義者の言うところでは、変異は改善に向かって方向づけられていないという意味でランダムであり、進化において改善に向かう傾向は淘汰に由来する。一方の端にダーウィン主義者がいて、他方の端に突然変異論者がいるような、進化教義の連続体のようなものを想像することができる。極端な突然変異論者は、淘汰が進化に何の役割も果たしていないと考えている。進化の方向は現われる突然変異の方向で決まる。たとえば、ここ数百万年のあいだにわれわれ人間の進化に起きた脳の巨大化をとりあげてみよう。ダーウィン主義者ならこう言うだろう。突然変異によって淘汰の対象として提供された変異のなかには、小さな脳をもった個体もいれば、大きな脳をもった個体もいた。そして淘汰によって後者が有利になったのだ、と。一方、突然変異論者によれば、突然変異が提供する変異は大きな脳の方に偏っていた。変異が提供されてしまえば淘汰はない（というか、淘汰は必要ない）。脳は、突然変異による変化が脳を大きくする方向へ偏って起きた以上、どんどん大きくなった、というわけだ。問題点を要約しよう。進化に大きな脳に向かう偏りがあった。この偏りは、淘汰のみによって生じることができた（突然変異論者の見方）か、（ダーウィン主義の見方）か、あるいは突然変異のみによって生じることができた（突然変異論者の見方）か、である。こうした二つの見方の間にはある連続体が想定できて、そこでは進化的な偏りを生み出す可能性のある二つの源泉がほとんどトレードオフのようなものになっている。中間的なものの見方によれば、脳の巨大化に向かう突然変異にいくらかの偏りがあり、そして生き残った個体群のなかで淘汰がその偏りをさらに著しくした、ということになろう。

突然変異によって淘汰の対象として提供される変異には何の偏りもないとダーウィン主義者が発言するとき、その主張を描写したもののなかにカリカチュアの要素が混じっているのだ。等身大のダーウィン主義者としての私にしてみれば、それは、突然変異が適応的改善の方向に規則的に偏って生じることはないと言っているにすぎない。しかし、等身大よりも大きく描かれたダーウィン主義者のカリカチュアにしてみれば、それは、考えられるあらゆる変化が「同程度に起こりそう」だということを意味しているのである。そうした信念がすでに述べたように論理的に不可能であることとは別にしても、ダーウィン主義者のカリカチュアは、体というものを、淘汰で有利になるなら全能の淘汰によっていかようにでも直ちにかたちづくられる、無限にひきのばしのきく粘土のようなものだと信じていると思われている。等身大のダーウィン主義者とそのカリカチュアの違いをわきまえておくのは重要なことである。一つ特別の例を使ってその違いを理解することにしよう。コウモリの飛翔術と天使の飛翔術の違いである。

天使は、いつも描かれるところでは、背中から生えた翼と、それとは別に羽毛に覆われていない腕とをもっている。それに対して、コウモリは鳥やプテロダクティル〔翼手竜〕といっしょで、独立した腕をもっていない。それらの祖先がもっていた腕は翼に組み込まれてしまっていて、食物を拾い上げるといった別の目的には使えないか、あるいは使えるとしてもひじょうに不器用にしか使えなくなっている。さて、等身大のダーウィン主義者とダーウィン主義者の極端なカリカチュアとのあいだの会話に耳を傾けてみよう。

等身大　どうしてコウモリは天使みたいな翼を進化させなかったんだろう。考えてもごらんよ、そうすればあと二本、腕が自由に使えたのにさ。マウスだっていつでも食べものを拾ったりかじったりするのに腕を使っているっていうのに、コウモリときたら、腕がなくて地上ではひどくぶきっちょのようじゃないか。思うに、突然変異が必要な変異を生み出さなかったっていうのが、一つの答えじゃないのかな。コウモリの祖先には、背中のまんなかから翼の原基がにょっきり突き出た突然変異個体がいなかったっていうわけさ。

カリカチュア　ナンセンス。淘汰がすべてなんだ。コウモリが天使のような翼をもっていないとしたら、それは淘汰が天使のような翼を有利にしなかったからにきまっている。背中のまんなかから翼の原基がにょっきり突き出た突然変異個体だってきっといただろうが、淘汰によってそんな個体は有利にならなかっただけだ。

等身大　そう、翼が生えたとしても、淘汰によって有利にならなかっただろうってことは、まったくそうだと思うよ。だって翼が生えると動物全体の体重が重くなるし、余分な重量なんて、飛行機には身に余る贅沢だからね。だけど、淘汰によって原則として有利になるものなら何でも、突然変異がいつでもそれに必要な変異をもたらすとは、まさかきみだって思わないだろう？

カリカチュア　いや。もちろん、そう思っている。淘汰がすべてなんだ。突然変異はランダムなのさ。

等身大　そうだとも、突然変異はランダムさ。でも、それは将来を見抜いたり、その動物にとって好都合となりそうなものをもくろんだりしないってことにすぎない。絶対になんでもかんでも可能というわけじゃないんだ。たとえば、いいかい、ドラゴンみたいに鼻の穴から火を吐く動物がいないのはどうしてなんだい？　だってそうすれば、餌を捕えたり料理をするのに便利だと思わないかい？

カリカチュア　簡単なことだ。淘汰がすべてなんだ。動物が火を吐いたりしないのは、そんなことをしても割に合わないからさ。火を吐く突然変異個体が自然淘汰によって排除されたのは、おそらく火をつくるのがエネルギー的に高くついたからだ。

等身大　火を吐く突然変異個体がいたなんて、とても信じられないね。それにもしいたとしたら、たぶん自分から黒こげになるたいへんな危険があっただろうね！

カリカチュア　ナンセンス。もしそんなことが唯一問題だというなら、淘汰が石綿で裏打ちされた鼻の穴の進化を有利にみちびいたことだろう。

等身大　いくら突然変異でも石綿で裏打ちされた鼻の穴をつくりだせるとは思えない。突然変異を起こして石綿を分泌できるようになるとは信じられないもの。それくらいなら、ウシの突然変異個体は月までだって跳べるよ。

カリカチュア　月まで跳ぶウシの突然変異個体はどんなものでも直ちに淘汰によって排除されるだろう。そこには酸素がないことくらいきみだって知っているはずだ。

等身大　えっ、遺伝的に宇宙服と酸素マスクをそなえたウシの突然変異個体をきみが考えないとは、これは驚きだ。

カリカチュア　なるほど！　それでは、ほんとうのところは、ウシは月まで跳んでも割に合わないということにしておこう。それに地球からの脱出速度に到達するエネルギー・コストも忘れてはいけない。

等身大　そんな馬鹿な。

カリカチュア　きみはあきらかに真のダーウィン主義者じゃない。きみはいったいある種のかくれ偏向突然変異論者なのかね？

等身大　そう思うなら、本物の突然変異論者に会わなくっちゃ。

突然変異論者　これはダーウィン主義者の内輪の議論かね、それとも他人が加わってもいいのかね？　あんたがたご両人がつまづいておるのは、あんまり淘汰ばかりを際立たせすぎるからじゃよ。淘汰にできるのは結局ひどい欠陥だとか奇形だとかを取り除くということにすぎん。そんなものでは、ほんとうに建設的な進化なんぞ生み出せっこないのじゃ。コウモリの翼の進化にもう一度戻って考えてみなされ。実際に起こったのはこういうことじゃ。地上に住んでいた動物の大昔の個体群のなかに、指を長くしてそのあいだの皮膜を伸ばすような突然変異がひょっこり現われだした。世代が進むにつれてこうした突然変異はだんだん頻繁になって、とうとう個体群全体が翼をもつようになったというわけじゃ。淘汰なんぞ全然関係ないて。コウモリの祖先の体質には翼を進化させるような内在的な傾向があっただけなのじゃ。

等身大とカリカチュア（声をそろえて）　カビのはえた神秘主義！　とっとと自分の一九世紀に戻るがいいや。

読者が突然変異論者にもダーウィン主義者のカリカチュアにも共感を抱かないだろうと私が考えても、まあそれほど僭越ではあるまい。読者は、もちろん私がそうであるように、等身大のダーウィン主義者に同意してくれるものと、私は思っている。こんなカリカチュアなど実在しない。不幸なことにそれが実在していると思い込んでいる人々がいて、それに同意できないがゆえに、自分たちはダーウィン主義そのものに同意できないのだと思ってしまっている。なにやら次のようなことを言っているとおぼしい生物学者の一派がある。ダーウィン主義にまつわる難点は、それが発生によって課される拘束を蔑ろにしている点だ。ダーウィン主義者（ここのところでカリカチュアが登場してくる）の考えによれば、ある考えられる進化的変化が淘汰によって有利になるなら、突然変異によってそれに必要な変異が手に入れられるようになるだろう。つまり、突然変異による変異はどんな方向にでも同程度に起こりそうで、淘汰こそ唯一偏りを生み出すもとなのだ、というわけである、云々。

しかし、等身大のダーウィン主義者なら誰でも、たとえどの染色体のどの遺伝子でも時を選ばず突然変異を起こす可能性があるにせよ、その突然変異が体に及ぼす帰結は胚発生の過程に厳しく制限されていることくらい、重々承知していよう。かりに私がそれに疑問を付したことがあるとしても（したことはないけれど）、バイオモルフのコンピューター・シミュレーションがその疑いを一掃していただろう。背中のまんなかから翼を生やす「ための」突然変異などというものをおいそれと仮定するわけにはいかない。翼であれ何であれ、発生過程がそれを可能にしてはじめて進化できるのだ。何ものも魔法のように「生え」たりしない。それは胚発生の過程によって形成されなければならない。ひょっとすると進化できそうなもののうちごく少数だけが、既存の発生過程がそのときどうあるかによって現実に可能となる。腕が発生する道がついているからこそ、指の長さを伸ばし、指のあいだに皮膜を成長させる突然変異が可能になるのである。しかし、背中の発生には、天使の翼を「生やす」のに手を貸すものは何もないようだ。遺伝子はとことん突然変異していけるが、胚発生過程がそのような変化に感応しない限り哺乳類は天使のような翼をいつまでたっても生やせない。

　さて、われわれが胚の発生のありようについて一部始終を知らないうちは、ある特定の想像上の突然変異がいままで存在したことがあるのかないのか、その蓋然性をめぐっていつまでたっても意見の一致をみないだろう。たとえば、哺乳類の胚発生には天使の翼を禁じるようなものは何もなく、この一件についてはダーウィン主義のカリカチュアの方が正しかった、つまり、天使の翼の原基は生じたのだが、淘汰によって有利にならなかったと、いつかわかるかもしれない。あるいは、胚発生についてもっと多くのことを知るようになれば、じつは天使の翼はつねに見込みがなく、したがって淘汰によって有利になる機会すらなかったのだと、わかるかもしれない。完全を期すために挙げておけば、第三の可能性もある。胚発生の都合上天使の翼が生じる可能性は決してなかったし、またかりに存在しても淘汰によってそれが有利になることは決してなかっただろう、というものである。しかしまあ、われわれが主張しなくてはならないのは、進化に胚発生が課している拘束を無視するわけにはいかない、ということなのだ。まじめなダーウィン主義者なら誰でもこの点については同意しているはずだが、それでもダーウィン主義者がこのことを否定しているかのように描く人々がいるのである。「発生上の拘束」を反ダーウィン主義的な力と見立て、それについて大声で騒ぎたてている人々は、結局のところダーウィン主義者を、私が先にパロディー仕立てで描いてみせたダーウィン主義者のカリカチュアと取り違えているのだ。

ここまではすべて、われわれが突然変異は「ランダム」だと言うときに何を意味しているかについての議論からはじまった。私は突然変異がランダムでない点として三つ挙げた。突然変異はX線などによって誘発される。突然変異率は遺伝子によって異なっている。そして前進突然変異率は復帰突然変異率と等しいとはかぎらない。いまや、これに突然変異がランダムでない第四の点を付け加えたことになる。突然変異は、既存の胚発生過程に変更を加えることしかできないという意味でランダムではない。淘汰によって有利な変化なら、考えられるどんな変化でも魔法を使って無から取り出す、などというわけにはいかないのだ。淘汰の対象とできる変異は、胚発生の過程というものが現実に存在しているのだから、それによって拘束されている。

突然変異がランダムでなかったかもしれない第五の点がある。動物の生活への適合性をひたすら改善する方向に偏ったかたちで生じさせる突然変異というものを想像することはできる。ところが、それを想像することはできても、この偏りがどのようにしてもたらされるかを少しでも指摘することは、まったく誰にもできたためしがない。突然変異がランダムだと真の等身大のダーウィン主義者が主張するのは、この第五の点、「突然変異論者」の観点においてだけである。突然変異は適応的改善の方向に規則的に偏って生じたりしないし、この第五の意味でランダムではない方向に突然変異をみちびくいかなるメカニズムも（穏やかな表現をすれば）知られていない。突然変異は、他のあらゆる側面についてはランダムではないけれども、適応的有利性に関してはランダムなのだ。進化を有利性に関してランダムでない方向へと向かわせるのは、淘汰であり、しかも淘汰しかないのである。突然変異説は事実として間違っているだけではない。それは決して正しくあるはずもなかった。それは原理的にいって改善をともなう進化を説明できないのである。突然変異説は、ダーウィン主義に対する反証されたライバルではなく、まったくライバルですらないという点で、ラマルク主義と同列である。

　同じことは、ダーウィン淘汰のライバルとして申し立てられている次のものにもあてはまる。それはケンブリッジの遺伝学者、ガブリエル・ドーヴァーによって「分子駆動（モレキュラー・ドライヴ）」という奇妙な名のもとで擁護されている（どんなものでも分子から成り立っている以上、ドーヴァーの仮想的な過程がどうして他の進化過程にもまして分子駆動という名前に値するのかははっきりしない。それはお腹（ガストリック）の胃（ストマック）の調子についてぶつぶつ言ったり、心（メンタル）の脳（ブレイン）を使って物事をなしたりしている私の知人たちを思い出させる）。木村資生をはじめとする中立進化説の支持者たちは、すでにみたとおり、自説についてどんな誤った主張もしていない。彼らは機会的浮動が適応的進化の説明をめぐって自然淘汰とライバル関係にあるといった幻想を抱いていない。自然淘汰だけが進化を適応的な方向に動かしうることを、彼らはよく知っている。その主張は、（分子遺伝学者が進化的変化とみなすような）大部分の進化的変化が適応的でないということにすぎない。ドーヴァーは自説をそうした控えめな主張にとどめていない。彼は寛容なことに自然淘汰にも同様に何がしかの真実があると認める一方で、自然淘汰などなくてもあらゆる進化を説明できると考えているのだ！

この本の全体を通じて、そうした問題を考えるときにわれわれがいちばん最初に頼るのは眼の例だった。もちろん、偶然によっては生じえないほどに複雑でうまくデザインされている器官がたくさんあるなかで、眼はその一例にすぎない。繰り返し論じてきたように、唯一自然淘汰だけがヒトの眼やそれに匹敵するきわめつきの完成度と複雑さをもった器官のもっともらしい説明に迫っている。幸いなことに、ドーヴァーはあからさまに挑戦しており、眼の進化に関する自分自身の説明を提示している。彼が言うように、無から眼を進化させるには一〇〇〇段階の進化が必要だと仮定しよう。つまり連続した一〇〇〇個の遺伝的変化が、何もない皮膚の一部分を眼に変換させるのに必要とされるというわけだ。これはまあ、議論のためには受け入れられる仮定のように私には思える。バイオモルフの国の言葉なら、皮膚に何もない動物から眼をもつ動物まで一〇〇〇歩の遺伝的距離にあるということになろう。

さて、しかるべき一〇〇〇組の段階さえ踏めばわれわれの知っている眼が結果として生じるという事実を、どうやって説明すればよいのだろうか？　自然淘汰による説明はもう周知である。もっとも単純なかたちでつづめて言えば、一〇〇〇段階の一つ一つについて、突然変異がいくつもの代替物を提供し、そのうちのただ一つだけが、生存の助けとなったために有利になった、ということになる。この進化の一〇〇〇段階は一〇〇〇個の一連の選択点を表わしており、その各選択点で大部分の代替物は死にいたった。現在の眼がもっている適応的複雑さは、一〇〇〇回にわたる無意識の「選択」に成功をおさめた最終産物なのだ。種はある特定の道すじをたどって、あらゆる可能性の迷路をくぐり抜けてきた。この道すじに沿って一〇〇〇の分岐点があり、その各点の生存者はたまたま視力の向上に通じる曲がり角をたどった個体だったのだ。道沿いには、一〇〇〇個の延々と連なる選択点のそれぞれで曲がり角を間違えて失敗したものの死体が散乱している。われわれの知っている眼は、連続した一〇〇〇回にわたる淘汰上の「選択」に成功をおさめた最終産物なのである。

以上は、一〇〇〇の段階からなる眼の進化についての自然淘汰による説明（の一表現法）だった。それでは、ドーヴァーの説明はどんなものだろうか？　基本的には、各段階でその系統がどのような選択をとろうが問題ではない、と彼は論じている。その系統は、結果として生じた器官の用途をあとになってから見いだした、というわけだ。彼によれば、その系統がとった段階の一つ一つはランダムなものだった。たとえば、第一段階では、あるランダムな突然変異が種全体に広がった。新たに進化した形質は機能的にはランダムだったので、その動物の生存の助けとはならなかった。そこで、その種は新たな場所や新たな生活様式を求めて世界を探しまわり、自分の体に押しつけられたこの新しいランダムな特徴をなんとか使いこなそうとした。体のランダムに変異した部分にふさわしい環境の一画を見つけると、彼らはしばらくのあいだそこに住んだが、やがてまた新しいランダムな突然変異が生じて種全体に広がった。かくしてこの種はランダムに得た新しい部分を使って生活できる新たな場所や新たな生活様式を求めて、世界をうろつきまわらねばならなかった。それが見つかると、第二段階は終わりだ。次いで第三段階のランダムな突然変異が種全体に広がり、この調子で一〇〇〇の段階まで続いて、とうとうわれわれの知っているような眼が形成されたのである。ドーヴァーの指摘によれば、ヒトの眼は赤外線ではなくわれわれが「可視」光と呼んでいるようなものを偶然に利用している。しかし、ランダムな過程によってたまたま赤外線を感じる眼を押しつけられていれば、われわれは疑いなくそれを目いっぱい利用していただろうし、赤外線を存分に利用した生活様式を見つけていただろう、と言う。

　ちょっと見ると、この考え方はたしかに人の心をひきつけるもっともらしさをそなえているが、あくまでもほんのちょっぴり見たときの話である。その魅力は、自然淘汰をそっくりそのまま逆立ちさせて巧妙に対称的にしたやりくちから発している。自然淘汰をもっとも単純なかたちで言うと、環境というものは種に押しつけられており、その環境にもっとも適した遺伝的変異個体が生き残るということになる。環境が押しつけられているのであって、種はそれに適合するように進化するのだ。ドーヴァーの説はこれを逆立ちさせている。このばあい、突然変異の栄枯盛衰によって、そして彼が特別の関心を抱いているその他の内的な遺伝的力によって「押しつけられ」ているのは、種の性質の方なのだ。かくして種はあらゆる環境の集合のなかから、押しつけられている性質にもっとも適合した環境を探りあてるのである。

　しかし、このそっくり逆立ちした対称性の魅力はじつは見かけだけである。ドーヴァーの思いつきにある驚くべき夢想主義は、われわれが数字で考えだすやいなや燦然と輝きを放ちだす。彼のシェーマの本質は、一〇〇〇の段階の一つ一つで種がどちらの道に曲がろうと問題ではなかったというところにある。種が見いだした各新機軸は機能的にはランダムであり、種はそれからその新機軸にふさわしい環境を見つけた。ここで暗黙のうちに意味されているのは、種が道のすべての分かれめでたとえどのような分岐路をとろうとも、適当な環境を見つけただろう、ということである。ところで、それによっていったいどれほど多くの環境がありうると前提にしなくてはならないか、ちょっと考えてみてほしい。一〇〇〇個の分岐点があった。各分岐点がただの二方向（三方向だの一八方向だのに枝分かれしているとするより、控えめな仮定だ）だったとしても、ドーヴァーのシェーマを運用可能にするために原理的に存在しなければならない生息可能な環境の総数は、二の一〇〇〇乗個である（最初の分岐点で二つの道すじになる。それらの分かれ道はそれぞれ二つになって全部で四つになる。次にそれらの分かれ道は八つになり、さらに一六、三二、六四、……というふうになって、ついに二の一〇〇〇乗となる）。この数字を書くと、一のあとに三〇一個のゼロがつくだろう。それは全宇宙に存在する原子の総数よりもはるかに大きな数字である。

ドーヴァー言うところの自然淘汰のライバルは、一〇〇万年はおろか、宇宙が存在したよりも一〇〇万倍長い時間が経っても、また一つ一つが一〇〇万倍長く存在した宇宙が一〇〇万個あっても、決して機能しないだろう。この結論は、眼をつくるのに一〇〇〇の段階が必要だったとするドーヴァーの最初の仮定を変えても、実質的には影響されないということに注意してほしい。わずか一〇〇段階にそれを減らしたとしよう。それではたぶん過小評価なのだが、それでも、その系統が踏んできたランダムな段階がどのようなものであれ、それに対処するためにいわば舞台のそでで待ち続けなくてはならない生息可能な環境の数は、一〇〇万の一〇〇万倍の一〇〇万倍の一〇〇万倍の一〇〇万倍以上にのぼる、とわれわれは結論する。これは前より小さな数字ではあるけれども、なおかつ舞台のそでで待っているドーヴァーの「環境」の大多数はそれぞれ一個の原子よりも小さなものからできていなければならないことを意味している。

ではなぜ自然淘汰の方は何らかの形の「大数の議論」によってそれと同じような致命傷を被らないのか、説明しておくのは無駄ではない。3章でわれわれは、実在と非在を問わずあらゆる動物が巨大な超空間に位置しているかのように考えた。われわれはここで同じことをしているのだが、それを単純化して進化的分岐点を一八通りではなく二通りの枝分かれとして考えている。一〇〇〇の進化段階で進化する可能性のあった全動物は巨大な樹にとまっており、その樹は次から次へと枝分かれして、いちばん先の小枝の総数は一のあとに三〇一個のゼロが続くほどにもなっている。現実の進化の歴史は、どのようなものであれ、この仮想樹木を通る特定の道すじとして表わされる。考えられるすべての進化経路のうち、ごく少数が現実に起こったのだ。われわれは、この「可能な全動物の樹」の大部分を非在の暗闇に隠れたものとして考えることができる。暗闇に覆われた樹のそこかしこに数条の軌跡が光に照らし出されている。これこそ現実に起こった進化の経路であり、なるほど光に照らされた枝の数は多くはあるが、それでもなおすべての枝を考えれば、そのごくごく少数にすぎない。自然淘汰は、考えられる全動物の樹のなかから道を選んで、少数の生存可能な道すじだけを見つけだすことのできる過程である。自然淘汰説は、私がドーヴァー説を攻撃するのに用いたような大数の議論によって攻撃されはしない。なぜなら、たえず樹の大部分の枝を切り払っているのが、自然淘汰説の本質だからである。それこそがまさしく自然淘汰のしていることなのだ。自然淘汰は考えられる全動物の樹のなかから一歩一歩道を選びとり、足の裏に眼のある動物などなど、ほとんど無限にある大多数の実りのない枝を避けている。ドーヴァー説では、その特殊な逆立ち論理の性格から、それらをも黙認せざるをえないのだ。

われわれは自然淘汰説にとってかわると申し立てられている諸説を扱ってきたが、最古の説だけが残っている。それは、意識をもったデザイナーによって生命が創られた、あるいはその進化が巧みに導かれたとする説である。この説のうちのある特定の見方、たとえば『創世記』のなかに綴られた一説（あるいは二説あるかもしれないが）を粉砕するのは、あきらかに簡単すぎて申し訳ないないくらいだ。ほとんどあらゆる民族がそれぞれの創造神話を発達させており、『創世記』伝説はたまたま中東遊牧民の一特定部族によって採用されていた説にすぎない。それは、世界がアリの排泄物から創られたとする西アフリカの部族の信仰と比べても、とりたてて特別な地位にあるわけではない。これらの神話はすべて、ある種の超自然的存在の思慮深い意図にすがっているという共通点をもっている。

一見したところでは、「瞬間的創造」と「導かれた進化」と呼ばれるもののあいだには、区別されるべき重要な点があるように思える。なにがしか世間ずれした現代の神学者たちは瞬間的創造を信じるのはあきらめている。ある種の進化についての証拠はことほどさように圧倒的になっているのだ。しかし、たとえば2章で引用したバーミンガムの主教のように、進化論者を自称する多くの神学者たちは、こっそり裏口から神を忍び込ませている。つまり彼らは、進化史（もちろん、わけても人間の進化史）における決定的瞬間に影響を与えたり、さらに進化的変化となるような日々の事件に包括的に干渉さえするような、進化がたどってきた成り行きに対するある種の監督のような役割を神に認めている。

われわれはこうした信仰を論駁することはできない。それも、神の介在を通じてつねに自然淘汰による進化から期待されるものそのままの模倣がなされるよう、神が気づかっていると仮定されているばあい、なおさらである。そうした信仰についてわれわれが言えるのは、まずその信仰が不必要だということであり、次に、それが、われわれの説明したいと願っている主要なことがら、すなわち組織化された複雑さの存在をあらかじめ仮定しているということだけである。進化論がこれほど整った説になっているのは、一つには、どうして組織化された複雑さが原始の単純なものから生じうるかを、それが説明しているからである。

この世のすべて組織化された複雑さを、瞬間的にであれ進化を導いてであれ、巧みにデザインすることのできる神性といったものを前提にしたいのなら、その神性ははじめからすでにしてきわめて複雑であったに相違ない。素朴な聖書の太鼓持ちであろうと、教養ある主教であろうと、創造論者は、驚異的な知性と複雑さをそなえた存在があらかじめあるということを簡単に前提にしている。何の説明もなしに組織化された複雑さを前提にする贅沢を自らに認めるくらいなら、いっそのことそれをもっと徹底させて、われわれの知っている生命の存在を前提にしてしまえばいいではないか！　手短に言えば、神による創造は、瞬間的創造であれ導かれた進化のかたちであれ、本章で考察してきた他の説とともに一つのリストに載せられる。いずれの説もダーウィン主義にとってかわるかのような何らかの見せかけの外観を呈しており、それらの真価を証拠に訴えて検証することもできただろう。だが、いずれの説もじっくり吟味すれば、じつはダーウィン主義のライバルなどではないことがあきらかになる。累積的自然淘汰による進化論こそが、われわれの知るかぎり、組織化された複雑さの存在を原理的に説明することのできる唯一の理論なのだ。たとえ証拠が有利でなかったとしても、なおかつそれは手に入れることのできる最上の理論であろう！　実際には証拠は味方している。しかし、それはまあ別の話だ。

問題全体の結論に耳を傾けよう。生命の本質は、途方もない規模での統計的な不可能性にある。したがって、生命の説明は、それがどのようなものであれ、偶然ではありえない。そこで、生命の存在についての真の説明は、まさに偶然のアンチテーゼを具現化していなければならない。偶然のアンチテーゼとは、適切に了解された、ランダムではない生存である。ランダムではない生存は、適切に了解されないと、偶然のアンチテーゼではなくなってしまい、それ自体偶然になってしまう。

これらの両極を結ぶ連続体、つまり、一段階淘汰から累積淘汰にいたる連続体がある。一段階淘汰は、純粋な偶然ということのもう一つの言い方にすぎない。これが、適切に了解されなかったときのランダムでない生存という言葉で私が言わんとしたところである。ゆっくりした漸進的な累積淘汰こそが、生命のもつ複雑なデザインの存在を説明するものであり、しかもいままでに提案されてきたうちで唯一の運用可能な説明である。

本書の全体は、偶然という概念、すなわち秩序や複雑さや明快なデザインが自然発生する途方もなく小さな確率に支配されてきた。われわれは偶然を飼いならし、その牙を抜く方法を探し求めてきた。「荒々しい偶然」、純粋でむきだしの偶然とは、秩序あるデザインが無の状態から一足跳びに湧き出てくることを意味している。かつて眼がなかったのに、たった一世代の瞬く間に突如として眼が現われたなら、それもまるまる完全無欠なかたちで現われたなら、それは荒々しい偶然といえるだろう。これは可能である。しかし、その確率は小数点以下に時の果てるまでせっせとゼロを書き続けなくてはならないほどだろう。同じことは、まるまる完全無欠なもの——それには神性も含まれることが避けがたい結論だと思われる——が自然発生的に存在するにいたる確率にはつねにあてはまる。

偶然を「飼いならす」ことは、いわば、とうてい不可能なものを、順序よく配列されたそれほど不可能でない小さな構成要素に分解することである。たとえXが一段階でYから生じるのは不可能でも、無限小に分割できる中間物の系列を考えることによってXとYをつなぐのは、いつだって可能である。大規模な変化は不可能かもしれないが、小さな変化はそれほど不可能ではない。そして、十分に細分された連続的な中間型からなる十分に大きな系列を前提にしさえすれば、天文学的な不可能性をもちだすまでもなく、どんなものでも他の何かから引き出すことができるはずだ。あらゆる中間型をぴったりはめ込むのに十分な時間がありさえすれば、われわれはそうすることが可能になる。さらに、それは一つ一つの段階をある特定の方向にみちびくためのメカニズムがあるばあいに限られている。さもなければ、各段階の系列は暴走しはじめ、果てしないランダムウォークをたどるだろう。

これら両方の但し書きが満たされていて、そしてゆっくりした漸進的な累積的自然淘汰こそわれわれの存在の究極的説明であるというのが、ダーウィン主義にもとづいた世界観の主張である。ゆっくりとした漸進説を否定し、自然淘汰の中心的役割を否定する進化論の異説があるとすれば、それらは特定のばあいには真実であるかもしれない。しかし、それらは完全な真実ではありえない。というのも、そうした異説は進化論のまさに核心を否定しているからである。その核心とは、天文学的な不可能性を解消し、驚異的な奇跡のようにみえるものを説明するための力にほかならない。

訳　註

1章　とても起こりそうもないことを説明する

1　ウィリアム・ペイリー　William Paley（一七四三〜一八〇五）　イギリスの神学者。一八世紀自然神学きっての理論家。『パウロの時代』（一七九〇）、『キリスト教の明証性』（一七九四）、『自然神学』（参考文献参照）など。

2　「デザイン論」（the Argument from Design）　「神の意図にもとづく論証」と訳されることもある。

3　デヴィッド・ヒューム　David Hume（一七一一〜七六）　イギリスの哲学者。エディンバラ大学で法律を学び、商業にも従事するが、文芸を志してフランスに渡り、帰国後『人性論』（三部、一七三九〜四〇）（大槻春彦訳、岩波文庫）を刊行。駐フランス代理大使もつとめる。

4　ジュリアン・ハクスリー　Sir Julian Sorell Huxley（一八八七〜一九七五）　イギリスの生物学者。とくに相対成長の研究はよく知られているが、行動・遺伝・進化学に幅広い見識をもち、生物学の多数の普及書がある。

5　半導体ゲート回路　コンピューターの基本となる論理演算を行なう半導体でできた回路のこと。論理素子ともいう。電気信号を受け入れ、その組合せによって決まった出力信号を出す。

2章　すばらしいデザイン

1　アスディック（asdic）　Anti Submarine Detection Investigation Committee 対潜水艦探査装置。
ソナー（sonar）　Sound Navigation Ranging 音波探知機。

レーダー（radar）　Radio Detecting and Ranging 無線探査測距機、電波探知機。

RDF　Radio Direction Finder 無線方向探知機、電波方向探知機。

2　トマス・ネーゲル　Thomas Nagel（一九三七〜　）　ベオグラード生まれのアメリカの哲学者。

3　ヒュー・モンテフォール主教　Hugh William Montefiore（一九二〇〜　）　バーミンガムの主教を経て、現在はロンドンのサザック教区の副主教。参考文献掲載書のほか、多方面にわたって神学の観点から多数の著作・編集に携わっている。

4　アーサー・ケストラー　Arthur Koestler（一九〇五〜八三）　ハンガリー生まれの作家・評論家。『機械の中の幽霊』（日高敏隆・長野敬訳、ぺりかん社）、『偶然の本質』（村上陽一郎訳、蒼樹書房）など。

5　フレッド・ホイル　Sir Fred Hoyle（一九一五〜　）　イギリスの天文学者。星の内部での原子核反応のしくみなどの研究から、後に「定常宇宙説」を提唱、「膨張宇宙説」と論争した。

6　ゴードン・ラットレイ＝テイラー　Gordon Rattray-Taylor（一九一一〜　）　イギリスのジャーナリスト。BBCで新企画の科学番組を製作。

7 カール・ポパー　Sir Karl Raimund Poper（一九〇二〜　）　オーストリア生まれ、イギリスの哲学者。「反証可能性」を重視、マルクス主義批判を展開した。『歴史主義の貧困』（市井三郎・久野収訳、中央公論社）、『科学的発見の論理』（上・下）（大内義一・森博訳、恒星社恒生閣）『客観的知識——進化論的アプローチ』（森博訳、木鐸社）など。

8 ルーシー　Lucy　一九七四年、エチオピアのハダール地区で発見された、約三五〇万年前の二足歩行したとみられるヒトの女性の化石につけられた通称。アウストラロピテクス・アファレンシス。知られているかぎり最古の人類化石。

9 C・E・レイヴン　Charles Earle Raven（一八八五〜一九五四）　イギリス、リヴァプールの聖堂参事会員、国王礼拝堂付き司祭。エマニュエル・カレッジで神学を講義する。モンテフォール主教の著書に引用されているカッコウの話は、レイヴンの『造物主の精神』（一九二七）から採られたようである。

3章　小さな変化を累積する

1 Ｐａｓｃａｌ　ＡＬＧＯＬ系の汎用プログラム言語。構造プログラムに即した制御構造をもつのが特徴とされる。一九七〇年代からよく使われるようになった。

2 デズモンド・モリス　Desmond Morris（一九二八〜　）　イギリスの動物行動学者。『裸のサル』（日高敏隆訳、河出書房新社／角川文庫）など多数の著作が邦訳されている。

3 〈ツァラトゥストラはかく語りき〉（*Also sprach Zarathustra*）　一九六八年に公開されたＳＦ映画の古典、『２００１年宇宙の旅』のはじまりに流れる、リヒャルト・シュトラウス作曲の音楽。

4 ジョイスティック（joystick）　コンピューター・ゲームなどで使用する操作レバー型の入力装置。

レバーを倒した方向と角度によって座標が入力される。

5 訳者の一人は、ドーキンスが本書を出版した直後、一九八六年一一月に来日したおり、この実験を試みたかどうか尋ねてみた。残念ながらまだやっていないとのことだった。出版後の多忙さもさることながら、具体化についての難問もある。とくに昼間はモニターの画面が光ってよく見えないので、蛾を相手に夜間に試みるのがよいかもしれない、などとまじめな顔をして答えてくれた。

6 スティーヴン・ポター Stephen Potter（一九〇〇～六九） イギリスのエッセイスト・ユーモア作家。

7 指抜き探し 三つばかりの杯を伏せてそのどれかに小球を隠し、杯を動かしてどれに小球が移っているかを当てる遊び。

8 シルヴァヌス・トムソン Silvanus P. Thompson（一八五一～一九一六） イギリスの物理学者・科学史家。本文に引用された句は 'What one fool can do, another can!'

9 シェイクスピア作『ハムレット』の句 'There's the rub'

4章 動物空間を駆け抜ける

1 ジョン・メイナード＝スミス John Maynard Smith（一九二〇～ ） イギリスの理論生物学者。

2 エルンスト・マイアー Ernst Mayr（一九〇四～ ） ドイツ生まれ、アメリカの動物系統分類学者。

3 スティーヴン・ジェイ・グールド Stephen Jay Gould（一九四一～ ） アメリカの古生物学者。『ダーウィン以来』（浦本昌紀・寺田鴻訳）『パンダの親指』（櫻町翠軒訳）『ニワトリの歯』（渡辺政隆・三中信宏訳）『フラミンゴの微笑』（新妻昭夫訳）『嵐のなかのハリネズミ』（渡辺政隆訳）『ワンダフル・ライフ』（渡辺政隆訳、以上いずれも早川書房）のほか邦訳された著書が多い。

4 リチャード・ゴールドシュミット　Richard Benedikt Goldschmidt（一八七九～一九五八）（リヒャルト・ゴルトシュミット）　マイマイガの性決定機構の研究や「有望な怪物」として知られる進化の「跳躍説」の提唱で知られる。

5 フォード　Edmund Brisco Ford（一九〇一～　）　イギリスの遺伝学者。『メンデリズムと進化』（一九三一）、『生態遺伝学』（一九六四）などの著作が知られている。

6 ドロの法則　ベルギーの古脊椎動物学者ルイス・ドロ Louis Dollo（一八五七～一九三一）が提唱した「進化非可逆の法則」。

7 C・P・スノー　Charles Percy Snow（一九〇五～八〇）　イギリスの小説家・科学者。『他人と兄弟』という連作小説のほか『二つの文化と科学革命』（松井巻之助訳、みすず書房）などがよく知られている。

8 リヴァイアサン　『聖書』「ヨブ記」に登場する水中に住む巨大な怪獣。

9 エドワード・O・ウィルソン　Edward Osborne Wilson（一九二九～　）　アメリカの昆虫学・社会生物学者。アリ類の分類・生理・生態学から社会性昆虫の総合的研究、さらに社会生物学という普遍的な体系を展望し、七〇年代後半に生物学界を超えた分野を巻き込んだ大論争をひき起こした。

10 契約の箱　（Ark of the Covenant）　十戒を刻んだ二個の平たい石を納めた箱。ユダヤ人にとってもっとも神聖なもの。（『聖書』「出エジプト記」より）

5章　力と公文書

1　アーサー・コナン・ドイル Sir Arthur Conan Doyle（一八五九～一九三〇）はイギリスの小説家。シャーロック・ホームズとジョン・ワトソン博士のコンビが謎解きをする形式で次々と傑作を書いた。しかしそのホームズに劣らぬ人気を博しているのが、このチャレンジャー教授で、『失われた世界』ではアマゾン探検隊長として登場するほか、『毒ガス帯』『霧の国』『分解機』『世界の叫び』にも登場する。

2　グロビゲリナ軟泥（globigerina ooze）　海産有孔虫類、とくにタマウキガイ科グロビゲリナ属の死殻が深海底に堆積してできた軟泥。

3　フロギストン（phlogiston）　熱素、燃素ともいう。一七七七年にラヴォアジェ Antoine - Laurent Lavoisier（一七四三～九四）が酸素による燃焼理論を確立する以前の、可燃性要素と信じられていたもの。

4　宇宙エーテル（universal aether）　光・熱・電磁波の輻射現象を説明する媒体として仮想された物質。ギリシャ人が想像していた天空にみなぎる精気から命名された。一九〇五年にアインシュタイン Albert Einstein（一八七九～一九五五）が光速度不変の原理と相対性原理によってエーテルの存在を否定した。

5　日本では「レーザーディスク」は映像と組み合わせたビデオ・ディスクの一種の商品名として使われ、「コンパクトディスク（CD）」が音楽ディスクの総称になっている。

6　R・A・フィッシャー　Sir Ronald Aylmer Fisher（一八九〇～一九六二）　イギリスの統計学者・集団遺伝学者。

7　フレミング・ジェンキン　Henry Charles Fleeming Jenkin（一八三三～八五）　スコットランドの技術者。一八六七年に「ノース・ブリティッシュ・レヴュー」誌（*North British Review*, 46：149-171）に『種の起原』についての長い書評を載せた。すでにその最終版を発行した後であったC・ダーウィンは、ウォレス A. R. Wallace やフッカー J.Hooker に手紙で厄介なことになった旨、何度も書き送っている。その経緯は、ハル D. Hull（参考文献）参照。

8　W・ワインベルグ　Wilhelm Weinberg（一八六二〜一九三七）（ヴァインベルグ）　ドイツの医者。ハーディ‐ワインベルグの法則で知られる。

9　G・H・ハーディ　Godfrey Harold Hardy（一八七七〜一九四七）　イギリスの数学者。W・ワインベルグに少し遅れて、独立に、同様の集団遺伝学上の法則を発見した。

10　ついでながら、RAM、random access memory の略。

11　原文では It であり、アルファベット一文字が一つの番地に対応しているが、日本語ではいくつかの番地を合わせて一文字に対応させられている。

12　ヒストンH４　(histone H4)　ヒストンは、真核細胞の核内DNAと結合している塩基性タンパク質で、遺伝子の情報発現の調節に関与していると考えられているが、通常H１からH５までの5分子種からなり、そのうちもっとも安定なのがH４である。

13　フィブリノペプチド　(fibrinopeptide)　血液の凝固因子の一つであるフィブリノゲン（繊維素原：タンパク質）の末端を構成しており、トロンビンという酵素が作用すると、フィブリノペプチドAとBおよびフィブリンモノマーに分解する。

14　ソル・スピーゲルマン　Sol Spiegelman（一九一四〜　）　アメリカの生物学者。メッセンジャーRNAの発見につながる実験をした。

15　レスリー・オーゲル　Lesley Eleazer Orgel（一九二七〜　）　イギリスのちにアメリカの化学者。生命の起源と化学進化への実験的アプローチの先鞭をつけた。

16　マンフレート・アイゲン　Manfred Eigen（一九二七〜　）　ドイツの物理学者。一九六七年に高速化学反応の研究でノーベル化学賞を受ける。物質の自己組織化過程についての研究を展開。

6章　起源と奇跡

1　グレアム・ケアンズ＝スミス　Graham Cairns-Smith（一九三一〜　）　イギリスの化学者。化学・物理学・生物学を学び生命の起源の問題に新しいアプローチを試みる気鋭の研究者。

2　ストーンヘンジ　(Stonehenge)　イギリス、ウィルトシャーのソールズベリー平原にある巨石柱の二重の環状列石。新石器時代後期から青銅器時代の遺跡といわれている。

3　モンモリロナイト　(montmorillonite)　柔らかい粘土鉱物。フランスのモンモリヨン（Montmorillon）で発見された。

4　D・M・アンダーソン　Duwayne Marlo Anderson（一九二七〜　）　アメリカの地球（とくに極地）科学者。

5　『ギネスブック』八八年版によると、ロイ・C・サリバンという元国立公園管理人は一九四二年に最初の落雷に遭遇して以来、六九、七〇、七二、七三、七六、七七年にも落雷に遭い、さまざまな程度の負傷をしている。

6　このあたりの推定は、ドレーク Frank Drake の式といわれている、高等文明をもつ地球外生命との交信可能な確率計算。オズマ計画の「根拠」として採用された。

7章　建設的な進化

1　「イントロン」と「エクソン」　(intron/exon)　エクソンは構造配列ともいい、DNAの塩基配列のうち最終的にタンパク質に翻訳される部分。イントロンは介在配列ともいい、エクソンとエクソンの間に介在している部分。

2 リン・マーギュリス　Lynn Margulis（一九三八〜　）　アメリカの生物学者。真核生物の起源についての「細胞共生説」を展開した。

3 ユトランド海戦　一九一六年、デンマークのユトランド半島沖で起こったイギリスとドイツの海戦。双方合わせて二五〇隻の軍艦が入り乱れての、大艦隊による激しい海戦であった。

4 リー・ヴァン・ヴェーレン　Leigh van Valen（一九三五〜　）　アメリカの生物学者。『進化理論』（*Evolutionary Theory*）誌なるユニークな雑誌を刊行しており、「赤の女王」仮説はその創刊号を飾った。

5 エグゾセ型ミサイル　フランスの開発した対艦ミサイルで、超低空飛行し、レーダー網にかかりにくい性能をもつ。一九八二年フォークランド紛争において、アルゼンチン空軍機がエグゾセAM39一発でイギリスのミサイル駆逐艦を撃沈したことで一躍勇名を馳せた。

6 H・B・コット　Hugh Bamford Cott（一九〇〇〜　）　イギリスの動物学者。とくに動物の形態・色彩について先駆的な研究を行なった。『動物の適応的色彩』（参考文献参照）は、一八九〇年のポウルトン Edward B. Poulton の名著『動物の色彩』を継承し、概念を明確にしたもの。

7 ハリー・ジェリソン　Harry J. Jerison（一九二七?〜　）　アメリカの精神医学・行動科学者。脳の進化についての研究を精力的に展開、『脳と知性の進化』（一九七三）は、生物学の観点から知性の説明を試みた画期的な仕事とされる。

8章　爆発と螺旋

1 パッシェンデール　（Passchendaele）　ベルギー西フランダース州の小村。一九一七年一一月六日、カナダ軍の一次・二次大部隊によって戦禍に見まわれ、多数の死傷者が出た。

2　ラッセル・ランド　Russell Lande（一九——?〜　）　アメリカの理論遺伝学者。性淘汰についての理論研究で知られている。

3　W・D・ハミルトン　William Donald Hamilton（一九三六〜　）　イギリスの理論遺伝学・行動生態学者。包括適応度の概念から血縁淘汰説を提唱して、社会性昆虫の不妊のワーカーが進化する条件を理論的に解明し、行動生態学・社会生物学の新しい展開の基礎を与えた。

4　チョーサー　Geoffrey Chaucer（一三四〇頃〜一四〇〇）　イギリスの詩人。中世イギリス文学の最大傑作『カンタベリー物語』の作者、英詩の父とされる。

9章　区切り説に見切りをつける

1　オリヴァー・クロムウェル　Oliver Cromwell（一五九九〜一六五八）　イギリスの軍人・政治家。一六四九年チャールズ一世を処刑し、共和制を布き、後にオランダ海軍を破り、海上制覇の道を開く。

2　ナイルズ・エルドリッジ　Niles Eldredge（一九四三〜　）　アメリカの古生物学者。『人類進化の神話』（浦本昌紀訳、群羊社）、『系統発生パターンと進化プロセス』（篠原明彦・駒井古実・吉安裕・橋本里志・金沢至訳、蒼樹書房）、『進化論裁判』（渡辺政隆訳、平河出版社）などが邦訳されている。

3　ボーイング747　アメリカのボーイング社が開発したジャンボ・ジェット機。

4　DC8伸長型　アメリカのダグラス社が一九五〇年代に開発した最初のジェット輸送機DC8を、六〇年代なかばに、その翼や胴体を伸長して搭載量を倍加させるべく改良したもの。

5　ドーキンス（R. Dawkins〔1988〕The Evolution of Evolvability. pp. 201-220, in “Artificial Life”

〔Ed. by C.G.Langton〕, Addison Wesley, Calif.）は、バイオモルフの遺伝子を一六個にヴァージョン・アップしたモデルで、体節構造をもった新たな「ドーキンジアン・アニマル」を進化させている。

6 G・レッドヤード・ステビンス　George Ledyard Stebbins（一九〇六～　）アメリカの植物学者。『植物の変異と進化』（一九五〇）、『生物進化の諸過程』（一九六六：三版一九七七）などもある。

7 アーガイル公　the Duke of Argyll　イギリス、スコットランドのアーガイル州の公爵。一六世紀以来のスコットランドの代表的貴族、キャンベル家。

8 チャールズ・ライエル　Sir Charles Lyell（一七九七～一八七五）イギリスの地質学者。フランスのキュヴィエ George L. C. F. D.Cuvier（一七六九～一八三二）の「天変地異説」を否定し、「斉一説」を唱える。C・ダーウィンの進化論の形成に大きな影響を与えた。主著『地質学原理』（三巻）（一八三〇）。

9 J・B・S・ホールデン　John Burdon Sanderson Haldane（一八九二～一九六四）イギリス、のちにインドの生理学・遺伝学者。集団遺伝学の理論を確立した一人。生化学遺伝学や人類遺伝学、進化学の発展に寄与した。

10章　真実の生命の樹はひとつ

1 「存在の大いなる連鎖」　'Great chain of being'　ラヴジョイ Arthur O. Lovejoy の『存在の大いなる連鎖』（内藤健二訳、晶文社）によると、「存在の連鎖」という考え方は、古くギリシャの自然観にまで起源をたどることができるという。物はその複雑さの程度によって階層秩序に分類できると考えられ、自然の配列計画、すなわち最初の創造がなされたときの状態とみなされてきた。これはミシェル・フーコーによると、まさしく一九世紀の進化論を生んだエピステーメ（知の枠組み／思考の場）とはまったく別の一八世紀のそれであるということである。

2　ジョージ・C・ウィリアムズ　George Christopher Williams（一九二六〜　）　アメリカの生物学者。主著『適応と自然淘汰』（一九六六）は、徹底した還元主義の立場から、自然淘汰機構の理解の仕方に大きな影響を与えた。

3　ヴィリー・ヘニッヒ　Willi Hennig（一九一三〜七六）　ドイツの系統分類学者。双翅類についての莫大な基礎研究のほか、分類についての一般理論の構築を精力的に行ない、『系統分類学の基礎理論』（*Grundzuge einer Theorie der phylogenetischen Systematik*）（一九五〇）で、分岐分類学を創始した。

4　マーク・リドレー　Mark Ridley（一九五六〜　）　イギリスの動物行動学者。『新しい動物行動学』（*Animal Behaviour, a concise introduction*）（中牟田潔訳、蒼樹書房、一九八八）が邦訳されている。

5　根本主義的創造論者　(fundamentalist creationists)　『聖書』のもっとも忠実な逐語解釈を正しいとする立場の、創造論者。

11章　ライバルたちの末路

1　ラマルク　Jean Baptiste Pierre Antoine de Monet, Chevalier de Lamarck（一七四四〜一八二九）　フランスの博物学者。『無脊椎動物の体系』、『動物哲学』（高橋達明訳、朝日出版社「科学の名著」第2期5、一九八八）などで進化論を展開した。無機物からの連続自然発生を説き、単純なものから複雑なものへの進化傾向を認め、環境変化と習性の関係を重視し、用不用説、獲得形質遺伝説を提唱した。

2　ダーウィンの祖父エラズマス　Erasmus Darwin（一七三一〜一八〇二）　イギリスの博物学者、医師、詩人。生物進化論の先駆者の一人とされる。

3 ジョージ・バーナード・ショー George Bernard Shaw（一八五六〜一九五〇） アイルランド生まれ、イギリスの劇作家・批評家。フェビアン協会の発起人の一人。辛辣な風刺と皮肉は有名。ノーベル文学賞受賞。『メトセラへ還れ』（*Back to Methuselah*）［邦訳：『思想の達し得る限り』（相良徳三訳、岩波文庫）］。他に『人と超人』（市川又彦訳、岩波文庫）など多数の作品がある。

4 T・D・ルイセンコ Trofim Denisovich Lysenko（一八九八〜一九七六） 旧ソ連の農学者。春化処理を研究、植物の発育段階説を提唱した。後に農業科学アカデミーの総裁。この間にコムギの秋播性から春播性への転化の実験に基づいて、遺伝性を人為的に方向づけて支配できると考え、遺伝子説に対立する遺伝学説を立て、種内競争の否定などで、ダーウィン学説の変革を主張した。その立場を普遍化するミチューリン生物学を提唱し、一九四八年以降、反対派の学者を学界から追放するなどの強硬手段をとり、世界的にも多くの思想対立を生むこととなった。五五年、総裁を辞任。

5 N・I・ヴァヴィロフ Nikolai Ivanovich Vavilov（一八八七〜一九四三） 旧ソ連の植物育種学・遺伝学者。遺伝学の原理を分類学に応用し、野生・栽培植物の起源を研究。ルイセンコの出現により失脚。

6 『サンバガエルの謎』 石田敏子訳、サイマル出版会。

7 ヒューゴー・ド・フリース Hugo de Vries（一八四八〜一九三五） オランダの植物生理学・遺伝学者。一八八九年細胞内パンゲン説を提唱して、遺伝子説に先駆した。

8 ウィリアム・ベイトソン William Bateson（一八六一〜一九二六） イギリスの遺伝学者。「変異は不連続である」との説を提唱した。

9 ウィルヘルム・ヨハンセン Wilhelm Ludwig Johannsen（一八五七〜一九二七） デンマークの植物生理学・遺伝学者。純系内の淘汰は無効であり、そこでの個体差は遺伝的変異でないことを証明した。遺伝子、遺伝子型、表現型などの厳密な定義をした。

10　トーマス・ハント・モーガン　Thomas Hunt Morgan（一八六六〜一九四五）　アメリカの遺伝学・発生学者。ショウジョウバエの遺伝研究によって、メンデルの推定した遺伝要素が染色体上に線上に配列していることをあきらかにし、遺伝子説を確立した。一九三三年、ノーベル生理学医学賞受賞。

11　ルクレティウス　Titus Lucretius Carus（紀元前九五〜五五）　ローマの哲学者・詩人。ギリシャの自然哲学の成果をもっともよくローマに伝え、エピクロスの宇宙観の説明や、物質はすべて原子でできているというデモクリトスの考えをさらに徹底した。『物の本質について』（樋口勝彦訳、岩波文庫）。

12　ハンチントン舞踏症　（Huntington's chorea）　アメリカの神経医ハンチントン　George Sumner Huntington が一八七二年に報告した遺伝的症例。三五歳以上で発病することが多く、舞踏症様の異常運動と痴呆化が進行する。発病後一五年くらいで死亡することが多いとされる。

監修者のあとがき

サルがでたらめにタイプライターを打っているうちに、偶然シェイクスピア全集ができあがる確率はどれくらいか？

ダーウィンの進化論に対する不信感の表現として、昔からいつもいわれてきたことである。

ファーブルの「昆虫記」の中でファーブルはいう——狩人バチはえものの虫を麻酔するために、体の動きを司る脳に一撃のもとに針を刺す。えものはとたんに動かなくなるが、死んでしまうことはない。こうして狩人バチは自分の子どもに、いつまでも新鮮で、しかもじっと動かない餌を与える。どうしてそんなことができるのか？　進化論は次のようにいう。狩人バチの祖先は、昔はでたらめにえものに針を刺していた。たまたま少しうまくいったものが生き残った。そしてだんだんに針の刺しかたがうまくなっていったと。そんなことはあり得ない、とファーブルは思う。一撃で脳に刺さなければ、ハチの子どもは生きていかれない。だんだんにうまくなるなどということはあり得ないのだ。

したがってファーブルはダーウィンの進化論をまったく信じようとしなかった。

昆虫の生活をあれほどつぶさに研究したファーブルが、なぜ進化論を信じなかったか？　ある人は、それはファーブルがもっていた農民的な保守性のためだといっている。

けれど、この解釈はどうやら完全に的はずれだったといえよう。今日、まったく農民的ではない人々が、心の底にそこはかとなく抱きつづけてきた疑念は、偶然の突然変異とランダムな自然淘汰によって、これほどまでに複雑な生きものの体や行動がはたしてできあがるものだろうか、ということである。

教室ではダーウィンの進化論にしたがって講義をし、熱帯では自然淘汰がきびしいのでこのように多様な生物が進化したのだと説く生物学の先生たちも、酒の席では同じような疑念を口にする。この見事に秩序だてられた生きものたち、機能的にも形態的にも精緻をきわめた目のような器官が、偶然の積み重ねで、だんだんにできあがってきたとは到底信じられないというのである。

ドーキンスのこの本は、この根強い疑念に答えようとしている。

なぜ人々はそのような疑念を抱くのか？　それは「自然淘汰とランダム性の混同である」とドーキンスはいう。突然変異はランダム（いわゆる偶然）だが、自然淘汰はランダムではない。ランダムとは正反対のものだ、と彼はいうのである。

それはおかしい。自然淘汰は偶然だと教わったではないか、とだれもが思うだろう。けれどドーキンスは、巧みなコンピューター・モデルの実験で、淘汰の非ランダム性を見事に示している。そして「累積淘汰」という新しい概念を導入して、このことを説明してゆく。

さらにドーキンスは、ダーウィンの進化論に対立すると一般には思われているラマルク説や獲得形質の遺伝、区切り平衡説、中立説、そして神による創造説が、いずれも事実としてよりもまず理論的に成立せず、したがってダーウィン説のライバルにはなり得ないことを、きめこまかく述べている。

これはじつにおもしろい本である。と同時に訳者にとっても監修者にとってもじつにむずかしい本であった。訳者が分担して何章かずつを苦労して訳したものを遠藤彰が読みなおして手を入れ、さらに中嶋がよりわかりやすい文体や言いまわしを探り、その上で日高が読んで、最終稿とした。原書が出版されてから何年もかかってしまい、申し訳なく思っている。この期間中、たえずわれわれを励まして下さった、当時早川書房の宇佐美力氏と、その後引き継いで編集を担当された原広氏、校閲を担当された屋代通子氏に心からお礼を申し上げる。

一九九三年夏

日　高　敏　隆

新装版への監修者あとがき

ドーキンスの『ブラインド・ウォッチメイカー』上下巻を一冊に合わせた新装版にしたい、その際書名を日本語の「盲目の時計職人」に改めたい、というメールが早川書房の編集者伊藤浩氏から届いた。

複雑きわまる生きものたちの体のデザインがどのようにしてつくられたのか。それは「盲目の時計職人」のおかげである。そこにデザイナーはいなかった、とドーキンスは明快に説得する。この画期的な本の新装版の出版をぼくは心から喜びたい。

日　高　敏　隆

Trivers, R. L. (1985) *Social Evolution*. Menlo Park : Benjamin - Cummings.『生物の社会進化』中嶋康裕・福井康雄・原田泰志訳／産業図書出版，1991.

Turner, J. R. G. (1983) 'The hypothesis that explains mimetic resemblance explains evolution' : the gradualist-saltationist schism. In M. Grene (ed.) *Dimensions of Darwinism*, pp. 129–69. Cambridge : Cambridge University Press.

Van Valen, L. (1973) A new evolutionary law. *Evolutionary Theory*, 1 : 1–30.

Watson, J. D. (1976) *Molecular Biology of the Gene*. Menlo Park : Benjamin - Cummings.『遺伝子の分子生物学』（上・下）［第四版］松原謙一・中村桂子・三浦謹一郎訳／トッパン，1990.

Williams, G. C. (1966) *Adaptation and Natural Selection*. New Jersey : Princeton University Press.

Wilson, E. O. (1971) *The Insect Societies*. Cambridge, Mass : Harvard University Press.

——. (1984) *Biophilia*. Cambridge, Mass : Harvard University Press.

Young, J. Z. (1950) *The Life of Vertebrates*. Oxford : Clarendon Press.

Orgel, L. E.（1973）*The Origins of Life*. New York : Wiley.『生命の起源と発展』長野敬・石神正浩・川村越訳／共立出版，1974.

——.（1979）Selection in vitro. *Proceedings of the Royal Society of London*, B, 205 : 435–42.

Paley, W.（1828）*Natural Theology*, 2nd edn. Oxford : J. Vincent.

Penney, D., Foulds, L. R. & Hendy, M. D.（1982）Testing the theory of evolution by comparing phylogenetic trees constructed from five different protein sequences. *Nature*, 297 : 197–200.

Ridley, M.（1982）Coadaptation and the inadequacy of natural selection. *British Journal for the History of Science*, 15 : 45–68.

——.（1986）*The Problems of Evolution*. Oxford : Oxford University Press.

——.（1986）*Evolution and Classification : the reformation of cladism*. London : Longman.

Ruse, M.（1982）*Darwinism Defended*. London : Addison-Wesley.

Sales, G. & Pye, D.（1974）*Ultrasonic Communication by Animals*. London : Chapman & Hall.

Simpson, G. G.（1980）*Splendid Isolation*. New Haven : Yale University Press.

Singer, P.（1976）*Animal Liberation*. London : Cape.『動物の解放』戸田清訳／技術と人間，1988.

Smith, J. L. B.（1956）*Old Fourlegs : the story of the Coelacanth*. London : Longmans, Green.『生きた化石』梶谷善久訳／恒和出版，1981.

Sneath, P. H. A. & Sokal, R. R.（1973）*Numerical Taxonomy*. San Francisco : W. H. Freeman.

Spiegelman, S.（1967）An *in vitro* analysis of a replicating molecule. *American Scientist*, 55 : 63–8.

Stebbins, G. L.（1982）*Darwin to DNA, Molecules to Humanity*. San Francisco : W. H. Freeman.

Thompson, S. P.（1910）*Calculus Made Easy*. London : Macmillan.

3），1990.

Maynard Smith, *et al*.（1985）Developmental constraints and evolution. *Quarterly Review of Biology*, 60 : 265-87.

Mayr, E.（1963）*Animal Species and Evolution*. Cambridge, Mass : Harvard University Press.

——.（1969）*Principles of Systematic Zoology*. New York : McGraw-Hill.

——.（1982）*The Growth of Biological Thought*. Cambridge, Mass : Harvard University Press.

Monod, J.（1972）*Chance and Necessity*. London : Fontana.『偶然と必然』渡辺格・村上光彦訳／みすず書房，1972.

Montefiore, H.（1985）*The Probability of God*. London : SCM Press.

Morrison, P., Morrison, P., Eames, C. & Eames, R.（1982）*Powers of Ten*. New York : Scientific American.『Powers of ten 宇宙・人間・素粒子をめぐる大きさの旅』村上陽一郎・村上公子訳／日経サイエンス，1983.

Nagel, T.（1974）What is it like to be a bat ? *Philosophical Review*, reprinted in D. R. Hofstadter & D. C. Dennett (eds) *The Mind's I*, pp. 391-403, Brighton : Harvester Press.「コウモリであることはいかなることか」植村恒一郎訳，『マインズ・アイ』（上・下）坂本百大監訳／TBS ブリタニカ，1984：下巻24章；『コウモリであるとはどのようなことか』永井均訳／勁草書房，1989：12章に所収.

Nelkin, D.（1976）The science textbook controversies. *Scientific American* 234（4）: 33-9.

Nelson, G. & Platnick, N. I.（1984）Systematics and evolution. In M-W Ho & P. Saunders（eds）*Beyond Neo-Darwinism*. London : Academic Press.

O'Donald, P.（1983）Sexual selection by female choice. In P. P. G. Bateson（ed.）*Mate Choice*, pp. 53-66. Cambridge : Cambridge University Press.

Ridley (eds) *Oxford Surveys in Evolutionary Biology*, 2 : 102-34.

Kimura, M. (1982) *The Neutral Theory of Molecular Evolution*. Cambridge : Cambridge University Press.『分子進化の中立説』木村資生監訳，向井輝美・日下部真一訳／紀伊國屋書店，1986.

Kitcher. P. (1983) *Abusing Science : the case against creationism*. Milton Keynes : Open University Press.

Land, M. F. (1980) Optics and vision in invertebrates. In H. Autrum (ed.) *Handbook of Sensory Physiology*, pp. 471-592. Berlin : Springer.

Lande, R. (1980) Sexual dimorphism, sexual selection, and adaptation in polygenic characters. *Evolution*, 34 : 292-305.

——. (1981) Models of speciation by sexual selection of polygenic traits. *Proceedings of the National Academy of Sciences*, 78 : 3721-5.

Leigh, E. G. (1977) How does selection reconcile individual advantage with the good of the group? *Proceedings of the National Academy of Sciences*, 74 : 4542-6.

Lewontin, R. C. & Levins, R. (1976) The Problem of Lysenkoism. In H. & S. Rose (eds) *The Radicalization of Science*. London : Macmillan.

Mackie, J. L. (1982) *The Miracle of Theism*. Oxford : Clarendon Press.

Margulis, L. (1981) *Symbiosis in Cell Evolution*. San Francisco : W. H. Freeman.『細胞の共生進化』永井進監訳／学会出版センター，1985.

Maynard Smith, J. (1983) Current controversies in evolutionary biology. In M. Grene (ed.) *Dimensions of Darwinism*, pp. 273-86. Cambridge : Cambridge University Press.

——. (1986) *The Problems of Biology*. Oxford : Oxford University Press.『生物学のすすめ』木村武二訳／紀伊國屋書店（科学選書

and 205-30.

Gould, S. J. (1980) *The Panda's Thumb*. New York : W. W. Norton. 『パンダの親指』(上・下) 櫻町翠軒訳／早川書房, 1986.

———. (1980) Is a new and general theory of evolution emerging? *Paleobiology*, 6 : 119-30.

———. (1982) The meaning of punctuated equilibrium, and its role in validating a hierarchical approach to macroevolution. In R. Milkman (ed.) *Perspectives on Evolution*, pp. 83-104. Sunderland, Mass : Sinauer.

Gribbin, J. & Cherfas, J. (1982) *The Monkey Puzzle*. London : Bodley Head. 『モンキー・パズル』香原志勢監訳／HBJ出版局, 1984.

Griffin, D. R. (1958) *Listening in the Dark*. New Haven : Yale University Press.

Hallam, A. (1973) *A Revolution in the Earth Sciences*. Oxford : Oxford University Press. 『移動する大陸』浅田敏訳／講談社 (現代新書), 1974.

Hamilton, W. D. & Zuk, M. (1982) Heritable true fitness and bright birds : a role for parasites? *Science*, 218 : 384-7.

Hitching, F. (1982) *The Neck of the Giraffe, or Where Darwin Went Wrong*. London : Pan. 『キリンの首』樋口広芳・渡辺政隆訳／平凡社, 1983.

Ho, M-W. & Saunders, P. (1984) *Beyond Neo-Darwinism*. London : Academic Press.

Hoyle, F. & Wickramasinghe, N. C. (1981) *Evolution from Space*. London : J. M. Dent. 『生命は宇宙から来た』餌取章男訳／光文社 (カッパ・サイエンス), 1983. 『宇宙からの生命』野矢茂樹訳／青土社, 1985 : とくに6章は同題の論文。

Hull, D. L. (1973) *Darwin and his Critics*. Chicago : Chicago University Press.

Jacob, F. (1982) *The Possible and the Actual*. New York : Pantheon.

Jerison, H. J. (1985) Issues in brain evolution. In R. Dawkins & M.

University Press.

Dawkins, R. & Krebs, J. R. (1979) Arms races between and within species. *Proceedings of the Royal Society of London*, B, 205 : 489-511.

Douglas, A. M. (1986) Tigers in Western Australia. *New Scientist*, 110 (1505) : 44-7.

Dover, G. A. (1984) Improbable adaptations and Maynard Smith's dilemma. Unpublished manuscript, and two public lectures, Oxford, 1984.

Dyson, F. (1985) *Origins of Life*. Cambridge : Cambridge University Press.『ダイソン生命の起源』大島泰郎・木原拡訳／共立出版（未来の生物科学シリーズ19)，1989.

Eigen, M., Gardiner, W., Schuster, P. & Winkler-Oswatitsch. (1981) The origin of genetic information. *Scientific American*, 244 (4) : 88-118.「遺伝情報の起源」石神正浩・西郷敏訳／〈サイエンス〉6月号，1981.

Eisner, T. (1982) Spray aiming in bombardier beetles : jet deflection by the Coander Effect. *Science*, 215 : 83-5.

Eldredge, N. (1985) *Time Frames : the rethinking of Darwinian evolution and the theory of punctuated equilibria*. New York : Simon & Schuster (includes reprinting of original Eldredge & Gould paper).

——. (1985) *Unfinished Synthesis : biological hierarchies and modern evolutionary thought*. New York : Oxford University Press.

Fisher, R. A. (1930) *The Genetical Theory of Natural Selection*. Oxford : Clarendon Press. 2nd edn paperback. New York : Dover Publications.

Gillespie, N. C. (1979) *Charles Darwin and the Problem of Creation*. Chicago : University of Chicago Press.

Goldschmidt, R. B. (1945) Mimetic polymorphism, a controversial chapter of Darwinism. *Quarterly Review of Biology*, 20 : 147-64

善次・横山輝雄・森脇靖子・田中紫枝・柴田和子・斎藤光・大林雅之訳／朝日新聞社（朝日選書），1987.

Bowles, K. L. (1977) *Problem-Solving using Pascal*. Berlin: Springer-Verlag.『UCSD PASCAL 演習』高木淳・他訳／工学社，1983.

Cairns-Smith, A. G. (1982) *Genetic Takeover*. Cambridge: Cambri-dge University Press.『遺伝的乗っ取り』野田春彦・川口啓明訳／紀伊國屋書店，1988.

——. (1985) *Seven Clues to the Origin of Life*. Cambridge: Cambridge University Press.『生命の起源を解く七つの鍵』石川統訳／岩波書店，1987.

Cavalli-Sforza, L. & Feldman, M. (1981) *Cultural Transmission and Evolution*. Princeton, N. J.: Princeton University Press.

Cott, H. B. (1940) *Adaptive Coloration in Animals*. London: Methuen.

Crick, F. (1981) *Life Itself*. London: Macdonald.『生命　この宇宙なるもの』中村桂子訳／思索社，1982.

Darwin, C. (1859) *The Origin of Species*. Reprinted. London: Penguin.『種の起原』（上・下）［改版］八杉龍一訳／岩波書店（岩波文庫），1990.

Dawkins, M. S. (1986) *Unravelling Animal Behaviour*. London: Longman.『動物行動学・再考』山下恵子・新妻昭夫訳／平凡社，1989.

Dawkins, R. (1976) *The Selfish Gene*. Oxford: Oxford University Press.『利己的な遺伝子』日高敏隆・岸由二・羽田節子・垂水雄二訳／紀伊國屋書店（科学選書９），1991.

——. (1982) *The Extended Phenotype*. Oxford: Oxford University Press.『延長された表現型』日高敏隆・遠藤彰・遠藤知二訳／紀伊國屋書店，1987.

——. (1982) Universal Darwinism. In D. S. Bendall (ed.) *Evolution from Molecules to Men*, pp.403-25. Cambridge: Cambridge

参考文献

Alberts, B., Bray, D., Lewis, J., Raff, M., Roberts, K. & Watson, J. D.（1983）*Molecular Biology of the Cell*. New York : Garland.『細胞の分子生物学』（上・下）中村桂子・松原謙一監訳／教育社，1985.

Anderson, D. M.（1981）Role of interfacial water and water in thin films in the origin of life. In J. Billingham（ed.）*Life in the Universe*. Cambridge, Mass : MIT Press.

Andersson, M.（1982）Female choice selects for extreme tail length in a widow bird. *Nature*, 299 : 818-20.

Arnold, S. J.（1983）Sexual selection : the interface of theory and empiricism. In P. P. G. Bateson（ed.）*Mate Choice*, pp. 67-107. Cambridge : Cambridge University Press.

Asimov, I.（1957）*Only a Trillion*. London : Abelard-Schuman.『たった一兆』山高昭訳／早川書房（ハヤカワ文庫NF），1985.

——.（1980）*Extraterrestrial Civilizations*. London : Pan.

——.（1981）*In the Beginning*. London : New English Library.『アジモフ博士の聖書を科学する』喜多元子訳／社会思想社，1983.

Atkins, P. W.（1981）*The Creation*. Oxford : W. H. Freeman.

Attenborough, D.（1980）*Life on Earth*. London : Reader's Digest, Collins & BBC.『地球の生きものたち』日高敏隆・今泉吉晴・羽田節子・樋口広芳訳／早川書房，1982.

Barker, E.（1985）Let there be light : scientific creationism in the twentieth century. In J. R. Durant（ed.）*Darwinism and Divinity*, pp. 189-204. Oxford : Basil Blackwell.

Bowler, P. J.（1984）*Evolution : the history of an idea*. Berkeley : University of California Press.『進化思想の歴史』（上・下）鈴木

本書は一九九三年一〇月に小社より『ブラインド・ウォッチメイカー——自然淘汰は偶然か？』のタイトルのもと、上下二分冊にて刊行した作品を、改題のうえ全一巻の新装版にしたものです。

盲目(もうもく)の時計職人(とけいしょくにん)
――自然淘汰は偶然か？――

2004年3月31日　初版発行
2017年2月25日　4版発行

*

著　者　リチャード・ドーキンス
訳　者　中嶋康裕(なかしまやすひろ)・遠藤(えんどう)　彰(あきら)
　　　　遠藤知二(えんどうともじ)・疋田(ひきだ)　努(つとむ)
監修者　日(ひ)　高(だか)　敏(とし)　隆(たか)
発行者　早　川　　浩

*

印刷所　中央精版印刷株式会社
製本所　中央精版印刷株式会社

*

発行所　株式会社　早川書房
東京都千代田区神田多町2―2
電話　03－3252－3111(大代表)
振替　00160－3－47799
http://www.hayakawa-online.co.jp
定価はカバーに表示してあります
ISBN978-4-15-208557-3 C0045
Printed and bound in Japan
乱丁・落丁本は小社制作部宛お送り下さい。
送料小社負担にてお取りかえいたします。